普通高等教育规划教材

环境保护与可持续发展概论

周国强　张　青　主编

中国环境出版集团·北京

图书在版编目（CIP）数据

环境保护与可持续发展概论/周国强，张青主编.
—北京：中国环境出版集团，2017.1（2021.3 重印）
普通高等教育规划教材
ISBN 978-7-5111-3024-2

Ⅰ. ①环… Ⅱ. ①周… ②张… Ⅲ. ①环境保护—可持续性发展—高等学校—教材 Ⅳ. ①X22

中国版本图书馆 CIP 数据核字（2016）第 304652 号

出 版 人 武德凯
责任编辑 黄晓燕
责任校对 任 丽
封面设计 宋 瑞

出版发行 中国环境出版集团
（100062 北京市东城区广渠门内大街 16 号）
网 址：http://www.cesp.com.cn
电子邮箱：bjgl@cesp.com.cn
联系电话：010-67112765（编辑管理部）
010-67112735（第一分社）
发行热线：010-67125803，010-67113405（传真）
印 刷 北京市联华印刷厂
经 销 各地新华书店
版 次 2017 年 1 月第 1 版
印 次 2021 年 3 月第 2 次印刷
开 本 787×960 1/16
印 张 23
字 数 450 千字
定 价 45.00 元

前　言

人类在 20 世纪中叶开始了一场新的觉醒，那就是对环境问题的认识。残酷的现实告诉人们，人类经济水平的提高和物质享受的增加，在很大程度上是以牺牲环境与资源换取得来的。环境污染、生态破坏、资源短缺、酸雨蔓延、全球气候变化、臭氧层出现空洞……正是人类在发展中对自然环境采取了不公允、不友好的态度和做法的后果。而环境与资源作为人类生存和发展的基础和保障，正通过上述种种问题对人类进行着报复。毫不夸张地说，人类正遭受着严重环境问题的威胁和危害。这种威胁和危害关系到当今人类的健康、生存与发展，更危及地球的命运和人类的前途。

保护环境，走可持续发展道路，是全人类的觉醒和一致行动。从高层的决策人物到普通的老百姓，从工、农、商、学、兵各行业到政治、法律、经济、文化、科技各界，无一例外地与环境问题密切相关，并对环境保护起重要的作用。尤其是年青的下一代，他们将是未来世界的主人，他们的意识、伦理、知识、信念，都将极大程度地决定着世界的未来。

本书比较系统地介绍了环境保护和可持续发展的基本概念和基础理论。在介绍环境、环境污染及可持续发展等概念的基础上，重点阐述了环境污染与防治、资源的可持续利用、人口与可持续发展、农业的可持续发展、清洁生产以及经济与社会的可持续发展等问题，并用一章篇幅介绍了我国的环保方针、政策及管理制度。

本书以高等学校环境类专业学生的入门教育以及非环境类专业学生普及环境教育与可持续发展教育为出发点，力求做到章节层次分明、内容重点突出、概念理论清晰、应用实例丰富。力争使各专业学生在研修本书后，不仅对环境和环境保护有深刻的认识，而且还能在以后的生产、管理、设计及研究等工作中自觉地把环境保护放在重要地位，增强环境意识，具备可持续发展观。因此，本书具有一定的实用性。

本书共分十一章。第一章由周国强编写；第二章、第三章由王锐编写；第四章由任平编写；第五章由张青编写；第六章、第七章由刘彩霞编写；第八章、第九章由王小庆编写；第十章、第十一章由刘琮编写。全书由主编周国强、张青统稿。由于环境保护和可持续发展的理论研究和方法应用正在迅速发展和完善之中，本书只能是在这方面做一些探索和尝试。

由于我们的水平和能力所限，书中的错误、遗漏之处是难免的，恳请读者和有关人士不吝批评指教。

编　者

2010 年 6 月

目　录

上篇　环境保护概论

下篇　可持续发展概论

上篇

环境保护概论

第一章

环境概述

在浩瀚无垠的宇宙中，地球是人们迄今发现存在智能生物的唯一天体。地球自然条件丰富多样，适合生物的生存：江河湖海中有丰富的水；阳光照射大地，源源不断地供给生物所需的能量；地表上覆盖着一层土壤，为植物生长提供营养的基地；大气中含有一定浓度的氧和二氧化碳，使地表保持适中的温度，有利于生物的生长。高空有臭氧层，保护地球不受高能紫外线的侵袭。人类正是在地球特定的环境中，经过漫长的进化，才得以产生、繁衍和发展，并创造了日益灿烂的文明。

人类出现的时间虽然比地球上其他生物晚得多，但依靠自己不断发展的智慧，俨然成了地球的主宰。人类以环境为自己的生存和发展条件，通过对自然的开发利用创造财富，使环境在某些方面按人类的意志得到改善；同时，由于人类的不合理生产和消费，对环境造成了许多负面影响。特别是 20 世纪中叶之后，许多国家相继走上了以工业化为主要特征的发展道路。随着社会生产力的极大提高和经济规模的不断扩大，人类加速了物质财富的创造。但是，人类在建设工业文明的同时，却使发展的方向偏离了正确的轨道：滥用自然资源以满足消费欲望；急功近利地追求发展速度而忽视对环境的长远影响。造成的结果是地球资源过度消耗，生态平衡遭到破坏，自然环境日趋恶化，如水体和大气污染、森林和草原减少、土地沙漠化、臭氧层变薄、酸雨增多……。环境的恶化已越来越严重地威胁到人类的生存。

面对严峻的现实，人类不得不重新审视自己的社会经济行为，对传统的发展观、价值观、环境观进行深刻反思。世界上无论是发达国家还是发展中国家，都被迫理性地探索新的发展模式和发展战略，试图寻求一条既能保证经济增长和社会进步，又能维护生态良性循环的全新发展道路。

人类怎样处理好发展与环境的关系？这是摆在我们面前的一个重大科学命题。这一命题的解决，涉及人类社会的许多领域，如经济、法律、文化、道德；涉及自然科学、技术科学和社会科学的多种学科，如生物学、化学、物理学、管理学。但是我们要说，保护环境和资源是每个地球公民都应具有的意识和不容推辞的义务。正如 1972 年斯德哥尔摩《人类环境宣言》所指出的："人类有权在一种能够过尊严的和福利的生活环境中，享有自由、平等和充足的生活条件的基本权利，并且具有保护和改善当代和未来世世代代的环境的责任。"《中华人民共和国环境保护法》规定："一切单位和个人都有保护环境的义务，并有权对污染和破坏环境的单位和个人进行检举和控告。”

我国的国情决定了我们必须坚持发展。但发展不是一味追求 GDP 的增长，而是把环境保护问题与经济发展问题一体考虑，正确解决眼前利益与长远利益、局部利益与整体利益的关系，求得经济、社会和环境的协调发展。这是保证经济持续增长和社会持续进步的正确方针，也是解决环境问题的积极途径。因为经济和社会的持续发展，不仅依赖于科学技术的提高，同时还取决于资源的支撑力和环境的状况。在发展经济的过程中，如果没有强有力的环境保护政策和措施，就会导致环境进一步恶化和资源枯竭，最终延缓甚至破坏经济的发展。只有切实保护了环境，才能促进经济持续快速健康地发展。

历史事实证明，人类的活动可能与自然环境的改善相适应，也可能对自然环境造成破坏。因此人类与自然环境的关系是对立统一的。人类要追求持续的发展就要顺应自然规律，从自然生态的角度出发，学会珍重自然，把自己当做是自然中的一员，建立一个与大自然和谐相处的绿色文明。

环境意识是人的文化素质的重要内涵，是人类文明的最显著的标志。保护环境是我国的一项基本国策，是实现可持续发展战略的保证，直接关系到现代化建设的成败和中华民族伟大复兴。因此，保护和改善环境就是发展生产力。当前，对于我国这样一个环境问题严重的发展中国家，亟待加强环境科学的宣传和教育，树立政府与公众的环境公共意识，以促使政府采取坚决有效的措施，结合公众广泛的参与和监督，搞好环境保护工作，改变以牺牲环境为代价的传统发展模式。

我们今天的生存环境来源于大自然的赋予和祖先的耕耘，更属于未来。我们的任务，不仅是要为当代人创造一个殷实富裕、清洁优美的家园，也要为子孙后代留下青山绿水、红日蓝天——一个适于生存和发展的环境。

环境保护是一项功在当代、利在千秋的伟大事业。保护环境就是保护我们的家园，就是保卫我们的生命线。让环境保护成为我们社会的一种时尚，成为每个人的自觉行动。

第一节 环境及其组成

一、环境的含义

所谓环境是指与体系有关的周围客观事物的总和，体系是指被研究的对象，即中心事物。环境总是相对于某项中心事物而言，它因中心事物的不同而不同，随中心事物的变化而变化。中心事物与环境是既相互对立，又相互依存、相互制约、相互作用和相互转化的，在它们之间存在着对立统一的相互关系。对于环境学来说，中心事物是人类，环境是以人类为主体，与人类密切相关的外部世界。也就是说，环境是指人类（主体）赖以生存和发展的各种物质因素交互关系的总和，是人类进行生产和生活活动的场所，是人类生存和发展的物质基础。

各国对环境的定义不尽相同，它体现了人类利用和改造自然的性质和水平。在中国古书中，环境一词最早见于《元史・余阙传》，书中有这么一段话："环境筑堡寨，选精甲外捍，而耕稼于中。"其原意为环绕所辖的区域。环指围绕，境指疆土。因此，当时"环境"是泛指某一主体周围的地域、空间、介质。今天，随着社会的发展和人类文明的进步，环境一词的理解也在不断地拓宽。目前在社会上人们对环境的理解有着许多不同的看法，在主题上基本都是指人类，而在客体上差异较大，有些认为只指自然界，有些认为只包括"三废"排放的污染活动，也有些认为还应包括人的言行、举止等。总之众说纷纭，直到 1974 年联合国环境规划理事会之后，环境的概念才被统一定义为：环境是指围绕着人群的空间及其中可以直接、间接影响人类生活和发展的各种自然因素和社会因素的总体。这里自然因素的总体就是指自然环境，它包括"大气、水、土壤、地形、地质、生物、辐射等"。社会因素的总体就是指社会环境，它主要包括"各种人工构筑物和政治、经济、文化等要素"。

在中国以及世界上其他国家颁布的环境保护法规中，对环境一词所作的明确界定，是从环境学含义出发所规定的法律适用对象或适用范围，也就是往往把环境中应当保护的环境要素或对象，如大气、水、土地、生物、古迹等作为环境的内容，其目的是保证法律的准确实施，它不需要也不可能包括环境的全部含义。《中华人民共和国环境保护法》把环境定义为："影响人类生存和发展的各种天然的和经过人工改造的自然因素的总体，包括大气、水、海洋、土地、矿藏、森林、草原、野生生物、自然保护区、风景名胜、城市和乡村等"。

随着人类社会的发展，环境概念也在发展。有人根据月球引力对海水潮汐有影响的事实，提出月球能否视为人类的生存环境。我们的回答是：现阶段没有把月球视为人类的生存环境，任何一个国家的环境保护法也没有把月球规定为人类的生存环境，因为它对人类的生存发展影响太小了。但是，随着宇宙航行和空间科学的发展，总有一天人类不但要在月球上建立空间实验站，还要开发利用月球上的自然资源，使地球上的人类频繁往来于月球和地球之间。到那时，月球当然就会成为人类生存环境的重要组成部分。特别是人们已经发现地球的演化发展规律，同宇宙天体的运行有着密切的联系，如反常气候的发生，就同太阳的周期性变化紧密相关。所以从某种程度上说，宇宙空间终归是我们环境的一部分。所以，我们要用发展的、辩证的观点来认识环境。

二、环境质量与环境容量

1．环境要素

环境要素，又称环境基质，是指构成人类环境整体的各个独立的、性质不同的而又服从整体演化规律的基本物质组分，包括自然环境要素和人工环境要素。自然环境要素通常指：水、大气、生物、阳光、岩石、土壤等。人工环境要素包括：综合生产力、技术进步、人工产品和能量、政治体制、社会行为、宗教信仰等。

环境要素组成环境结构单元，环境结构单元又组成环境整体或环境系统。例如，由水组成水体，全部水体总称为水圈；由大气组成大气层，整个大气层总称为大气圈；由生物体组成生物群落，全部生物群落构成生物圈。

2．环境质量

所谓环境质量，一般是指在一个具体的环境内，环境的总体或环境的某些要素，对人群的生存和繁衍以及经济发展的适宜程度，是反映人群的具体要求而形成的对环境评定的一种概念。最早是在20世纪60年代，由于环境问题的日趋严重，人们常用环境质量的好坏来表示环境遭受污染的程度。

显然，环境质量是对环境状况的一种描述，这种状况的形成，有自然的原因，也有人为的原因，而且从某种意义上说，后者更为重要。人为原因是指：污染可以改变环境质量；资源利用的合理与否，同样可以改变环境质量；此外，人群的文化状态也影响着环境质量。因此，环境质量除了所谓的大气环境质量、水环境质量、土壤环境质量、城市环境质量之外，还有生产环境质量、文化环境质量。

3．环境容量

环境容量是指在人类生存和自然生态不致受害的前提下，某一环境所能容纳的污染物的最大负荷量。它是在环境管理中实行污染物浓度控制时提出的概念。污染物浓度控制的法令规定了各个污染源排放污染物的容许浓度标准，但没有规定排入环境中的污染物的数量，也没有考虑环境净化和容纳的能力，这样在污染源集中的城市和工矿区，尽管各个污染源排放的污染物达到（包括稀释排放而达到的）浓度控制标准，但由于污染物排放的总量过大，仍然会使环境受到严重污染。因此，在环境管理上开始采用总量控制法，即把各个污染源排入某一环境的污染物总量限制在一定的数值之内，采用总量控制法，就必须研究环境容量问题。

三、环境的分类

根据环境要素、人类对环境的作用及环境的功能，可以将人类环境区分为自然环境、生态环境和社会环境。

1．自然环境

自然环境指的是自然因素的总体。如果从环境要素来考虑，可再分为大气环境、水环境、土壤环境及生物环境等；它是人类目前赖以生存、生活和生产所必需的自然条件和自然资源的总称；它在人类出现之前，已按照自己的运动规律经历了漫长的发展过程。自人类出现之后，自然环境就成为人类生存和发展的主要条件。人类不仅有目的地利用它，还在利用过程中不断影响和改造它。

自然环境按人类对其影响和改造的程度，又可分为原生自然环境和次生自然环境。

（1）原生自然环境。是指完全按照自然规律发展和演变的区域。如极地、高山、人迹罕至的沙漠和冻土区、原始森林、大洋中心地区等。这些区域，目前尚未受到人类影响，景观面貌基本上保持原始状态。

（2）次生自然环境。是指受人类发展活动影响，原来的面貌和环境功能发生了某些变化的区域。如次生林、天然牧场等。

随着人类经济和社会发展活动的范围和规模的扩大，自然界原生自然环境越来越小。当今，严格意义上的原生自然环境几乎不复存在。像两极大陆，虽然目前人类活动的直接影响还较小，但由于人类活动造成的“臭氧空洞”以及农药的大量施用，已经危及到那里的生物。

2．生态环境

从生物与其生存环境相互关系的角度出发，我们可以将对生物生命活动起直接影响和作用的那些环境要素（即生态因素）的总和称为生态环境。

光、热、水、空气、土壤等都是生态因素。各个生态因素并非孤立地、单独地对生物发生作用，而是综合在一起对生物产生影响。也就是说，生态环境是生物或其群体居住地段的所有生态因素的总体。

由于各地区地理条件不同，从而形成了多种多样的生态环境类型（如：森林、草原、海洋），这也正是地球上生物种群多样化的主要原因之一。

各地区各种生态因素的变化幅度很大。每种生物所能适应的范围却有一定的限度。如果某个或某几个生态因素的质和量高于或低于生物所能忍受的限度，无论其他因素是否适合，都将影响生物的生长、发育和繁殖，甚至导致生物死亡。这样的生态因素称作限制因素。限制因素随时间、地点和生物种类的变化而有所不同。如在干旱和半干旱地区，植物生存的限制因素是水分条件；在严重污染的水域，有毒的污染物常是水生生物存活的限制因素。因此，在研究生物与其生存环境的相互关系时，既要注意生态环境的综合作用，也要注意限制因素的单独作用。

3．社会环境

社会环境是指人类的社会制度等上层建筑条件，包括社会的经济基础、城乡结构以及同各种社会制度相适应的政治、经济、法律、宗教、艺术、哲学的观念与机构等。它是人类在长期生存发展的社会劳动中所形成的，是在自然环境的基础上，人类通过长期有意识的社会劳动，加工和改造了的自然物质，所创造的物质生产体系，以及所积累的物质文化等构成的总和。社会环境是人类活动的必然产物，它一方面可以对人类社会进一步发展起促进作用，另一方面又可能成为束缚因素。社会环境是人类精神文明和物质文明的一种标志，并随着人类社会发展不断地发展和演变，社会环境的发展与变化直接影响到自然环境的发展与变化。人类的社会意识形态、社会政治制度，如对环境的认识程度，保护环境的措施，都会对自然环境质量的变化产生重大影响。近代环境污染的加剧正是由于工业迅猛发展所造成的，因而在研究中不可把自然环境和社会环境截然分开。

四、环境的特性

1. 整体性

人与自然环境是一个整体。在环境问题上，个人的利益和价值与群体的利益和价值、区域性的利益和价值与全球性的利益和价值常常是无法截然分开的。

地球的任一地区或任一生态因素，都是环境的组成部分。各部分之间有着相互联系、相互制约的关系。局部地区环境的污染和破坏，会对其他地区造成影响；某一环境要素恶化，也会通过物质循环影响其他环境要素。因此，生态危机和环境灾难是没有地域边界的；在环境问题上，全球是一个整体，一旦全球性的生态破坏出现，任何地区和国家都将蒙受其害，而且全球性环境问题还具有扩散性、持续性的特点。例如，人类在农业区域使用的 DDT 农药，能从生活在南极大陆上的企鹅体内检出；热带雨林的破坏使全球气候都受影响，不少自然物种灭绝；气温升高，会导致干旱，沙漠化加剧；1986 年前联切尔诺贝利核电站泄漏事故，不仅造成本地区及附近人员的极大伤亡，而且其核泄漏产生的放射性尘埃还远飘至北欧，甚至扩散到整个东欧和西欧地区；1991 年海湾战争中伊拉克焚毁科威特油田造成的全球性影响，有人估算会延续数十年。所以，人类生存环境及其保护从整体看是没有地区界限和国界的；在环境的保护和治理问题上，地区与地区、国与国之间要进行充分的合作。正如 1972 年《人类环境宣言》指出：“保护和改善人类环境是关系到全世界各国人民的幸福和经济发展的重要问题，也是全世界各国人民的迫切希望和各国政府的责任。”

另外，人类对环境的行为往往不是个人的行为。任何人对环境的态度和行为，所产生的环境后果都不仅限于个人，而且会对周围乃至整个人类造成影响。对环境的治理和保护，需要社会每个成员从自己做起，集合群体的努力才能奏效；而人类对环境的保护和对环境污染的治理，最终将使每个人受惠。

2. 有限性

在宇宙间人们所能认识到的天体中，目前发现只有地球适合于人类生存。离地球最近的月球上，没有空气和水，只有一片沙砾，是一个死寂的世界；火星上遍布火山和沙漠，空气稀薄（只有地球的 1%），表层是一个冰封的世界，最低温度在−110℃，最高温度仅 22℃；金星又活像一座炼狱，它充满蒸腾的腐蚀大气，温度为 500℃，气压高达 1.013×10^{7} Pa。水星、木星、天王星、海王星和冥王星的自然条件，也都无法使生命生存。经科学家们证实，至少在以地球为中心的 4×10^{14} km 的范围内，没有适合人类居住的第二颗星球。

因此，虽然宇宙空间无限，但人类生存的空间以及资源、环境对污染的忍耐能力等都是有限的。所以，人类的生存环境是脆弱的，是容易遭到破坏的。地球只是承载生命的一叶孤舟，当人类的索取超过一定的限度时，它还能安全航行吗?

3. 不可逆性

环境在运动过程中存在着能量流动和物质循环两个过程。前一过程是不可逆的；后一过程变化的结果也不可能完全回复到它原来的状态。因此，要消除环境破坏的后果，需要很长的时间。例如，世界文明的四大发祥地（黄河、恒河、尼罗河、幼发拉底河流域）在远古都是林茂富饶的地方，但都由于不合理的开垦利用使自然环境遭到破坏，至今仍然无法恢复良性状态。又如英国的泰晤士河，由于工业废水污染，1850 年后河水中的生物基本绝迹。经过了一百多年的努力治理，耗费了大量投资才使河水水质有所改善。无数事实证明，不顾环境而单纯追求经济增长会适得其反。因为取得的经济利益是暂时的，环境恶化却是长期的，两相比较，损失是巨大的。人类在经济活动中，必须以预防为主、全面规划，努力避免不可逆环境问题的产生。

4. 潜在性

除了事故性的污染与破坏（如森林火灾，农药厂事故等）可以很快观察到后果外，环境破坏对人类产生的影响一般需要较长时间才能显示出来。如日本九州熊本县南部的水俣镇，在 20 世纪 40 年代生产氯乙烯和醋酸乙烯时采用汞盐催化剂，含汞废水排入海湾，对鱼类、贝类造成污染，人食用了这些鱼、贝引起的水俣病是经过一二十年后，于 1953 年才显露出来的，直到现在还有病患者。再如，我们现在丢弃的泡沫塑料制品，降解需要 300 多年。它们在粉化后进入土壤，会破坏土壤结构，使农业减产。环境污染的危害会通过遗传贻害后世。目前中国每年出生数百万有生理缺陷的婴儿，与过去的环境污染不无关系。

5. 放大性

局部或某一方面的环境污染与破坏，造成的危害或灾害，无论从深度还是广度上，都会明显放大，如河流上游森林毁坏，可造成下游地区的水、旱等灾害；大气臭氧层稀薄，其结果不仅使人类皮肤癌患者增多，而且由于大量紫外线杀死地球上的浮游生物和幼小生物，打断了食物链的始端，以致有可能毁掉整个生物圈。科学研究表明，两亿年前由于臭氧层一度变薄，导致地球上 90%的物种灭绝。

6. 环境自净

环境受到污染后，在物理、化学和生物的作用下，逐步消除污染物达到自然净化。环境自净按发生机理可分为物理净化、化学净化和生物净化三类。

（1）物理净化。环境自净的物理作用有稀释、扩散、淋洗、挥发、沉降等。如含有烟尘的大气，通过气流的扩散，降水的淋洗，重力的沉降等作用，而得到净化。混浊的污水进入江河湖海后，通过物理的吸附、沉淀和水流的稀释、扩散等作用，水体恢复到清洁的状态。土壤中挥发性污染物如酚、氰、汞等，因为挥发作用，其含量逐渐降低。物理净化能力的强弱取决于环境的物理条件和污染物本身的物理性质。环境的物理条件包括温度、风速、雨量等。污染物本身的物理性质包括比重、形态、粒度等。温度的升高利于污染物的挥发，风速增大利于大气污染物的扩散，水体中所含的黏土矿物多利于吸附和沉淀。

（2）化学净化。环境自净的化学反应有氧化和还原、化合和分解、吸附、凝聚、交换、络合等。如某些有机污染物经氧化还原作用最终生成水和 CO_2 等；水中铜、铅、锌、镉、汞等重金属离子与硫离子化合，生成难溶的硫化物沉淀；铁、锰、铝的水合物、黏土矿物、腐殖酸等对重金属离子的化学吸附和凝聚作用；土壤和沉积物中的代换作用等均属环境的化学净化。影响化学净化的环境因素有酸碱度、氧化还原电势、温度和化学组分等，污染物本身的形态和化学性质对化学净化也有重大的影响。温度的升高可加速化学反应。有害的金属离子在酸性环境中有较强的活性而利于迁移；在碱性环境中易形成氢氧化物沉淀而利于净化。氧化还原电势值对变价元素的净化有重要的影响。价态的变化直接影响这些元素的化学性质和迁移、净化能力。如三价铬（Cr^{3+}）迁移能力很弱，而六价铬（Cr^{6+}）的活性较强，净化速率低。环境中的化学反应如生成沉淀物、水和气体则利于净化，如生成可溶盐则利于迁移。

（3）生物净化。生物的吸收、降解作用使环境污染物的浓度和毒性降低或消失。植物能吸收土壤中的酚、氰，并在体内转化为酚糖甙和氰糖甙，球衣菌可以把酚、氰分解为 CO_2 和水；绿色植物可以吸收 CO_2，放出 O_2。同生物净化有关的因素有生物的科属、环境的水热条件和供氧状况等。在温暖、湿润、养料充足、供氧良好的环境中，植物的吸收净化能力强。生物种类不同，对污染物的净化能力可以有很大的差异。有机污染物的净化主要依靠微生物的降解作用。如在温度为 20～40℃、pH 为 6～9、养料充分、空气充足的条件下，需氧微生物大量繁殖，能将水中的各种有机物迅速分解、氧化、转化成为 CO_2、水、氨和硫酸盐、磷酸盐等。厌氧微生物在缺氧条件下，能把各种有机污染物分解成甲烷、CO_2 和 H_2S 等。在硫黄细菌的作用下，H_2S 可能转化为硫酸盐。氨在亚硝酸菌和硝酸菌的作用下被氧化为亚硝酸盐和硝酸盐。植物对污染物的净化主要是通过根和叶片的吸收。城市工矿区的绿化，对净化空气有明显的作用。

第二节 环境问题

所谓环境问题是指作为中心事物的人类与作为周围事物的环境之间的矛盾。人类生活在环境之中，其生产和生活不可避免地对环境产生影响。这些影响有些是积极的，对环境起着改善和美化的作用；有些是消极的，对环境起着退化和破坏的作用。另一方面，自然环境也从某些方面（例如严酷的自然灾害）限制和破坏人类的生产和生活。人类与环境之间相互的消极影响就构成环境问题。

环境问题，就其范围大小而论，可分广义和狭义两个方面。从广义理解，是由自然力或人力引起生态平衡破坏，最后直接或间接影响人类的生存和发展的一切客观存在的问题。从狭义上理解，仅是由于人类的生产和生活活动，自然生态系统失去平衡，反过来影响人类生存和发展的一切问题。

当今世界，人类面临着许多共同的环境问题。总的来说主要表现为环境污染和生态破坏。

一、环境问题分类

环境问题分类的方法有很多，根据引起环境恶化的原因，环境问题可分为原生环境问题和次生环境问题。

1. 原生环境问题

原生环境问题也称第一类环境问题。它的产生是由自然界本身运动引起的，不受或较少受人类活动的影响。如地震、海啸、火山活动、台风、干旱、水涝等自然灾害。这类灾难危害剧烈。如 1976 年 7 月 27 日深夜我国唐山发生的 7.8 级大地震，所释放的能量相当于 1 000 万 t 级的氢弹，是日本广岛原子弹的 200 倍。十几秒钟的大地震动，就将百万人的城市化作一片废墟，造成 24 万人死亡，16 万人受伤，为 20 世纪最惨烈的灾难之一。

2. 次生环境问题

次生环境问题也称第二类环境问题。它是由于人类不适当的生产和消费而引起的环境污染和生态环境破坏。

原生和次生两类环境问题只是相对的。它们常常相互影响，彼此重叠发生，形成所谓的复合效应。例如，过量开采地下水有可能诱发地震；大面积毁坏森林可导致降雨量减少；大量排放 CO_2 可加强“温室效应”，使地球气温升高、干旱加剧。

目前，人类对第一类环境问题尚不能有效防治，只能侧重于监测和预报。本书研究的对象主要是第二类环境问题。

二、环境问题的产生和发展

自然环境的运动，一方面有它本身固有的规律，同时也受人类活动的影响。自然的客观性质和人类的主观要求、自然的发展过程和人类活动的目的之间不可避免地存在着矛盾。

人类通过自己的生产与消费作用于环境，从中获取生存和发展所需的物质和能量，同时又将“三废”排放到环境中；环境对人类活动的影响（特别是环境污染和生态破坏）又以某种形式反作用于人类，从而人类与环境间就以物质、能量、信息联结起来，形成复杂的人类环境系统。

当人类的活动违背自然规律时，就会对环境质量造成一定程度的破坏，从而产生了环境问题。

以环境污染为例。环境对污染虽然具有一定的容纳能力和自净能力，但这种环境容量和自净力都是有限度的。人类活动产生并排入环境的污染物和污染因素，超越了这种限度，就会导致环境质量的显著恶化。

可以说，环境问题是伴随着人类的出现而产生的。但在古代，由于对自然的开发和利用规模较小，所以环境问题不十分突出。环境问题成为严重的社会问题，是从产业革命开始的。

1784 年瓦特发明了蒸汽机。以此为起点的产业革命使人类社会的生产力得到巨大提高，也给环境带来了污染和破坏。由于大量用煤作燃料，烟尘和 SO_2 污染了大气；矿冶、制碱工业使水污染，出现了一系列“公害”事件。例如，英国伦敦 1873 年、1880 年和 1891 年发生三次烟雾污染事件，死亡 1 532 人。日本从 1893 年起大约 50 年间，足尾铜矿冶炼过程中排出的废气和废水使大片森林死亡、田园荒芜，几十万人流离失所，无家可归。

20 世纪 20～40 年代，燃煤造成的污染剧增不减，同时出现了石油工业和石油产品带来的污染。大气中氮氧化合物含量增加，出现了光化学烟雾。

20 世纪 50 年代末和 60 年代初，随着工业发展、人口增加和城市化进程加快，环境污染发展到顶峰，并已成为发达资本主义国家的一个重大社会问题。著名的“八大公害事件”大多发生在这一时期。

这一时期除石油及石油产品的污染大量增加、巨型油轮污染海洋、高空飞行器污染大气外，有毒化学品、农药、化肥的使用、放射性装置的出现，以及噪声、振动、垃圾、恶臭、电磁波辐射和地面沉降等公害纷至沓来，不仅污染了农田、水域，就连高山、极地、人迹罕至的岛屿也难幸免。

当代世界环境问题的特点是，人类文明和对环境的开发利用都达到空前的程度。发达国家对环境治理取得一定成效，但仍然存在或新产生了一些问题；发展中国家急切改变贫穷落后状态的愿望与行动，加剧了生态破坏和环境污染。这些环境问题强烈地制约和影响着经济的发展，甚至明显地危及人类的生存。

三、环境问题的实质

从环境问题的发展历程可以看出：人为的环境问题是随人类的诞生而产生，并随着人类社会的发展而发展。从表面现象看，工农业的高速发展造成了严重的环境问题。因而在发达的资本主义国家出现了“反增长”的观点。诚然，发达的资本主义国家实行高生产、高消费的政策，过多地浪费资源、能源，应该进行控制；但是，发展中国家的环境问题，主要是由于贫困落后、发展不足和发展中缺少妥善的环境规划和正确的环境政策造成的。所以只能在发展中解决环境问题，既要保护环境，又要促进经济发展。只有处理好发展与环境的关系，才能从根本上解决环境问题。

综上所述，造成环境问题的根本原因是对环境的价值认识不足，缺乏妥善的经济发展规划和环境规划。环境是人类生存发展的物质基础和制约因素，人口增长，从环境中取得食物、资源、能源的数量必然要增长。人口的增长要求工农业迅速发展，为人类提供越来越多的工农业产品，再经过人类的消费过程（生活消费与生产消费），变为“废物”排入环境。而环境的承载能力和环境容量是有限的，如果人口的增长、生产的发展，不考虑环境条件的制约作用，超出了环境的容许极限，那就会导致环境的污染与破坏，造成资源的枯竭和人类健康的损害。国际国内的事实充分说明了上述论点。所以环境问题的实质是盲目发展、不合理开发利用资源而造成的环境质量恶化和资源浪费、甚至枯竭和破坏。

四、当前人类面临的主要环境问题

随着工农业的发展，污染所涉及的范围越来越大，污染不再局限发生于污染源周围，而是由于长期的积累，在更广的范围内也能出现污染的迹象。酸雨和 SO_2 的危害不仅发生在工业发达的地区，世界范围内都有它们的踪迹。在人迹罕至的南极，也能从企鹅体内检测出 DDT 的存在。因而，今天，污染已呈现出明显的全球一体化趋势，许多重大的全球性环境问题不断出现。

目前国际社会最关心的全球环境问题主要包括：全球气候变化、臭氧层破坏、酸雨、有害有毒废弃物的越境转移和扩散、生物多样性锐减、热带雨林减少、沙漠化、发展中国家人口及贫困问题等，以及由上述问题带来的能源、资源、饮水、住房、灾害等一系列问题。这些问题都是人类经济活动的直接或间接的后果，是经济的盲目发展、自然资源不合理的开发利用，造成环境质量恶化和自然资源的枯竭与破坏。而这些经济行为，又与一定国家的政策有关，与社会问题，特别是人口急剧增长、产业化和城市化进程有关。因此，解决环境问题必须要有相当的经济实力，依赖于科学技术的进步和人口素质的提高，需要全球众多国家加强合作，共同努力，需要发达国家对发展中国家的协助，即解决环境问题需要全球共同行动。

第三节　环境与健康

一、人体与环境的关系

人体与环境都是由物质组成的。物质的基本单元是化学元素，地球化学家们分析了空气、海水、河水、岩石、土壤、蔬菜、肉类和人体的血液、肌肉及各器官的化学元素含量，发现人体血液和地壳岩石中化学元素的含量具有相关性。例如，人体血液中 60 多种化学元素的平均含量与地壳岩石中化学元素的平均含量非常接近。由此看出化学元素是把人体和环境联系起来的基础。

通常，人体通过新陈代谢与周围环境不断地进行能量传递和物质交换。如人体吸入 O_2，呼出 CO_2；摄入水和营养物质，又排出汗、尿、粪便等，从而维持人体的生长和发育。正常情况下，人体总是从内部调节自己的适应性，使之与环境保持一种动态平衡关系。如果环境遭受污染，使环境中某些化学元素或物质增多，如汞、镉等重金属或难降解的有机污染物污染了空气或水体，继而污染土壤和生物，再通过食物链侵入人体。它们在人体内累积达到一定量时，就会破坏原有的平衡状态，引起疾病，甚至贻害子孙后代。

总之，人体与环境是相互依存的关系，是不可分割的辩证统一体。环境的好坏，直接影响人类的生活质量和人体的健康与人的寿命。

二、环境污染致病的特点

人类在其发展过程中，逐渐形成了能适应环境变化的各种生理调节功能。如果环境发生了异常变化，并且超出了人体正常调节功能的范围，则可引起人体某些功能和结构发生异常变化，从而使人患病。通常见到的环境污染致病因素有物理的，如噪声、振动、电磁辐射等；有化学的，如各种化学污染物；有生物的，如细菌、病毒等。

环境异变导致人体患病一般有以下特点：

1. 作用时间长

在污染场地工作的人员和该区域生活的人群，长时间接触污染物质，呼吸污染的空气，饮用污染的水，食用污染的食品，就会遭受其害。

2. 影响范围广

环境污染涉及的地区广、人口多。如某工厂的污染可影响到周围的居民区；一个城市的污染源可影响另一个地区；在一定条件下污染物还可以迁移到较远的地区，如放射性尘埃等。

3. 作用机理复杂

污染物进入环境后，经大气、水体等的扩散、稀释，一般浓度很低。但由于环境中存在的污染物种类繁多，它们不仅可通过理化和生化作用发生转化、代谢、降解、富集而单独产生危害，也可联合产生危害。

4. 多途径进入体内

大气中的污染物一般通过呼吸进入肺部，再通过毛细血管进入血液，随血液循环分布到全身，产生毒害。水和土壤中的污染物通过消化系统危害人体。有些环境污染物还可通过汗腺、毛孔或皮肤伤口被人体吸收。如汞、砷、苯、有机磷化合物可经皮肤吸收，随血液循环分布全身。

三、环境污染对人体健康的危害

环境污染对人体健康的危害大致可分为急性中毒、慢性中毒、致畸、致癌和致突变等作用。

1. 急性中毒

急性中毒常发生在某些特殊条件下。如外界气象条件突变、工厂在生产过程中发生事故造成有毒气体或液体泄漏等，会引起人群的急性中毒。例如，震惊世界的伦敦烟雾事件、美国的联合碳化物公司在印度博帕尔市农药厂剧毒气体外泄事件等。

2. 慢性中毒

人体长期连续地摄入低浓度污染物质，会导致慢性中毒。如人体长期吸入含有SO_2、飘尘、NO_x等即使浓度较低的污染空气能刺激呼吸系统，诱发呼吸道的各种炎症；长期少量食入受污染的食品，可引发多种慢性疾病，某些食品污染物还具有致畸、致癌或致突变作用。例如：发生在日本的“水俣病”“骨痛病”“四日市哮喘病”等都是慢性中毒的典型例子。

3. 致畸作用

致畸作用是指环境污染物在母体怀孕期内，影响胚胎发育和器官分化，使子代出现先天性畸形的作用。日本的水俣湾地区曾经出现过不少畸形婴儿，他们中有的头很小、智力低下；有的视网膜上脉络缺损；有的患有多种畸形。这都是孕妇吃了含有甲基汞的鱼所引起的。有些放射性物质能引起眼白内障和小头症等畸形症状。随着环境污染的加重，胎儿的先天畸形率呈上升态势。这些畸形儿不仅给家庭带来很大苦恼，给国家和社会造成负担，同时也降低了人口质量。

4. 致癌作用

致癌作用是一个相当复杂的过程。化学物质的致癌作用一般认为有两个阶段：一是引发阶段，即在致癌物作用下引发细胞基因突变。二是促长阶段，主要是突变细胞改变了遗传信息的表达，致使突变细胞和癌变细胞增殖成为肿瘤。人类常见的八大癌症有 4 种在消化道（食管癌、胃癌、肝癌、肠癌），2 种在呼吸道（肺癌、鼻咽癌），因此癌症的预防重点是空气与食物的污染，尤其应预防苯并[a]芘、亚硝胺、黄曲霉素三大强致癌物的危害。

四、环境与疾病

1. 地方病

发生在某一特定地区，同一定的自然环境有密切关系的疾病称地方病。地方病主要是由于地壳表面的局部地区出现了各种化学元素分布不均的现象，某些元素相对过剩，某些元素相对不足，人体从环境中摄入的元素过量或过少，使人体正常生长发育受到影响，从而引发的某些疾病，又称地球化学性疾病。我国最典型的地球化学性疾病主要有地方性甲状腺肿、克山病、地方性氟中毒等。

（1）地方性甲状腺肿。世界上流行最广泛的一种地方病，俗称“大粗脖”“瘿袋”，其症状主要是以甲状腺肿大为病症。该病的产生主要是由于自然环境缺碘，人体摄入碘量不足而引起的。婴幼儿及青年在生长发育期间缺碘，还会导致大脑发育不全，智力低下。目前在我国，除少数地区外普遍缺碘，病区县达 1 000 多个，仅陕西省目前 107 个县都是缺碘地区，受害人口达 3 480 余万。在陕南秦巴地区，因缺碘引起的痴、呆、傻患者达 20 万人。当地流传的一首民谣说：“一代甲，二代傻，三代四代断根芽。”缺碘性甲状腺肿最严重的并发症是地方性克汀病。

另外，除了缺碘性甲状腺肿疾病外，在我国滨海地区还出现有高碘性甲状腺肿。如渔民食用含碘丰富的海藻，饮用高碘水，食用高碘食物均会引起高碘性甲状腺肿。缺碘性和高碘性甲状腺肿在外观上并无大的区别，只能靠化验尿碘确定。缺碘性甲状腺肿的防治方法是补碘，高碘性甲状腺肿的防治方法是停用高碘饮食，并服用甲状腺素治疗。

（2）克山病。一种以心肌坏死为主要症状的地方病。因 1935 年最早在我国黑龙江省克山县发现而得此名。患者发病急，心肌受损，引起肌体血液循环障碍、心律失常、心力衰竭，死亡率较高。该病在我国 15 个省区流行，从兴安岭、太行山、六盘山到云贵高原的山地和丘陵一带。克山病区居民的头发和血液中硒的含量均显著低于非病区，因此初步认为病因可能与硒缺少有关。

（3）地方性氟中毒。在我国主要流行于贵州、内蒙古、陕西、山西、甘肃等地。在陕西，氟中毒主要流行于 59 个县，受害人口达 380 余万。它的基本特征是氟斑牙和氟骨病。

氟是人体所必需的微量元素，通常每人每日需氟量为 1.0～1.5 mg。氟中毒的患病率与饮水中的含氟量有密切关系。饮水中的含氟量高于 1.0 mg/L 以上，氟斑牙患病率就会上升。因为摄入过量的氟，在体内与钙结合形成 CaF_2，沉积于骨骼与软组织中，使血钙降低。CaF_2 的形成会影响牙齿的钙化，使牙釉质受损。此外，由于 F^- 与 Ca^{2+}、Mg^{2+}结合，使 Ca^{2+}、Mg^{2+}离子减少，一些需要 Ca^{2+}、Mg^{2+}离子的酶的活性受到抑制。如果饮水中的含氟量高于 4.0 mg/L 以上，则出现氟骨病，表现为关节痛，重度患者会关节畸形，造成残废。

2. 公害病

因环境污染而引起的地区性疾病称为公害病。公害病不仅是一个医学概念，而且具有法律意义，须经严格鉴定和国家法律正式认可。公害对人群的危害极为广泛，公害病有以下特征。

（1）它是由人类活动造成的环境污染所引起的疾患。

（2）损害健康的环境污染因素是很复杂的，有一次污染物和二次污染物，有单因素作用或多因素的联合作用，污染源往往同时存在多个，污染源的数量及其排放污染物的性质和浓度同对人体的损害程度之间一般具有相关关系，确凿的因果关系则往往不易证实。

（3）公害病的流行，一般具有长期（十几年或几十年）陆续发病的特征，还可能累及胎儿、危害后代，也可能出现急性暴发型的疾病，使大量人群在短期内发病。

（4）公害病是新病种，有些发病机制至今还不清楚，因而也缺乏特效疗法。

20 世纪 30～60 年代，环境污染严重甚至发展成为社会公害，世界上发生了著名的“八大公害事件”，这些公害事件导致成千上万的人群患公害病。其中日本是研究公害病最早的国家之一，也是发生公害病最严重的国家之一。1974 年日本施行《公害健康被害补偿法》，确认与大气污染有关的四日市哮喘病、与水污染有关的水俣病和骨痛病、与食品污染有关的慢性砷中毒等为公害病，并规定了这几种病的确诊条件和诊断标准及赔偿法。同时，他们还设立专门的研究、医疗机构对患者进行治疗和追踪观察，以探明发病机制，寻求根治措施。

五、居住环境与健康

人一生中大约有三分之二的时间是在室内度过的。舒适的室内环境有利于人们进行良好的工作、学习、生活和休息。合理的室高、清洁的空气、适宜的温度和良好的采光，可以使人有舒适感。

从卫生学和建筑学等各种因素来看，人均居住容积应在 20～25 m^3。室内容积过小会使空气中污染物浓度增高，直接影响人体健康。

1. 居室污染源

（1）生活燃料产生的有害物质。随着人居基础设施水平的提高，城乡生活燃料气化率也有较大提高，由燃料产生的有害物质相对减少了。但是，除了燃料燃烧造成污染外，煎炒过程中油烟等污染物，还会聚集在不通风或通风不良的厨房中。据抽样监测表明，厨房内 CO、CO_2、SO_2、苯并[a]芘的浓度大大高于室外大气中的最高浓度值，使用石油液化气为能源的厨房更为严重。因此，在厨房中安装排油烟设备是必要的。

（2）装修材料产生的有害物质。居室装修中使用各种涂料、板材、壁纸、粘贴剂等，它们大多含有对人体有害的有机化合物，如甲醛、三氯乙烯、苯、二甲苯、酯类、醚类等。当这些有毒物质经呼吸道和皮肤侵入肌体及血液循环中时，便会引发气管炎、哮喘、眼结膜炎、鼻炎、皮肤过敏等。所以，房屋装修后最少要通风十几天再住。另外，这些有毒物质在很长时间内仍会释放出来，经常注意开窗通风是非常必要的。

（3）吸烟产生的有害物质。吸烟是一种特殊的空气污染，害己又害人。据有关资料介绍，全世界每年死于与吸烟有关的疾病人数达 300 万，吸烟已成为世界上严重的公害。在我国吸烟的危害尤其严重，不但吸烟人数逐年增加，而且为数不少的青少年也沾染了吸烟恶习，使品行和学习都受到了影响。据估计我国约有近 3.2 亿吸烟者，如不认真控烟，到 2030 年我国每年将有 170 万中年人死于肺癌。

烟草的化学成分十分复杂，吸烟时，烟叶在不完全燃烧过程中又发生了一系列化学反应，所以在吸烟过程中产生的物质多达 4000 余种。其中有毒物质和致癌物质如尼古丁、烟焦油、一氧化碳、3,4-苯并芘、氰化物、酚醛、亚硝胺、铅、铬等对人体健康危害极大。

每吸 1 支香烟，吸烟者约能吸入有害物质的 1/3，其余随烟雾飘逸到空气中，强迫别人甚至胎儿被动吸烟。吸烟已被医学界列为导致肺癌的肯定因素。长期吸烟者肺癌发病率比不吸烟者高 10～20 倍，喉癌、鼻咽癌、口腔癌、食道癌发病率也高出 3～5 倍。

（4）家用电器和建筑材料的辐射。

① 电磁波和射线。越来越多的现代化设备、家用电器的使用，在室内除产生空气污染、噪声污染外，电磁波及静电干扰以及射线辐射等也给人们的身体健康带来不可忽视的影响。

长期受低度的电磁波辐射，中枢神经系统会受到影响，产生许多不良生理反应，如头晕、嗜睡、无力、记忆力衰退，还可能对心血管系统造成损害。电视屏幕和电脑显示器可发出 X 射线。长时间大剂量的 X 射线可使细胞核内的染色体受到损害，可能引起孕妇流产、早产；可能导致胎儿中枢神经系统、眼睛、骨骼等畸形。

② 放射性辐射。主要来自氡。它是一种天然放射性气体，无色、无味，很不稳定，容易衰变为人体能吸收的同位素。氡能在呼吸系统滞留和沉积，破坏肺组织，从而诱发肺癌。

据统计，水泥、瓷砖、大理石等可使室内氡的浓度高达室外的 2～20 倍。

（5）其他污染物放出的有害气体。杀虫剂、蚊香、灭害灵等主要成分是除虫菊酯类，其毒害较小。但也有含有机氯、有机磷或氨基甲酸酯类农药，毒性较大，长期吸入会损害健康，并干扰人体的荷尔蒙。

2．居室污染的预防

居室环境与人体健康息息相关。防止室内污染，一是要控制污染源，减少污染物的排放，如装修时尽量选用环保材料；二是经常通风换气，保持室内空气新鲜。应特别指出，使用空调的房间由于封闭，会使 CO_2 浓度增高，使血液中的 pH 值降低。在这样的环境中长时间逗留，人们就会感到胸闷、心慌、头晕、头痛等。同时，空调器内有水分滞留，再加上适当的温度，一些致病的微生物如绿脓杆菌、葡萄球菌、军团菌等会繁殖蔓延。空调器也就成了疾病传播的媒介。因此，最好定时清洁空调器，还要适当注意室内通风。

阅读材料 1-1 几种常见的致病污染物

一、3,4-苯并芘（benzo pyrene）

3,4-苯并芘是一种由 5 个苯环构成的多环芳烃，其结构式为：

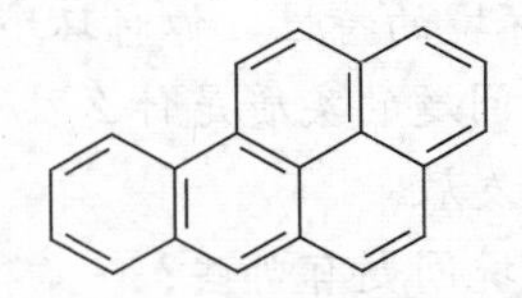

3,4-苯并芘可诱发皮肤癌、肺癌等。苯并芘及其他多环芳烃（大多具有致癌性）主要存在于煤、炭黑、汽油、煤焦油、石蜡、沥青中。它在烟草和烟气中的含量也是很可观的。吸 100 支香烟可产生 4.4 μg 苯并芘；另外，熏烤、煎炸的食品以及产生的烟雾中苯并芘含量都较高。防止苯并芘的污染，要尽可能避免食品在加工、贮运等过程中的机械性污染。如粮食、油料作物在柏油路上翻晒，可使苯并芘含量高 8.37 倍。其次，熏烤、煎炸食品时，注意减少烟尘污染，并掌握好炉温和时间，防止烤焦或炭化。食用油不可反复加热循环使用。

二、尼古丁（nicotine）

尼古丁是一种生物碱，也称烟碱，其结构式为：

N CH_3 N

尼古丁有成瘾作用且有剧毒。每吸 1 支烟产生尼古丁 0.5～3.5 mg，可以毒死 1 只小白鼠。尼古丁对人的致死量为 50～70 mg。它通过口、鼻、支气管及胃黏膜被人体吸收。尼古丁刺激神经系统，产生血管痉挛，引起心率加快，血压增高等症状。还可引起动脉壁增厚，是动脉粥样硬化和冠心病发病的主要因素。

三、二噁英（dioxin）

二噁英类总共有 223 种，其中毒性最强的是 2,3,7,8-TCDD，其结构式为：

Cl O Cl
Cl O Cl

二噁英的毒性是氰化钾的 1 万倍，是沙林（甲氟磷酸异丙酯，sarin）的 2 倍，1 g 2,3,7,8-TCDD 就足以使 1 万人丧生。二噁英中毒与氰化钾立即造成死亡不同，它往往使人缓慢地减轻体重，渐渐丧失免疫力和造血机能，逐步加重肝脏功能障碍，降低脂肪新陈代谢能力；还经常导致妇女不孕、流产或男子丧失制造精子能力等生殖系统障碍。

二噁英主要来源于有机氯杀虫剂、造纸以及垃圾焚烧。

复习与思考

1. 什么是环境?人类生存环境可分为哪几大类?分别予以简述。
2. 什么是环境质量和环境容量？二者有何区别？
3. 环境有哪些特性?针对环境的特性，你对环境保护的认识有什么提高?
4. 什么是环境问题？环境问题的实质是什么？
5. 简述环境问题的产生和发展。
6. 当前人类面临的主要环境问题有哪些？
7. 环境污染致病的特点是什么?污染对人体健康的危害主要有哪些？
8. 环境污染对人体健康的危害主要有哪些？
9. 简述地方病和公害病的区别，举例说明之。
10. 简述“室内污染”产生的原因和预防措施。

第二章

环境污染

环境污染主要是指由于人类活动所引起的环境质量下降而有害于人类及其他生物的正常生存和发展的现象。自然过程引起的同类现象，称为自然灾变或异常。

环境污染的产生有一个从量变到质变的发展过程。当某种能造成污染的物质的浓度或其总量超过环境自净的能力，就会产生危害。目前环境污染产生的原因是资源的浪费和不合理使用，使有用的资源变为废物进入环境而造成危害。

产业革命后，工业生产迅速发展，人类排放的污染物大量增加，以致在一些地区发生环境污染事件。如 1850 年起英国伦敦附近泰晤士河中水生生物大量死亡，1873 年伦敦烟雾事件等等。那时，由于受到科学技术和认识水平的限制，环境污染并没有引起重视。20 世纪 50 年代以来由于工业的进一步发展，在世界一些地区先后发生重大环境污染事件（公害事件），环境污染才逐渐引起人们普遍注意。

第一节　大气污染

一、大气的组成

大气是由多种气体混合组成的一种无色、无味的气体。主要成分有氮、氧、氩、二氧化碳等，此外还包括一些悬浮在空气中的固体和液体杂质。

1．干洁空气

自然界大气中除去水汽和固体杂质以外的整个混合气体，称为干洁空气。其组成中，氮和氧占整个干洁空气体积的 99%以上，还有氩、二氧化碳、臭氧等其他气体。干洁空气的组成见表 2-1。

表 2-1　干洁空气的成分

气体成分	体积分数/%	气体成分	体积分数/%
氮（N_2）	78.09	氦（He）	5.24×10^{-4}
氧（O_2）	20.95	氪（Kr）	1.0×10^{-4}
氩（Ar）	0.93	氢（H_2）	0.5×10^{-4}
二氧化碳（CO_2）	0.03	氙（Xe）	0.08×10^{-4}
氖（Ne）	18×10^{-4}	臭氧（O_3）	0.01×10^{-4}

（1）氮。氮是大气中含量最多的成分，约占干洁空气容积的 78.09%。它的化学性质不很活泼，在自然条件下很少与其他成分进行化合，只有在豆科植物根瘤菌的作用下才能改变成能被植物吸收的化合物，成为地球上生命体的基本成分。大量的氮可以冲淡氧，使自然界的氧化作用不至于过于激烈。

（2）氧。氧是大气中含量仅次于氮的成分，约占干洁空气容积的 20.95%。氧是动植物进行呼吸作用维持生命所必需的气体。同时，氧的化学性质活泼，在有机物燃烧、腐烂，以及大气化学过程中都起着重要作用。

（3）二氧化碳。在大气中的含量甚少，平均为干洁空气总容积的 0.03%。它是通过海洋和陆地中有机物的生命活动，土壤中的有机物的腐化、分解及石化燃料的燃烧而进入大气的。因此，二氧化碳主要集中在大气底层，20 km 以上的高空就很少了。二氧化碳在大气中的含量虽少，但它既是绿色植物光合作用的重要原料，又对地面长波辐射和大气温度变化产生一定影响。近年来，由于大气中二氧化碳的含量明显增加，可能对全球气温的变化产生影响，已引起世界的广泛关注。

（4）臭氧。在大气中的含量极少，它主要分布在离地面 20～30 km 的高空，形成臭氧层。臭氧的形成是氧分子在太阳紫外线和闪电作用下，部分氧分子离解成氧原子，再与氧分子结合而成。但在大气的上层，由于短波紫外线的强度太大，使氧分子全部分解，因此，氧原子与氧分子相遇机会很少；而在较低层次，由于紫外线的强度因大气吸收而减弱，只有很小一部分的氧分子发生离解，因而臭氧含量很少，且不固定。

臭氧对太阳紫外线的吸收极为强烈，使得小于 0.29 μm 的紫外线几乎完全不能到达地面，对地面上的生命体起着保护作用，使之免遭强紫外线辐射的伤害，而通过臭氧过滤后到达地面上的少量波长较长的紫外线辐射，又可起到杀菌治病的作用。

2. 大气中的水汽

大气中的水汽主要来源于江、河、湖、海及潮湿物体表面的水分蒸发。它在大气中的含量随高度的增加而减少，并且还因纬度、地势的高低以及海陆分布的不同而有显著差异。纬度越高，地势越高，水汽的含量就越少，在寒冷干燥的陆地面上空水汽含量近于零；而在温度较高的洋面上空水汽含量可达 4%左右。

水汽在大气中的含量虽然不多，但在大气变化中却是个重要角色，也是大气中唯一能发生相变的成分。水汽的相变不仅引起了云、雾、雨、雪等一系列的天气现象，而且又能强烈的吸收和放射长波辐射，直接影响着地面和大气温度变化。

3. 大气中的固体杂质和液体微粒

悬浮在大气中的气溶胶离子主要来源于物质燃烧的烟尘、风吹扬起的尘土、宇宙尘埃、海水浪花飞溅起的盐粒、火山灰及细菌、微生物、植物花粉、工业排放物等。大多集中在大气底层，其中大颗粒很快降回地表或被降水冲掉，小的微粒通过大气垂直运动可扩散到对流层高层，能在大气中悬浮 1～3 年。

大气中的尘埃含量因时间、地区、高度而异。一般是城市多，农村少；陆地多，海洋少；冬季多，夏季少；清晨和夜间多，午后少。

大气中的固体杂质和液体微粒大部分是吸湿性的，往往成为水汽凝结核心，对云、雨、雪、雹形成起了重要作用；而且使大气能见度变坏；同时也能吸收、反射、散射部分太阳辐射，阻挡地面长波辐射，从而影响地面和大气层的温度。

大气污染中所指的固体杂质主要是指经人类活动向大气中排放的物质燃烧的烟粒。然而它在大气中所占的含量并不一定高于自然界通过自然现象所产生的尘粒，但自然界通过自然现象所产生的尘粒遍布于整个地球的大气中，而人为产生的烟尘则仅局限于人们生存和生活的集中地区。因此，人为产生的大气固体杂质是当今造成大气污染的主要物质。

4．大气成分的变化和污染

就整个大气成分来说，有着漫长的发生、发展的历史，目前大气成分仍然处于缓慢地变化过程中，大气成分的变化可导致大气污染，引起气候的变化。

由于人为因素所产生的含有有害物质的废气进入大气中，使大气中出现了通常没有或极少的物质，其数量、浓度和在空气中的滞留时间，足以影响人体健康和动植物生存时，即为大气污染。

二、大气的垂直分层

地球大气的总质量大约为 5.27×10^{15} t。测定大气质量的主要部分集中在底层，10 km 以下占 75%，20 km 以下占 95%。只有 5%的空气散布在 20 km 以上的高空中。至 2 000～3 000 km 的高处，地球大气的密度与星际空间的密度非常相近，这个高度被人们认为是地球大气的上界。从地球表面到地球大气的上界，根据大气温度的垂直分布和运动的特征，一般将大气分为对流层、平流层、中间层、暖层、散逸层五层（图 2-1）。

1．对流层

对流层是大气的最底层，底界是地面，上界因纬度和季节不同而异。对流层上界随纬度的变化是：在低纬地区，平均为 17～18 km；中纬地区平均为 10～12 km；两极地区平均为 8～9 km。从季节看，夏季的高度大于冬季。

对流层集中了大气质量的 3/4 和几乎全部的水汽和固体杂质，自然界中主要的天气现象都发生在这一层中，这是对地面人类生产、生活影响最为剧烈的一层。此层有三个主要特点：

（1）气温随高度的增加而递减。这是因为对流层空气的热源主要来自地面的长波辐射，因而愈近地面空气受热愈多。平均每上升 100 m，气温下降 0.65 ℃。到对流层顶部，气温可降到－50 ℃以下。

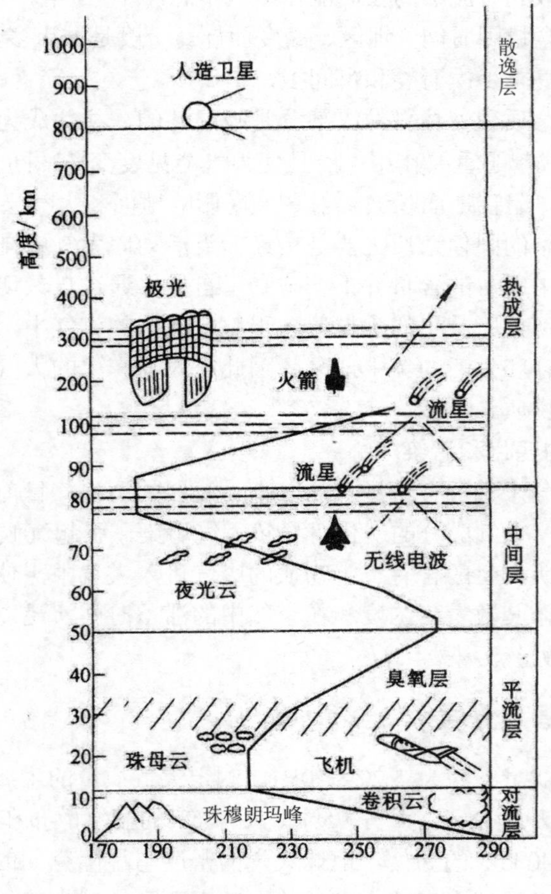

图 2-1 大气层结构

（2）空气对流运动显著。该层上部冷下部热，加之地面热力差异对空气不均匀的加热，有利于空气的对流运动。

（3）天气现象复杂多变。近地面的水汽和固体杂质通过对流运动向上输送，随着气温的变化可产生一系列的物理过程，产生云、雨、雪、雹、雷、电等天气现象。

2. 平流层

自对流层顶到 55 km 左右是平流层。这一层的特点是：

（1）温度随着高度的增加而升高。该层气温最初保持不变或微有上升，到 25 km 以上，气温升高显著。这种“逆温”特点是由于该层存在臭氧层的缘故。臭氧层能够直接吸收太阳的紫外线辐射，使该层的气温随着高度的增加而升高。

（2）气流以水平运动为主。由于该层上热下冷，气流垂直运动微弱，空气运动以水平运动为主。因此，污染物一旦进入该层，就可长时间滞留，且易造成大范围以至全球性的影响。

（3）水气杂质含量极少。因此，云雨就很难形成。大气平稳，天气晴朗，对高空航天飞行有利。

3．中间层

平流层顶到 80 km 高处左右为中间层。该层的特点是：气温随高度增加而迅速下降，顶部气温可降至－100℃；存在相当强烈的垂直运动。其原因是由于这一层中几乎没有 O_3。

4．暖层（电离层）

位于中间层顶至 800 km 高度，该层的特点是：

（1）气温随高度增加上升很快。该层由于空气十分稀薄，气体分子在射线作用下发生电离，成为原子、离子和自由电子。电离后的氧能强烈吸收太阳的短波辐射，使气温随高度增加迅速上升，在该层的顶部气温可达 1 000 ℃以上。

（2）大气处于高度电离状态。故该层也称电离层。电离层能反射无线电波，对全球的无线电通信具有重大影响。

5．散逸层

800 km 高度以上的大气层统称为散逸层。这一层的大气极其稀薄，地心引力微弱，加之温度高，一些高速运动的空气质点，经常散逸至宇宙空间。它是地球大气向星际空间过渡的层次。

三、大气污染源及污染物

1．大气污染源

因人类活动产生的大气污染源按污染物发生类型主要可分为以下几种：

（1）工业污染源。主要包括工业用燃烧燃料排放的废气及工业生产过程的排气等。如火力发电厂、钢铁厂、水泥厂、化工厂、金属冶炼厂等在生产过程中向大气中排放污染物。它是大气污染的主要污染源。

（2）农业污染源。农用燃烧燃料的废气、某些有机氯农药对大气的污染，施用的氮肥分解产生的 NO_x 等。

（3）交通污染源。由汽车、火车、飞机、船舶等交通工具燃烧燃料排放的污染物。

（4）生活污染源。民用炉灶及取暖锅炉燃煤排放的污染物，焚烧垃圾的废气、垃圾在堆放过程中由于厌氧分解排出的二次污染物等。

2．主要大气污染物

污染大气的物质称为大气污染物。目前对环境和人类产生危害的大气污染物有 100 种左右。其中影响范围广、具有普遍性的污染物有颗粒物、SO_2、NO_x、CO_x、碳氢化合物（HC）等。

（1）颗粒物。颗粒物是指除气体之外的包含于大气中的物质，包括各种各样的固体、液体和气溶胶。其中有固体的灰尘、烟尘、烟雾，以及液体的云雾和雾滴，其粒径范围主要在 200～0.1 μm。按粒径的差异，可以分为降尘和飘尘两种。

降尘是指粒径大于 10 μm，在重力作用下可以降落的颗粒状物质。其多产生于固体破碎、燃烧残余物的结块及研磨粉碎的细碎物质。自然界刮风及沙暴也可以产生降尘。

飘尘是指粒径小于 10 μm 的煤烟、烟气和雾在内的颗粒状物质。由于这些物质粒径小、质量轻，在大气中呈悬浮状态，且分布极为广泛。飘尘可以通过呼吸道被人吸入体内，对人体造成危害。

颗粒物自污染源排出后，常因空气动力条件的不同、气象条件的差异而发生不同程度的迁移。降尘受重力作用可以很快降落到地面；而飘尘则可在大气中保存很久。

颗粒物对大气的污染越来越受到人们的重视，其原因是：① 颗粒物中有许多致癌、致畸、致突变的物质，因此它们进入人的呼吸系统后所造成的危害比一般气体污染物要严重得多。② 颗粒物能散射和吸收阳光，增加大气的混浊度，还会影响降雨和气候。③ 可与某些气体污染物作用形成危害更大的二次污染，如酸雾。

（2）硫化物。硫常以 SO_2 和 H_2S 的形态进入大气，也有一部分以亚硫酸及硫酸（盐）微粒形式进入大气。大气中的硫约 2/3 来自天然源，其中以细菌活动产生的 H_2S 最为重要。人为源产生的硫排放的主要形式是 SO_2，主要来自含硫煤和石油的燃烧、石油炼制以及有色金属冶炼和硫酸制造等。目前全世界每年排放的含硫化合物约 4 亿 t，其中 SO_2 就有 1.5 亿 t。我国以煤为主要燃料，加之燃烧技术落后，是排放 SO_2 最多的国家之一。2009 年，我国 SO_2 排放量为 0.221 4 亿 t，烟尘排放量为 0.084 7 亿 t，工业粉尘排放量为 0.052 3 亿 t。

SO_2 是一种无色、具有刺激性气味的不可燃气体，是一种分布广、危害大的主要大气污染物。SO_2 具窒息性，对人的呼吸系统有强烈刺激作用，使患支气管炎、肺炎和肺癌的几率明显上升。SO_2 在大气中极不稳定，最多只能存在 1～2 天。在相对湿度比较大，以及有催化剂存在时，可发生催化氧化反应，生成 SO_3，进而生成 H_2SO_4 或硫酸盐，所以，SO_2 是形成酸雨的主要因素。硫酸盐在大气中可存留 1 周以上，能飘移至 1 000 km 以外，造成远离污染源的区域性污染。SO_2 也可以在太阳紫外光的照射下，发生光化学反应，生成 SO_3 和硫酸雾，从而降低大气的能见度。

由天然源排入大气的硫化氢，会被氧化为 SO_2，这是大气中 SO_2 的另一主要来源。

（3）氮氧化物（NO_x）。造成大气污染的 NO_x 主要是 NO 和 NO_2，它们主要来自矿物燃料的高温燃烧（汽车及其他内燃机）、生产或使用硝酸的工厂所排放的尾气、金属冶炼等。

NO 为无色无味气体，具有生理刺激作用，能与血红素结合形成亚硝基血红素，从而破坏血红蛋白的生理功能引起中毒。

NO_2有特殊的臭味，可严重刺激呼吸系统，并使血红素硝化，危害性比 NO 大。NO_2 与水汽作用可生成 HNO_2 和 HNO_3，是“酸雨”的成分。NO_2 还是形成“光化学烟雾”的主要因素之一。

（4）碳氧化物（CO_x）。CO_x 主要有两种物质，即 CO 和 CO_2。CO 主要是由含碳物质不完全燃烧产生的，因而天然源较少。由汽车等交通车辆产生的 CO 约占总排放量的 70%，而且行车速度越低，燃料燃烧越不完全，尾气中 CO 的含量就越大。

CO 是无色、无臭的有毒气体，其化学性质稳定，在大气中不易与其他物质发生化学反应，可以在大气中停留较长时间。CO 在一定条件下，可以转变为 CO_2，然而其转变速率很低。人为排放大量的 CO，对植物等会造成危害；高浓度的 CO 可以被血液中的血红蛋白吸收，而对人体造成致命伤害。

CO_2 是大气中一种“正常”成分，参与地球上的碳平衡，它主要来源于生物的呼吸作用和化石燃料等的燃烧。大气中 CO_2 浓度的增高，将对整个地—气系统中的长波辐射收支平衡产生影响，并可能导致温室效应。

（5）碳氢化合物（HC）。碳氢化合物包括烷烃、烯烃和芳烃等复杂多样的物质。大气中大部分的碳氢化合物来源于植物的分解，人类排放的量虽然小，却非常重要。

碳氢化合物的人为来源主要是石油燃料的不充分燃烧和石油类的蒸发过程。在石油炼制、石油化工生产中也产生多种碳氢化合物。燃油的机动车亦是主要的碳氢化合物污染源，交通线上的碳氢化合物浓度与交通密度密切相关。

碳氢化合物是形成光化学烟雾的主要成分。在活泼的氧化物如原子氧、臭氧、氢氧基等自由基的作用下，碳氢化合物将发生一系列链式反应，生成一系列的化合物，如醛、酮、烷、烯以及重要的中间产物——自由基。自由基进一步促进 NO 向 NO_2 转化，造成光化学烟雾的重要二次污染物——臭氧、醛、过氧乙酰硝酸酯（PAN）。

碳氢化合物中的多环芳烃化合物，如 3,4-苯并芘，具有明显的致癌作用。

2．大气污染物的分类

排入大气的污染物种类很多，依照与污染源的关系，可将其分为一次污染物和二次污染物，如表 2-2 所示。

（1）一次污染物。一次污染物是指从各类污染源排出的物质，包括直接从各种排放源进入大气的各种气体、蒸汽和颗粒物。如前述的 SO_2、CO_x、NO_x、碳氢化合物和颗粒物等都是主要的一次污染物。一次污染物又可分为反应物质和非反应物质两类。

反应性污染物的性质不稳定，在大气中常与某些其他物质产生化学反应，或作为催化剂促进其他污染物产生化学反应，如 SO_2 和 NO_2 等。非反应性污染物，其性质较为稳定，不发生化学反应，或反应速率很缓慢，如 CO 等。

表 2-2 大气污染物的分类

项 目	一次污染物	二次污染物	项 目	一次污染物	二次污染物
含硫化合物	SO_2、H_2S	SO_3、H_2SO_4、MSO_4	碳氧化合物	CO、CO_2	
含氮化合物	NO、NH_3	NO_2、HNO_3、MNO_3	卤素化合物	HF、HCI	
碳氢化合物	C_1～C_5化合物	醛、过氧乙酰硝酸酯			

（2）二次污染物。一次污染物与空气中原有成分发生反应，或污染物之间反应而产生的一系列新的污染物称为二次污染物。例如，大气中的碳氢化合物和 NO_x 等一次污染物，在阳光作用下发生光化学反应，生成 O_3、醛、酮、过氧乙酰硝酸酯（PAN）等二次污染物。常见的二次污染物有：O_3、PAN、硫酸及硫酸盐气溶胶、硝酸及硝酸盐气溶胶，以及一些活性中间产物，如超氧化氢自由基（$\cdot HO_2$）、氢氧自由基（$\cdot OH$）、过氧化氮自由基（$\cdot NO_3$）和氧原子 O（^3p）等。

SO_2 在干燥空气中，其含量达 800×10^{-6} 时，人还可以忍受。一旦在形成硫酸气溶胶后，其含量仅 0.8×10^{-6} 人即不可忍受。足见大气中的二次污染物对环境的危害很大。

光化学烟雾（Photochemical Smog）是光化学反应的反应物（一次污染物）与生成物（二次污染物）形成的特殊混合物，主要是大气中的碳氢化合物和 NO_x 等一次污染物，在阳光作用下发生光化学反应，生成 O_3、醛、酮、过氧乙酰硝酸酯（PAN）等二次污染物所引起。光化学烟雾的形成是一个复杂的链式反应，它以 NO_2 光解生成氧原子反应为引发而导致 O_3 的生成，又由于碳氢化合物的存在加速 NO 向 NO_2 转化，使臭氧浓度增大，进而形成一系列具有氧化性、刺激性的最终产物：醛类、PAN、O_3 等。其形成过程可表示为如下反应式，其中 k_i 为速度常数（min^{-1}）（298 K）：

① NO_2 吸收紫外线分解产生活泼氧原子 O（^3p）：

$$NO_2 \xrightarrow{\text{紫外线,290~430 nm}} NO + O(^3p) \qquad k_1 = 0.533$$

$$O_2 + O(^3p) + M \longrightarrow O_3 + M \qquad k_2 = 2.183\times10^{-11}$$

$$O_3 + NO \longrightarrow NO_2 + O_2 \qquad k_3 = 2.659\times10^{-5}$$

式中，M 为其他物质分子，起催化作用。

② 碳氢化合物的存在又加速 NO 向 NO_2 转化：

$$RH + HO \xrightarrow{O_2} RO_2 + H_2O \qquad k_4 = 3.775\times10^{-3}$$

$$RCHO + HO \xrightarrow{O_2} RC(O)O_2 + H_2O \qquad k_5 = 2.341\times10^{-2}$$

$$RCHO + h\nu \xrightarrow{2O_2} RO_2 + HO_2 + CO \qquad k_6 = 1.91\times10^{-6}$$

$$HO_2 + NO \longrightarrow NO_2 + HO \qquad k_7 = 1.214\times10^{-2}$$

$$RO_2 + NO \xrightarrow{O_2} NO_2 + R'CHO + HO_2 \qquad k_8 = 1.127\times10^{-2}$$

$$RC(O)O_2 + NO \longrightarrow NO_2 + RO_2 + CO_2 \qquad k_9 = 1.127\times10^{-2}$$

式中，R·为烷基自由基，RCO·为酰基自由基，它们都含有一个未成对电子。

③ 反应终止，过氧化酰自由基与NO_2反应，生成过氧乙酰硝酸酯（PAN）：

$$HO + NO_2 \longrightarrow HNO_3 \quad k_{10} = 1.613 \times 10^{-2}$$

$$CH_3C(=O)O\text{–}O^{\cdot} + NO_2 \longrightarrow CH_3C(=O)O\text{–}ONO_2 \quad k_{11} = 6.893 \times 10^{-2}$$

$$RC(O)OONO_2(PAN) \longrightarrow RC(O)O_2 + NO_2 \quad k_{12} = 2.143 \times 10^{-8}$$

光化学烟雾，早在 1946 年首先在美国洛杉矶被发现。光化学烟雾各成分浓度的变化规律以 1 天的时间为周期，如图 2-2 所示，HC 和 NO_2 在上午上班时间（8 点左右）浓度达最高值；经 3～4 h 阳光照射后，臭氧和醛类的浓度出现最高值；到了晚上，这些污染物的浓度便显著降低。

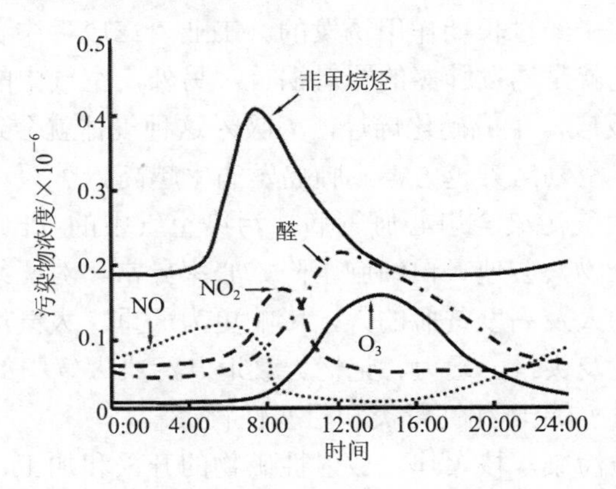

图 2-2　光化学烟雾日变化曲线（S. E. Manahan,1984）

光化学烟雾成分复杂，但是对动物、植物和材料有害的主要是臭氧、PAN、醛、酮等二次污染物。人受到的主要伤害是：眼睛黏膜受到刺激、头痛、呼吸障碍、慢性呼吸道疾病恶化、儿童功能异常等。1955 年，美国洛杉矶因为光化学烟雾一次就死了 400 多人。植物受到臭氧的损害，开始表皮褪色，呈蜡质状，经过一段时间后色素发生变化，叶片上出现红色斑点。PAN 使叶子背面呈银灰色或古铜色，影响植物的生长、降低植物对病虫害的抵抗力。O_3、PAN 等还能造成橡胶制品老化、脆裂，使染料褪色，并损害涂料、纺织纤维和塑料制品等。

四、大气污染的危害

1. 对人体健康的危害

受污染的大气进入人体，可以导致呼吸、心血管、神经等系统疾病和其他疾病。引起病变的原因主要是吸入致病的化学性物质、放射性物质和生物性物质污染的空气。

（1）化学性物质的污染。煤和石油的燃烧、冶金、火力发电、石油化工和焦化等工业生产过程会向大气排放很多有毒有害物质。这些物质多数通过呼吸道进入人体，首先受到威胁的是呼吸道。对人体健康的损害程度取决于大气中有害物质的种类、性质、浓度和持续时间，也取决于人体的敏感性。大气中化学物质的浓度一般较低，对居民主要产生慢性中毒作用。城市大气污染是鼻炎、慢性支气管炎、肺气肿和支气管哮喘等疾病的直接原因或诱因。在不利于污染物扩散的气象条件下，污染物短时间内可在大气中积累到很高的浓度，许多人尤其是儿童和年老体弱者会患病甚至死亡。

统计资料表明，世界有 1/5 的人口居住在空气烟尘超标地区，而肺癌被认为与大气污染有比较密切的关系。在几十年以前，肺癌还是一种比较少见的疾病。但近 20 年来，中国死亡率增幅最大的是肺癌。肿瘤专家认为，肺癌 90%以上是由于大气污染和职业致癌因子经过长期作用诱发的。工业“三废”中含有许多致癌物质，如炼焦排出的苯并芘就是诱发肺癌的罪魁祸首。另外，空气中的 SO_2、汽车尾气中的 NO_x 跟烯烃发生反应，生成硝化烯烃，人吸入这种气体就会致癌，长期吸入石棉粉尘也会引起肺癌。空气污染越厉害，肺癌发病率越高。

其次，人体受大气污染会患心血管病。污染空气中的 Pb、Hg、As、H_2S、碳氢化合物和苯类化合物，会使人白细胞下降、心率异常，对心绞痛、心肌梗死等心瓣膜或心肌有病患的人及高度贫血的人，影响更为严重。大气污染对肝脏影响也很大，常表现为肝肿大及头晕、乏力、记忆力衰退。污染大气中的 Hg、CCl_4、AsH_3、Pb 等还会损害肾脏，引起坏死性肾炎和阻塞性肾炎。

（2）放射性物质污染。核爆炸、放射性矿物的开采和加工、放射性物质的生产和应用等也能造成对空气的污染。放射性元素在体外对有机体有外照射作用，通过呼吸道进入机体则发生内照射作用，使肌体产生辐射损伤；更重要的是远期效应，包括引起癌变、不育和遗传的变化或早死等。1986 年 4 月 26 日，苏联核专家在检测切尔诺贝利的一座核反应堆时，关闭了备用冷却系统，并且只用 8 根碳化硼棒控制核裂变的速度，按照标准的程序应该用 15 根，结果失控的链式反应掀掉了反应堆的钢筋混凝土盖，并且造出一个火球，放出来的辐射超过长崎和广岛原子弹辐射总和的 100 倍。造成自 1945 年日本广岛、长崎遭原子弹袭击以来世界上最为严重的核污染，大约有 4 300 人最终因此而死亡，7 万多人终身残废，经济损失达 35 亿美元。反应堆放出的核裂变产物主要是碘（^{131}I）、钌（^{103}Ru）、铯（^{137}Cs）和少量的钴（^{60}Co）。周围环境中的放射剂量达 200 R/h，为人体允许剂量的 2 万倍。这些放射性污染物随着当时的东南风飘向北欧上空，污染北欧各国大气，继而扩散范围更广。3 年后发现，距核电站 80 km 的地区，皮肤癌、舌癌、口腔癌及其他癌症患者增多，儿童甲状腺病患者剧增，畸形家畜也增多。尤其在事故发生时的下风向，受害人群更多、更严重。

2．对动植物的危害

大气污染物会使土壤酸化，水体水质变酸，水生生物灭绝，植物产量下降，品质变坏。大气污染物浓度超过植物的忍耐限度，会使植物的细胞和组织器官受到伤害，生理功能和生长发育受阻，产量下降，产品品质变坏，群落组成发生变化，甚至造成植物个体死亡，种群消失。急性伤害还可能导致细胞死亡。

大气污染物对植物的危害程度决定于污染物剂量、污染物组成等因素。例如，环境中的 SO_2 能直接损害植物的叶子，长期阻碍植物生长；氟化物会使某些关键的酶催化作用受到影响；O_3 可对植物气孔和膜造成损害，导致气孔关闭，也可损害三磷酸腺苷的形成，降低光合作用对根部的营养物的供应，影响根系向植物上部输送水分和养料。

大气受到严重污染时，动物往往由于食用积累了大气污染物的植物和水，发生中毒或死亡。

3．对材料的损害

大气污染是造成城市地区经济损失的一个重要原因，如 SO_2 和其他酸性气体能腐蚀金属、侵蚀建筑材料、使橡胶产品脆裂老化、损坏艺术品、使有色金属褪色等。如中国重庆的嘉陵江大桥，其锈蚀速度为每年 0.16 mm，每年用于钢结构维护的费用高达 20 万元。

颗粒物沉积在高压输电线绝缘器件上，可造成短路事故。如 1987 年 12 月 28 日，中国南昌市昌东变电站因被 95 家加工多味葵花籽和盐瓜子的个体炒货厂包围，当日大雾弥漫，积存在电器设备上的盐尘经过雾水溶解，降低了电器设备的绝缘性能，在高压电的作用下，发生了严重事故。

大气污染物还能在电子器件接触器上生成绝缘膜层，使器件的使用功能受到损坏。

4．对气候的影响

大气污染会改变大气的正常性质和气候的类型。CO_2 等气体强烈吸收地面辐射，而颗粒物能够反射、散射阳光，这两种情况可以使近地面大气温度升高或降低。前者就是“温室效应”（Greenhouse effect），后者为“阳伞效应”（Sunshade effect）。这两种效应的综合影响使气候的变化更为复杂。

大气中氯氟烃等气体的不断增多，会使大气圈的臭氧层遭到破坏，给人类带来严重的灾害。大气中的颗粒物增多会降低能见度，也使雾的出现频率增加及持续时间延长。

五、全球性的大气污染问题

大气污染发展至今已超越国界，其危害遍及全球。对全球大气的影响明显表现为三个方面：一是全球气候变暖，二是臭氧层破坏，三是酸雨腐蚀。

1. 全球气候变暖

（1）气候变暖的原因。太阳辐射是地球上的主要能源，但大气直接吸收太阳短波辐射很少，它主要靠吸收地面长波辐射而增温。大气中的水汽、二氧化碳等均能强烈的吸收地面长波辐射，据统计约有 75%～95%的地面长波辐射被大气所吸收，这些辐射在贴近地面约 40～50 m 厚的气层中几乎可全部被吸收。因而使得大气层和地球表面变得暖和起来，这就是“温室效应”。

适度的大气温室效应对于人类及地球上的生物是有益的。而人们所谓的“温室效应”问题，是指由于大气污染所造成的大气中温室气体含量增多，致使大气温室效应增强，从而导致气候更暖，并引起一系列环境问题。大气中能产生温室效应的气体主要是二氧化碳，甲烷、臭氧、一氧化二氮等气体也起一定的作用。

19 世纪工业革命以来，大气中 CO_2 浓度在不断增加，其原因是：① 人类燃烧各种燃料直接排入大气中的 CO_2 量逐年增加。根据资料，过去 100 年矿物燃料的使用量几乎增加了 30 倍。人类通过化石燃料的燃烧，约把 4 150 亿 t 的 CO_2 排入大气，结果使大气中 CO_2 含量增加了 15%。据计算，这将使全球平均气温上升 0.83℃。而此数字与百年来全球气温升高的记录接近。② 人们的乱砍滥伐，使可以吸收 CO_2 的森林大面积减少，导致 CO_2 浓度升高。因此，人为因素是造成全球变暖的主要原因。

据科学家预言，人类如不采取果断和必要的措施，按照目前的速度发展，到 2050 年，大气中 CO_2 的含量将比工业革命前增加一倍，这将使全球地面的平均气温上升 3～5℃。

（2）气候变暖的影响。温室效应已经或将给人类带来各种环境问题。其主要影响有：

① 气候变化：全球气候变暖会使降水量重新分配。在北半球，冬天变短、变湿；夏天变长、变干旱；亚热带可能会比现在更干旱，而热带则可能更湿，海洋产生更多的热量和水分，气流更强，热带风暴的能量比现在大 50%，台风和飓风将会更凶，更具破坏性。② 海平面上升：气温升高会使极地和高山上的冰川融化，导致海平面上升。美国环保局发表的研究报告称，如果温室气体继续按目前的情况释放，估计到 2050 年，海平面将上升 0.1～0.4 m，到 2100 年将上升 0.6～2.0 m。海平面的上升使一些沿海地区的城市、城镇、乡村面临被海水淹没的危险，而当今世界上最发达的地区几乎都位于沿海。另外，还会导致海水倒灌、排洪不畅、土地盐渍化等其他后果。③ 生态变化：气候变暖将使农业和自然生态发生难以预料的变化。如很多动植物的迁徙将跟不上气候变化的速率，已经适应特定气候条件的动植物将逐渐灭绝；全球农业地理分布将发生很大的变化，使农业生产必须改变现有的土地利用方式及耕作方式。暖湿的气候还会使蚊虫大量繁衍，导致疟疾、黄热病和登革热病等传染病肆虐。

2009 年 10 月 17 日，马尔代夫举行了全球首次“水下内阁会议”，总统和内阁成员在水下签署倡议书，以凸现全球变暖对地势低洼国家的威胁。马尔代夫总统纳希德召集 12 名政府内阁成员，在该国海域一处 4 m 深的海底召开了世界上首次水下内阁会议，开会时间为 30 min。会议期间，内阁成员签署了一项要求各国减少温室气体排放的决议。2009 年 12 月 4 日，尼泊尔内阁官员在总理尼帕尔的带领下，乘直升机抵达珠穆朗玛峰南坡海拔 5 242 m 的一块平地开会。尼泊尔总理尼帕尔表示，开会目的是要在哥本哈根气候会议召开前夕，呼吁关注气候变暖导致冰川消融的问题。尼泊尔当局把会议称作“全球海拔最高的内阁会议”。这两次会议借助“上山下海”这些方式，呼吁关注气候变暖的举动费尽心思，应该引起我们对气候变化的高度关注。

（3）气候变暖的控制。要控制全球气候变暖，就必须控制大气中 CO_2 的含量。为此，首先要尽量节约或减少化石燃料的使用量，提高燃料的热效率，大力开发利用新能源，改变能源结构。其次，必须控制和制止乱砍滥伐森林，大力开展植树造林，提倡生物资源的可持续利用。

2．臭氧层破坏

（1）臭氧层破坏的原因。据近十余年的研究表明，污染物对臭氧层的影响至少涉及 150 个化学反应，其中影响最大的有两类。

① NO_x 的作用。在平流层飞行的超音速飞机、核爆炸都可产生大量的 NO_x。NO 在平流层中与 O_3 和 O（O_2 受光分解而来）发生如下链式反应：

$$NO + O_3 \longrightarrow NO_2 + O_2$$

$$NO_2 + O \longrightarrow NO + O_2$$

总反应为：

$$O_3 + O \longrightarrow 2O_2$$

在此循环反应中，NO 和 NO_2 都起着催化剂的作用，反应的净结果是消耗了氧原子和臭氧分子，这是臭氧层可能遭受破坏的重要机理之一。

② 氟利昂（CFCs）类的作用。氟利昂是氟氯烃的总称。氟氯烃类化合物包含 20 多种物质，它们的用途十分广泛，主要用于空调、冰箱、冷藏库等的制冷剂；电子元件、精密器件的清洗剂；泡沫塑料生产中的发泡剂；发胶、摩丝等美容制品及杀虫剂中的发泡、喷雾剂等。它们具有很高的化学稳定性，有可能一直上升到平流层，在紫外光作用下分解。例如：

$$CF_2Cl_2 \longrightarrow Cl + CF_2Cl$$

C1 原子在高空中是分解 O_3 的一种强催化剂。在它的作用下，O_3 分子和 O 原子被转化为普通的 O_2 分子：

$$Cl + O_3 \longrightarrow ClO + O_2$$

$$ClO + O \longrightarrow Cl + O_2$$

总反应为：$$O_3 + O \longrightarrow 2O_2$$

P. Crutzen，M. Molina 和 Sh. Rowland 因发现了臭氧层耗损机制于 1995 年共同获得诺贝尔化学奖。

据监测，1978—1987 年全球臭氧层 O_3 的含量平均下降了 3.4%～3.6%，在南极上空出现了巨大的臭氧空洞。至 1999 年 9 月，空洞面积达 $2.155\times10^7 km^2$，比 10 年前扩大了 2/3。2003 年南极上空的臭氧空洞面积已达 $2.5\times10^7 km^2$，比欧洲的面积还大一倍多，南极洲上空臭氧空洞面积年均变化情况见图 2-3。北极也出现了臭氧空洞，其面积约为南极的 1/5。观测发现，全球 O_3 都呈减少的趋势，在未来 100 年内，高空 O_3 含量还将大幅度降低。

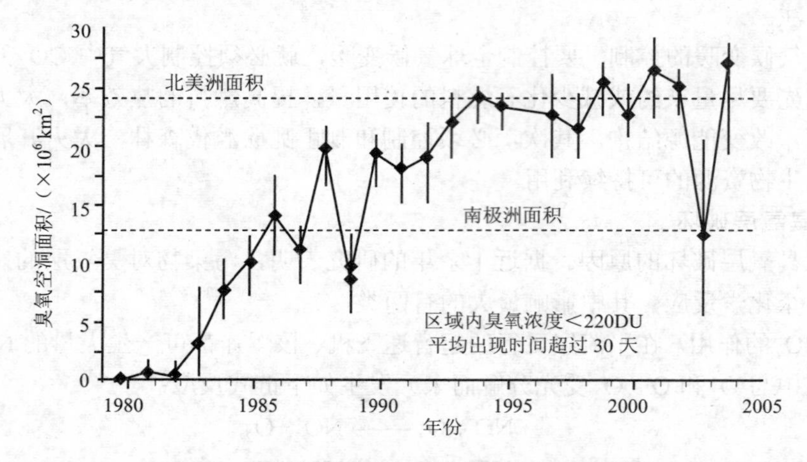

图 2-3 南极洲上空臭氧空洞面积年均变化情况

（2）臭氧层破坏的危害。臭氧层的破坏使紫外线对地球的辐射强度增大，由此引起人类白内障和皮肤癌增多、免疫系统功能下降。如：海伦娜岬角位于世界上最狭长的国家智利南端，濒临著名的麦哲伦海峡，几乎可以说是“世界末梢”。奇怪的是在那里几乎所有的动物都是瞎子，羊都是患白内障的盲羊；猎人可以轻而易举地拎起瞎了眼的野兔子耳朵，将其带回家去享口福；河里捕到的鱼多数是盲鱼；瞎了眼的野生鸟类常常飞进当地居民的院子里或房屋里，成为人们的美味佳肴。这种情况的出现是由于南极臭氧空洞面积不断扩大造成的。距南极最近的智利南部暴露在南极臭氧空洞的下面，强烈的紫外线在无臭氧分子吸收阻挡的情况下，无情地射向大地。深受其害的当地居民，出门时不得不在衣服遮不着的地方涂上防晒油，再戴上防护眼镜，否则半小时内皮肤就会被晒成粉红色，并伴有痒痛，眼睛也会受不了。但是，无自我保护能力的各种动物，则在无情的紫外线伤害下成了瞎子，许多野生动物因此而丧失了生存能力。科学家估计，如果臭氧层中的 O_3 含量减少 10%，地面不同地区的紫外线辐射将增加 19%，皮肤癌发病率将增加 15%～25%；

紫外线辐射的增强，严重影响水生生物和农作物的正常生长，将打乱生态系统中复杂的食物链和食物网，导致一些生物物种灭绝。

3．酸雨污染

（1）酸雨形成的原因。水的酸碱性通常用 pH 表示，pH＝7 呈中性，pH＜7 呈酸性，pH＞7 呈碱性。因大气中 CO_2 的存在，所以即使是清洁的雨水，也会因二氧化碳溶于其中形成碳酸而呈弱酸性，雨水中饱和二氧化碳后的 pH 为 5.6。因此，酸雨是指 pH＜5.6 的雨雪或其他方式的大气降水（如雾、露、霜等），也称“酸沉降”。

酸雨主要是大气污染物硫氧化物和氮氧化物在一定气象条件下通过排放、迁移、转化成云而成的。硫氧化物的人为来源主要是煤炭、石油等化石燃料的燃烧，金属冶炼以及含硫原料的工业生产等。其中煤炭、石油在燃烧过程中排放的 SO_2 数量最大，约占人为排放的 90%。而燃料中的含氮物质在燃烧时会生成氮氧化物。

（2）酸雨的危害。酸雨作为一个环境问题大约出现在 20 世纪 50 年代。那时，美国东部和欧洲的部分地区就存在酸雨的危害。到了 60 年代后期，酸雨的范围扩大了，并且在北欧的瑞典、丹麦等国也出现了明显的酸雨危害。70 年代后，酸雨迅速蔓延到几乎所有国家。近年来我国酸雨危害也日趋严重。我国酸雨分布区域主要集中在长江以南—青藏高原以东地区。主要包括浙江、江西、湖南、福建、重庆的大部分地区以及长江、珠江三角洲地区。2009 年，酸雨发生面积约 120 万 km^2，重酸雨发生面积约 6 万 km^2。

酸雨对环境有多方面的危害。酸雨造成湖泊、河流水质酸化，鱼类的生长繁殖会受到影响，许多对酸性敏感的水生生物成群消亡。如：瑞典 9 万个湖泊中有 2 万个已经或正在成为“死湖”，鱼、虾绝迹。加拿大、美国、西欧、北欧等国和地区也都出现了这种情况。酸雨破坏土壤结构，使土壤中的养分溶出，土壤酸化和贫瘠，同时也影响土壤中微生物的活性，使土壤生物群发生生态系统混乱，严重危害农作物和其他植物的生长。如：欧洲大约 6.5×10^5 km^2 的森林遭到酸雨的危害，德国森林受酸雨危害的面积由 1982 年的 8%扩大至目前 52%，中欧有 1 万 km^2 的森林枯萎死亡。酸雨还严重腐蚀建筑物、工业设备、仪器以及危害人体健康。如：迄今已有 2 000 多年历史的希腊雅典古城的巴特农神庙，几乎全由洁白的大理石构成，如今已被酸雨溶蚀得斑斑驳驳，面目全非。中国的故宫、天坛等名胜古迹近几十年来因污染而造成的腐蚀比以往数百年还要严重。我国酸雨危害最严重的重庆地区，金属材料被腐蚀的速度大约是非酸雨区的 24 倍。重庆市的嘉陵江大桥，每年要花大笔的费用维修钢结构，街道两旁的栏杆被迫用不锈钢制作。酸雨对人体健康也产生直接影响，酸雨雾会刺激人的皮肤，引起哮喘等呼吸道疾病；当土壤或水体的 pH 较低时，一些金属化合物的流动性便会增加，从土壤或沉积物中释放出来的有毒金属通过食物链或饮水对人体产生危害。据报道，很多国家由于酸雨的影响，地下水中的铝、铜、锌、镉的浓度已经上升到正常值的 10～100 倍。被称为“空中死神”的酸雨正在向全球各地蔓延，严重威胁着人们的生存。

第二节 水污染

一、水体概述

水是宝贵的自然资源，是一切生命机体的组成物质，是生命发生、发展和繁衍的源泉，也是维持自然生态平衡、发展社会经济的重要因素。随着人类社会的发展，人口的激增，用水量的不断增加，同时人类对水资源的保护认识不够，水体污染严重，造成水资源的危机，严重制约了人类社会的发展。因此，要实现可持续发展，必须提高人们对水资源利用、开发和保护的认识。

1．水体的概念

水体一般是指河流、湖泊、沼泽、水库、地下水、冰川和海洋等的总称。在环境科学领域中，水体不仅包括水，还包括水中的悬浮物、溶解物质、底泥及水生生物等。

在环境污染的研究中，区分“水”和“水体”的概念十分重要。如重金属容易通过沉淀或被吸附从水中转移到底泥中，仅从水中的含量看，一般不很高，似乎未受到污染；但从整个水体看，沉积在底泥中的重金属将成为该水体中的一个长期次生污染源，很难治理。

2．全球水资源状况

从太空看，地球是一颗蓝色星球。海洋、湖泊、沼泽、河流等水面几乎占地球表面的 3/4 以上。“三山七水一分田”，这是人们对地球表面的形象概括。全世界总储水量约为 14.5 亿 km^3，其中 97.2%是海水，陆地上的水占 2.8%。受经济条件所限，目前人类还无法大量直接利用海水。人类所需要的淡水资源，只占地球总水量的 2.6%，其中绝大部分淡水又是人类很难利用的两极冰盖、高山冰川、永冻地带的水以及深层地下水。而目前人类开发利用比较经济方便的河流、湖泊和浅层地下水的数量非常有限，仅占全球总水量的 0.03%。因此地球上人类可以利用的淡水资源是十分有限的。

地球上水资源的分布极不平衡。以总量计，依次是巴西、俄罗斯、加拿大、美国、印尼、中国、印度、日本、哥伦比亚和欧盟 15 国，占全球淡水储备的 2/3 以上；其余 100 多个国家存在不同程度的缺水问题。中东、撒哈拉地区、澳大利亚等地，长期遭受缺水的困扰。

从 20 世纪初以来，人类对于淡水资源的需求激增，这一方面是人口的快速增长，另一方面是工业化迅速发展的结果。目前，世界上平均每 6 个人中就有 1 个人享用不到洁净的水，有 15 亿人饮用水严重短缺。预测到 2050 年，全世界人口将增加到 83 亿。那时对水的需求还将急剧增长，世界上缺水的人口将占总人口的 1/3。据有关专家测算，全世界每年的淡水总用量，1975 年为 24 100 亿 m^3，2000 年为 65 000 亿 m^3，2010 年为 230 000 亿 m^3。这个值已接近理论推算的全球可利用淡水的极值。因此，淡水短缺是人类面临能源危机之后的又一个严重危机。

3．水质指标

为了正确评价水体的质量、污染状况、污染治理效果，需要有一系列反映水质的指标（如有毒物质、悬浮物、溶解氧、耗氧有机物、pH 值、碱度、硬度以及感官性状等）作为评价依据。常用的指标有：

（1）感官性状包括颜色、嗅味、水温、浑浊度、肉眼可见物。

（2）导电率是测定水中盐类含量的重要指标。溶解在水中的各种盐类都是以离子状态存在的，因此具有导电性，水体的导电率的大小能反映水中盐类含量的多少。

（3）pH 值。清洁水的 pH 为 6.6～8.5。pH 异常，表示水体已受到酸性或碱性污染。

（4）溶解氧（DO）是评价水体自净能力的指标。溶解氧含量较高，表示水体自净能力强；反之，表示水体中污染物不易被氧化分解，水中厌氧菌就会大量繁殖，使水体变坏，水体变黑变臭。

（5）总氮是水中含有机氮、氨氮、亚硝酸盐氮和硝酸盐氮的总量。

（6）总有机碳（TOC）指溶解在水中的有机物总量，折合成碳计算。

（7）生化需氧量（BOD）指水体中微生物分解有机物过程中消耗水中溶解氧的量，是水体受有机物污染的最重要指标之一。水体要发生生物化学过程必须存在好氧微生物、足够的溶解氧和能被生物利用的营养物质这三个条件。微生物在分解有机物的过程中，分解作用的速率和程度同温度和时间有直接关系。为了使测定的 BOD 数值有可比性，采用在 20℃条件下，培养 5 天后测定溶解氧消耗量作为标准方法，称为五日生化需氧量，以 BOD_5 表示。BOD 以单位体积水中消耗溶解氧的质量来表示（mg/L）。清洁水体中的含量应低于 3 mg/L，超过这个值则表示水体已经受到污染。

（8）化学需氧量（COD）指水体中能被氧化的物质在规定条件下进行化学氧化过程中所消耗氧化物的质量，以单位体积样水消耗氧的质量（mg/L）表示。化学需氧量主要反映水体受有机物污染的程度。当前常用的方法有高锰酸钾法（简称锰法，记为 COD_{Mn}），比较简便，多用于测定较清洁的水样；重铬酸钾法（简称铬法，记为 COD_{Cr}），其氧化程度比高锰酸钾高，用于测定严重污染的水和工业废水的水样。

（9）细菌总数。反映水体受到生物性污染的程度。细菌总数增多表示水污染状况严重。

（10）大肠杆菌。表示水体受人、畜粪便污染程度。大肠杆菌越多，水体污染越严重。

二、水污染及其主要来源

1. 水污染

水污染是指天然洁净水由于人类活动而被玷污的现象。1984 年颁布的《中华人民共和国水污染防治法》中说明，水污染即指“水体因某种物质的介入而导致其物理、化学、生物或者放射性等方面特性的改变，从而影响水的有效利用，危害人体健康或破坏生态环境，造成水质恶化的现象”。

2. 水污染的主要来源

造成水污染的因素是多方面的，但主要是由于人类的生产和生活活动所产生的污水排入江河、形成地表径流或渗入地下所造成的。污水的来源主要有以下几个方面：

（1）生活污水。主要来自家庭、商业、学校、旅游服务业及其他城市公用设施，包括厕所冲洗水、厨房洗涤水、沐浴排水及其他排水等，它是人们日常生活中产生的各种污水的混合液。污水中主要含有悬浮态或溶解态的有机物质（如纤维素、淀粉、糖类、脂肪、蛋白质等），还含有氮、硫、磷等无机盐类和病原细菌、病毒等微生物。一般生活污水中悬浮固体的含量在 200～400 mg/L，由于其中有机物种类繁多，性质各异，常以 BOD_5 或 COD 来表示其含量。一般生活污水的 BOD_5 在 200～400 mg/L。

（2）工业废水。各种工业企业在生产过程中排放出的生产废水和生产废液统称工业废水。根据其来源可以分为工艺废水、原料或成品洗涤水、场地冲洗水以及设备冷却水等；根据废水中主要污染物的性质，可分为有机废水、无机废水、兼有有机物和无机物的混合废水、重金属废水、放射性废水等；根据产生废水的行业性质，又可分为造纸废水、印染废水、焦化废水、农药废水、电镀废水等。

不同工业排放废水的性质差异很大，即使是同一种工业，由于原料工艺路线、设备条件、操作管理水平的差异，废水的数量和性质也会不同。一般讲来，工业废水有以下几个特点：① 废水中污染物浓度大，某些工业废水含有的悬浮固体或有机物浓度是生活污水的几十甚至几百倍；② 废水成分复杂且不易净化，如工业废水常呈酸性或碱性，废水中常含不同种类的有机物和无机物，有的还含重金属、氰化物、多氯联苯、放射性物质等有毒污染物；③ 带有颜色或异味，如刺激性的气味，或呈现出令人生厌的外观，易产生泡沫，含有油类污染物等；④ 废水水量和水质变化大，因为工业生产一般有着分班进行的特点，废水水量和水质常随时间有变化。工业产品的调整或工业原料的变化，也会造成废水水量和水质的变化；⑤ 某些工业废水的水温高，甚至有高达 40℃以上。表 2-3 列出了几种主要工业废水的水质特点及其所含的污染物。

表 2-3 几种主要工业废水的水质特点及其所含的污染物

工业部门	工厂性质	主要污染物	废水特点
动力	火力发电、核电站	热污染、粉煤灰、酸、放射性	高温、酸性、悬浮物多、水量大、有放射性
冶金	选矿、采矿、烧结、炼焦、冶炼、电解、精炼、淬火	酚、氰化物、硫化物、氟化物、多环芳烃、吡啶、焦油、煤粉、重金属、酸、放射性	COD 高、有毒性、偏酸、水量较大、有放射性
化工	肥料、纤维、橡胶、染料、塑料、农药、油漆、洗涤剂、树脂	酸、碱、盐类、氰化物、酚、苯、醇、醛、氯仿、氯乙烯、农药、洗涤剂、多氯联苯、重金属、硝基化合物、胺基化合物	COD 高、pH 变化大、含盐量大、毒性强、成分复杂、难生物降解
石油化工	炼焦、蒸馏、裂解、催化、合成	油、氰化物、酚、硫、砷、吡啶、芳烃、酮类	COD 高、毒性较强、成分复杂、水量大
纺织	棉毛加工、漂洗、纺织印染	染料、酸或碱、纤维、洗涤剂、硫化物、硝基物、砷	带色、pH 变化大、有毒性
制革	洗皮、鞣革、人造革	酸、碱、盐类、硫化物、洗涤剂、甲酸、醛类、蛋白酶、锌、铬	COD 高、含盐量高、有恶臭、水量大
造纸	制浆、造纸	碱、木质素、悬浮物、硫化物、砷	碱性强、COD 高、有恶臭、水量大
食品	肉类、油品、乳制品、水果、蔬菜加工等	有机物、病原微生物、油脂	BOD 高、致病菌多、水量大、有恶臭

（3）农村废水。主要是指农业灌溉水、农村中无组织排放的污水等。农村废水一般含有有机物、病原体、悬浮物、化肥、农药等污染物。如畜禽养殖业排放的废水中常含有大量的有机物、病原体、悬浮物；过量施加化肥、使用农药，农业灌溉水中含有大量的氮、磷营养物质和有毒的农药等残留物。这些废水形成地表径流或渗入地下，将污染河流、湖泊和地下水。

此外，大气中含有的污染物随降雨进入地表水体，也是水污染的主要来源，如酸雨。

三、主要的水环境污染物

不同污染源排放的污水废水具有不同的成分和性质，但其所含的污染物主要有以下几类：

（1）悬浮物。悬浮物主要指悬浮在水中的污染物质，包括无机的泥沙、炉渣、铁屑，以及有机的纸片、草木屑、菜叶等。一般来说，几乎所有的工业废水和生活污水中都含有悬浮状的污染物。悬浮物进入水体后除了会使水体变得浑浊，影响水生植物的光合作用以外，还会吸附有机毒物、重金属、农药等，形成危害更大的复合污染物。

（2）耗氧有机物。生活污水及食品工业、造纸工业等工业废水中含有大量的碳水化合物（糖、纤维素等）、蛋白质油脂、氨基酸、酯类等有机物。这些物质以悬浮状态或溶解状态存在于污水中，可通过微生物的生化作用分解为简单的无机物，在分解过程中需要消耗大量的氧，使水中溶解氧减少，影响鱼类和其他水生生物的生长。当水中溶解氧降至 4 mg/L 以下时，将严重影响鱼类的生存；当溶解氧降至零时，有机物将进行厌氧分解，产生硫化氢、氨和硫醇等难闻气体，使水质进一步恶化。由于气体上浮，有机质堆积物也被带到水面，造成水体变黑发臭，而且阻止空气进入水中。耗氧有机物的污染是当前我国最普遍的一种水污染。由于有机物成分复杂，种类繁多，一般用综合指标 BOD、COD 或 TOC 等表示耗氧有机物的量。清洁水体中 BOD_5 含量应低于 3 mg/L，BOD_5 超过 10 mg/L 则表明水体已经受到严重污染。

（3）植物性营养物。植物性营养物主要指含有氮磷等植物所需营养物的无机、有机化合物，如氨氮、硝酸盐、亚硝酸盐、磷酸盐和含氮和磷的有机化合物。这些污染物排入水体，特别是流动较缓慢的湖泊、海湾，容易引起水中藻类及其他浮游生物大量繁殖，形成富营养化污染。富营养化污染会使水中溶解氧下降，鱼类大量死亡，甚至会导致湖泊的干涸灭亡。水体富营养化过程如图 2-4 所示。

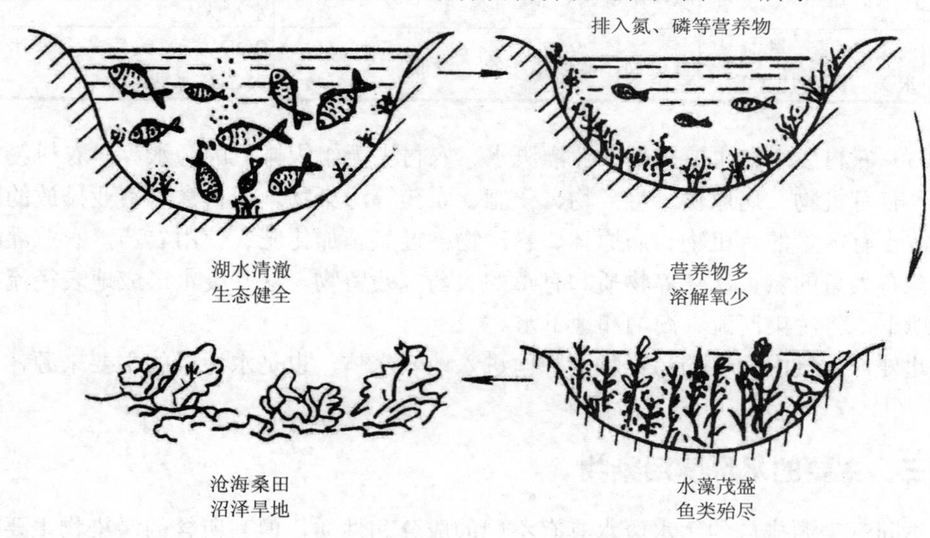

图 2-4　水体富营养化过程

（4）重金属。很多重金属（汞、镉、铅、砷、铬等）都对生物有显著毒性，并且能被生物吸收后在生物体内富集，通过食物链进入人体造成慢性中毒或严重疾病。例如，发生在日本水俣湾的水俣病就是由于甲基汞破坏了人的神经系统而引起的；发生在日本神通川的骨痛病则是镉中毒破坏了人体骨骼内的钙质，进而发病。这两种疾病最终都会导致人的死亡。

（5）有毒物。污水中含有酚类、氰化物、有机农药、杀虫剂等物质时，就会出现毒害生物的作用，并通过食物链影响人的健康。

酚主要通过胃肠道进入人体内，少量可由呼吸道吸入酚蒸气，酚的水溶液也易被皮肤吸收。酚对内脏、肾功能和神经系统有广泛的破坏作用，其中对神经系统损害最大；高浓度的酚能引起急性中毒，严重时可在 1 小时内死亡。低浓度酚可引起积累性慢性中毒，长期饮用酚污染的水，会出现头痛、头晕、失眠、吞咽困难、恶心呕吐甚至精神障碍等症状，对神经、泌尿、消化系统都有较大的毒副作用。

氰化物为剧毒物质，人误服 0.18 g 氰化钾或氰化钠就会致死。水中氰化物含量在 0.01～0.04 mg/L 时，就会使鱼类死亡；对浮游生物和甲壳类生物，氰化物最大允许浓度为 0.01 mg/L。含氰废水灌溉农田还可使农业大幅度减产。

（6）酸碱污染。酸碱污染物排入水体会使水体 pH 发生变化，破坏水中自然缓冲作用。当水体 pH 小于 6.5 或大于 8.5 时，水中微生物的生长会受到抑制，致使水体自净能力减弱，并影响渔业生产，严重时还会腐蚀船只、桥梁及其他水上建筑。用酸化或碱化的水浇灌农田，会破坏土壤的理化性质，影响农作物的生长。酸碱对水体的污染，还会使水的含盐量增加，提高水的硬度，对工业、农业、渔业和生活用水都会产生不良的影响。

（7）石油类。石油的开发、油轮运输、炼油工业废水的排放等都会造成油污染，河口和近海水域尤为严重。每滴石油在水面上能够形成 0.25 m^2 的油膜，每吨石油可能覆盖 500 万 m^2 的水面。油膜使大气与水面隔绝，破坏正常的复氧条件，将减少氧进入水中的数量，从而降低水体的自净能力和水生生物的生长和繁育。石油在微生物作用下的降解也需要消耗氧，造成水体缺氧，使鱼类呼吸困难直至死亡。食用在含有石油水中生长的鱼类，还会危害人身健康。

油膜覆盖水面，阻碍水的蒸发，影响大气和水体的热交换，对局部地区的水文气象条件产生一定的影响（如水温降低）。水面上的油层往往随水流和风扩散很远，破坏海滩、休养地、风景区，危及鸟类的生活。2010 年 5 月 5 日，美国墨西哥湾原油泄漏事件，导致海上原油漂浮带长 200 km，宽 100 km，而且还在进一步扩散。泄漏出来的石油到达密西西比三角洲东北部的沼泽地，并且对当地生态环境造成严重影响。英国石油公司不得不投入 200 亿美元设立“第三方赔偿账户”，赔偿墨西哥湾附近居民的损失。

（8）难降解有机物。难降解有机物是指那些难以被微生物降解的有机物，它们大多是人工合成的有机物。例如，有机氯化合物、有机芳香胺类化合物、有机重金属化合物以及多环有机物等。它们的特点是能在水中长期稳定地存留，并通过食物链富集最后进入人体。它们中的一部分化合物具有致癌、致畸和致突变的作用，对人类的健康构成了极大的威胁。

（9）放射性物质。放射性物质主要来自核工业和使用放射性物质的工业或民用部门。放射性物质能从水中或土壤中转移到生物、蔬菜或其他食物中，并发生浓缩和富集进入人体。放射性物质释放的射线会使人的健康受损，最常见的放射病就是血癌，即白血病。

（10）热污染。废水排放引起水体的温度升高，被称为热污染。热电厂的冷却水是热污染的重要来源。热污染会使水中溶解氧减少，加速微生物的代谢速率，导致水体的自净能力降低，使水体中的某些毒物的毒性增强。热污染还会影响水生生物的生存及水资源的利用价值，甚至引起鱼的死亡和水生物种群的改变。

（11）病原体。生活污水、医院污水和屠宰、制革、洗毛、生物制品等工业废水大都含有多种病菌、病毒、寄生虫等病原体。此类污染物能通过多种途径进入人体，传播霍乱、伤寒、胃炎、肠炎、痢疾以及其他病毒传染的疾病和寄生虫病。目前常见的病菌有大肠杆菌、绿脓杆菌等；病毒有肝炎病毒、感冒病毒等；寄生虫有血吸虫、蛔虫等。对于人类，上述病原体引起的传染病的发病率和死亡率都很高。用此水灌溉农田时，会使受污染地区疾病流行。

四、水污染的危害

1．危害人体健康

当饮用水源受到病原体、重金属、有毒物、合成有机物等污染时，会导致如腹水、腹泻、肠道线虫、肝炎、胃癌、肝癌等很多疾病的产生和中毒现象的发生。与不洁的水接触也会染上如皮肤病、沙眼、血吸虫、钩虫病等疾病。

目前，我国约有 1.5%的总死亡率和 3%的总疾病率与供水及其卫生条件相关。相比之下，与空气污染有关的慢性障碍性呼吸道疾病却占总死亡率的 16%和总疾病率的 8.5%。但是，由于中国农村化肥、农药、除草剂的广泛使用以及农民收入的提高，农民收集城市粪便用作肥料的习惯已经改变，城镇中现代化的污水收集和处理系统远未形成。因此，可能将会引起全国范围，特别是北方地区肠道疾病发病率的增加。水污染对于饮用水源的威胁，也必然带来对人体健康的威胁。

对某些污水灌溉区的调查说明，生活在污水灌溉区的农民的发病率要明显比非污水灌溉区的发病率高。对采用不同饮用水源的人群的调查说明，在同一个地区，饮用井水居民的发病率要比饮用地表水的居民低得多。

2．降低农作物的产量和质量

由于污水提供的水量和肥分，很多地区的农民，有采用污水灌溉农田的习惯。但惨痛的教训表明，含有有毒有害物质的污水污染了农田土壤，造成作物枯萎死亡，使农民受到极大的损失。尽管不少地区也有获得作物丰收的现象，但是在作物丰收的背后，掩盖的是作物受到污染的危机。研究表明，在一些污水灌溉区生长的蔬菜或粮食作物中，可以检出痕量有机物，包括有毒有害的农药等，它们必将危及消费者的健康。

3．影响渔业生产的产量和质量

渔业生产的产量和质量与水质直接紧密相关。淡水渔场由于水污染而造成鱼类大面积死亡事故，已经不是个别事例，还有很多天然水体中的鱼类和水生物正濒临灭绝或已经灭绝。海水养殖事业也受到了水污染的破坏和威胁。水污染除了造成鱼类死亡影响产量外，还会使鱼类和水生物发生变异。此外，在鱼类和水生物体内还发现了有害物质的积累，使它们的食用价值大大降低。

4．制约工业的发展

由于很多工业（如食品、纺织、造纸、电镀等）需要利用水作为原料或洗涤产品和直接参加产品的加工过程，水质的恶化将直接影响产品的质量。工业冷却水的用量最大，水质恶化也会造成冷却水循环系统的堵塞、腐蚀和结垢，水硬度的增高还会影响锅炉的寿命和安全。

5．加速生态环境的退化和破坏

水污染造成的水质恶化，对于生态环境的影响更是十分严峻。水污染除了对水体中天然鱼类和水生物造成危害外，对水体周围生态环境的影响也是一个重要方面。污染物在水体中形成的沉积物，对水体的生态环境也有直接的影响。

6．造成经济损失

水污染对人体健康、农业生产、渔业生产、工业生产以及生态环境的负面影响，都会表现为经济损失。例如，人体健康受到危害将减少劳动力，降低劳动生产率，疾病多发需要支付更多医药费；对工农业渔业产量质量的影响更是直接的经济损失；对生态环境的破坏意味着对污染治理和环境修复费用的需求将大幅度增加。

第三节　固体废物污染

一、固体废物的概念

固体废物是指在社会的生产、流通、消费等一系列活动中产生的，在一定时间和地点无法利用而被丢弃的污染环境的固态、半固态（泥浆状）废弃物质。固体废物相对某一过程或某一方面没有使用价值，但并非在一切过程和一切方面都没有使用价值。另外由于各种产品本身具有使用寿命，超过了使用寿命期限，也会成为废物，因此，固体废物的概念是有时间性和空间性的。一种过程的废弃物随着时空条件变化可能成为另一过程的原料，所以，废弃物又有“放错地点的原料”之称。

另外，不能排入水体的液态废物和不能排入大气的置于容器中的气态废物，由于都具有较大的危害性，一般也归入固体废物管理体系。

二、固体废物的来源及分类

固体废物主要来源于人类的生产和消费活动，其种类繁多、组成复杂。若按其化学性质可分为无机废弃物和有机废弃物；按其危害状况可分为一般固体废物和危险废弃物；但通常大都是按其来源来分类。欧美许多国家按来源将其主要分为矿业废弃物、工业废弃物、城市垃圾、农业废弃物和放射性废弃物等五类。表 2-4 列出从各类发生源产生的主要固体废物。

表 2-4 固体废物的分类、来源和主要组成物

<table>
<tr><th>分类</th><th>来 源</th><th>主 要 组 成 物</th></tr>
<tr><td>矿业废物</td><td>矿山、冶炼</td><td>废矿石、尾矿、金属、废木、砖瓦灰石等</td></tr>
<tr><td rowspan="10">工业废物</td><td>冶金、交通、机械、金属结构等工业</td><td>金属、矿渣、砂石、模型、陶瓷、边角料、涂料、管道、绝缘和绝热材料、塑料、橡胶、废木等</td></tr>
<tr><td>煤炭</td><td>矿石、废木、金属等</td></tr>
<tr><td>食品加工</td><td>肉类、谷物、果类、菜蔬、烟草等</td></tr>
<tr><td>橡胶、皮革、塑料等工业</td><td>橡胶、皮革、塑料、布、纤维、染料、金属等</td></tr>
<tr><td>造纸、木材、印刷等工业</td><td>刨花、锯末、碎木、金属填料、塑料、木质素等</td></tr>
<tr><td>石油化工</td><td>化学药剂、塑料、橡胶、陶瓷、沥青、石棉、涂料等</td></tr>
<tr><td>电器、仪器仪表等工业</td><td>金属、玻璃、研磨料、陶瓷、绝缘材料、塑料等</td></tr>
<tr><td>纺织服装业</td><td>布头、纤维、橡胶、塑料机、金属等</td></tr>
<tr><td>建筑材料</td><td>金属、水泥、陶瓷、石膏、石棉、砂石、木料、纤维等</td></tr>
<tr><td>电力工业</td><td>炉渣、粉煤灰、烟尘等</td></tr>
<tr><td rowspan="3">城市垃圾</td><td>居民生活</td><td>食物、衣物、灰渣、粪便、塑料、陶瓷、废器具、杂品</td></tr>
<tr><td>商业、机关</td><td>管道，碎砌体，建筑材料，废汽车，废电器，含有易燃、易爆、腐蚀、放射性的废物以及居民生活中的各种废物</td></tr>
<tr><td>市政维护、管理部门</td><td>碎砖瓦、树叶、死禽畜、灰渣、污泥、脏土等</td></tr>
<tr><td rowspan="2">农业废物</td><td>农林</td><td>稻草、秸秆、蔬菜、水果、树枝、废塑料、粪便、农药</td></tr>
<tr><td>水产</td><td>死禽畜、腐烂鱼虾、贝壳、污泥等</td></tr>
<tr><td>放射性废物</td><td>核工业、核电站、放射性医疗单位、科研单位</td><td>金属、放射性废渣、粉尘、污泥、器具、建筑材料等</td></tr>
</table>

全世界固体废物排放量十分惊人。目前工业化国家的工业固体废物排放量每年以 2%～4%的速度增长。据有关资料显示，工业上每年生产约 21 亿 t 固体废物，其中美国 4 亿 t，日本 3 亿 t。放射性固体废物也逐年上升，至今尚未处置过的高浓度放射性废弃物所占体积多于 1 km^3。随着工业化国家的城市化和居民生活消费水平的提高，城市垃圾的增长十分迅速。据统计，全世界每年产生城市生活垃圾约 4.9 亿 t，2005 年我国设市城市生活垃圾产量为 1.36 亿～1.56 亿 t。发达国家垃圾

平均增长率为 3.2%～4.5%；发展中国家平均增长率为 2%～3%。我国每年产生的固体废物数量巨大。2008 年，我国工业固体废物产生量 19.013 亿 t，比上年增加 8.3%；工业固体废物排放量 0.078 2 亿 t，比上年减少 34.7%；工业固体废物综合利用率为 64.3%，比上年提高 2.2 个百分点；全国危险废物产生量 0.135 7 亿 t，比上年增加 25.8%。2009 年，全国工业固体废物产生量为 20.409 亿 t，比上年增加 7.3%；排放量为 710.7 万 t，比上年减少 9.1%；综合利用量（含利用往年贮存量）、贮存量、处置量分别为 13.834 亿 t、2.088 8 亿 t、4.751 3 亿 t。危险废物产生量为 0.142 9 亿 t，综合利用量（含利用往年贮存量）、贮存量、处置量分别为 0.083 亿 t、0.021 8 亿 t、0.042 8 亿 t。全年城市垃圾清运量 1.56 亿 t。

三、固体废物对环境的危害

在一定条件下，固体废物会发生化学的、物理的或生物的转化，对周围环境造成不良影响。因此，若固体废物处置不当，有害成分可以通过水、大气、土壤、食物链等途径进入环境给人体健康造成潜在的、长期的危害。例如，工矿业固体废物中所含的化学物质能形成化学型污染；人畜粪便和生活垃圾是各种病原微生物的孳生地，能形成病原体型污染。

固体废物对环境的危害主要有：

1. 侵占土地

固体废物的堆放要占用大量的土地。估计 1 万 t 固体废物占用土地约 667 m^2。城市固体废物侵占土地的现象日趋严重，我国现在堆积的工业固体废物有 60 亿 t，生活垃圾有 5 亿 t，多数城市固体废物无法处理而堆积在城郊或公路两旁。

煤矸石是我国目前排放量和累计存量最大的工业废弃物。全国现有煤矸石山 1 500 多座，累计存量有 34 亿 t，占用土地面积 1.33 万 hm^2。这些煤矸石山不仅占用了大量土地，还造成地下水污染。

2. 污染土壤

固体废物及其淋洗和渗滤液中所含的有害物质会改变土壤的性质和土壤结构，并对土壤微生物的活动产生影响。土壤是许多细菌、真菌等微生物聚居的场所，这些微生物与其周围环境构成一个生态系统，在大自然的物质循环中，担负着碳循环和氮循环的一部分重要任务。工业固体废物特别是有害固体废物，经过风化、雨雪淋溶、地表径流的侵蚀，有些高温和有毒液体渗入土壤，能杀害土壤中的微生物，破坏土壤的腐解分解能力，甚至导致草木不生。这些有害成分的存在，还会在植物有机体内积蓄，通过食物链危及人体健康。

20 世纪 70 年代，美国密苏里州曾把混有四氯代二苯并二噁英（2,3,7,8-TCDD）的废渣当做沥青铺洒路面，造成严重污染，致使牲畜大批死亡，居民受多种疾病折磨，最后美国政府花 3 300 万美元买下该镇全部地产，还赔偿了居民搬迁的全部费用。

3．污染水体

许多国家把大量的固体废物直接向江河湖海倾倒，不仅减少了水域面积，淤塞航道，而且污染水体，使水质下降；固体废物随着天然降水和地表径流进入江河、湖泊，粉尘废物随风飞扬落入地面水，也造成地面水污染；也有的固体废物产生的有害物质随雨水下渗，污染地下水。

美国的 Love Canal 事件是典型的固体废物污染事件。1930—1953 年，美国胡克化学工业公司在纽约附近的 Love Canal 废河谷填埋了 2 800 多 t 桶装有害固体废物，1953 年用土填平。1975 年大雨和洪水造成有害固体废物外溢，并陆续发现该地区井水变臭、婴儿畸形、居民得怪异病，大气中有害物质超标 500 多倍，测出有毒物质 82 种，其中几种能致癌，包括有剧毒的二□恶英。1978 年美国政府颁布法令，710 多户居民全部搬迁，并拨款 2 700 万美元进行治理。

4．污染大气

固体废物在收运、堆放过程中如果未作密封处理，经日晒、风吹、雨淋、焚化等作用，会挥发大量废气、粉尘。据研究表明：当发生 4 级以上的风力时，在粉煤灰或尾矿堆表层的直径为 1～1.5 cm 以上的粉末将出现剥离，其飘扬的高度可达 20～50 m；一些有机固体废物，在适宜的湿度和温度下被微生物分解，能释放出有害气体、产生毒气或恶臭，造成地区性空气污染。煤矸石因自燃能放出 SO_2、CO 等气体，造成大气污染。

采用焚烧法处理固体废物，已成为有些国家大气污染的主要污染源之一。据报道，美国固体废物焚烧炉，约有 2/3 由于缺乏空气净化装置而污染大气。我国的部分企业，采用焚烧法处理塑料排出 Cl_2、HCl 和大量粉尘，也造成严重的大气污染。

据文献统计，城市生活垃圾经过焚烧之后体积是原来的 1/5，重量只有原来的 1/15，可以有效地达到垃圾减容的目的。但是垃圾焚烧有可能产生剧毒物质，污染大气环境，影响周围居民的生命安全。科学研究表明，二□恶英是世界公认的一级致癌物，自然界中本来不存在，只有化学合成才能产生，而垃圾中一些含有氯元素的废弃物，比如塑料、橡胶制品、医院废料，经过高温加热后很容易形成剧毒物二噁英。垃圾焚烧在低温焚烧阶段会产生二□恶英，实验室研究数据表明，在 300～500℃这个区间是生成二□恶英的最高区间。

5．影响环境卫生

我国生活垃圾、粪便的清运能力不高，无害化处理率低，很大一部分垃圾堆存在城市的一些死角，严重影响环境卫生，对市容和景观产生“视觉污染”，给人们的视觉带来不良刺激。城市堆放的生活垃圾，非常容易发酵腐化，产生恶臭，招引蚊蝇、老鼠等滋生繁衍，容易引起疾病传染；在城市下水道的污泥中，还含有几百种病菌和病毒。长期堆放的工业固体废物有毒物质潜伏期较长，会造成长期威胁。

四、几种固体废物污染简介

1．电池污染

（1）废旧电池的危害性。废旧电池的危害主要集中在其中所含的少量重金属上，如铅、汞、镉等。这些有毒物质通过各种途径进入人体内，长期积蓄难以排除，损害神经系统、造血功能和骨骼，甚至可以致癌。其中铅可损害人的神经系统（神经衰弱、手足麻木）、消化系统（消化不良、腹部绞痛）、引发血液中毒和其他病变。汞中毒使人精神状态改变，引起脉搏加快、肌肉颤动、口腔和消化系统病变。镉、锰主要危害神经系统。

（2）废旧电池污染环境的途径。电池的组成物质在使用过程中，被封存在电池壳内部，并不会对环境造成影响。但经过长期机械磨损和腐蚀，使得内部的重金属、酸和碱等泄漏出来，进入土壤或水源，就会通过各种途径进入食物链。

2．白色污染

“白色”，通常是洁白的象征，但近年来，中华大地却被前所未有的“白色污染”所困扰。从城市到乡村，铁道旁、公路边、河流中、湖面上，无处不在的各种各样的废泡沫塑料制品和残破塑料薄膜制品，对社会环境形成了极大损害。

由于一次性塑料包装物、农用薄膜、一次性塑料餐具、一次性医疗用品等，给人们带来很大地方便，所以，塑料制品被大量使用，致使垃圾中废塑料制品的比例迅速增加。据统计，全球每年约产生 1.7 亿 t 塑料垃圾，其中 1/3 以上被遗弃在环境中。我国有 14 亿人口，即使每人每天丢弃一个 5 g 的塑料袋，全国每天就产生 8 400 t 塑料垃圾。据统计，2005—2007 年，我国塑料制品产量分别达到了 2 198.6 万 t、2 801.9 万 t 和 3 078.6 万 t，以 2006 年统计数据为基础，我国城市生活垃圾中塑料包装废物约为 585.2 万 t，占我国塑料包装制品当年总量的 20.9%。一般塑料品在自然界中降解的周期为 200～400 年，在相当长时间内，不能被分解，它们掩埋在土壤里，阻碍农作物的生长；被牲畜误吃后，轻者得病，重者死亡；焚烧后则释放大量毒气，危害人类。

3．旧家电问题

据国家统计局的调查资料显示，从 2003 年开始我国已迎来一个家电更新换代的高峰。平均每年大约有 500 万台以上的电视机、500 万台的洗衣机、400 万台的冰箱进入更新期。到 2010 年，中国将要更新超过 5 800 万台电视机、900 万台冰箱、1 100 万台洗衣机、1 200 万台空调和 7 000 万台个人电脑，且更新量的增长趋势会持续到 2015 年。

废旧家电不同于一般的城市垃圾，其制造材料复杂，有些家电材料还含有化学物质，如不妥善处理而直接填埋、烧掉，必将造成空气、土壤和水体的严重污染。例如，电冰箱的制冷剂是破坏臭氧层的物质，而废弃的电脑、电视机的显像管属于具有爆炸性的废物，荧光屏为含汞废物等等。所以说处理不当的旧家电对社会和环境造成的危害着实不可轻视。同时，在废旧家电的回收处理中也存在着许多问题。一些老型号的电脑多含有金、钯、铂等贵重金属，一些私人和小企业采用酸浸、火烧等落后的工艺技术流程提炼其中的贵金属，产生大量废气、废水和废渣，严重污染了环境。

4．洋垃圾

一些发达国家把大批危险废物转移到缺乏监控和控制手段较弱的发展中国家，导致污染扩散。对进口的“洋垃圾”处理不当，就会把污染的灾难转移给本国，危害人民的身心健康，更损害国家和民族的尊严。如 1987 年在尼日利亚柯科河港旁堆放 8 000 多桶从国外运进的各种颜色的废料，不久，铁桶锈蚀，难闻的脏水四溢，散发恶臭。后经查明桶内装的是聚氯丁烯苯基化合物，这是一种致癌率极高的化学物质，造成许多码头工人和家属瘫痪，19 人死亡。1988 年几内亚一个无人居住的小岛，原来茂密的森林开始枯萎，逐渐死去。后经调查发现岛上有 1.5 万 t 垃圾灰，是一家挪威公司运来的，垃圾中含有氰化物、铅、铬等多种有毒物质。自 1990 年开始，美国、德国工业界也先后将“洋垃圾”运至我国。我们绝不能盲目地什么东西都进口，绝不能被“洋垃圾”漂亮的“包装”所诱惑而上当，也不要被低价进口有毒废料获得可观的经济效益所驱动。为了保护各国的环境，国际社会和联合国机构制定了国际环境公约和有关规定，禁止危险废物跨国转移。但最根本的是发展中国家要筑起抵御“环境侵略”的防线，坚决拒洋垃圾于国门之外。

第四节 噪声污染

随着工业、交通的高度发展和城市人口的迅猛膨胀，噪声已成为现代城市居民每天感受到的公害之一。日本 1966 年因公害起诉的案件 20 502 起，噪声就有 7 640 起，占 37.3%（大气污染占 22.9%，水污染占 10.7%，振动公害占 5.8%，臭气污染占 17%，地面下沉占 0.15%，其他占 4.8%），而 1974 年噪声起诉案增至 20 972 起，1977 年又激增至 80 000 起。目前，我国城市噪声诉讼案件每年已占全部环境污染诉讼案件的 40%左右。

一、噪声的定义

凡是不需要的、使人厌烦并干扰人的正常生活、工作和休息的声音都是噪声。可见，噪声不仅取决于声音的物理性质，而且与人类的生活状态有关。例如，听音乐会时，除演员和乐队的声音外，其他都是噪声；当睡眠时，再悦耳的音乐也是噪声。

噪声的强度可用声级（L_A）表示，单位为分贝[dB(A)]。一般来说，声级在 30～

40 dB(A)是比较安静的环境，超过 50 dB(A)就会影响睡眠和休息，70 dB(A)以上干扰人们的谈话，使人心烦意乱，精力不集中，而长期工作或生活在 90 dB(A)以上的噪声环境，会严重影响听力和导致其他疾病的发生。表 2-5 列出了日常噪声源的声级以及身处其境时人的感受。

表 2-5　日常噪声源的声级及其对人的影响

噪声源	声级/dB(A)	对人的影响
火箭导弹发射	150～160	无法忍受
喷气式飞机喷口	130～140	无法忍受
螺旋桨飞机	120～130	痛阈
高射机枪	120～130	痛阈
柴油机	110～120	很吵
球磨机	110～120	很吵
织布机	100～110	很吵
电锯	100～110	很吵
载重汽车	90～100	很吵
喧闹马路	90～100	很吵
大声说话	70～80	较吵
一般说话	60～70	一般
普通房间	50～60	较静
静夜	30～40	安静
轻声耳语	20～30	安静
消声状态	10～20	极静
室内听觉下限	0～10	听阈

二、噪声的特性

1．主观性

由于噪声属于感觉公害，它与人的主观意愿和人的生活状态有关。在污染有无和程度上，与人的主观评价关系密切。当然，当噪声大到一定程度时，每个人都会认为是噪声；但即便如此，每个人的感觉还是会不一样。

2．局限性

局限性是指环境噪声传播距离和影响范围有限，不像大气污染和水污染可以扩散和传递到很远的地区。

3．分散性

分散性是指环境噪声源常是分散的，因此，噪声只能规划性防治而不能集中处理。

4．暂时性

噪声停止发声后，危害和影响即可消除，不像其他污染源排放的污染物，即使停止排放，污染物亦可长期停留在环境中或人体里。故噪声污染没有长期的积累影响。

三、噪声的来源

噪声主要来源于交通运输、工业生产、建筑施工和日常生活。

1．交通运输噪声

交通运输工具，如火车、汽车、摩托车、飞机、轮船等，在行驶时都会产生噪声。这些噪声源具有流动性，干扰范围大。近年来，随着城市机动车辆剧增，交通运输噪声已经成为城市的主要噪声源。

2．工业生产噪声

工业生产离不开各种机械和动力装置，这些机器和装置在运转过程中一部分能量被消耗后以声能的形式散发出来而形成噪声。工业噪声中有因空气振动产生的空气动力学噪声，如通风机、鼓风机、空气压缩机、锅炉排气等产生的噪声；也有由于固体振动产生的机械性噪声，如织布机、球磨机、碎石机、电锯、车床等产生的噪声；还有由于电磁力作用产生的电磁性噪声，如发动机、变压器产生的噪声。工业噪声一般声级高，而且连续时间长，有的甚至长年运转、昼夜不停，对周围环境影响很大，尤其是对那些操作机器的工人危害最为严重。

3．建筑施工噪声

建筑工地常用的打桩机、推土机、搅拌机、挖掘机等都会产生噪声，噪声常在80 dB(A)以上。随着我国城市现代化建设和人口骤增，城市的建筑施工场地很多，因此建筑施工噪声的污染将相当严重。

4．生活噪声

生活噪声是日常生活中经常碰到的，如人们的喧闹声、沿街的吆喝声、使用家庭机械和家用电器而产生的噪声等。这些噪声虽对人没有太大的直接危害，但能干扰人们正常的谈话、工作、学习和休息，使人心烦意乱。

四、噪声的危害

1．干扰睡眠

睡眠是人消除疲劳、恢复体力、维持健康的一个重要条件，但是噪声会干扰人的睡眠，尤其对老人和病人这种干扰更为显著。当人的睡眠受到噪声干扰后，工作效率和健康都会受到影响。一般来说，40 dB(A)的连续噪声可使10%的人受到影响，70 dB(A)可影响到50%的人；而突发的噪声在40 dB(A)时，可使10%的人惊醒，到60 dB(A)时，可使70%的人惊醒。由于睡眠受干扰常会引起人们产生失眠、耳鸣多梦、疲劳无力、记忆力衰退等症状。睡眠对噪声的最高允许值一般认为是50 dB(A)。

2．损伤听力

强噪声可以使人听力受损，这种受损是积累性的，只要噪声不是过强[120 dB(A)以下]只会产生暂时性的病患，休息后即可恢复。如果长期工作在80 dB(A)以下的噪声环境中，就可能会造成听力损失，但一般不致引起噪声性耳聋；在80～85 dB(A)，会造成轻度的听力损伤；在85～90 dB(A)，会造成少量的噪声性耳聋；在90～100 dB(A)，会造成一定数量的噪声性耳聋；在100 dB(A)以上，会造成相当多的噪声性耳聋。因此噪声的危害，关键在于它的长期作用。

另外，当人耳突然听到极强的噪声时，声波会击破耳鼓膜，造成突然失去听力。

3．危害人体的生理和心理健康

一些实验表明，噪声会引起人体紧张的反应，刺激肾上腺素的分泌，因而引起心率改变和血压升高。噪声会使人的唾液、胃液分泌减少，从而易患胃溃疡和十二指肠溃疡。在高噪声环境下，会使一些女性的性机能紊乱，月经失调，孕妇流产率增高。有些生理学家和肿瘤学家指出：人的细胞是产生热量的器官，当人受到噪声或各种神经刺激时，血液中的肾上腺素显著增加，促使细胞产生的热能增加，而癌细胞则由于热能增高而有明显的增值倾向。极强的噪声[如175 dB(A)以上]，还会导致人死亡。

噪声对人心理的影响主要是易使人烦恼激动、易怒，甚至失去理智。噪声也容易使人疲劳，往往会影响精力集中和工作效率，尤其是对那些要求注意力高度集中的复杂作业和从事脑力劳动的人。另外，噪声分散人们的注意力，容易引起工伤事故。特别是在能够遮蔽危险警报信号和行车信号的强噪声下，更容易发生事故。

4．影响儿童和胎儿发育

在噪声环境下，儿童的智力发育缓慢。有人做过调查，吵闹环境下儿童智力发育比安静环境中的低20%。噪声使母体产生紧张反应，会引起子宫血管收缩，以致影响供给胎儿发育所必需的养料和氧气。有人对机场附近居民的研究发现，噪声与胎儿畸形有关。此外，噪声还影响胎儿的体重，吵闹区婴儿体重轻的比例较高。

5．影响动物生长

强噪声会使鸟类羽毛脱落，不下蛋，甚至内出血，最终死亡。如20世纪60年代初期，美国F104喷气机在俄克拉荷马市上空作超声速飞行试验，飞行高度为1万m，每天飞越8次，共飞行6个月，导致附近一个农场的1万只鸡被轰鸣声杀死6 000只。

6. 损害建筑物

高强度的噪声会损坏建筑物，在美国统计的 3 000 件喷气飞机使建筑物受损害的事件中，抹灰开裂的占 43%，损坏的占 32%，墙开裂的占 15%；瓦损坏的占 6%。由飞机噪声造成的经济损失，1968 年为 40 亿～185 亿美元，1978 年为 60 亿～277 亿美元。

第五节 其他环境污染

一、放射性污染

在自然界中存在着一些能自发地放射出某些特殊射线的物质，这些射线具有很强的穿透性，其中最主要的有铀（^{235}U）、钍（^{232}T）、钾（^{40}K）、碳（^{14}C）和氚（^{3}H）等。放射性污染主要是指由于人类活动排放出的放射性污染物所造成的环境污染和对人体的危害。从自然环境中释放出的天然射线，一般可以视为环境的背景值。放射性污染物与一般化学污染物有着显著的区别，主要表现在每一种放射性核素都有一定的半衰期，能放射具有一定能量的射线，持续地对环境和人体产生危害。除了在核反应条件下，任何化学、物理或生化的处理都不能改变放射性核素的这一特性。

1. 放射性污染源

（1）核工业。核工业各类部门排放的废水、废气、废渣是造成环境放射性污染的主要原因。核燃料的生产、使用及回收的循环过程中，每一个环节都会排放放射性物质，但不同环节排放的种类和数量不同。如铀矿开采过程对环境的放射性污染，主要是氡和氡的子体以及放射性粉尘的废气和含有铀、镭、氡等放射性物质的废水；在冶炼过程中，产生大量低浓度放射性废水及含镭、钍等多种放射性物质的固体废物；在加工、精制过程中，产生含镭、铀等废液及含有化学烟雾和铀粒的废气等。

（2）核电站。核电站排出的放射性污染物为反应堆材料中的某些元素在中子照射下生成的放射性活化物。其次有由于元件包壳的微小破损而泄漏的裂变产物，元件包壳表面污染的铀的裂变产物。核电站排放的放射性废气中有裂变产物碘（^{131}I）、氚（^{3}H）和惰性气体氪（^{85}Kr）、氙（^{133}Xn），活化产物有氩（^{41}Ar）和碳（^{14}C）以及放射性气溶胶等。

核电站排入环境的放射性污染物的数量与反应堆类型、功率大小、净化能力和反应堆运行状况等有关。在正常情况下，核电站对环境的放射性污染很轻微，如生活在核电站周围的绝大多数居民，从核电站排放放射性核素中接受的剂量，一般不超过背景辐射剂量的 1%。只有在核电站反应堆发生堆芯熔化事故时，才可能造成环境的严重污染。如 1986 年苏联切尔诺贝利核电站 4 号机组发生核泄漏引起爆炸事故，导致 31 人死亡、300 多人受伤，经济损失高达数百亿美元。这次事故的发生，在今后十几年甚至几十年里都将会给环境造成重大的压力。

（3）核试验。核爆炸在瞬间能产生穿透性很强的中子和γ辐射，同时产生大量放射性核素。爆炸的高温体放射性核素为气态物质，伴随着爆炸时产生的大量炽热气体，蒸汽携带着弹壳碎片、地面物升上高空。在上升过程中，随着蘑菇状烟云扩散，逐渐沉降下来的颗粒物带有放射性，称为放射性沉降物，又叫落下灰。这些放射性沉降物除了落到爆炸区附近外，还可随风扩散到广泛的地区，造成对地表、海洋、人及动植物的污染。细小的放射性颗粒甚至可到平流层并随大气环流流动，经很长时间（甚至几年）才能落回到对流层，造成全球性污染。

（4）核燃料后处理厂。核燃料后处理厂是将反应堆辐照元件进行化学处理，提取铀等后再使用。后处理厂排入环境的放射性核素为裂变产物和少量超铀元素。其中一些核素半衰期长、毒性大，如锶（^{90}Sr）和铯（^{137}Cs）等，所以后处理厂是核燃料生产循环中对环境污染的重要污染源。

（5）医疗照射的射线。随着现代医学的发展，辐射作为诊断、治疗的手段越来越被广泛应用，且医用辐照设备增多，诊治范围扩大。辐照方式除外照射方式外，还发展了内照射方式，如诊治肺癌等疾病，就采用内照射方式，使射线集中照射病灶。但同时这也增加了操作人员和病人受到的辐照，因此医用射线已成为环境中的主要人工污染源。

（6）其他方面的污染源。某些用于控制、分析、测试的设备使用了放射性物质，对职业操作人员会产生辐射危害。如某些生活消费品中使用了放射性物质，如夜光表、彩色电视机等；某些建筑材料如含铀、镭量高的花岗岩和钢渣砖等，它们的使用也会增加室内的辐照强度。

2. 危害和影响

放射性污染造成的危害主要是通过放射性污染物发出射线的照射来危害人体和其他生物体，造成危害的射线主要有α射线、β射线和γ射线。α射线穿透力较小，在空气中易被吸收，外照射对人的伤害不大，但其电离能力强，进入人体后会因内照射造成较大的伤害；β射线是带负电的电子流，穿透能力较强；γ射线是波长很短的电磁波，穿透能力极强，对人的危害最大。

放射性物质进入人体主要是通过食物链经消化道进入的，其次是经呼吸道进入人体；通过皮肤吸收的可能性很小。放射性核素进入人体后，其放射线对机体产生持续照射，直到放射性核素蜕变成稳定性核素或全部排出体外为止。就多数放射性核素而言，它们在人体内的分布是不均匀的。放射性核素沉积较多的器官，受到内照射量较其他组织器官为大。人体内受某些微量的放射性核素污染并不影响健康，只有当照射达到一定剂量时，才能出现有害作用。当内照射剂量大时，可能出现近期效应，如出现头痛、头晕、食欲下降、睡眠障碍等神经系统和消化系统的症状，继而出现白细胞和血小板减少等。超剂量放射物质在体内长期作用，可产生远期效应，如出现肿瘤、白血病和遗传障碍等。如 1945 年原子弹在日本广岛、长崎爆炸后，当地居民因长期受到辐射远期效应的影响，肿瘤、白血病的发病率明显增高。

二、电磁污染

1. 含义和来源

广义上，电磁污染是指天然的和人为的各种电磁波干扰以及对人体有害的电磁辐射。狭义上，电磁污染主要是指当电磁场的强度达到一定限度时，对人体机能产生的破坏作用。

人为的电磁污染主要有① 脉冲放电：例如切断大电流电路时产生的火花放电，其瞬时电流变化率很大，会产生很强的电磁干扰。② 工频交变电磁场：例如在大功率电机、变压器以及输电线等附近的电磁场，它并不以电磁波形式向外辐射，但在近场区会产生严重电磁干扰。③ 射频电磁辐射：例如无线电广播、电视、微波通信等各种射频设备的辐射。频率范围宽广，影响区域也较大，能危害近场区的工作人员。目前，射频电磁辐射已经成为电磁污染环境的主要因素。

2. 电磁污染的危害

电磁辐射污染不仅能引起身体各个器官的不适，直接危害着人类的健康，而且还能干扰各种仪器设备的正常工作，这对人类生命和财产的安全构成了很大的威胁。

（1）危害人体健康。电磁污染对人体健康的危害主要表现在① 损害中枢神经系统：头部长期受微波照射后，轻则引起失眠多梦、头痛头昏、疲劳无力、记忆力减退、易怒、抑郁等神经衰弱症候群；重则造成脑损伤。② 影响遗传和生殖功能：父母一方曾经长期受到微波辐射的，其子女中畸形儿童如先天愚型、畸形足等的发病率异常高，甚至造成不育。③ 引起心血管和眼睛等多种疾病：高强度微波连续照射全身，可使体温升高、产生高温的生理反应，如心率加快、血压升高、呼吸率加快、喘息、出汗等，严重的还会出现抽搐和呼吸障碍，直至死亡。强度在 100 mW/cm^2 的微波照射眼睛几分钟，就会使晶状体出现水肿，严重的则成白内障；强度更高的微波，会使视力完全消失。

（2）干扰通信系统。如果对电磁辐射的管理不善的话，大功率的电磁波在室中会互相产生严重的干扰，导致通信系统受损，造成严重事故的发生。特别是信号的干扰与破坏，可直接影响电子设备、仪器仪表的正常工作，使信息失误，控制失灵，对通讯联络造成意外。如 1991 年，奥地利劳达航空公司的一次飞机失事，导致机上 223 人全部遇难。据有关专家推测，事故可能是由飞机上的一台笔记本电脑或是便携式摄录机造成的。

三、光污染

1．光污染及其来源

光污染是指光辐射过量而对生活、生产环境以及人体健康产生的不良影响。目前，对光污染的成因及条件研究得还不充分，因此还不能形成系统的分类。

最常见的光污染是眩光。现代城市里，常用玻璃、铝合金装饰宾馆、饭店、写字楼、歌舞厅等建筑的外墙，在太阳光的照射下，这些装饰材料的反射强度比一般的绿地、森林和深色装饰材料大 10 倍左右，大大超过了人体所能承受的范围，其反射效果使人宛如生活在镜子世界之中，分不清东南西北，这称为“白亮污染”。此外，如电焊时产生的强烈眩光会对人眼造成伤害；夜间行驶的汽车灯光会使人视物极度不清，造成事故；车站、机场、控制室过多闪动的信号灯以及为渲染舞厅气氛，快速切换各种不同颜色的灯光，也属于眩光污染，使人视觉容易疲劳。

另外，一些专用仪器设备产生的红外线、紫外线也会造成严重的光污染。

2．光污染的危害

光污染的直接危害是导致人的视力下降。据研究，长期在白色光亮污染环境下工作和生活的人，眼角膜都会受到不同程度的损害，视力急剧下降，白内障发病率高达 40%以上。还会使人产生失眠、神经衰弱等各种不适症。现代舞厅的旋转灯光、荧光灯以及闪烁的彩色光源构成的“彩光污染”，也有害人体健康。它不仅令人眼花缭乱，发生头昏、头疼、精神紧张等症状，还有可能诱发白血病等疾病。

另外，红外线和紫外线也会伤害人的视网膜和角膜，使人易患白内障和皮肤癌等疾病。

四、热污染

1．热污染的概念

人类活动影响和危害热环境的现象称为热污染。热污染的形成主要表现在以下几个方面：① 燃料燃烧和工业生产过程中产生的废热向环境的直接排放；② 温室气体的排放，通过大气温室效应的增强，引起大气增温；③ 由于破坏臭氧层物质的排放，导致太阳辐射的增强；④ 地表状态的变化，使反射率发生变化，影响了地表和大气间的热交换等。

温室效应的增强、臭氧层的破坏，现在都已作为全球大气污染的问题，专门进行了系统的研究。因此作为热污染问题，在此主要讨论的是废热排放的影响。

2．热污染的来源

热污染主要来自能源消费，这里不仅包括发电、冶金、化工等工业生产消耗能源排放出的热量，而且还包括人口增加导致居民生活和交通工具等消耗能源而排放出的废热。按热力学定律来看，人类使用的全部能量一部分转化为产品形式，一部分以废热形式直接排入环境。转化为产品形式的热量，最终也要通过不同的途径释放到环境中。例如：火电厂燃料燃烧的能量40%转化为电能，12%随烟气排放，48%随冷却水进入到水体中。而电能最终也是以其他不同途径的形式将热量释放到环境中。

3．热污染的危害

热污染除影响全球或区域的热平衡外，还对大气和水体造成危害。其危害主要表现在以下几个方面：

（1）城市热岛效应。城市热岛效应是指人口高度密集、工业集中的城市区域气温高于郊区的现象，是人类活动对城市区域气候影响中最典型的特征之一。

人类活动释放的热量及废气排入大气，改变了城市上空的大气组成，使其吸收太阳辐射的能力及对地面长波辐射的吸收力增强，造成市区温度高，周围地区的冷空气就会向市区汇流，结果把郊区工厂的烟尘和由市区扩散到郊区的污染物重又聚集到市区上空，久久不能消散。热岛气候使夏季的市区更加闷热难耐，影响人们的工作效率和身体健康。

（2）水体热污染。煤矿、油田、电厂等大型能源企业以及化工、轻工等行业排放的废水往往温度较高，造成江、河、湖泊等接纳水体局部水温升高，使地表水体自净能力降低，蒸发速率增大，进而影响水生生态平衡，危害渔业生产。

五、生物污染

化学污染和物理污染已经引起社会的广泛重视。生物污染问题尚未引起公众的关注。随着科学技术的进步，尤其是生物高新技术的迅速发展，以及经济的全球化、人类旅游、贸易活动的日趋频繁，生物污染正悄无声息地在全球范围内扩散和蔓延。

生物污染指的是带入环境并在环境中繁殖，对人类有不良影响的有机体，这些被带入的物种在该群落中是异己的。生物污染物只能是有繁殖能力的有机体（如动物、植物和微生物）。

1．生物污染的种类

生物污染包括三个方面：微生物的致病污染、动植物物种的侵入污染和基因污染。从广义上说，生物富集、吸附、吸收等也是生物污染。

（1）微生物污染。微生物污染是指对人和生物有害的微生物、病原体和变应原乃至寄生虫等污染水体、大气、土壤和食品，并因此影响生物数量和质量，危害人类健康的污染。或者说，在环境中出现不寻常的大量微生物，这些微生物在人工基质或在自然环境中大量繁殖；原先无害的微生物种类获得病原性特征或成为能抑制群落中其他生物的有机物就是微生物污染。微生物污染可分为三类：一是霉菌，它是造成过敏性疾病的最主要原因；二是由人体、动物、土壤和植物碎屑携带的细菌和病毒；三是尘螨以及猫、狗和鸟类身上脱落的毛发、皮屑。

空气中的微生物来源广泛，其中危害人群健康的微生物即为污染微生物。主要指的是寄生虫卵、细菌立克次体和病毒等病原体。例如污水处理与污水灌溉过程中，液滴的飞散或污水中气泡上浮至液面而破裂时，可产生带菌的气溶胶，后者将随风飘散，污染空气。如有些花粉和一些真菌，能在个别人身上起过敏反应，可诱发鼻炎、气喘、过敏性肺部病变。抵抗力较强的病原微生物，如结核杆菌、炭疽杆菌、化脓性球菌，能附着在尘粒上污染大气。人们吸收这样的空气就会感染细菌性、病毒性疾病。水体中的病原体主要来自人、禽、畜的粪便。这些病原体可以随水流动而引起水体的污染。土壤是微生物寄居的场所，用未经彻底无害化处理的粪便、污水等都会使微生物污染土壤。

微生物代谢产物如硫化氢、酸性矿水、硝酸和亚硝酸等均可以对环境造成污染。微生物在其生长、代谢过程中所产生的毒素，如霉菌毒素、细菌毒素、放线菌毒素、藻类毒素等都可能污染食品和环境，危害人类健康。近年来它们已受到人们的高度重视。

（2）生物入侵污染。大家对外来生物非常熟悉，因为我们的日常生活与之密不可分。就拿平常吃的东西来说，小麦原产地在中亚和近东，石榴、核桃、葡萄原产于近东，胡萝卜、菠萝、大蒜原产于中亚，黄瓜、丝瓜、姜、葫芦原产于印度，韭菜原产于西伯利亚，芝麻原产于印度和亚洲，花生、玉米、甘薯、马铃薯、凤梨、草莓、番木瓜、南瓜、辣椒、西红柿等原产于南美洲，西瓜原产于非洲，甜菜、莴苣原产于地中海……这些外来生物的引入极大地丰富了我们的餐桌。还有公园里姹紫嫣红的外来花木、动物园里形态各异的外来动物，给人们增添了许多乐趣。在国外，美国加州 70%的树木、荷兰市场上 40%的花卉、德国的 1 000 多种植物都来自中国。

然而，在全球一体化的进程中，人们也面临着越来越严重的外来生物的入侵，其对生态环境的危害，不亚于人体细胞癌变对人体的危害。生物入侵是生物污染的一种形式，随着国际间人员的往来、货物贸易的发展和全球环境的变迁，这一问题日益突出。

一个物种在进入一个新的生长环境后，不能够马上建立起适于它们自身的生长环境，等待它们的只有死亡。当然，一些生存下来的物种，有的不仅无害，反而有利于环境。反之，也有一些物种引进后造成了始料未及的灾难。例如，澳大利亚本来不产兔子，1859 年，移民托马斯·奥斯京从英国带来了 24 只欧洲野兔。由于部分野兔的走失，加之澳大利亚没有鹰、狐狸等天敌，它们开始了几乎不受限制的大量繁殖。到了 1993 年，兔子已经多达 4 亿多只，遍布整块大陆泛滥成灾。由于兔子和牛羊争夺牧草，使澳大利亚的畜牧业遭受了巨大的损失。人们想尽了办法，筑围墙、设电网、打猎、捕捉、放毒……兔灾仍然无法消除。后来生物学家从美洲引进了一种靠蚊子传播的病毒，这种病毒的天然宿主是美洲兔，能在美洲兔体内产生黏液瘤，却不致命；但是它们对于欧洲兔却是致命的，而且对于人、畜和澳大利亚的野生动物完全无害。至此，澳大利亚的兔灾才得以控制。再如美国中西部的大湖区 1990 年前后就开始出现了一种来自里海的斑纹蚌，这种生命力极强的贝类不仅在大湖区安家落户，而且还在当地凶恶地排挤掉了其他贝类，直至独霸一方。现在密密麻麻的斑纹蚌常常堵塞河道，污染水源，无论对当地的经济、运输业或公共卫生，还是物种保护，都造成了严重威胁。此外，引起我国国内关注的进入中国的“食人鲳”“水葫芦（学名凤眼莲）”“霸王草”等都属生物入侵污染。

为防治外来入侵生物，2009 年，农业部继续在全国 17 个省市开展刺萼龙葵、水花生、黄顶菊、薇甘菊、福寿螺等 15 种重大危险农业外来入侵生物灭毒除害、技术示范推广行动，共铲除（防治）外来入侵生物 241 万 hm^2；完成紫茎泽兰等 18 种重大入侵生物全国普查，完善全国外来入侵生物数据库；制定黄顶菊、薇甘菊等 10 种外来入侵生物监测预警技术规程。

（3）基因污染。转基因（Genetically Modified Organisms，简称 GMO）技术实质上是一种基因工程。它是指应用现代生物技术，导入特定的外源基因，从而获得具有特定性状的改良生物品种及其制成品。基因工程自 20 世纪 70 年代产生以来，还没有一个统一的定义。

目前人类面临人口、粮食等许多新的挑战。科学家们试图通过农业生物技术革命来解决全球粮食问题。由于转基因产品具有传统作物和动物所不具有的快速生长、高产量和高质量、强抗逆性（抗旱、寒、涝、热、病毒和虫害）等特性，因此，转基因产品的研制开发为人类共同关注。

人类在作物和畜禽的自发变异中获得对人类有益性状的新品种，这是一个长期而缓慢的和不能定向的过程。由于有性生殖的相容性仅仅发生在同一物种不同品种之间或极相近的物种之间，这就决定了传统农业生物通过染色体重组所发生的基因交换基本上仍然是按照生物自身许可的规律进行。而基因工程作物中的转基因能通过花粉（风扬或虫媒）所进行的有性生殖过程扩散到其他同类作物，由于所“移植”的基因可以来自任何生物，完全打破了物种原有的屏障，具有“任意篡改上帝作品”的本领，给未来的前景带来了许多不可知性，从而造成了环境生物学上的“基因污染”。

2．造成生物污染的原因

人为引种、偶然传入、生态平衡失调、气候变化、生物技术等因素均可带来生物污染。

（1）人为引种。引种是交流科技成果、发展生产的重要手段，可以改善周围环境、丰富生物资源。引种可以给人类带来巨大的益处，但同时也可能造成有害生物的传播蔓延，导致生物污染，甚至会对本地区的动植物区系产生遗传学的影响，造成更大的潜在危害。1830 年，欧洲人从美洲引种马铃薯，也同时引入了晚疫病。

晚疫病在 1845 年的大流行，造成了历史上著名的爱尔兰大饥荒，当时仅有 800 万人口的爱尔兰岛死于饥荒者就达 20 万人，外出逃荒者 164 万人。

（2）偶然传入。在贸易、旅游、运输等人类活动中，一些危险性病虫害、杂草及其他有害生物可随之传播。1937 年，甘薯黑斑病随日本侵略军传入中国。自那时起，这种病菌就一直成为中国甘薯生产的重要病害，有病的薯块被误食后会造成人畜中毒。

还有一种引起外来生物大举入侵的渠道以前并不被人注意，那就是轮船远距离运输中的压舱水。一艘轮船准备出海远航时，都要在船侧汲取一些海水用以压舱，目的是帮助货轮在航行时保持平衡，而当航行至下一港口时，通常又会将其从排水孔放掉，在更换压舱水时，便捎带来了海洋生物，就可能构成生物入侵，以致影响该地域的生态平衡。

（3）生态平衡失调。随着人口的增长和经济的快速发展，人类对生态环境的影响越来越大。生态环境破坏导致的生态平衡失调既造成某些物种数量上的大大减少甚至灭绝，也造成了另一些有害生物的过度繁殖，致使其生物量大大增加而造成新的危害。如澳大利亚多年前为发展畜牧业引进了大量牛羊，这导致每天有上亿堆又大又湿的牛粪排泄到草地上，牛粪的覆盖不仅抑制了牧草的生长，使大量牧草枯死，还为苍蝇的大量滋生提供了生态条件。各种苍蝇铺天盖地，严重危害了人畜的健康。直到后来从中国及其他地区引进若干种蜣螂，通过蜣螂把刚排出的牛粪滚成球团贮于地下，既疏松土壤、增加土壤肥力又控制住了苍蝇的繁殖，才使草—牛—蝇—人之间的生态平衡失调得到了缓解。

（4）气候变化。一般情况下，生态系统中生命系统和环境系统的各因素之间基本保持协调稳定状态，但是，气候条件发生明显变化可以导致某些生物的爆发成灾。秘鲁海面每隔六七年就会发生一次海洋变异现象，结果使一种来自寒流系的鳀鱼大量死亡。大量鱼群死亡使海鸟失去食物，造成海鸟的大批死亡。1965 年发生死鱼事件时，使 1 200 万只海鸟饿死。海鸟大批死亡使鸟粪锐减，当地农民又以鸟粪为主要农田肥料，由于失去肥源而又使农业生产也遭受到极大损失。1994 年，印度北部因连续 90 天的 38 ℃高温，使大批老鼠蹿入城市。苏拉特市肺型鼠疫大流行，引起 63 人死亡，经济损失达 20 亿美元。

（5）生物技术。生物技术造成的生物污染主要来自两个方面，一个是生物合成工厂排放的生物活性物质，如抗生素、酶、疫苗等以及各种微生物制剂厂排放的大量微生物；二是生物高新技术，如转基因工程、遗传工程等对生态环境及人类健康带来的潜在影响。转基因食品正在走俏市场，然而生物高新技术正如原子能一样，在造福人类的同时，也给人类带来了一些严重的或未知的危险。美国曾有报道，几十人因食用经基因工程改造的食物而丧命，1 500 多人出现不适症状。转基因生物实质上是一种外来物种，大量实践证明，外来物种对整个生态系统的破坏是不可估量的。外源基因还可向环境泄漏，如转基因植物在栽培中，其花粉可通过风、昆虫等多种途径向周围环境传播，即转基因可以不受人为控制而传播到其他植物上，这些受粉植物一旦发生可育种子就会一代一代地使“泄漏”的转基因在自然界中广泛传播，带来意想不到的负效应。

3. 生物污染的危害

（1）对生态系统的影响。一些转基因物种会使其周围自然环境中许多有性繁殖相容性的野生种、近缘种很容易受到同类转基因的污染。美国得克萨斯州生产绿色食品玉米的农场所生产的玉米已发现含有附近地区种植的基因工程玉米转基因，迫使这家农场将这批“无公害”玉米全部销毁。调查发现，含有转基因的基因工程玉米的花粉是通过蜜蜂传播、交叉授粉转移到传统玉米作物上，由于天然物种易同化，就会使传统作物难以保存。基因漂散的结果还可使某些野生物种从转基因获得新的性状，如耐寒、抗病、速生等，因此具有更强的生命力，这种没有经过自然选择的进化过程，打破了自然界的生态平衡。现代农业生态系统的新概念并非是消灭害虫，而是将其降到不成灾害的水平。基因工程中的杀虫作物持续而不可控制地产生大剂量的毒蛋白酶，能大规模地消灭害虫，使杀虫过程无法控制，就有可能造成以这些害虫为生的天敌（昆虫、鸟类）数量急剧下降，从而威胁生态平衡。据报道，瓢虫捕食食用转基因马铃薯蚜虫后，残废率增高，生殖率降低 38%，不能孵化率增高 3 倍。美国科学家关于转基因玉米造成蝴蝶大量死亡的研究结果引起强烈反响，导致欧盟禁止进口美国转基因玉米。此外，还有研究发现，基因杀虫作物产生的毒蛋白可以从作物根部渗透到土壤或随作物的叶子落入土中，结合在黏土颗粒和腐殖质上，其毒性至少可以保持 7 个月，这对土壤和水体中的无脊椎动物具有危险性。

生物入侵可以破坏入侵地域原有的各种类型生态平衡关系，如可以使当地原有的物种大量减少，甚至灭绝。例如，一个灯塔看守带了一只猫，使新西兰斯蒂芬岛上的异鹩鸟灭绝，成为闻名于世的“一只猫灭绝了一种物种”的典型例子。

日本植物克株的花美丽迷人，并且还能散发出甜甜的葡萄酒的香气，不久就以观赏植物的身份出现在美国。由于克株生长快，并能在极其恶劣的土壤条件下生长，适应性极强，还是优良的绿肥和饲料，美国开始大规模推广，1940 年仅在得克萨斯一个州就种植了 20.24 hm^2。可是，由于克株的大量繁殖，给当地带来了极大的灾难。到 20 世纪 60 年代，当年致力于研究培育克株的联邦农业部门，来了个 180 度大转弯，转向了研究如何控制和消除克株。于是美国又开始了轰轰烈烈的消除克株运动，并为之付出了巨大的人力物力。

（2）对人类健康的影响。人类绝大部分疾病都是由细菌和病毒引起的。微生物的高速复制和突变本能，使其能够快速适应动摇不定的环境变化。外来病菌会通过各种途径在全球传播和流行，如疯牛病、登革热病、霍乱等疾病都极大地威胁着人类的健康。

由于人类对基因活动方式的了解还不够透彻，没有十足的把握控制基因调整后的结果，因此有可能因基因的突变导致有毒物质的产生。另外，还会产生过敏反应、抗药性、原有的有益成分被破坏等问题。英国一个教授 1998 年 8 月披露，实验鼠在食用了转基因大豆后，器官生长异常，体重减轻，免疫系统遭到破坏。

（3）对全球经济发展的影响。

外来病虫害的侵入会造成巨大的经济损失。仅在美国，因外来害虫对森林造成的损失就高达 40 亿美元，而食品中病菌所造成的医疗费用和各种经济损失高达 65 亿～349 亿美元。

应用转基因技术可以大幅度地提高效率，而且由于转基因技术具有独特的垄断性，可以长期供垄断者占有，所以在农产品国际贸易市场上，出于经济利益驱动，转基因产品进口国企图阻止转基因产品的进口，转基因产品出口国则指责进口国实施贸易壁垒措施，由此产生国际贸易争端。

阅读材料 2-1　八大公害事件

1. 马斯河谷事件

1930 年 12 月 1～5 日发生于比利时马斯河谷工业区。炼焦、炼钢、玻璃、硫酸、化肥等工厂排出的有害气体在逆温条件下，在狭窄盆地近地层积累了大量的 SO_2、SO_3 等有害物质和粉尘，对人体发生毒害作用，一周之内有 60 多人死亡，以心脏病、肺病患者死亡率最高。

2. 多诺拉事件

1948 年 10 月 26～31 日发生于美国宾夕法尼亚州匹兹堡市南边的一个工业小镇——多诺拉镇。该镇地处河谷，工厂很多，大部分地区受气旋和逆温控制，持续有雾，使大气污染物在近地层积累。其中 SO_2 浓度为 0.5×10^{-6}～2.0×10^{-6}，并存在明显的尘粒。4 天时间内发病者 5 911 人，占全镇总人数的 43%：其中重症患者占 11%，中度患者占 17%，轻度患者占 45%，死亡 17 人，为平时的 8.5 倍。

3. 洛杉矶光化学烟雾事件

洛杉矶是美国西部太平洋沿岸仅次于纽约、芝加哥的第三大城市。在 20 世纪 40 年代就有车辆 250 多万辆，到 70 年代，汽车增加到 400 万辆，市内高速公路纵横交错，约占全市面积的 30%，每条公路每天通行汽车达 17 万辆次。当时每天 1 000 多吨碳氢化合物、500 多吨 NO_x 和 4 000 多吨 CO 排入大气中，约占全部大气污染物的 70%。洛杉矶地处北太平洋沿岸，市区西面临海，其他三面环山，仿佛处于一个大口袋中。全城建筑物堆挤在直径为 50 km^2 的盆地上，气候终年不好，很少有风，一年当中就有 200 多天烟雾弥漫。这样，洛杉矶就具备了容易发生光化学烟雾的三个条件：盆地式地形、汽车尾气多、无风天多。

洛杉矶的光化学烟雾最早发生在 1943 年，当时城市上空出现浅蓝色刺激性烟雾，未能引起人们的注意。到1955年9月，由于大气污染和高温，使烟雾的含量高过0.62×10^{-6}，2天内65岁以上的老年人就死亡400多人，为平时的3倍多。许多居民感到眼痛、头痛，呼吸困难；家畜也患病，作物枯黄，果树受害，橡胶制品老化，材料和建筑损坏。通过调查研究发现，罪魁祸首是这种浅蓝色的烟雾。这种烟雾是汽车尾气中的碳氢化合物和氮氧化物与空气中的氧气在太阳光的照射下发生一系列反应，生成的复杂的混合物，统称光化学烟雾。

4．伦敦烟雾事件

1952年12月5～8日发生于英国伦敦。当时英国几乎全境都为烟雾覆盖，温度逆增，一连数日浓雾不散，使燃煤产生的烟雾不断积累，尘粒浓度高达4.46 mg/m^3，为平时的10倍；SO_2浓度最高达1.34 mg/m^3，为平时的6倍，再加上Fe_2O_3粉尘的作用，生成相当量的SO_3，凝结在烟尘或细小的水珠上形成硫酸酸雾，进入人的呼吸系统。市民胸闷气促，咳嗽喉痛，当天人口死亡率开始增加，4天之内约4 000人丧生，事件后两个月内还有8 000人死亡。

5．四日市哮喘事件

1961年发生于日本东部海岸的四日市。四日市1955年以来发展了100多个中小企业，使这里成了占日本石油工业四分之一的“石油联合企业城”。石油冶炼和工作燃油（高硫重油）产生的废气严重污染了城市空气，整个城市终年黄烟弥漫。全市工厂粉尘、SO_2排放量达13万t，大气中SO_2浓度超出标准5～6倍。500 m厚的烟雾中飘浮着多种有毒气体和有毒的铅、镉、钴、钛、钒等重金属粉尘。重金属微粒与SO_2形成硫酸酸雾，人们长年累月吸入这些有毒成分，肺部排除污染物的能力就大大减弱，因而便容易形成支气管炎、支气管哮喘以及肺气肿等许多呼吸道疾病，这些病统称为“四日气喘病”，又称“四日型喘息病”。1961年四日市气喘病大发作期间，患者中慢性支气管炎占25%，患哮喘性支气管炎的占40%。

1964年，该市连续三天烟雾不散，气喘病患者开始死亡。1967年，更有一些气喘病患者不堪忍受痛苦而自杀。1970年四日市气喘病患者超过2 000人，其中10多人在折磨中死亡。后来此病蔓延到全国，到1972年为止，四日市气喘病患者达6 376人。

6．水俣病事件

1953—1956年发生于日本熊本县水俣市。

水俣市位于日本九州南部鹿儿岛，属熊本县管辖，有5万多居民。由于其西部就是产鱼的水俣湾，因此，渔业兴旺。1925年，日本氮肥公司在此建厂，1932年又扩建了合成醋酸厂，1949年开始生产氯乙烯，1956年氯乙烯产量超过6 000 t，企业逐步走向繁荣。这种繁荣的背后却酝酿着一场灾难。

20世纪50年代初期，水俣湾地区的动物开始出现行为异常，有的鸟从栖息的树上掉下来，有些猫步态不稳，惊恐不安，有些猫更像是为了要扑灭身上的烈火一样跳入大海，造成了“疯猫跳海”的奇闻。不久渔民和他们的家庭成员，也先后出现了异常症状：手刺痛、手震颤、头痛、视力模糊甚至语言障碍等，一些患者出现中毒症状后不久由于剧烈痉挛、麻木，导致死亡。经调查，发病原因是汞中毒，汞的化合物破坏了居民的大脑和中枢神经系统。

大部分居民都以水俣湾的鱼和水生贝壳类动物为食，而这些食物被汞的化合物所污染，汞化合物则是由水俣湾的化工厂排出的。1959 年，熊本大学医学院从病者的尸体、鱼体和化工厂排污中都发现了有毒的甲基汞，确认甲基汞是水俣病的病因。原来，该公司在生产氯乙烯和醋酸乙烯时，采用了成本较低的水银催化工艺，把大量含有甲基汞的废水排入水俣湾，使鱼带毒，人或猫吃毒鱼而生病、死亡。当时据统计，水俣湾和新潟县阿野川下游共发生汞中毒 283 人，其中 60 人死亡。据日本水俣市市长 1999 年 5 月 6 日在北京大学讲演证实，整个水俣市被确诊为水俣病患者的人有 2 263 人，现在已经死亡 1 344 人，活着的还有近千人。为了恢复水俣湾的生态环境，日本政府花了 14 年时间，投入了 485 亿日元，把水俣湾的含汞底泥深挖 4 m，全部清除掉，同时，在水俣湾入口处设立隔离网，将海湾内被污染的鱼通通捕获进行焚化。1997 年 10 月 16 日由于已经三年没有从打捞上来的鱼里化验出氯化甲基汞，水俣湾里 3.5 km 长的隔离网才被人们拉起来撤掉。正是水俣病这场灾难，40 年来水俣市的人口减少了 1/3。

7. 骨痛病事件

横贯日本中部的富山平原有一条清河叫神通川，两岸人民世世代代喝这条河的水，并用河水灌溉两岸肥沃的土地，使这一带成为日本的主要粮食产地。不久，“三井金属矿业公司”在河的上游设立了“神通矿业所”，建成了炼锌厂，把大量的污水排放入神通川。1952 年，河里的鱼大量死亡，两岸稻田出现大面积死秧减产现象。1955 年以后，在河流两岸出现了一种怪病，得了这种病的人，一开始是腰、手、脚等各关节疼痛，几年之后，便出现全身神经和骨痛，不能行动，呼吸困难，最后骨骼软化萎缩，自然骨折，直至饮食不进，在衰弱中死去。由于病人经常“哎唷—哎唷”地呼叫呻吟，人们便称这种病为痛痛病或骨痛病。直到 1961 年终于查明，神通川两岸的骨痛病与三井金属矿业公司神通炼锌厂的废水有关。该公司把炼锌用过的含镉废水不经处理便排放到神通川中，造成水质污染，两岸农民引这种水灌溉稻田，镉又污染了土壤，水稻在污染的土壤中生长，而使大米中的镉含量增加，农民吃了这种“镉米”，久而久之体内便积累了大量的镉，而患骨痛病。镉首先破坏人体骨骼内的钙质，进而使肾脏发病，内分泌失调，十年之后进入死亡期。据有关资料报导，到 1973 年 3 月患者超过 280 人，死亡 34 人，此外还有 100 多人出现可疑症状。

8. 米糠油事件

1968 年日本九州、四国等地有几十万只鸡突然死亡，主要症状是张嘴喘气、头痛腹胀而死亡。经检验发现饲料有毒，但没有进一步追查。不久，在爱知县以西一带的居民中，出现了一种奇怪的病，一开始只是眼皮肿胀、手掌出汗、全身起皮疹，继之出现呕吐、恶心、肝功能下降、全身肌肉疼痛、咳嗽不止等症状，有的竟医治无效而死亡。这种病来势凶猛，患者数目很快达到 1 400 多人，并蔓延到数十个府县，且七八月份达到高峰，患者增加到 5 000 多人，其中 16 人死亡，实际受害人数达 1.3 万多人，整个西日本陷入恐慌之中。日本卫生部门立即对尸体进行解剖分析，发现患者五脏和皮下脂肪中都含有多氯联苯。这是一种与滴滴涕类似的氯化烃，人畜吃下去就蓄积在体内，主要集中在脂肪层，不易排出体外，也没有有效的治疗方法。经调查发现，原来太平田市一家粮食加工公司的食用油厂生产米糠油时，为了降低成本，追逐利润，在脱臭过程中，使用了多氯联苯流体作热载体，又因生产管理不善，使多氯联苯泄漏混入米糠油中，随后销售各地，造成大量人员中毒或死亡。该厂生产米糠油的副产品黑油又作为家禽饲料售出，也使大量家禽死亡。

阅读材料 2-2 20 世纪 70 年代以来重大环境问题事件

事件名称	发生时间、地点	发生原因	主要后果
维索化学污染	1976 年 7 月 10 日 意大利南部	农药厂爆炸，二噁英污染	多人中毒，居民搬迁，几年后婴儿畸形多发
唐山大地震	1976 年 7 月 28 日 3 时 42 分 中国唐山市	发生震级为 7.8 级的大地震	死亡 242 769 人，重伤 164 851 人，整个城市成为一片废墟
阿摩柯卡迪斯油轮泄油	1978 年 3 月 法国西北部布列塔尼半岛	油轮触礁，22 万 t 原油入海	藻类、湖间带动物、海鸟灭绝，工农业生产、旅游业损失大
三哩岛核电站泄漏	1979 年 3 月 28 日 美国宾夕法尼亚州	核电站反应堆严重失火	周围 80 km 约 200 万人口处于极度不安中，停工、停课、纷纷撤离，直接损失 10 亿多美元
墨西哥气体爆炸	1984 年 11 月 19 日 墨西哥城	一座液化气中心站发生连续爆炸，54 座储气罐几乎全部爆炸起火	4 200 人受伤，1 000 多人死亡，摧毁房屋 1 400 多幢，3 万人无家可归，50 万人被疏散
博帕尔农药泄漏	1984 年 12 月 3 日 印度中央邦博帕尔市	45 t 异氰酸甲酯贮罐爆裂泄漏	受害面积达 40 km^2，受害人 10 万～20 万，死亡数万人
威尔士饮用水污染	1985 年 1 月 英国威尔士	化工公司将苯酚排入河流	200 万居民饮水污染，44%的人中毒
切尔诺尔利核电站泄漏	1986 年 4 月 26 日 苏联乌克兰基辅北部	4 号反应堆机房爆炸，引起大火，放射性物质大量扩散	周围 13 万居民被疏散，现场有 300 多人受到严重辐射，死亡 31 人，直接损失 30 多亿美元
圭亚那农药中毒事件	1986 年 圭亚那	农民误把进口用来灭鼠的硫酸铊当做农药施入甘蔗园	人们吃了未洗净的甘蔗以及含这种农药的食品而中毒，死亡 44 人，中毒者估计几千人
莱茵河污染	1986 年 11 月 1 日 瑞士巴塞尔市	桑多兹化学公司仓库爆炸起火，30 t 硫、磷、汞等剧毒物流入莱茵河	事故段生物绝迹，160 km 鱼类死亡，480 km 处水不能饮用，使 50 万尾河鱼和数以千计只水鸟死亡

事件名称	发生时间、地点	发生原因	主要后果
东北大火	1987 年 5 月 6 日 中国东北大兴安岭	中国东北大兴安岭发生森林大火，持续近 1 个月	天然林烧毁 $6.5\times10^5\,hm^2$，死亡 200 多人，受伤 226 人，5 万人无家可归，生态系统遭到严重破坏
上海甲肝	1988 年 1 月 上海市	食用被污染的毛蚶	食用后中毒染上甲肝，并迅速传染蔓延，29 万人患甲肝
美国柴油泄漏事件	1988 年 1 月 美国俄亥俄州	一个使用了 40 年的油罐破裂，成为美国内河最大泄油事件，1.3 万 t 原油流失莫农加希拉河	形成了一条长约 22.5 km 的油段，沿岸 100 万居民生活受严重影响
埃克森·瓦尔迪兹油轮泄漏	1989 年 3 月 24 日 美国阿拉斯加	泄漏原油 4.16 万 t	海域严重污染
洛东江水源污染	1991 年 3 月 韩国洛东江畔	洛东江畔的大丘、釜山等城镇斗山电子公司擅自将 325 t 含酚废料倾倒于江中，自 1980 年起已倾倒含酚废料 4 000 多 t	洛东江已有 13 条支流变成了“死川”，1 000 多万居民受到危害
海湾石油污染	1991 年 1 月 17 日～2 月 28 日 海湾地区	历时 6 周的海湾战争使科威特境内 727 口油井被焚或损害，约 150 万 t 原油漂流入海	有毒有害气体排入大气中，随风漂移，原油流入大海中，使海湾地区的生态破坏达到有史以来最严重的一次
沅江死鱼	1991 年 5 月 湖南沅江	湖南湘西自治州三个化工厂长期超标排放黄磷废水，沉积在底泥中不断积累，在暴雨冲击下，底泥翻腾，单质磷胶体泛起	在跨越一州一地五县的水域中，持续 40 多天，大面积水域严重磷污染，死鱼达 50 万 kg
西班牙油轮泄漏事件	1992 年 12 月 3 日 西班牙北部拉科鲁尼亚海域	装载 7.9 万 t 原油的希腊“爱琴海”号油轮断裂爆炸	泄漏的原油污染了当地约 100 km 的海岸
开封市饮用水污染	1993 年 4 月 河南开封市	多家有机化工厂、阻燃剂厂、胶黏剂厂、农药厂等废水排入饮用水明渠内。从饮用水样中检出氰化物、六价铬等	一次大暴雨后发现饮用水异味、苦涩、有辛辣感，一连数日全市几十万人受害，发生恶心、拉肚子现象

事件名称	发生时间、地点	发生原因	主要后果
化学品仓库爆炸	1993 年 8 月 广东深圳市	该仓库未经环保部门审批储存了 49 种总量达 2 800 多 t 的化学品，大多属于易燃易爆或有毒有害物质。因氧化剂和还原剂直接接触引起爆炸	造成死亡 15 人，大火持续 16 h，摧毁库房 7 座，爆炸中心有 2 个深达 9 m、直径 20 m 的大坑
倾倒核废料	1993 年 10 月 日本海	俄罗斯海军舰艇向日本海倾倒约 900 m^3 的低放射性废料	受到日本、朝鲜、韩国等周边国家的谴责和国际社会的严重关注
石油泄漏	1994 年 10 月 俄罗斯科来共和国	石油泄漏，流失石油覆盖面积达 68 km^2	海域受到严重污染
印尼森林大火	1997 年 8 月 印度尼西亚加里曼丹岛	由于雨季推迟到来，森林大火蔓延	烧毁 2 900 km^2 森林。4 万多人由于呼吸系统障碍住进医院，死亡 17 人，使 700 万人陷入贫困之中
丹麦油轮泄露事件	2001 年 3 月 丹麦南部海域	在马绍尔注册的“波罗的海”号油轮在丹麦南部海域与一艘货轮相撞，原油泄漏约 2 700 t	事故发生在丹麦的一个海岛自然保护区，受害最大的是栖息在这里的上万只海鸟
新加坡油轮泄漏事件	2001 年 10 月 新加坡海峡的印尼海域	在巴拿马注册的“纳士纳海”号油轮在新加坡海峡的印尼海域搁浅，部分油轮受损，造成 7 000 t 原油泄漏	致使当地生态环境受到极大的危害
“929”特大氰化钠泄漏丹江环境污染事件	2000 年 9 月 29 日 陕西丹凤县境内	私自雇佣无运输危险品资格的人员和车辆运输 10.33 t 氰化钠途中翻车，造成特大污染事件	直接经济损失 1 188 万元
西班牙油轮泄漏事件	2002 年 11 月 19 日 西班牙	希腊“威望”号油轮在西班牙触礁断裂为两截，油轮上 8.5 万 t 原油全部流入海中	原油泄漏使当地生态环境遭到严重污染，最严重海域油层厚 3.81 cm。几十万只鸟受到威胁，其中包括一些稀有的海雀科鸟类
非典型肺炎（SARS）流行事件	2002 年 11 月至 2003 年 6 月，在世界和中国范围内发生	病原体为冠状病毒的一种个变种的传播	2002 年 11 月 16 日首次在中国出现病例。该病具有强烈传染性，病毒对身体损害严重，可导致死亡

复习与思考

1. 什么是环境污染？环境污染产生的原因是什么？

2. 简述地球大气的组成和垂直分层。

3. 大气中的硫氧化物、氮氧化物、一氧化碳、碳氢化合物的主要来源及其对环境的污染危害各有哪些？

4. 什么是光化学烟雾?它有什么危害?

5. 汽车、飞机的尾气对大气有哪些危害?你认为减少或消除尾气污染的有效途径有哪些?

6. 什么是温室效应?对全球气候变暖影响很大的气体有哪些?

7. 全球气候变暖有什么影响?

8. 试述大气臭氧层对地球生物的作用。“臭氧空洞”形成的原因是什么?

9. 什么是“酸雨”污染？它有什么危害？其污染源和主要成分有哪些？

10. 有人说水在自然界不停地循环，因此是取之不尽用之不竭的资源，结合你所看到的实际情况，分析这种观点是否正确。

11. 你的家乡周围水域水质是否良好？有没有污染现象？如果有，试调查是怎么造成的?

12. 水质指标通常包括哪几项内容?

13. 什么叫做水的“富营养化” ？其产生的原因和危害是什么?

14. 造成水体污染的重金属元素有哪些?重金属污染对人体危害具有哪些特点?

15. 水俣病的病因、症状是什么？它是由什么重金属污染所致?

16. 骨痛病是什么重金属污染所致?

17. 什么叫固体废物？根据固体废物的来源不同，固体废物可分为哪几类?

18. 固体废物对环境有哪些危害？举例说明。

19. 为什么要禁止“洋垃圾”越境转移?

20. 噪声有哪些危害？从环境保护的角度说一说噪声的含义。

21. 什么是放射性污染和电磁污染？人为的电磁污染主要有哪些？

22. 什么叫光污染和热污染？热污染的形成主要表现在哪几个方面？

23. 生物污染包括哪几个方面？试述之。

24. 谈谈你对基因污染的认识。

25. 世界上著名的八大公害事件是指哪些？它们各自是由于什么污染造成的?

第三章
生 态 破 坏

生态破坏是指人类开发利用自然环境和自然资源的非排污性活动超过了环境的自我调节能力，使环境质量恶化或自然资源枯竭，影响和破坏了生物正常的发展和演替以及可更新自然资源的持续利用。例如砍伐森林引起的土地沙漠化、水土流失、一些动植物种灭绝等。

第一节　植被破坏

植被是对全球或某一地区所有植物群落的泛称。植被是生态系统的基础，为动物或微生物提供特殊的栖息环境，为人类提供食物和多种物质材料，还能调节气候和物质循环，净化空气和水源。它既是重要的环境因素，又是重要的自然资源。

一、森林锐减

1. 森林和森林资源

森林是由乔木、灌木组成的绿色植物群体，是整个地球陆地生态系统的重要组成部分。森林资源的广泛含义包括：① 林木资源、竹木资源、经济林资源；② 植物资源赖以生存的林地资源；③ 依附于森林群落的野生动物、植物和微生物资源；④ 由森林资源存在而产生的环境资源和伴随森林环境产生的旅游资源。

2. 森林的重要功能

森林在自然界中的作用越来越受到人们的关注。它不仅为社会提供大量林木资源，而且还具有保护环境、调节气候、防风固沙、蓄水保土、涵养水源、净化大气、保护生物多样性、吸收二氧化碳、美化环境及生态旅游等功能。

（1）森林是陆地生命的摇篮。自然界中几乎所有的陆地动物都要靠氧气来维持生命，而森林是天然的制氧机。据测定，1 hm^2 阔叶林每天可吸收 1 t 二氧化碳，放出 730 kg 氧气，可供 1 000 人正常呼吸之用。如果没有森林等绿色植物制造氧气，则陆地生物的生存将失去保障。

（2）森林是环境污染的净化器。森林生态系统可净化环境，使空气清新，吸污降噪，并可起杀菌作用，有益人体健康。经实际调查研究证明，森林能阻滞酸雨和降尘，每公顷云杉林可吸滞粉尘 10.5 t。森林还可衰减噪声，30 m 宽的林带可衰减噪声 10～15 dB(A)，森林还分泌杀菌素，有的树木能促使臭氧产生，杀死空气中的细菌。

（3）森林是调节气候、涵养水源的绿色宝库。森林能促进水的循环，据测算世界每年森林可向大气蒸腾 48 亿 t 的水量，能起到调节气候、延缓干旱和沙漠化的作用。一般来说，有林地的温度比无林地要低 2℃以上，夏天要低 10℃左右。森林树冠及根系可以截留降雨量 15%～40%，具有涵养水源、保持水土、增加有机质、改良土壤等作用。如 1 hm^2 林地与 1 hm^2 裸地相比，林地至少多储水 3 000 m^3。一般山区森林覆盖率只要保持在 60%以上，就能有效地发挥保持水土的作用。

（4）森林是木材的生产基地。目前全世界每年用材量约 30 亿 m^3，主要作为建筑材料、造纸原料等。此外森林又是林副产品和森林化工原材料的生产基地。

（5）森林是陆地上最大、最理想的物种基因库。森林是世界上最富有的生物区，它繁育着多种多样的生物物种，为濒危、珍稀动植物提供了栖息繁衍的基地，保存着世界上珍稀特有的野生动植物。森林又是巨大的基因库，物种的遗传变异和种质对农业、医药和工业每年能提供数十亿美元的贡献。

3．绿色屏障破坏

森林是保护人类的绿色屏障。据估计，森林曾覆盖世界陆地的 45%，总面积为 60 亿 hm^2。到 1862 年森林面积减少到 55 亿 hm^2，1985 年为 41.5 亿 hm^2，2003 年为 4.0 亿 hm^2，2005 年为 3.952 亿 hm^2。全球每年平均损失森林面积达 1 800 万～2 000 万 hm^2。对全球生态起着重要作用的热带雨林损失尤其严重。例如，1970—2000 年，亚马孙河流域热带雨林减少的面积超过过去的 4.5 个世纪。照此速度，30 年后亚马孙河流域就难见森林了。

森林面积急剧减少的原因是多方面的。有火灾、虫灾、洪灾等自然原因，但更多的是乱砍滥伐、毁林开荒等人为因素。主要表现在：

（1）森林转变为耕地和牧场。全世界人口的增长，不平等的土地分配制度，以及出口农产品的增加，大大减少了用于维持当地人民生存所必需的农田数量，于是，迫使许多农民不得不砍掉原始森林种植粮食。据联合国粮农组织估计，迫于生计而把林地转变为耕地的面积占损毁总面积的 45%，其中非洲 70%的郁闭林被砍伐，亚洲与美洲热带地区郁闭林的砍伐数量分别占 50%和 35%。在发展中国家，一般来说人口密度越高，森林砍伐越严重。如西非九国的人口密度比非洲其他地区高 2 倍，那里的森林损失占非洲热带地区的 80%，每年郁闭林减少 4%～6%。

毁林放牧是拉美的特色。在过去的 20 年间，拉丁美洲有多于 20 万 km^2 的热带雨林被改作牧场，占该洲热带雨林面积的 3%。这些牧场一半以上在巴西亚马逊地区，其余在墨西哥、哥伦比亚、秘鲁、委内瑞拉和中美洲诸国。

（2）污染对森林的威胁。空气污染和酸雨严重危害森林。酸雨使土壤酸化，土壤中有毒元素镉（Cd）、汞（Hg）和铝（Al）从不溶状态变成可溶状态进入土壤和水中，损害树木根部，导致生理失调，破坏叶面蜡质保护层，干扰叶面的水、气交换，导致叶子失绿或落叶。

1983 年秋季，前联邦德国经普查后向公众宣布，该国森林有 34%变黄，树叶脱落，或表现出遭受损害的其他迹象。一年后受害森林扩大到 50%。德国的发现促使其他欧洲国家随后也开始采取行动来评价本国的森林状况。评价结果是，欧洲森林有 14%（即 1 930 万 hm^2）呈现受害迹象。受害最严重的国家是波兰，该国已经枯死的森林有 45 万 hm^2，占本国受害森林面积的 20%。

（3）来自薪柴与木制产品需求的压力。世界上有近 1/3 的人口用薪柴作为主要炊事燃料，发展中国家的比例更高，依赖薪柴的人口约达 2/3。薪柴不仅是家庭的主要能源，在很多国家也是全部耗能活动的能源保障。如非洲不少国家薪柴在全部能源消费总量中占 70%以上，布基纳法索高达 96%。亚洲的尼泊尔，94%的能源要靠薪柴提供。显然，薪柴与木炭一旦被作为工业能源，只能加剧毁林。

从全球来看，生活水平的提高增加了对建筑木材、家具和其他木制品木材的需求，从而扩大了树木的砍伐量。由于建筑和木制品所需木材选择性较强，因此在砍伐过程中往往要毁掉那些非砍伐目标树木。据估算，在典型的伐木作业中，一定面积内砍伐 10%～20%的树，要毁掉 30%～50%的树木。

二、草原退化

草原是以旱生多年生草本植物为主的植物群落。是半干旱地区把太阳能转化为生物内能的巨大绿色能源库，是畜牧业发展的基础；它适应性强，更新速度快，具有调节气候、保持水土、涵养水源、防风固沙的功能，也是丰富宝贵的生物基因库，具有重要的生态学意义。

草原退化表现为草群稀疏低矮，产草量降低，牧草质量变劣（优良牧草减少、杂草毒草增多）。退化严重的地方整个自然环境受到破坏，土地沙化和盐渍化，导致动植物资源破坏，许多物种濒临灭绝。这个过程实际上就是荒漠化。

目前，世界各地的草原都有不同程度的退化，唯有欧洲情况较好。欧洲雨水丰沛，草种多经改良，草场管理有序，载畜量比其他地区高几倍。欧洲许多国家的肉奶制品不仅可以自给，而且有多余部分可供出口。北美诸国草场经历过开发、滥用至逐步改善三个阶段，现已逐渐好转。发展中国家的草场大多仍处于退化阶段。例如，非洲许多国家的草场严重荒漠化，其原因不仅是由于过度放牧和虫、鼠害，还由于当地居民的过度樵采。在一些地区，草原成为当地燃料的唯一来源，结果导致草场的彻底破坏。南美的草原也存在过度放牧和退化的情况，尤其是在阿根廷、巴拉圭、乌拉圭和巴西等国。

我国草原总面积约 4.0 亿 hm^2，占国土面积的 41.7%，居世界第二位。但是由于长期以来对草原资源采取自然粗放式经营，我国草场退化情况很严重。过牧超载、重用轻养，乱开滥垦，使草原破坏严重，以致草原退化、沙化和碱化面积日益扩大，生产力不断下降。目前，我国草地退化面积占可利用草地面积的 1/3，并有继续扩展之势。内蒙古和青海许多草场的产草量比 20 世纪 50 年代下降了 1/3～1/2，而且质量变劣。虫害（主要是蝗虫）和鼠害是草场退化的另一原因，内蒙古地区的鼠害使牧草每年减产 30 亿～50 亿 kg。2009 年，我国草原鼠害危害面积 4 087.2 万 hm^2，占全国草原面积的 10.5%，比上年增加 11.2%。草原虫害危害面积 2 076.2 万 hm^2，占全国草原面积的 5.3%。

草场退化是世界干旱区、半干旱区土地荒漠化的表现。从本质上说，这主要是一个社会经济问题，必须大力控制人口增长和促进经济发展才能最终得以解决。

三、植被破坏对环境的影响

植被破坏使复杂的生态结构受到破坏，导致自然生态进一步恶化，加剧了风沙、洪水、冰雹、干旱等自然灾害，给生态环境带来严重的后果。森林面积锐减不仅使木材和林副产品短缺，珍稀动植物减少甚至灭绝，还造成生态系统恶化，环境质量下降，水土流失，河道淤塞，旱涝、泥石流等灾害加剧；草场退化可改变草原的植物种类成分，降低草场的生产力，破坏草场的动植物资源。

1．生物多样性减少

森林和草原是地球上生命最为活跃的保护生物多样性的重要地区。森林和草原被破坏后，破坏了物种生存的生态环境，物种就要灭绝。20 世纪 50 年代，我国四川省森林覆盖率约为 30%，80 年代降至 16.9%，90 年代后虽有上升，但目前仍不足 25%；50 年代，云南省森林覆盖率约为 50%，90 年代降至 25%。同期四川省和云南省的生物物种分别灭绝了 5 个和 22 个。由于森林面积的缩小，全球约有 2.5 万种物种面临灭绝。如果失去森林，地球生态系统就会崩溃，人类将无法生存。

2．气候恶劣

全世界的森林草地面积急剧减少，加剧了风沙、干旱等灾害性天气的发生，加之温室气体排放量迅速增加，使大气中 CO_2 浓度明显上升，气候变暖已成为世人关注的全球环境问题。

3．水土流失加剧

随着森林的砍伐和草原的退化，土地荒漠化和土壤侵蚀将日趋严重。例如，美国在开国初期，由于大规模地砍伐森林和过度垦殖，严重破坏了中西部平原的绿色植被，引起生态平衡失调，致使这片昔日沃土成为接连发生气象灾害的地方。1934 年一场风暴刮走了 3 亿多 t 土壤，使人畜遭灾，全国冬小麦当年减产 50 多亿 kg。

据联合国粮农组织的估计，当前全世界 30%～80%的灌溉土地不同程度地受到盐碱化和水涝灾害的危害，由于侵蚀而流失的土壤每年高达 240 亿 t。土壤是大自然经过漫长时期为人类创造的宝贵财富，是人类赖以生存的自然资源。研究表明，地球表面形成 1 cm 厚的土壤需要 100～400 年的时间，因而土壤流失是一场严重的生态灾难。

我国是世界上水土流失最严重的国家之一。目前全国水土流失面积达 356 万 km^2，每年土壤流失总量达 50 亿 t。近 30 年来，虽开展了大量的水土保持工作，但总体来看，水土流失点上有治理，面上在扩大，水土流失面积有增无减，全国总耕地有 1/3 受到水土流失的危害。

我国受水土流失危害的土地 80%在西部，其中以黄土高原地区最为严重。二三千年前，黄河流域森林茂密，因此才有条件孕育了华夏文明。由于毁林，导致 64 万 km^2 的黄土高原有 70%的土地长期水土流失。黄河每年的输沙量达 16 亿 t，每立方米黄河水中含泥沙 37.3 kg，为全世界之最。

水土流失导致土地肥力下降，耕地贫瘠。我国每年流失土壤 50 亿 t，相当于从全国耕地上刮去了 1 cm 厚的表土。每年随土壤流失的氮、磷、钾营养成分，超过了 4 000 万 t 化肥，仅肥力损失每年就达 71.4 亿元，这无异于中华民族的大出血！水土流失使河道淤塞、水利设施效益降低。黄河下游的河床由于泥沙淤积已高出地面 3～10 m，水土流失给土地资源和农业生产带来极大破坏，严重地影响了农业经济的发展。

第二节 土地荒漠化

一、荒漠化的概念

“荒漠化”的概念是 1977 年 8 月 29 日—9 月 9 日联合国在肯尼亚内罗毕召开的国际沙漠问题会议上提出的，它是指人类不合理的开发利用活动，破坏了原有的生态平衡，使原来不是沙漠的地区，也出现了以风沙活动为主要标志的生态环境恶化和生态环境朝沙漠景观演变的现象和过程。沙漠化目前在国际上统称荒漠化。荒漠化是由于气候变化和人类不合理的经济活动等因素使干旱、半干旱和亚湿润干旱地区的土地发生退化。

二、土地荒漠化的现状

土地荒漠化是全球性的环境灾害，已影响到全球 2/3 的国家和地区以及世界 1/5 的人口。全球荒漠化的面积已经占整个地球陆地面积的 1/3，并以每年 5 000 万～7 000 万 km^2 的速度扩大。荒漠化最严重的是非洲大陆，其次是亚洲。非洲西起毛里塔尼亚，东到索马里，跨越 10 个国家的全部、大部分或部分区域，是受撒哈拉大沙漠入侵和沙漠化威胁最严重的地区。撒哈拉大沙漠每年向北延伸 6 km，速度十分惊人。尼罗河三角洲，每年被沙漠侵吞 13 km^2。辽阔的亚洲干旱地区同样受到荒漠化的威胁。地中海及红海沿岸、伊朗、阿富汗、巴基斯坦、印度西北部、中国的西北和北部及蒙古，这一辽阔地带沙漠化严重和中等严重的面积占亚洲干旱面积的93%，仅印度干旱地区的面积，就占其国土面积的1/5。

蒙古国荒漠化程度非常严重，戈壁、荒漠地区已占国土面积的 41.3%，并且呈加速扩展之势。近 40 年来，蒙古国荒漠和半荒漠地区的植被已从 33 种减少到 18 种，被沙丘覆盖的草原面积增加了 3 800 km^2，沙漠面积达到 4.2 万 km^2。蒙古国的荒漠化的主要原因是风蚀造成的。现在，蒙古草原的 30%受到荒漠化的影响，5 000 km^2 的土地被严重风蚀。

我国是世界上人口最多、耕地面积不足的发展中国家，同时也是受荒漠化危害最严重的国家之一。按国际荒漠化公约中的规定计算，我国潜在荒漠化发生地区涉及内蒙古、辽宁、吉林、北京、天津、河北、山西、陕西、宁夏、甘肃、青海、新疆、西藏，以及山东、河南、四川、云南和海南共 18 个省区、直辖市，东起黄淮海平原风沙化土地和辽河流域沙地，西至新疆塔克拉玛干沙漠，遍及内蒙古高原、黄土高原、宁夏河东、甘肃河西走廊、青海柴达木盆地、新疆准噶尔盆地和塔里木盆地的广大地域。区域总面积达 357 万 km^2，占全国总面积的 37.2%，且仍以每年 2 300 km^2 的速度在推进，近 4 亿人口受到荒漠化的威胁，其中有 100 多个贫困县集中在荒漠化地区，直接损失达 20 万～30 万美元，极大地制约了这些地区的经济发展和人民生活水平的提高。

三、土地荒漠化的原因

荒漠化的产生和发展主要可分为自然因素和人为因素。

1. 自然因素

异常气候使自然生态系统具有的抵抗力下降。首先，干旱多风使原本脆弱的生态环境受到致命的打击。它导致作物歉收，引起饥荒；导致草地放牧能力下降，引起家畜死亡；贫瘠的土地随着干旱进一步恶化；发生风蚀；农田因蒸发加快而加速了盐类的蓄积。其次，暴雨也是造成荒漠化的原因之一。在植被贫乏和土壤脆弱的干旱地区，由于对降雨的抵抗力弱，容易发生土壤的侵蚀。正是诸如以上的各类气候的异常，破坏了脆弱的自然环境的生态平衡，为土地荒漠化的发生、发展做了准备。

2. 人为因素

联合国曾对荒漠化地区 45 个点进行了调查，结果表明：由于自然变化（如气候变干）引起的荒漠化占 13%，其余 87%均为人为因素所致。中国科学院对现代沙漠化过程的成因类型做过详细的调查，结果表明：在我国北方地区现代荒漠化土地中，94.5%为人为因素所致，荒漠化的原因主要是由于人口的激增及自然资源利用不当而带来的过度放牧、滥垦乱樵、不合理的耕作及粗放管理、水资源的不合理利用等。这些人为活动破坏了生态系统的平衡，从而导致了土地荒漠化。

（1）土地资源利用不合理。土地作为人类生息的场所，形成于一定的自然条件，具有一定的特性和性质，同时也只有根据自然条件和土地本身的特性，采取一定的利用方式，才能最大限度地发挥土地生产潜力，取得较好的经济效益。过去，由于我国在政策上的失误，不顾当地的自然条件，片面地强调“以粮为纲”，加之其他种种原因，没有按照自然规律办事，直接导致和强化了土地荒漠化的过程。

（2）植被资源不合理利用。森林在生态平衡中起着决定性作用，由于森林资源的不合理利用，造成我国森林面积锐减，使复杂的生态结构受到破坏，导致生态环境进一步恶化。如我国云南毁林开山、刀耕火种现象十分严重。由于大片林地被砍伐，使局部小气候发生变化，加剧了风沙、洪水等自然灾害，并促进了局部土壤的沙漠化过程。

（3）干旱、半干旱地区水资源的不合理利用。水在干旱、半干旱地区有着特殊的地位，当干旱地区生态系统严重缺水而出现临界状态时，同时也会导致生态系统的退化。特别是我国西北地区，由于绝大部分河流为内陆河流，故在用水不当的情况下，往往导致整个流域环境条件的恶化。例如，上游地区由于过量灌溉造成大片土地次生盐渍化；下游则由于上游过量提水造成河流流量减少甚至断流，致使农田得不到及时灌溉，进而风蚀沙化。

（4）不合理耕作及粗放管理。在干旱、半干旱沙质土壤地区，特别是沙区边缘地区从事农业生产，本身就存在着土地荒漠化的威胁，无论是旱作农业还是灌溉农业，在缺少防护林保护情况下，沙质土壤极易遭受风蚀，大量的有机质及细粒土在粗放管理情况下随风流失，土壤肥力逐年下降，作物产量逐年降低，终因经济效益极差甚至不合算而弃耕。弃耕地因植被恢复困难，继续遭受风蚀进而变成流沙地。

（5）其他人类活动。在干旱、半干旱地区的其他人类活动（如矿产资源的开发、石油勘探、道路修筑、新建工厂、修筑军事设施、城市建设、旅游等），如不顾其周围自然条件，不采取相应的防护和保护措施，也会在局部地区造成土壤沙漠化，反过来影响当地生产和生态环境。

人类的活动，主要是不合理的土地利用直接导致和强化了土壤荒漠化的过程。其中：过度的放牧占其面积的 34.5%，乱砍滥伐森林占土地退化的 29.5%，不当的农业利用占 28.1%，其他（如工矿开发等）占 7.9%。另外，还有急剧的人口增长率和城市化率，都增加了对现有生产性土地的压力，其结果也是导致土地向荒漠化发生、发展。

综上所述，荒漠化主要是由于人为过度经济活动，破坏干旱、半干旱及亚湿润干旱地区的平衡所引起的一种土地退化过程。但就其发生发展也有特定的自然基础，两者密不可分。

四、土地荒漠化的危害

1. 土地的生产潜力衰退

荒漠化使土地的生物生产潜力逐渐衰减消失。美国大平原、哥伦比亚河流域、太平洋西南部分地区、科罗拉多流域、诸大湖沿岸腐殖土和沙土地区，就有 40 万 km^2 土地长期受到风蚀灾害影响，其中 4 万 km^2 土地的肥力损失，每年土壤中的氮、磷、钾损失 4 300 万 t。而我国仅以荒漠化正在发展的内蒙古东部、中部草原旱农地为例，由荒漠化所造成土地生产量及肥力的损失，每年约为 4.5 亿元。估计全国的各类荒漠化土地，年损失营养成分就达 13.39 亿 t，相当各种肥料共 46.7 亿 t。

2. 土地生产力下降

20 世纪 90 年代以来，受荒漠化严重影响的农田产量普遍下降 70%～80%。全世界每年这方面的损失就高达 260 亿美元。在美国有 90%的土壤风蚀发生在农业耕作土壤上，仅 1934 年的一次“黑风暴”灾害，使该区冬小麦减产 51 亿 kg，迫使 16 万农民离开风蚀灾害区。1993 年，我国西北地区的一场特大强沙尘暴席卷了 4 省区 18 个地市 72 个县（市）方圆 110 万 km^2 的土地，300 多人伤亡，37 万 hm^2 农田受灾，直接经济损失达 5.4 亿元。2009 年春季，中国北方地区平均沙尘日数为 0.9 天，其中五次沙尘暴、二次扬沙过程。

3. 草场质量下降

荒漠化给牧业带来的损失，在世界大多数草原特别是在发展中国家的干旱草原地区非常严重。全世界受荒漠化影响的牧业用地达 30 亿 hm^2 之多，阿尔及利亚 1 200 万 hm^2 的干草原上，大约已有 200 万 hm^2 被毁坏；毛里塔尼亚近些年来受酷旱影响，畜群死亡 1/3 以上。目前，世界上每年有数万平方公里的陆地沦为沙漠土地，其中草原沙漠化达 3.2 万 km^2。

我国北方牧区 2.24 亿 hm^2 可利用的草原中，已明显退化的面积有 0.6 亿 hm^2，其中有 0.13 亿 hm^2 退化为沙漠，并以每年约 150 万 hm^2 的速度在不断扩大。草地生产力较之 20 世纪 50 年代普遍下降了 30%～50%，鼠害、虫害严重，毒草、不可食牧草比例增大。由于荒漠化的危害，牧业发展长期受阻，不少地区已出现下降趋势。

4. 对环境造成污染和破坏

每年冬春两季从沙区吹来的风沙尘暴，不仅使当地二三米内视线不清，而且还“飘逸”千里之外，造成大范围内空气污浊，妨碍人类生产活动；而且这些由石英、微量元素、盐分等组成的沙尘物质还严重污染空气、饮水、食物，对人畜健康与机器、仪表会产生直接损害。

风沙危害不仅破坏了人类赖以生存的生态环境，而且直接影响着农业生产和经济开发建设。我国沙区目前有 800 km 之多的铁路和数千千米的公路，经常因风沙侵袭和压埋而影响交通；有数以千计的水库和大批灌渠遭受风沙侵袭，仅每年进入黄河的流沙可占全国流沙量的 1/10 以上。据统计，我国每年因风沙危害的直接经济损失高达 45 亿元。土地沙化的最终结果必然是贫困化。我国绝大部分贫困县都集中在风沙地区，有些荒漠化严重的地区人的温饱问题尚未解决。风沙危害已严重制约了我国国民经济的发展。

第三节 生物多样性锐减

一、生物多样性的含义

生物多样性是指地球上所有生物——动物、植物和微生物及其所构成的综合体。生物多样性是大自然物种拥有程度的笼统术语，通常含有三个不同的层次：基因（或遗传）多样性，物种多样性和生态系统多样性。生态系统的多样性是物种和遗传多样性的基础。物种多样性是基因多样性的载体或体现。概括起来讲，生物多样性是一项宝贵的自然资源，它不仅具有直接使用价值，而且还具有更重要的间接使用价值和潜在使用价值。表 3-1 是对中国生物多样性经济价值的初步评估。

表 3-1 中国生物多样性经济价值初步评估结果

价值类别	价值/（$\times 10^{12}$元）	
直接使用价值	产品及加工年净价值	1.02
	直接服务价值	0.78
	小　计	1.80
间接使用价值	有机质生产价值	23.3
	CO_2 固定价值	3.27
	O_2 释放价值	3.11
	营养物质循环和贮存价值	0.32
	土壤保护价值	6.64
	涵养水源价值	0.27
	净化污染物价值	0.40
	小　计	37.31
潜在使用价值	选择使用价值	0.09
	保留使用价值	0.13
	小　计	0.22

注：引自中国生物多样性国情研究报告，1998。

总之，生物多样性为地球上包括人类在内的所有生物提供食物和生态服务，成为生命的支持系统。依靠地球的生物多样性资源，人类社会得以产生、存在和发展，并形成今天这个五彩缤纷的世界。所以，人类要继续生存和发展，必须与多种多样的生物和谐共存。

目前地球上生物多样性正面临严重危机，这对人类生存和发展构成巨大的潜在威胁。

生态系统是一个复杂、和谐而又处于动态进化中的体系。由于其组成的多样性，对外来干扰具有一定的缓冲能力，对局部的破坏也有一定的修复功能。因此，生态系统的破坏是一个渐进的、累积的过程。有人用“铆钉”作比喻，形象地说明了生态系统的破坏过程。当飞机的机翼上选择适当的位置除掉一个或几个铆钉时，造成的影响可能微不足道，当铆钉一个个地被拔出时，危险性增大，每一个铆钉的拔出都增加了下一个铆钉断裂的可能，当铆钉被拔到一定程度时，飞机的突然解体也就成为必然。

在生态系统中每一个物种的灭绝犹如飞机损失的一个铆钉，虽然可能无足轻重，但一个生物种群的灭绝，可以影响到十几个生物种群的生存，物种损失到一定程度，生态系统也就必然破坏，这种现象已被很多观察所证实。

二、生物多样性的意义

生物多样性是人类生存和发展的必要条件。生物界多种多样的物种是大自然的基本组成部分，是人类赖以生存和实现可持续发展必不可少的基础。物种多样性不仅有巨大的经济价值、科学价值，还具有无法用金钱衡量的生态价值。

1. 经济价值

（1）物种为人类提供了食物。在地球上，除了动物和植物，人类还难以找到其他可以替代的食物。据估计，地球上有 7 万～8 万种植物可以食用，它们为人类提供了粮食和蔬菜；家禽、家畜为人们提供了大量高蛋白。

（2）物种是许多药物的来源。我国药用的植物有 5 000 多种，如人参、三七、川贝母、黄连等。不少动物也可入药，如土鳖虫、全蝎、蜈蚣等。随着医学的发展，越来越多的物种被发现有药用价值。如热带雨林中的某些植物能提取抗癌药物；许多海洋无脊椎动物，可用于防治高血压、心脏病、神经错乱等疾病。

（3）物种能提供大量的工业原料。野生生物可用于制造橡胶、油、树脂、染料、蜡、杀虫剂等，其价值十分可观。例如，芦苇、秸秆、龙须草等是重要的造纸原料，甚至生长在盐碱荒地上的罗布麻，也是重要的纤维材料。大灵猫和小灵猫分泌的灵猫香，是一种昂贵的工业用香料。鲸类油脂在工业上被用作高级润滑油。

2. 科学价值

（1）生物多样性是基因多样性的载体。基因是具有遗传功能的单元。这些单元按一定顺序排列，就成为创造蛋白质的图纸和指挥复制的命令。因此，基因是控制生物性状遗传物质的功能单位和结构单位。尽管现代生物技术已经能将基因从某一生物移往另一生物（基因剪接），但我们无法创造基因。因此，基因多样性的最根本特性是其自然属性。也就是说，它是自然的产物，在大自然中产生，在大自然中变异。

每一个物种都是一座独特的基因库。在遗传工程迅速发展的今天，野生生物基因库的作用越来越重要。许多动植物的基因对人类具有重大的价值。

1970年，美国的玉米由于受一种叶病菌危害，导致农场主损失超过20亿美元。后来，在墨西哥发现了对这种病菌有抗性的野生植物，从而为改良玉米品种找到了必要的基因。一般说来，任何一个作物品种，在使用5～15年后，抗病虫害能力就逐渐减弱，需要更新。更新品种也就是更新其基因遗传基础，这就需要到大自然的基因库中去寻找。但如果物种灭绝，相应的基因也就会失掉。

（2）物种对科学技术的发展有独特的贡献。生物的各种器官和生理功能可以给科学发明以莫大的启示。雷达、红外追踪、声呐等先进技术设备的发明，都得益于生物的启示。人们按海豚体形的轮廓及比例改进了核潜艇，使其航速比原来提高20%以上。蜂窝的六角形结构，能够在最节省材料的情况下创造最大空间，同时能以单薄结构取得较大的强度。现在，人们仿照蜂窝结构而制造的建筑材料已普遍使用在航空、航天等领域中。

3．生态价值

物种的最大特性是其相互依存和相互制约。物种的这种关系形成了生态系统的主要特征——整体性。生态系统中的物种越多，食物链（网）的结构也就越复杂，系统中能量流动和物质循环的途径也就越多。由于各途径之间可以起相互补偿的作用，所以该生态系统的自我调节作用越强，也就是说生态系统越稳定。人类只有在稳定而良好的生态环境中才能够实现可持续发展。

此外，许多野生动植物还有令人赏心悦目的观赏价值，可以美化人们的生活，陶冶人们的情操。总之，多种多样的生物，不仅是人类的重要财富，也是人类生存的重要伙伴。保护生物多样性，也就是保护人类自己。

三、生物多样性危机

1．生态系统危机

生态系统多样性减少主要表现在各类生态系统的数量减少、面积缩小和质量下降。在我国，主要生态系统为森林生态系统、草原生态系统、荒漠生态系统、西藏高原高寒区生态系统、湿地生态系统、内陆水域生态系统、海岸生态系统、海洋生态系统、农业区生态系统和城市生态系统等。现在，各种生态系统均受到不同程度的威胁。

例如，湿地是地球上一种重要的生态系统。它处于陆地生态系统（如森林和草地）与水生生态系统（如深水湖和海洋）之间。换言之，湿地是陆生生态系统和水生生态系统之间的过渡带，具有涵养水源、调节气候的功能，又是众多生物集中的地区。依赖湿地生存、繁衍的野生动植物极为丰富，其中有许多是珍稀特有的物种，是生物多样性丰富的重要地区和濒危鸟类、迁徙候鸟以及其他野生动物的栖息繁殖地。在我国 40 多种国家一级保护的鸟类中，约有 1/2 生活在湿地中。湿地是重要的遗传基因库，对维持野生物种种群的存续、筛选和改良具有商品意义的物种，都具有重要意义。

在人类长期活动的影响下，湿地不断地被围垦、污染和淤积，面积日益缩小。中国湿地破坏的主要原因是农业围垦和城市开发。珠江三角洲、长江中下游的湿地，自古以来就被不断地垦殖水稻。三江平原的湿地也正在被开垦。据初步统计，近 40 余年，中国沿海围垦滩涂面积达 100 万 hm^2，相当于目前我国沿海湿地的 46.1%。在 1950—1980 年的 30 年内，中国天然湖泊数量从 2 800 个减少到 2 350 个，湖泊总面积减少了 11%。一些城市周边的湖泊由于严重污染和富营养化，实际上它们已经或正在丧失生态系统的正常功能。

2．物种危机

任何生物物种都不可能永久存在。生物学家根据化石分析得出结论，地球历史上曾发生过多次大规模的生物灭绝事件。在这些灾难性事件中，65%的生物物种已经在地球上永远地消逝了。在生物灭绝的同时，随之而来的是新的物种的诞生。它体现了生物的进化过程和发展规律。然而，自从地球上有了人类，物种的形成和灭绝除受自然因素外，更多地受到人类活动的影响。就生物物种因人类活动的影响而灭绝的速度来看，据有关资料记载：石器时代大约平均 1 000 年 1 个生物物种灭绝；进入文明时代的最近 2000 年中，至少有 110 种哺乳动物和 139 种鸟类已经灭绝；到 200 年前的工业革命开始后，物种的灭绝速度达到 4 年 1 个物种从地球上消失，20 世纪 50 年代以来，由于人类的活动，地球环境遭受到巨大的破坏，生物的灭绝速度发展到每 4 天 1 个物种灭绝。当今，每天就有 1 个物种在地球上消失。

根据 1986 年世界资源研究所公布的数据，经过鉴定记录的生物物种大约有 170 万种，其中 6%生活在寒带或极地地区，59%在温带，35%在热带。如果把尚未了解的物种也估计在内，全球的物种有 500 万～1 000 万种。

2000 年 9 月，世界野生动物保护联盟发布了新调查结果。世界各国各地区 7 000 名专家对濒危动物、植物的现状作了全面评估。有 1.1 万多个物种极有可能在不久的将来灭绝，将近 24%的哺乳动物、12%的鸟类、25%的爬行类、20%的两栖类和 30%的鱼类面临灭绝的危险。例如非洲大象在 1979 年还有 165 万头，到 1989 年仅剩 65 万头。世界海洋鲸类在本世纪前有数十种，现在仅剩十余种。蓝鲸由原来的 25 万头，减至目前不足 5 000 头。关于鲸类的锐减，全世界有理由谴责日本。日本长期以“科研”为幌子进行商业捕鲸，拒不执行有关保护鲸类的国际公约。以 1998 年为例，全球捕鲸 1 600 头，远高于国际组织规定的 388 头。

四、生物多样性锐减的原因

物种灭绝给人类造成的损失是不可弥补的。物种灭绝与自然因素有关，更与人类的行为有关。

1. 自然因素

物种的自然灭绝是一个按地质年代计算的缓慢过程。其原因可能是：生物之间的竞争、疾病、捕食等长期作用引起的变化；随机的灾难性环境事件（例如冰河期、臭氧空洞、大洪水）等。

2. 人为因素

人为活动导致物种灭绝的事件古已有之。主要是由于人类大规模生产活动导致野生动植物栖息地的丢失或生态恶化。所以这一过程与人类社会的发展有密切关系。在整个人类历史进程中，栖息地的改变速率在不同的时间和空间上是存在很大差别的。在中国、中东、欧洲和中美洲，栖息地的改变大约经历了 1 万年，过程较慢。在北美则较为迅速，只经历了 400 余年。热带栖息地的改变主要发生在 20 世纪后半叶。现在，热带森林、温带森林和大平原以及沿海潮湿地正在大规模地转变为农业用地、工业用地、住宅、大型商场和城市。栖息地的改变与丢失意味着生态系统多样性、物种多样性和遗传多样性同时丢失。例如，热带雨林生活着上百万种尚未记录的热带无脊椎动物物种，由于这些生物中的大多数具有很强的地方性，随着热带雨林的砍伐，很多物种可能随之灭绝。又例如大熊猫，在长达 70 万年的时间内曾广泛分布于我国的珠江、长江和黄河等流域。由于人类的农业开发、森林砍伐和狩猎等活动的规模和强度的不断加大，大熊猫的栖息地现在只局限在几个分散、孤立的区域，而且还在不断缩小。栖息地的分割和缩小直接影响到大熊猫的遗传和生存，种群面临严重威胁。

人类因追求经济利益而过度地捕猎、采集，也是造成野生动植物急剧减少的重要原因。例如，栖息在青藏高原可可西里的藏羚羊，20 世纪 80 年代以来，盗猎分子大肆围猎每年达 1 万只，使藏羚羊的数目急剧减少，10 年内减少了 2/3。

近年来，野味店的兴起和奢侈的消费热加剧了人们对野生动植物的乱捕滥杀、滥采滥挖。甚至连一些受国家保护的野生动物，也成了食客口中的佳肴。每年，全国各地都会发现餐厅里违法出售珍稀野生动物，如虎肉、熊掌、穿山甲、娃娃鱼、猫头鹰等。资料统计，动物灭绝有 3/4 是由于人类的捕杀所致。另外，由于人们采集过度，不少名贵的药用植物如人参、杜仲、石斛、黄芪和天麻等已经濒临绝迹。

五、保护生物多样性

保护生物多样性必须在遗传、物种和生态系统三个层次上都得到保护。保护的内容主要包括：一是对那些面临灭绝的珍稀濒危物种和生态系统的绝对保护；二是对数量较大的可以开发的资源进行可持续的合理利用。

保护生物多样性，主要可以从以下三方面入手：

1. 就地保护

就地保护就是以建立自然保护区的方式将有价值的自然生态系统和野生生物及其生活环境保护起来。“保护区”是指一个划定地理界限，为达到特定保护目标而指定或实行管制的地区。自然保护区是近代人类为保护生态环境和自然资源，面对生态破坏挑战的一大创举，是人类进步文明的象征，以这种办法维护生态系统内的物质能量流动和生物的繁衍与进化。自 1872 年美国建立面积达 9 000 km^2 的黄石国家公园至今，全球已建立各类自然保护区 1 万多个。中国的自然保护区建设开始于 1956 年，至今只有近 50 年的发展历史。1978 年以后，保护区的数量迅速增加，类型逐渐丰富，保护区的建设和管理水平不断提高，已进入高速发展时期。截至 2009 年底，全国（不含香港、澳门特别行政区和台湾地区）已建立各种类型、不同级别的自然保护区 2 541 个，保护区总面积约 1.470 亿 hm^2，陆地自然保护区面积约占国土面积的 14.7%。其中，国家级自然保护区 319 个，面积 0.926 7 亿 hm^2，分别占全国自然保护区总数和总面积的 12.6%和 62.7%。有 28 处自然保护区加入联合国教科文组织“人与生物圈保护区网络”，有 33 处列入国际重要湿地名录，有 20 多处自然保护区成为世界自然遗产地组成部分。

自然保护区的主要保护对象是具有一定代表性、典型性和完整性的各种自然生态系统，野生生物物种，各类具有特殊意义的、有价值的地质地貌、地质剖面和化石产地等自然遗迹。但最主要的保护对象仍是生物物种及其自然环境所构成的生态系统，即生物多样性。

自然保护区属于就地保护，是最有力、最高效的保护生物多样性的方法。就地保护，不仅保护了生境中的物种个体、种群、群落，而且保护和维持了所在区生态系统的能量和物质的运动过程，保证了物种的生存发育和种内的遗传变异度。因此，就地保护对生态系统、物种多样性和遗传多样性三个水平都得到最充分的最有效的保护，是保护生物多样性的最根本的途径。

自然保护区是野生动植物物种，尤其是珍稀濒危物种的自然基因库。全世界建立的保护区（其中一半以上与物种有关）保护着成千上万的野生动植物物种，尤其是珍稀濒危的脊椎动物和高等植物。通过有效的保护物种及其种群，为我们的子孙后代保存了大量的野生动植物的基因类型。例如，为了保护珍贵动物大熊猫及其生境，在四川、甘肃和陕西等省建立了 14 个自然保护区，同时进行研究和繁育，使其种群延续；为保护珍稀孑遗植物银杉，建立了广西花坪、四川金佛山自然保护区。我国公布的国家重点保护动植物名录中的大多数物种都在自然保护区内得到保护。

自然保护区是留给野生动植物的宝贵栖息地。自然保护区是人类的一种创造，是人类为了对付自身的环境破坏而采取的一项补救措施，为的是给野生动植物留下一块宝贵的栖息地。

建立自然保护区的目的不是单纯的消极保护，而是在实现有效保护前提下合理开发利用。保护是手段，利用是目的。为了保证持续利用，必须强调保护。生物多样性保护和可持续利用是当今环境保护和持续发展关注的热点之一。生态学原则不允许一次性的或短期的利用生物资源。可持续利用需要掌握动植物的区系种类、地理分布、生物生态学习性、资源消长和国内外贸易特点等。因此，应在保护区开展科学研究，尤其是确定和研究珍稀和濒危物种，发挥生物资源的潜在的经济价值。

合理开发保护区的丰富生物资源，获得直接经济效益是保护区发展的经济基础，也是妥善解决当地居民生活生产的关键。在实行人工保护条件下，野生动植物资源的增长速度、生物量都可能增加，甚至种群超量发展。合理开发利用部分野生动植物、种植本地特产的经济作物、喂养本地野生经济动物，对于稳定天然食物链、保护保护区的自然承载能力，维持合理的种群数量都是有益的。

2. 迁地保护

迁地保护就是通过人为努力，把野生生物物种的部分种群迁移到适当的地方加以人工管理和繁殖，使其种群能不断有所扩大。迁地保护主要适应于受到高度威胁的动植物物种的紧急拯救，如利用植物园、动物园、迁地保护基地和繁育中心等对珍稀濒危动植物进行保护。中国的动物园和植物园于 20 世纪 80 年代以来发展很快，至 2003 年年底已建成珍稀濒危动物繁殖场 641 个，珍稀植物引种栽培场 211 个。在我国众多的植物园当中，有用于科学研究的综合性植物园或药用植物园，有以收集树种为主的树木园，还有观赏植物园等。我国植物园保存的各类高等植物有 2.3 万多种。在我国已建的动物园当中共饲养脊椎动物 600 多种。由于我国在珍稀动物的保存和繁育技术方面不断取得进展，许多珍稀濒危动物可以在动物园进行繁殖，如大熊猫、东北虎、华南虎、雪豹、黑颈鹤、丹顶鹤、金丝猴、扬子鳄、扭角羚、黑叶猴等。

3. 离体保存

离体保存是利用现代技术，特别是低温技术，把生物体的一部分进行长期贮存，以保存物种的种质。常用的方法是建立植物种子库、动物细胞库等。世界各地种子库中登记入库的植物种质样本已达 200 万个。

应当指出，保护生物多样性是我们每一个公民的责任和义务。善待众生首先要树立良好的行为规范，不参与乱捕滥杀、滥砍乱伐的活动，拒吃野味，还要广泛宣传保护物种的重要性，坚决同破坏物种资源的现象作斗争。

阅读材料 3-1 尼罗河的灾难

“向荒山要粮，向大海要地”是人类长期以来的一种豪迈的自信，因为改造自然和征服自然能解决众多人口的吃饭和穿衣问题，而且还能让人们生活得更好更舒服更现代更文明。

尼罗河是非洲第一大河，世界第二大河，在流经埃及时形成了一个三角洲，埃及的富庶与美丽在很大程度上要依赖于尼罗河三角洲。但是，尼罗河的另一面——桀骜不驯似乎又让人难以满意。尼罗河除了年复一年供给人们果腹的鱼米、休闲的胜地、巨大而天然的空气净化器之外，它难免还要发点小脾气——洪水泛滥。于是，尼罗河旁边的人们决心要整治它，经历30年才建成世界上最大的水坝——阿斯旺水坝。

为建造这个世界第一的大水坝，有 3.5 万多人背井离乡，16 个神庙被迁走，1 000多人死于水坝的修建。竣工后的阿斯旺水坝终于把尼罗河降伏了。被拦腰截断的尼罗河上游成了一个平静而深邃的人工湖，长 500 km，宽 30 km，水深 120 m。

湖边依次建造了 12 座发电厂，不仅供给全埃及人的生活和生产用电，而且还可以外销他国。此外，阿斯旺水坝建成将全埃及的可耕地面积增加了 1/3。即使身处沙漠腹地的埃及人也可以吃上香喷喷的大米，穿上自己棉地里收获的棉花织成的“霓裳羽衣”。

然而，时间和实践是检验一切的标准。仅仅过了 20 年，埃及人不得不为这个世界第一大坝付出巨大的代价，这就是环境和生态链的破坏。代价之一是，由于阿斯旺水坝截断了尼罗河，河流上下游的生态链被切断，在这条河中必须上下游回溯产卵的鱼也中断了它们的生息途径，河里的鱼逐渐减少，两岸的动植物也开始逐渐减少。代价之二是，大坝上游风平浪静，使钉螺、疟疾蚊大量繁殖，居民血吸虫病发病率高达 80%，部分地区高达 100%。第三，由于河水被大坝拦腰切断，大坝上游地下水位普遍抬高，尼罗河两岸农田盐碱化，农业损失惨重。第四，同样是由于河水被切断，河流上游的泥沙无法被清除，每年泥沙沉积达 75 cm。结果导致泥涨水高，河水水位年年不断上涨。致命的是水坝无法清除这些沉沙，将来的某一天将是水位全面超过大坝。第五，阿斯旺水坝建成后，河水流速降低，坝的上方淤泥愈积愈多，三角洲的面积逐渐缩小，肥力减退，粮棉产量不断下降。第六，河口水域的养分逐渐减少，近海区的鱼量也自然减少，东地中海沙丁鱼的捕捞量大大下降。

面对已经到来的灾难和迟早要来的大灾难，埃及人在不断反思和诘问，当初修建这个世界第一的大坝时是否通过了科学调查和论证，修建大坝的决策是否科学?面对阿斯旺水坝带来的或将要带来的灾难，很多人把它视为决策的短期行为，因为它给后代留下的将是长期的生态灾难。

复习与思考

1. 什么是生态破坏？举例说明。
2. 植被、森林、森林资源的概念是什么？
3. 森林有哪些重要功能？试述之。
4. 造成森林急剧减少的人为因素有哪些？
5. 植被破坏对生态环境造成哪些不良影响？

6. 什么叫荒漠化？土地荒漠化有哪些危害？
7. 造成土地荒漠化的原因有哪些？
8. 什么是生物多样性？生物多样性的意义何在？
9. 生物多样性危机的表现有哪些？
10. 试述生物多样性锐减的原因。
11. 生物多样性保护的主要内容是什么？其方法主要有哪些？

第四章

环境污染防治技术

第一节　大气污染治理技术

根据大气污染物的存在状态，治理技术可为两大类：颗粒污染物治理技术和气态污染物治理技术。

一、颗粒污染物的治理技术

颗粒污染物的治理技术通常称为除尘技术，是从废气中将颗粒物分离出来并加以收集、回收的过程。实现上述过程的设备装置叫除尘器。除尘技术的方法和设备种类很多，各具有不同的性能和特点，在治理颗粒污染物时要选择一种合适的除尘方法和设备，核心是选择合适的除尘设备。

1．颗粒污染物的控制与防治措施

从不同角度进行粉尘的控制与防治工作，主要有以下四个工程技术领域。

（1）从规划与管理角度进行防尘控制。主要内容包括：园林绿化的规划管理以及对有粉尘物料加工的过程和生产中产生粉尘的过程实现密封化和自动化。园林绿化具有阻滞粉尘和收集粉尘的作用，合理地对生产粉尘单位用园林绿化带包围起来或隔开，可使粉尘向外扩散减少到最低限度；在生产过程中需要对物料进行破碎、研磨等工序时，要使生产过程在采用密闭技术及自动化技术的装置中进行。

（2）利用通风技术进行粉尘防治。通风技术对工作场所引进清洁空气，以替换含尘浓度较高的污染空气。通风技术分为自然通风和人工通风两大类。人工通风又包括单纯换气技术及带有气体净化措施的换气技术。

（3）利用除尘技术进行粉尘控制。除尘技术包括对悬浮在气体中的粉尘进行捕集分离，以及对已落到地面或物体表面上的粉尘进行清除。前者可采用干式除尘和湿式除尘等不同方法；后者采用各种定型的除（吸）尘设备进行处理。

（4）从人体健康角度出发利用防护技术进行粉尘防治。防护技术包括个人使用的防尘面罩及整个车间的防护措施。

2．除尘方法

颗粒污染物除尘的方法很多，按其作用原理，可分为以下四类：

（1）干法除尘。采用机械力（重力、离心力等）将气体中所含尘粒沉降下来，从而实现分离粉尘的方法叫干法除尘。如重力除尘、惯性除尘、离心除尘等。常用的设备有重力沉降室、惯性除尘器和旋风除尘器。

（2）湿法除尘。用水或其他液体湿润尘粒，捕集粉尘和雾滴的除尘方法叫湿法除尘。如气体洗涤、泡沫除尘等。常用的设备有：喷雾塔、填料塔、水浴式除尘器、水膜式除尘器、泡沫除尘器、文丘里洗涤器等。

（3）过滤除尘。含尘气体通过具有很多毛细孔的过滤介质将污染物颗粒截留下来的除尘方法叫做过滤除尘，如填充层过滤、布袋过滤等。常用的设备有袋式除尘器和颗粒层除尘器等。

（4）静电除尘。含尘气体通过高压电场，在电场力的作用下使其得到净化的过程叫静电除尘。常用的设备有干式静电除尘器和湿式静电除尘器。

3. 除尘装置的技术性能指标

全面评价除尘装置的性能指标应该包括技术指标和经济指标两项内容。技术指标常以气体处理量、净化效率、压力损失等参数表示；经济指标则包括设备费、运行费、占地面积等内容。本节主要介绍其技术性能指标。

（1）除尘装置的处理量。该项指标表示的是除尘装置在单位时间内所能处理烟气量的大小，是表明装置处理能力大小的参数。烟气量一般用标准状态下的体积流量表示，单位 m^3/h、m^3/s。

（2）除尘装置的效率。除尘装置的总效率是表示装置捕集粉尘效果的重要指标，也是选择、评价装置的最主要的参数。

① 除尘装置的总效率（除尘效率）。除尘装置的总效率是指在同一时间内，由除尘装置除下的粉尘量与进入除尘装置的粉尘量的百分比，常用符号 η 表示。总效率所反映的是装置净化程度的平均值，它是评定装置性能的重要技术指标。

② 除尘装置的分级效率。分级效率是指装置对某一粒径 d 为中心，粒径宽度为 Δd 范围的烟尘除尘效率，具体数值用同一时间内除尘装置除下的该粒径范围内的烟尘量占进入装置的该粒径范围内的烟尘量的百分比来表示，符号用 η_d 表示。

③ 除尘装置的通过率（除尘效果）。通过率是指在同一时间内，穿过除尘器的粒子质量与进入的粒子质量的比，一般用 P（%）表示。

④ 多级除尘效率。在实际应用的除尘系统中，为了提高除尘效率，往往把两种或多种不同规格或不同型式的除尘器串联使用，这种多级净化系统的总效率称为多级除尘效率，一般用 $\eta_{总}$ 表示。

（3）除尘装置的压力损失。压力损失是表示除尘装置消耗能量大小的指标，有时也称为压力降，压力损失的大小用除尘装置进出口处气流的全压差来表示。

4. 除尘设备装置

（1）除尘装置的分类。除尘器种类繁多，根据不同的原则，可对除尘器进行不同的分类。

依照除尘器除尘的主要机制可将其分为机械式除尘器、过滤式除尘器、湿式除尘器、静电除尘器四类。

根据在除尘过程中是否使用水或其他液体可分为湿式除尘器、干式除尘器。

此外，按除尘效率的高低还可将除尘器分为高效除尘器、中效除尘器和低效除尘器。

近年来，为提高对微粒的捕集效率，还出现了综合几种除尘机制的新型除尘器。如声凝聚器、热凝聚器、高梯度磁分离器等，但目前大多仍处于试验研究阶段，还有些新型除尘器由于性能、经济效果等方面原因不能推广应用，因此本书仅介绍常用除尘装置。

（2）各类除尘装置。

① 机械式除尘器是通过质量力的作用达到除尘目的的除尘装置。质量力包括重力、惯性力和离心力。主要除尘器形式为重力沉降室、惯性除尘器和旋风除尘器等。

重力沉降室：重力沉降室是利用粉尘与气体的密度不同，使含尘气体中的尘粒依靠自身的重力从气流中自然沉降下来，达到净化目的的一种装置。图 4-1 为单层重力室的结构示意图。含尘气流通过横断面比管道大得多的沉降室时，流速大大降低，气流中大而重的尘粒，在随气流流出沉降室之前，由于重力的作用下落至沉降室底部。

重力沉降室是各种沉降器中最简单的一种，只能捕集粒径较大的尘粒，对 50 μm 以上的尘粒具有较好的捕集作用，因此除尘效率低，只能作为初级除尘手段。

惯性除尘器：利用粉尘与气体在运动中的惯性力不同，使粉尘从气流中分离出来的方法为惯性除尘。常用方法是使含尘气流冲击在挡板上，气流方向发生急剧改变，气流中的尘粒惯性较大，不能随气流急剧转弯，从气流中分离出来。图 4-2 为惯性除尘器结构示意图。

一般情况下，惯性除尘器中的气流速度越高，气流方向转变角度愈大，气流转换方向次数愈多，则对粉尘的净化效率愈高，但压力损失也会愈大。

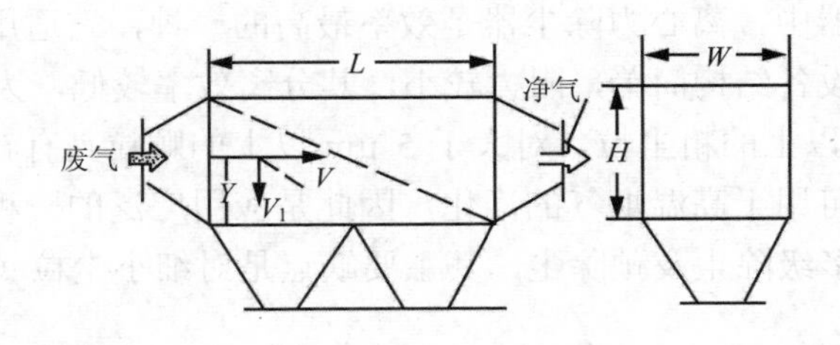

图 4-1　单层重力室的结构

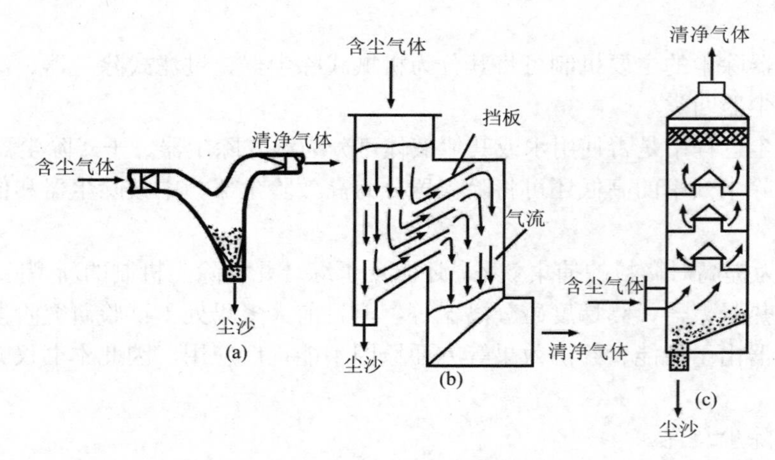

图 4-2 惯性除尘器结构

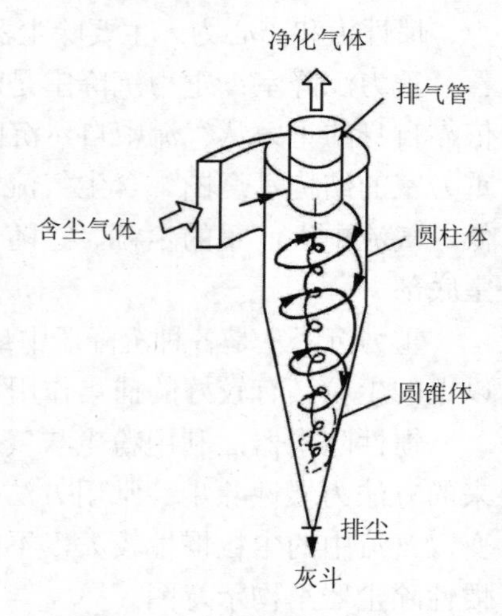

图 4-3 旋风除尘器的结构

离心式除尘器：使含尘气流沿某一定方向作连续的旋转运动，粒子在随气流旋转中获得离心力，使粒子从气流中分离出来的装置为离心式除尘器，也称为旋风除尘器。

图 4-3 为一旋风除尘器的结构示意图。普通旋风除尘器是由进气管、排气管、圆筒体、圆锥体和灰斗组成。含尘气体由上部进气管，沿切线方向进入，受器壁约束自上而下做螺旋行运动。含尘气体在旋转过程中产生离心力，使得固体颗粒被甩向器壁与气流分离，然后再沿器壁落到锥底的排灰口。气流进入锥体之后，因圆锥体的收缩而向除尘器的轴线靠近，切向速度提高。当气体达到锥体下部某一位置时，就会以同样的旋转方向自下而上继续做旋转运动。最后，净化气体经上部的排气管排出。

在机械式除尘器中，离心力除尘器是效率最高的一种，它适用于非黏性及非纤维性粉尘的去除，设备结构简单，阻力较小，其分离效率较低，为 50%～70%，只能捕集 10～20 μm 以上的粗尘粒，对大于 5 μm 以上的颗粒具有较高的去除效率，属于中效除尘器，可用于高温烟气的净化，因此是应用广泛的一种除尘器。它多用于锅炉烟气除尘、多级除尘及预除尘，其主要缺点是对细小尘粒（＜5 μm）的去除效率较低。

② 过滤式除尘器。是使含尘气体通过多孔滤料，把气体中的尘粒截留下来，使气体得到净化的方法。过滤式除尘器可分为袋式除尘器、颗粒层除尘器。袋式除

尘器的滤袋形状有圆形和扁形两种，应用最多的为圆形滤袋。普通袋式除尘器的结构形式如图 4-4 所示。

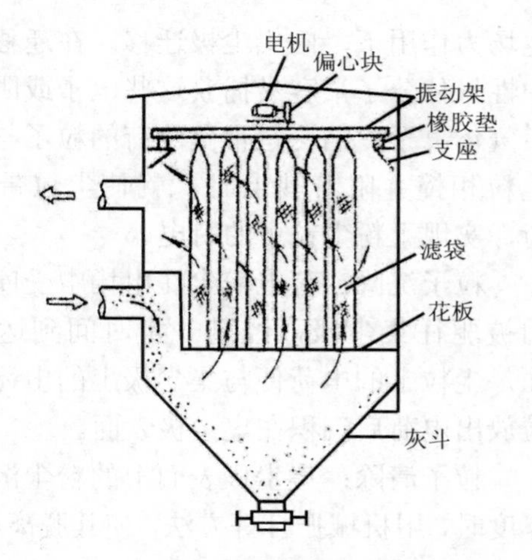

图 4-4 普通袋式除尘器

袋式除尘器广泛用于各种工业废气除尘中，它属于高效除尘器，除尘效率大于99%，对细粉有很强的捕集作用，对颗粒性质、吸气量适应性强，同时便于回收干料。袋式除尘器不适于处理含油、含水及黏结性粉尘，同时也不适于处理高温含尘气体，一般情况下被处理气体温度应低于100℃。在处理高温烟气时需预先对烟气进行冷却降温。

③ 湿式除尘器。也称为洗涤除尘。该方法是用液体（一般为水）洗涤含尘气体，使尘粒与液膜、液滴或雾沫碰撞而被吸附，凝集变大，尘粒随液体排出，气体得到净化。

湿式除尘器种类很多，主要有各种形式的喷淋塔、离心喷淋洗涤除尘器和文丘里式洗涤器等，图 4-5 为喷淋洗涤装置的示意图。

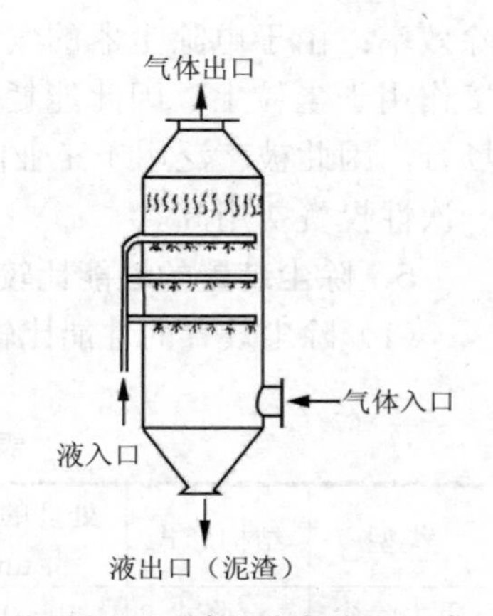

图 4-5 喷淋洗涤装置

湿式除尘器的优点是：结构简单，造价低，除尘效率高，在处理高温、易燃、易爆气体时安全性好，在除尘的同时还可去除气体中的有害物。湿式除尘器的缺点是用水量大，易产生腐蚀性液体，产生的废液或泥浆需进行处理，可能造成二次污染，在寒冷地区和季节，易结冰，不适应。处理后的粉尘利用较为困难。

④ 静电除尘器 静电除尘是利用高压电场产生的静电力（库仑力）的作用实现固体粒子或液体粒子与气流分离的方法。

常用的静电除尘器有管式与板式两大类型，除尘部分由放电极与集尘极组成。图 4-6 为管式电除尘器的示意图。图中所示的放电极为用重锤绷直的细金属线，与直流高压电源相接；金属圆管的管壁为集尘极，与地相接。含尘气体进入除尘器后，通过以下三个阶段实现尘气分离。

粒子荷电：在放电极与集尘极间施以很高的直流电压时，两极间形成一不均匀电场，放电极附近电场强度很大，集尘极附近电场强度很小。在电压加到一定值时，发生电晕放电，故放电极又称为电晕极。电晕放电时，生成的大量电子及阴离子在电场力作用下，向集尘极迁移。在迁移过程中，中性气体分子很容易捕获这些电子或阴离子形成负气体离子，当这些带负电荷的粒子与气流中的尘粒相撞并附着其上时，就使尘粒带上了负电荷，实现了粉尘粒子的荷电。

粒子沉降：荷电粉尘在电场中受库仑力的作用被驱往集尘极，经过一定时间到达集尘极表面，尘粒上的电荷便与集尘极上的电荷中和，尘粒放出电荷后沉积在集尘极表面。

粒子清除：集尘极表面上的粉尘沉积到一定厚度时，用机械振打等方法，使其脱离电极表面，沉落到灰斗中。

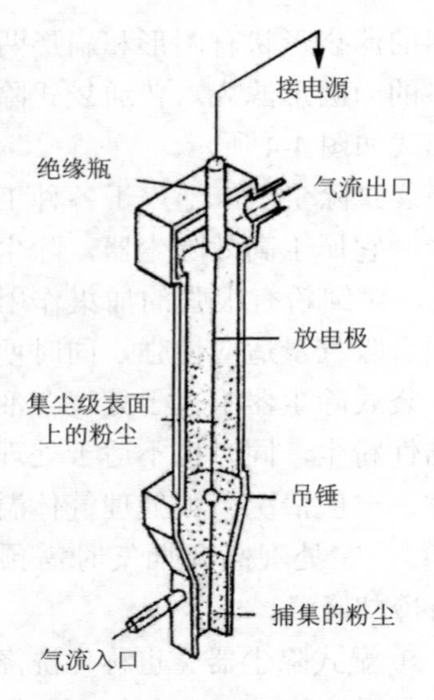

图 4-6 管式电除尘器

电除尘器是一种高效除尘器，对细微粉尘及雾状液滴捕集性能优异，除尘效率达 99%以上，对于＜0.1 μm 的粉尘粒子，仍有较高的去除效率；由于电除尘器的气流通过阻力小，又由于所消耗的电能是通过静电力直接作用于尘粒上，因此能耗低；电除尘器处理气量大，又可应用于高温、高压的场合，因此被广泛用于工业除尘。电除尘器的主要缺点是设备庞大、占地面积大，一次性投资费用高。

5. 除尘装置的性能比较与选用原则

（1）除尘装置的性能比较。各种除尘装置的实用性能见表 4-1。

表 4-1 各种除尘装置的实用性能

类型	结构形式	处理的粒度/μm	压力降/mmH_2O	除尘效率/%	设备费用程度	运转费用程度
重力除尘	沉降式	50～1 000	10～15	40～60	小	小
惯性除尘	烟囱式	10～100	30～70	50～70	小	小
离心除尘	旋风式	3～100	50～150	85～95	中	中
湿式除尘	文丘里式	0.1～100	300～1 000	80～95	中	大
过滤除尘	袋式	0.1～20	100～200	90～99	中以上	中以上
电除尘		0.05～20	10～20	85～99.9	大	小—大

（2）除尘装置的选择原则。在选择除尘器时，应根据所要处理气体和颗粒物特性、运行条件、标准要求等，进行技术、经济的全面考虑。理想的除尘器在技术上应满足工艺生产和环境保护的要求，同时在经济上要合理、合算，在选用除尘器时，可按如下顺序考虑各项因素：① 除尘器的除尘效率；② 除尘器的处理气体

量；③ 除尘器的压力损失；④ 设备基建投资与运转管理费用；⑤ 使用寿命；⑥ 占地面积或占用空间体积。

以上六项性能指标中，前三项属于技术性能指标，后三项属于经济指标。这些项目是互相关联、相互制约的。其中压力损失与除尘效率是一对主要矛盾，前者代表除尘器所消耗的能量，后者表示除尘器所给出的效果。从除尘器的除尘技术角度来看，总是希望所消耗的能量最少，而达到最高的除尘效率。然而要使上面六项指标都能面面俱到，实际上是不可能的。所以在选用除尘器时，要根据气体污染的具体要求，通过分析比较来确定除尘方案和选定除尘装置。

表 4-1、表 4-2 分别列出了各种主要除尘设备的优缺点和性能情况，便于比较和选择。

表 4-2　常用除尘装置的性能

	捕集粒子的能力/%						
除尘器名称	50 μm	5 μm	1 μm	压力损失/Pa	设备费	运行费	装置的类别
重力除尘器	—			100～150	低	低	机械
惯性除尘器	96	16	3	300～700	低	低	机械
旋风除尘器	96	73	27	500～1 500	中	中	机械
文丘里除尘器	100	>99	93	3 000～10 000	高	高	湿式
电除尘器	>99	99	86	100～200	较高	较高	静电
袋式除尘器	100	>99	99	100～200	较高	较高	过滤
声波除尘器	—			600～1 000	中	较高	声波

根据含尘气体的特性，可以从以下几方面考虑除尘装置的选择和组合。① 若尘粒的粒径较小，几微米以下粒径占多数时，应选用湿式、过滤式或电除尘式除尘器；若粒径较大，以 10 μm 以上粒径占多数时，可选用机械除尘器。② 若气体含尘浓度较高时，可用机械式除尘器；若含尘浓度低时，可采用文丘里洗涤器；若气体的进口含尘浓度较高而又要求气体出口的含尘浓度低时，则可采用多级除尘器串联组合方式除尘，先用机械式除去较大尘粒，再用电除尘或过滤式除尘器等去除较小粒径的尘粒。③ 对于黏附性较强的尘粒，最好采用湿式除尘器。不宜采用过滤式除尘器，因为易造成滤布堵塞；也不宜采用静电除尘器，因为尘粒黏附在电极表面上将使电除尘器的效率降低。④ 如采用电除尘器，一般可以预先通过温度、湿度调节或添加化学药品的方法，使尘粒的电阻率在 10^4～$10^{11}\Omega\cdot cm$，电除尘器只适用在 500℃以下的情况。⑤ 气体温度增高，黏性将增大，流动时压力损失增加，除尘效率也会下降。而温度过低，低于露点温度时，会有水分凝出，增大尘粒的黏附性。故一般应在比露点温度高 20℃的条件下进行除尘。⑥ 气体成分中如含有易燃易爆的气体，如 CO 等，应将 CO 氧化为 CO_2 后再进行除尘。

由于除尘技术的方法和设备种类很多，各具有不同的性能和特点。除需考虑当地大气环境质量、尘的环境容许标准、排放标准、设备的除尘效率及有关经济技术指标外，还必须了解尘的特性，如它的粒径、粒度分布、形状、比电阻、黏性、可燃性、凝集特性以及含尘气体的化学成分、温度、压力、湿度、黏度等。总之只有充分了解所处理含尘气体的特性，又能充分掌握各种除尘装置的性能，才能合理地选择出既经济又有效的除尘装置。

二、气态污染物的治理方法

工农业生产、交通运输和人类生活活动中排放的有害气态污染物种类繁多，根据这些污染物的不同性质，利用化学、物理及生物等方法将污染物从废气中分离或转化。

1. 吸收法

吸收是利用气态污染物对某种液体的可溶性，将气态污染物（溶质）溶入液相（吸收剂或溶剂），又称湿式净化。在吸收过程中，用来吸收气体中的有害物质的液体叫做吸收剂，被吸收的组分称为吸收质，吸收了吸收质后的液体叫做吸收液。吸收法可分为物理吸收和化学吸收，在处理以废气量大、有害组分浓度低为特点的各种废气时，化学吸收的效果要比单纯的物理吸收好得多，因此在用吸收法治理气体污染时，多采用化学吸收法。

直接影响吸收效果的是吸收剂的选择。优良的吸收剂一般应具有以下特点：吸收容量大，即在单位体积的吸收剂中吸收有害气体的数量要大；饱和蒸气压低，以减少因挥发而引起的吸收剂的损耗；选择性高，即对有害气体吸收能力强；沸点要适宜，热稳定性高，黏度及腐蚀性要小，价廉易得。

根据以上原则，若处理氯化氢、氨、二氧化硫、氟化氢等气体可用水作吸收剂；若处理二氧化硫、氮氧化物、硫化氢等酸性气体可选用碱液（如烧碱溶液、石灰乳、氨水等）作吸收剂；若处理氨等碱性气体可选用酸液（如硫酸溶液）作吸收剂。另外，碳酸丙烯酯、*N*-甲基吡咯烷酮及冷甲醇等有机溶剂也可以有效地去除废气中的二氧化碳和硫化氢。吸收法中所用吸收设备的主要作用是使气液两相充分接触，以便更好地发生传质过程。常用的吸收装置性能见表4-3。

吸收法一般采用逆流操作，被吸收的气体由下向上流动，吸收剂由上而下流动，在气、液逆流接触中完成传质过程。吸收工艺流程有非循环和循环过程两种，前者吸收剂不进行再生，后者吸收剂进行封闭循环使用。

吸收法具有设备简单、捕集效率高、应用范围广、一次性投资低等特点，已被广泛用于有害气体的治理，例如处理含 SO_2、H_2S、HF 和 NO_2 等污染物的废气，均可使用吸收法。但吸收是将气体中的有害物质转移到了液相中，因此必须对吸收液进行处理，否则容易引起二次污染。吸收法在低温操作下吸收效果好，在处理高温烟气时，必须对排气进行降温处理，才能达到预期的目的。

表 4-3　吸收装置和性能

装置名称	分散相	气侧传质系数	液侧传质系数	所用的主要气体
填料塔	液	中	中	SO_2、H_2S、HCl、NO_2 等
空塔	液	小	小	HF、SiF_4、HCl
旋风洗涤塔	液	中	小	含粉尘的气体
文丘里洗涤塔	液	大	中	HF、H_2SO_4、酸雾
板式塔	气	小	中	Cl_2、HF
湍流塔	液	中	中	HF、NH_3、H_2S
泡沫塔	气	小	大	Cl_2、NO_2

2．吸附法

吸附净化是利用多孔固体表面的微孔捕集废气中的气态污染物，可用于分离水分、有机蒸气（如甲苯蒸气、氯乙烯、含汞蒸气等）、恶臭、HF、SO_2、NO_x 等，尤其能有效地捕集浓度很低的气态污染物。具有吸附作用的固体物质称为吸附剂，被吸附的气体组分称为吸附质。

吸附过程是一个可逆的过程，在吸附质被吸附的同时，部分已被吸附的吸附质分子还可因分子的热运动而脱离固体表面回到气相中去，这种现象称为脱附。当吸附与脱附速度相等时就达到了吸附平衡，吸附的表观过程停止，吸附剂就丧失了吸附能力，此时应当对吸附剂进行再生，即采用一定的方法使吸附质从吸附剂上解脱下来。故吸附法治理气态污染物包括吸附和吸附剂再生的全部过程。

吸附净化法的净化效率高，特别是对低浓度气体仍具有很强的净化能力。吸附法常常应用于排放标准要求严格或有害物浓度低、用其他方法达不到净化要求的气体净化。但是由于吸附剂需要重复再生利用，以及吸附剂的容量有限，使得吸附方法的应用受到一定的限制，如对高浓度废气的净化，一般不宜采用该法，否则需要对吸附剂频繁进行再生，既影响吸附剂的使用寿命，同时会增加操作费用及操作上的繁杂程序。

合理选择与利用高效率吸附剂，是提高吸附效果的关键。一般应从几方面考虑吸附剂的选择：具有大的比表面积和孔隙率，良好的选择性，吸附能力强，吸附容量大，易于再生，机械强度大，化学稳定性和热稳定性好，耐磨损，寿命长，价廉易得。常用的吸附剂见表 4-4 所示。

吸附效率较高的吸附剂如活性炭、分子筛等，价格一般都比较昂贵，因此必须对失效吸附剂进行再生重复使用，以降低吸附法的处理费用。常用的再生方法有热再生（或升温脱附）、降压再生（或减压脱附）、吹扫再生、化学再生等。由于再生的操作比较麻烦，且必须专门供应蒸气或热空气等满足吸附剂再生的需要，使设备费用增加，限制了吸附法的广泛应用。

表 4-4 不同吸附剂及应用范围

吸附剂	可吸附的污染物种类
活性炭	苯、甲苯、二甲苯、丙酮、乙醇、乙醚、甲醛、煤油、汽油、光气、醋酸乙酯、苯乙烯、恶臭物质、H_2S、Cl_2、CO、SO_2、NO_x、CS_2、CCl_4、$CHCl_3$、CH_2Cl_2
活性氧化铝	H_2S、SO_2、C_nH_m、HF
硅胶	NO_x、SO_2、C_2H_2、烃类
分子筛	NO_x、SO_2、CO、CS_2、H_2S、NH_3、Hg（气）、C_nH_m
泥煤、褐煤	NO_x、SO_2、SO_3、NH_3

3. 催化转化法

催化转化法是利用催化剂的催化作用，将废气中的有害物质转化为无害物质或易于去除的物质的一种废气治理技术。

催化法与吸收法、吸附法不同，在治理污染过程中，无需将污染物与主气流分离，可直接将有害物质转变为无害物质，这不仅可避免产生二次污染，而且操作过程简单。此外，所处理的气体污染物的初始浓度都很低，反应的热效应不大，一般可以不考虑催化床层的传热问题，可大大简化催化反应器的结构。由于上述优点，可使用催化法使废气中的碳氢化合物转化为二氧化碳和水，氮氧化物转化为氮，二氧化硫转化为三氧化硫后加以回收利用，有机废气和臭气催化燃烧，以及气体尾气的催化净化等。该法的缺点是催化剂价格较高，废气预热需要一定的能量，即需添加附加的燃料使得废气催化燃烧。

催化剂一般是由多种物质组成的复杂体系，按各成分所起作用的不同，主要分为活性组分、载体、助催化剂。催化剂的活性除表现为反应速度具有明显的改变之外，还具有如下特点：① 催化剂只能缩短反应到平衡的时间，而不能使平衡移动，更不可能使热力学上不可发生的反应进行。② 催化剂性能其有选择性，即特定的催化剂只能催化特定的反应。③ 每一种都有它的特定活性温度范围。低于活性温度，反应速度慢，催化剂不能发挥作用；高于活性温度，催化剂会很快老化甚至被烧坏。④ 每一种催化剂都有中毒、衰老的特性。根据活性、选择性、机械强度、热稳定性、化学稳定性及经济性等来筛选催化剂是催化净化有害气体的关键。常用的催化剂一般为金属盐类或金属，如钒、铂、铅、镉、氧化铜、氧化锰等物质。载在具有巨大表面积的惰性载体上，典型的载体为氧化铝、铁矾土、石棉、陶土、活性炭和金属丝等。表 4-5 为净化气态污染物常用几种催化剂的组成和用途。

表 4-5 净化气态污染物常用几种催化剂的组成

用途	主要活性物质	载体
有色冶炼烟气制酸、硫酸厂尾气回收制酸等 $SO_2—SO_3$	V_2O_5 含量 6%～12%（助催化剂 K_2O 或 Na_2O）	SiO_2

用　途	主要活性物质	载体
硝酸生产及化工等工艺尾气 NO_x—N_2	Pt、Pd 含量 0.5%	Al_2O_3—SiO_2
	$CuCrO_2$	Al_2O_3—MgO
碳氢化合物的净化	Pt、Pd、Rh	Ni、NiO、Al_2O_3
CO +H_2	CuO、Cr_2O_3、Mn_2O_3	Al_2N_3
CO_2+H_2O	稀土金属氧化物	
汽车尾气的净化	Pt（0.1%）	硅铝小球、蜂窝陶瓷
	碱土、稀土和过渡金属氧化物	α-Al_2O_3、γ-Al_2O_3

4．燃烧法

燃烧法是对含有可燃有害组分的混合气体加热到一定温度后，组分与氧化剂反应进行燃烧或在高温下氧化分解，从而使这些有害物质组分转化为无害物质。该方法主要应用于碳氢化合物、一氧化碳、恶臭、沥青烟、黑烟等有害物质的净化治理。燃烧法工艺简单，操作方便，净化程度高，并可回收热能，但不能回收有害气体，有时会造成二次污染。常用的燃烧净化有如下三种方法。

（1）直接燃烧法。直接燃烧法是将废气中的可燃有害组分当做燃料直接烧掉，因此，此法只适用于净化含可燃性组分浓度较高或有害组分燃烧时热值较高的废气。直接燃烧是有火焰的燃烧，燃烧温度高（大于 1 100℃），一般的窑、炉均可作为直接燃烧的设备。此法安全、简单、成本低，但不能回收热能。

（2）热力燃烧。热力燃烧是利用辅助燃料燃烧放出的热量将混合气体加热到要求的温度，使可燃的有害物质进行高温分解变为无害物质。热力燃烧可用于可燃性有机物含量较低的废气及燃烧热值低的废气治理，可同时去除有机物及超微细颗粒。其优点是结构简单、占用空间小、维修费用低，缺点是操作费用高。

（3）催化燃烧。催化燃烧是在催化剂的存在下，废气中可燃组分能在较低的温度下进行燃烧反应。这种方法能节约燃料的预热，提高反应速率，减少反应器的容积，提高一种或几种反应物的相对转化率。该法的优点是操作温度低，燃料耗量低，保温要求不严格，能减少回火及火灾危险。缺点是催化剂较贵，需要再生，处理系统投资高。而且大颗粒物及液滴应预先除去，不能用于易使催化剂中毒的气体。

5．冷凝法

冷凝法是利用物质在不同温度下具有不同饱和蒸气压这一性质，采用降低废气温度或提高废气压力的方法，使处于蒸气状态的污染物冷凝并从废气中分离出来的过程。该法特别适用于处理污染物浓度在 10 000 cm^3/m^3 以上的高浓度有机废气。冷凝法不宜处理低浓度的废气，常作为吸附、燃烧等净化高浓度废气的前处理，以便减轻这些方法的负荷。如炼油厂、油毡厂的氧化沥青生产中的尾气，先用冷凝法回收，然后送去燃烧净化；氯碱及炼金厂中，常用冷凝法使汞蒸气成为液体而加以回收；此外，高湿度废气也用冷凝法使水蒸气冷凝下来，大大减少气体量，便于下步操作。冷凝法的设备简单、操作方便，并可回收高纯度的产物，是气态污染物治理的重要方法。

6. 生物净化法

生物净化法是利用微生物的生命活动过程将废气中的污染物转化为低害甚至无害物质的处理方法。生物处理过程适用范围广，处理设备简单，处理费用低，因而在废气治理中得到广泛应用，特别适用有机废气的净化过程。生物净化法的缺点是不能回收污染物质，也不适于高浓度气态污染物的处理。

气态污染物的生物净化法主要有两种，即生物吸收法和生物过滤法。生物净化法是先把气态污染物用吸附剂吸收，使之从气相转移到液相，然后再对吸收液进行生物处理的方法。生物过滤法是利用附着在固体过滤材料表面的微生物的作用来处理污染物的方法，常用于有臭味废气的处理。

7. 膜分离法

膜分离技术是 20 世纪 70 年代开发的气体分离技术，其原理是压力驱动下，借助气体中各组分在高分子膜表面上的吸附能力以及在膜内溶解—扩散上的差异，即渗透速率差来进行分离的。现已成为比较成熟的工艺技术，并广泛用于许多气体的分离，提浓工艺。工业发达国家称之为“资源的创造性技术”，目前主要有两种工艺流程，即正压法和负压法，前者适用于氧氮同时应用或对氧浓度要求较高的场合。

三、典型废气的治理技术

1. 低浓度 SO_2 废气的治理技术

燃烧过程及一些工业排出的 SO_2 废气具有浓度较低、排气量大的特点。目前对低浓度 SO_2 废气的治理技术有抛弃法和回收法两种。抛弃法是将脱硫的生成物作为固体废物抛弃，方法简单，费用低廉，德国、美国等一些国家多采用此法。回收法是将 SO_2 转变成有用的物质加以回收利用，成本高，所得副产品存在着应用及销路问题，但是对环境保护有利。从我国国情和长远考虑，应以回收法为主。

目前，在工业上已应用的脱除 SO_2 的方法以湿法为主，即用液体吸附剂洗涤烟气，在吸收过程中，SO_2 作为吸收物质在液相中与吸收剂起化学反应，生成新物质，使 SO_2 在液相中的含量降低。另外也用吸附剂或催化剂来处理废气中的 SO_2。

（1）吸收法。目前具有工业实用意义的 SO_2 化学吸收方法主要有以下几种。

① 亚硫酸钾（钠）吸收法（WL 法）。此法是英国威尔曼—洛德动力气体公司于 1966 年开发的，是以亚硫酸钾或亚硫酸钠为吸收剂，SO_2 的脱除率达 90%以上。吸收母液经冷却、结晶、分离出亚硫酸氢钾（钠），再用蒸汽将其加热分解生成亚硫酸钾（钠）和 SO_2。亚硫酸钾（钠）可以循环使用，SO_2 回收制硫酸。工艺流程见图 4-7、图 4-8。

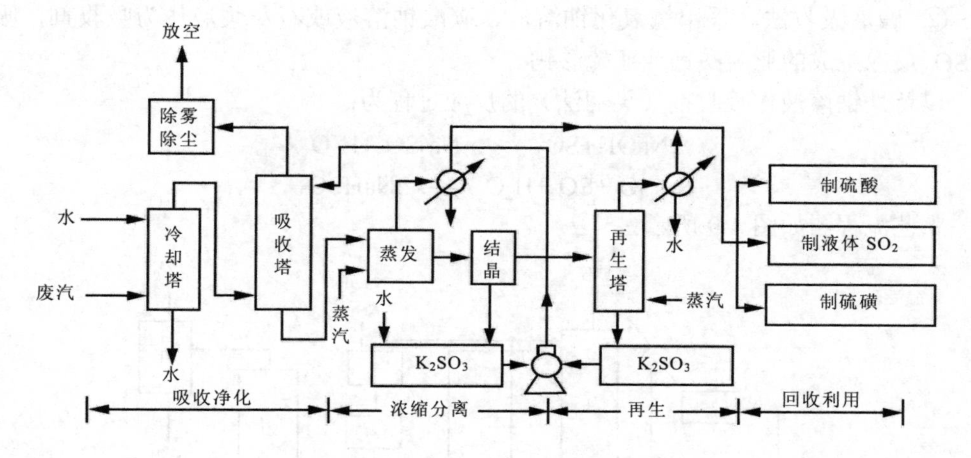

图 4-7　WL-K（钾）法工艺流程

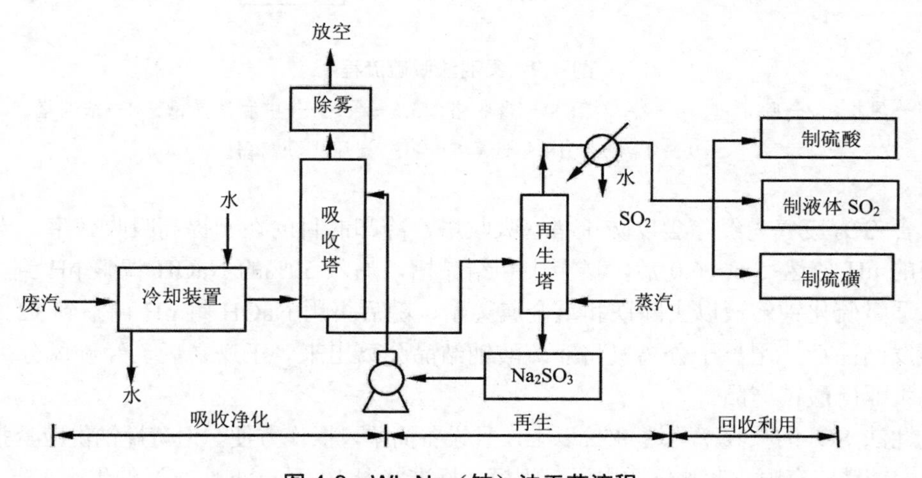

图 4-8　WL-Na（钠）法工艺流程

WL-K（钾）法的反应为：

$$K_2SO_3+SO_2+H_2O \longrightarrow 2KHSO_3$$

WL-Na（钠）法的反应为：

$$Na_2SO_3+SO_2+H_2O \longrightarrow 2NaHSO_3$$

WL 法的优点是：吸收液可循环使用，吸收剂损失少；吸收液对 SO_2 的吸收能力高，液体循环量少，副产品的纯度高，操作负荷范围大，可以连续运转，基建投资和操作费用较低，可实现自动化操作。

WL 法的缺点是必须将吸收液中可能含有的 Na_2SO_4 去除掉，否则会影响吸收速率；另外吸收过程中会有结晶析出而造成设备堵塞。

② 碱液吸收法。采用氢氧化钠溶液、碳酸钠溶液或石灰浆液作为吸收剂，吸收 SO_2 反应生成的亚硫酸钠或亚硫酸钙。

以苛性钠溶液作吸收剂（吴羽法）的反应过程为：

$$2NaOH+SO_2 \longrightarrow Na_2SO_3+H_2O$$

$$Na_2SO_3+SO_2+H_2O \longrightarrow 2NaHSO_3$$

工艺流程图如图 4-9 所示。

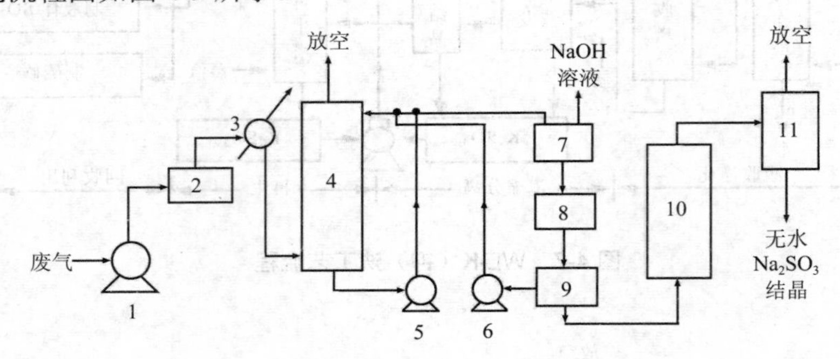

图 4-9 吴羽法脱硫流程

1—风机；2—除尘器；3—冷却塔；4—吸收塔；5,6—泵；7—中和结晶槽；8—浓缩塔；9—分离机；10—干燥塔；11—旋风式分离器

含 SO_2 废气先经除尘以防止堵塞吸收塔，冷却的目的在于提高吸收效率。当吸收液的 pH 值达 5.6～6.0 后，送至中和结晶槽，加入50%的 NaOH 调整 pH 到 7，加入适量硫化钠溶液以去除铁和重金属离子，随后再用 NaOH 将 pH 调整到 12。进行蒸发结晶后，用离子分离机将亚硫酸钠结晶分离出来。干燥之后，经旋风分离可得无水亚硫酸钠产品。

此法 SO_2 的吸收率可达 95%以上，且设备简单，操作方便。但苛性钠供应紧张，亚硫酸钠销路有限，此法仅适用于小规模（标准状况 10 万 m^3/h 废气）的生产。

用纯碱溶液作为吸收剂（双碱法）

用 Na_2CO_3 或 NaOH 溶液（第一碱）来吸收废气中的 SO_2，再用石灰石或石灰浆液（第二碱）再生，制得石膏，再生后的溶液可继续循环使用。吸收化学反应为：

$$2Na_2CO_3+SO_2+H_2O \longrightarrow 2NaHCO_3+Na_2SO_3$$

$$2NaHCO_3+SO_2 \longrightarrow Na_2SO_3+2CO_2+H_2O$$

$$Na_2SO_3+SO_2+H_2O \longrightarrow 2NaHSO_3$$

双碱法工艺流程图见图 4-10。

再生过程的反应为：

$$2NaHSO_3+CaCO_3 \longrightarrow Na_2SO_3+CaSO_3 \cdot 1/2\ H_2O\downarrow +CO_2\uparrow +1/2\ H_2O$$

$$2NaHSO_3+Ca(OH)_2 \longrightarrow Na_2SO_3+CaSO_3 \cdot 1/2\ H_2O\downarrow + 3/2\ H_2O$$

$$2CaSO_3 \cdot 1/2\,H_2O+O_2+3H_2O \longrightarrow 2CaSO_4 \cdot 2H_2O$$

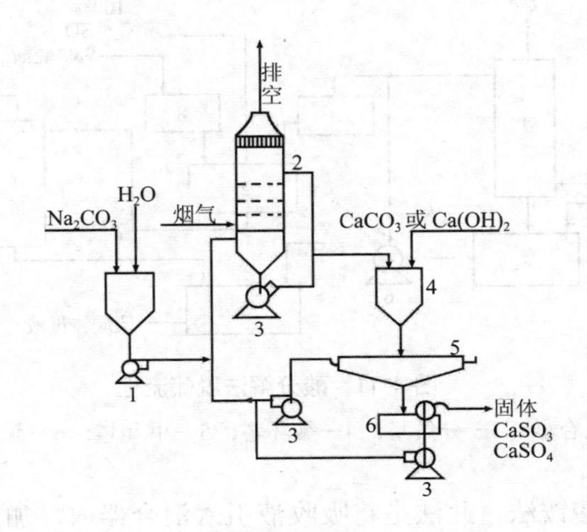

图 4-10　双碱法工艺流程

1—配碱槽；2—洗涤器；3—液泵；4—再生槽；5—增稠剂；6—过滤器

另一种双碱法是采用碱式硫酸铝作吸收剂，吸收 SO_2 后再氧化成硫酸铝，然后用石灰石与之中和再生碱性硫酸铝循环使用，并得到副产品石膏。

③ 氨液吸收法。此法是以氨水或液态氨作吸收剂，吸收 SO_2 后生成亚硫酸铵和亚硫酸氢铵。其反应如下：

$$NH_3+H_2O+SO_2 \longrightarrow NH_4HSO_3$$

$$2NH_3+H_2O+SO_2 \longrightarrow (NH_4)_2SO_3$$

$$(NH_4)_2SO_3+H_2O+SO_2 \longrightarrow 2NH_4HSO_3$$

当 NH_4HSO_3 比例增大，吸收能力降低，须补充氨将亚硫酸氢铵转化为亚硫酸铵，即进行吸收液的再生：

$$NH_3+NH_4HSO_3 \longrightarrow (NH_4)_2SO_3$$

此外还需引出一部分吸收液，可以采用氨—硫酸铵法、氨—亚硫酸铵法等方法进行回收硫酸铵或亚硫酸铵等副产品。

a．氨—硫酸法。此法也称酸分解法，其工艺流程如图 4-11 所示。

将吸收液通过过量的硫酸进行分解，再用氨进行中和以获得硫酸铵，同时制得 SO_2 气体。其反应如下：

$$(NH_4)_2SO_3+H_2SO_4 \longrightarrow (NH_4)_2SO_4+SO_2+H_2O$$

$$NH_4HSO_3+H_2SO_4 \longrightarrow (NH_4)_2SO_4+2SO_2+2H_2O$$

$$H_2SO_4+NH_3 \longrightarrow (NH_4)_2SO_4$$

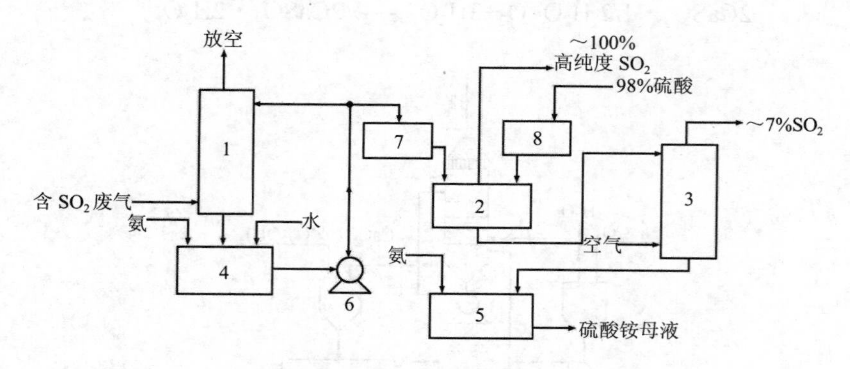

图 4-11　酸分解法脱硫流程

1—吸收塔；2—混合器；3—分解塔；4—循环塔；5—中和塔；6—泵：7—母液；8—硫酸

b．氨—亚硫酸铵法。此法是将吸收液引入混合器内，加入氨中和，将亚硫酸氢铵转化为亚硫酸铵，直接去结晶，分离出亚硫酸铵产品。吸收过程中的主要吸收剂仍为$(NH_4)_2SO$。在吸收过程中需向吸收系统中不断补充碳酸氢铵和水，目的也是为了不断产生$(NH_4)_2SO_3$，以保持吸收液的碱度稳定和对 SO_2 较高的吸收能力。此法不必使用硫酸，投资少，设备简单。该法当氨水来源困难或储运困难时，也可采用固体碳酸氢铵作为氨源。其工艺流程如图 4-12 所示。

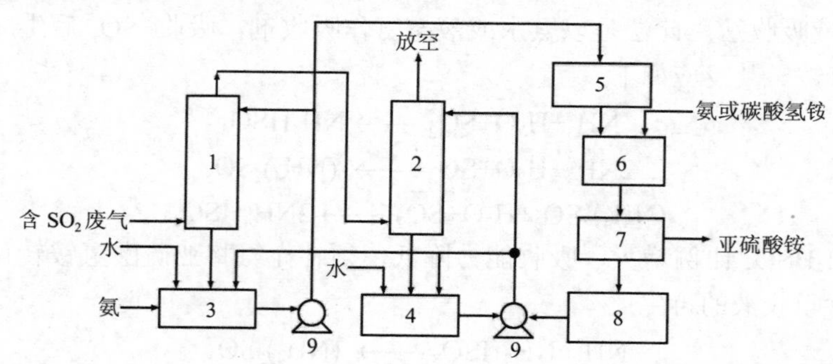

图 4-12　氨-亚硫酸铵法工艺流程

1—第一吸收塔；2—第二吸收塔；3,4—循环槽；5—高位槽；6—中和器；7—离心机；8—吸收液贮槽；9—吸收液泵

c．氨—硫铵法。此法一般用于处理燃烧烟气中的SO_2，因为通常情况下，烟气中的氧含量足以将吸收液中的$(NH_4)_2SO_3$全部氧化为$(NH_4)_2SO_4$。但吸收液氧化率的高低直接影响到对SO_2的吸收率，洗涤液的氧化使亚硫酸盐变为硫酸盐，氧化愈完全，溶液吸收SO_2的能力就愈低。为了保证吸收液吸收SO_2的能力，吸收液内应保持足够的亚硫酸盐浓度。亚硫酸盐不可能在吸收塔内全部被氧化，为此在吸收塔后必

须设置专门的氧化塔，以保证亚硫酸铵的全部氧化。

在吸收液引出吸收塔后，一般是将吸收液用氨进行中和，使吸收液中全部的NH_4HSO_3转变为$(NH_4)_2SO_3$，以防止SO_2从溶液内逸出。

整个过程反应如下：

$$NH_3+NH_4HSO_3 \longrightarrow (NH_4)_2SO_3$$

生成的$(NH_4)_2SO_3$用空气中的氧进行氧化：

$$(NH_4)_2SO_3+1/2O_2 \longrightarrow (NH_4)_2SO_4$$

该法的主要产品为硫酸铵，与氨法的其他方法相比，所用设备较少，不消耗酸，没有SO_2副产品生出，因而不需加工SO_2的设备，方法比较简便，投资较省。

其工艺流程见图4-13。

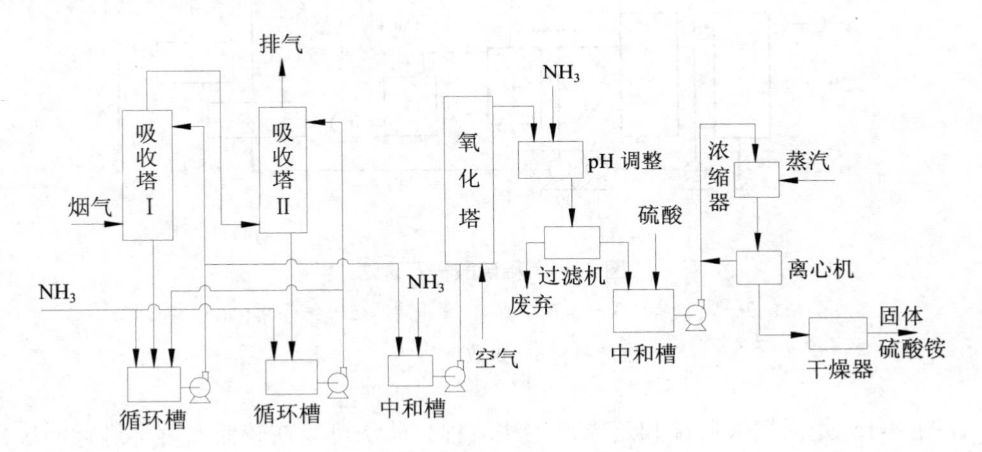

图 4-13　氨-硫铵法工艺流程

④ 液相催化氧化吸收法（千代田法）。此法是以含 Fe^{3+}催化剂的质量分数为 2%～3%稀硫酸溶液作吸收剂，直接将 SO_2 氧化成硫酸。吸收液一部分回吸收塔循环使用，另一部分与石灰石反应生成石膏。故此法也称稀硫酸—石膏法，其反应如下：

$$2SO_2+O_2+2H_2O \longrightarrow 2H_2SO_4$$

$$H_2SO_4+CaCO_3+H_2O \longrightarrow CaSO_4 \cdot 2H_2O \downarrow +CO_2 \uparrow$$

其工艺流程见图 4-14。

液相催化氧化吸收法简单，操作容易，不需特殊设备和控制仪器，能适应操作条件的变化，脱硫率可达 98%，投资和运行费用较低。缺点是稀硫酸腐蚀性较强，必须采用合适的防腐材料。

（2）吸附法。吸附法烟气脱硫通常是应用活性炭作吸附剂吸附烟气中的 SO_2。当 SO_2 气体分子与活性炭相遇时，就被具有高度吸附力的活性炭表面所吸附，这种吸附是物理吸附，吸附的数量是非常有限的。由于烟气中有氧气存在，已吸附的 SO_2

被氧化成 SO_3，活性炭表面起着催化氧化的作用。如果有水蒸气存在，SO_3 就和水蒸气结合形成 H_2SO_4。生成的硫酸可用水洗涤下来；或用加热的方法使其分解，生成浓度较高的 SO_2，此 SO_2 可用来制酸。利用 H_2S 对活性炭进行再生，称为还原再生法，其反应是：

$$3H_2S+H_2SO_4 \longrightarrow 4S+4H_2O$$

用 H_2 作还原剂，在 540℃左右将 S 转化成 H_2S，H_2S 又可用来再生 S。

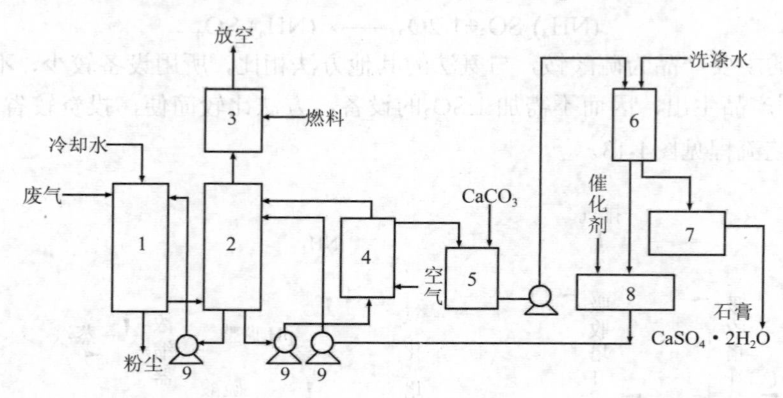

图 4-14　稀硫酸—石膏法

1—冷却塔；2—吸收塔；3—加热塔；4—氧化塔；5—结晶塔；6—离心机；

7—输送机；8—吸收液贮槽；9—泵

图 4-15 是活性炭脱硫和还原再生法流程。此法可以在较低温度下进行，过程简单，无副反应，脱硫效率为 80%～95%。但由于它的负载能力较小，吸附时气速不宜过大，因此活性炭的用量较大，设备庞大，不宜处理大流量的烟气。

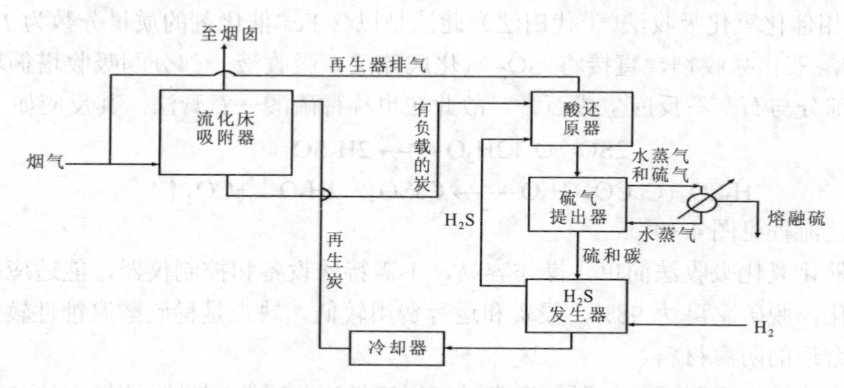

图 4-15　活性炭脱硫和还原再生法流程

（3）催化氧化法。在催化剂的作用下，可以使 SO_2 氧化成 SO_3 后进行净化，催化氧化法可用来处理硫酸尾气，技术成熟，已经成为制酸工艺的一个组成部分。此法用于处理电厂锅炉烟气及炼油尾气，则在技术、经济上还存在一些问题需要解决。

2．NO_x 废气的治理技术

（1）吸收法。目前，采用的吸附剂有水、稀硝酸、碱液和浓硫酸。

① 水吸收法。用水与 NO_2 或 N_2O_4 接触，发生以下反应：

$$2NO_2\text{（或 }N_2O_4\text{）}+H_2O \longrightarrow HNO_3+HNO_2$$

$$2HNO_2 \longrightarrow H_2O+NO+NO_2\text{（或 }1/2N_2O_4\text{）}$$

$$2NO+O_2 \longrightarrow 2NO_2\text{（或 }N_2O_4\text{）}$$

水对氮氧化物的吸收率很低，主要是由一氧化氮被氧化成二氧化氮的速度决定。当一氧化氮浓度高时，吸收速率有所提高。一般水吸收法的效率为30%～50%。

此法制得浓度为 5%～10%的稀硝酸，可用于中和碱性污水，作为废水处理的中和剂，也可用于生产化肥等。另外，此法是在 588～686 kPa 的高压下操作，操作费及设备费均较高。

② 稀硝酸吸收法。此法是用 30%左右的稀硝酸作为吸收剂，先在 20℃和 1.5×10^5 Pa 压力下，NO_x 被稀硝酸进行物理吸收，生成很少硝酸；然后将吸收液在30℃下用空气进行吹脱，吹出 NO_x 后，硝酸被漂白；漂白酸经冷却后再用于吸收 NO_x。由于氮氧化物在漂白稀硝酸中的溶解度要比在水中的溶解度高，NO_x 的去除率可达80%～90%。此法主要用于硝酸的生产过程中。稀硝酸吸收法流程见图 4-16。

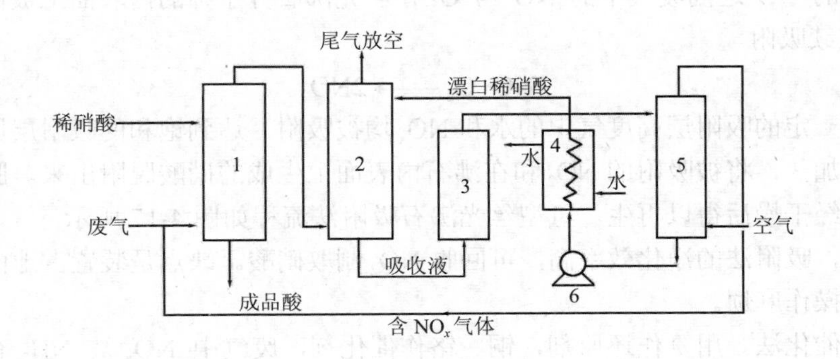

图 4-16 稀硝酸吸收法流程

1—第一吸收塔；2—第二吸收塔；3—加热器；4—冷却塔；5—漂白塔；6—泵

③ 碱性溶液吸收法。此法的原理是利用碱性物质来中和所生成的硝酸和亚硝酸，使之变为硝酸盐和亚硝酸盐。使用的吸收剂主要有氢氧化钠、碳酸钠、氨水和石灰乳等。碱液吸收设备简单、操作容易，投资少，但吸收效率低，特别是对 NO 吸收效果差，只能消除 NO_2 所形成的黄烟，达不到去除所有 NO_x 的目的。

④ 氧化吸收法。用氧化剂先将 NO 氧化成 NO_2，然后再用吸收液加以吸收。例如日本的 NE 法是采用碱性高锰酸钾溶液作为吸收剂，其反应是：

$$KMnO_4+NO \longrightarrow KNO_3+MnO_2\downarrow$$

$$3NO_2+KMnO_4+2KOH \longrightarrow 3KNO_3+H_2O+MnO_2\downarrow$$

此法 NO_x 去除率达 93%～98%。这类方法效率高，但运转费用也比较高。

总之，尽管有许多物质可以作为吸收 NO_x 的吸收剂，使含 NO_2 废气的治理可以采用多种不同的吸收方法，但从工艺、投资及操作费用等方面综合考虑，目前较多的还是碱性溶液吸收和氧化吸收这两种方法。

（2）吸附法。吸附法排烟脱硝具有很高的净化效率。常用的吸附剂有分子筛、硅胶、活性炭、含氨泥煤等，其中分子筛吸附 NO_x 是最有前途的一种。

丝光沸石是分子筛的一种，它是一种硅铝比大于 10～13 的铝硅酸盐，其化学式为：$Na_2O\cdot Al_2O_3\cdot 10SiO_2\cdot 6H_2O$，具有耐热、耐酸性能好，天然蕴藏量较多等特点。用 H^+ 代替 Na^+ 即得氢型丝光沸石，丝光沸石脱水后孔隙很大，其比表面积达 500～1 000 m^2/g，可容纳相当数量的被吸附物质。其晶穴有很强的静电场和极性，对低浓度的 NO_x 有较高的吸附能力。当含 NO_x 的废气通过丝光沸石吸附层时，由于水和 NO_2 分子极性较强，被选择地吸附在丝光沸石分子筛的内表面上，两者在内表面上进行如下反应：

$$3NO_2+H_2O \longrightarrow 2HNO_3+NO\uparrow$$

放出的 NO 连同废气中的 NO 与 O_2 在丝光沸石分子筛的内表面上被催化氧化成 NO_2 继续吸附。

$$2NO+O_2 \longrightarrow 2NO_2$$

经过一定的吸附层高度气中的水和 NO_x 均被吸附。达到饱和的吸附层用热空气或水蒸气加热，将被吸附的 NO_2 和在沸石内表面上生成的硝酸脱附出来。脱附后的丝光沸石经干燥后得以再生。氢型丝光沸石吸附法流程如图 4-17 所示。

总之，吸附法的净化效率高，可回收 NO_2 制取硝酸。缺点是装置占地面积大、能耗高、操作麻烦。

（3）催化法。用氨作还原剂，铜、铬作催化剂，废气中 NO_x 被 NH_3 有选择地还原为 N_2 和 H_2O，其反应式为：

$$6NO+4NH_3 \longrightarrow 5N_2+6H_2O$$

$$6NO_2+8NH_3 \longrightarrow 7N_2+12H_2O$$

本法脱硝效率在 90%以上，技术上是可行的，不过 NO_x 未能达到利用，而要消耗一定量的氨。本法适用硝酸厂尾气中 NO_x 的治理。工艺流程见图 4-18。

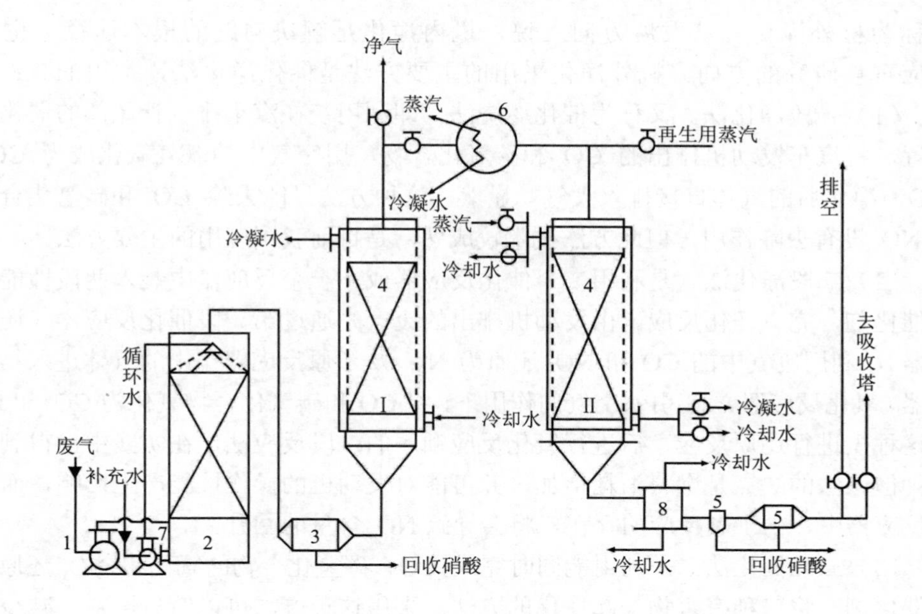

图 4-17　氢型丝光沸石吸附法工艺流程

1—通风机；2—冷却塔；3—除雾器；4—吸附器；5—分离器；6—加热器；7—循环水泵；8—冷凝冷却器

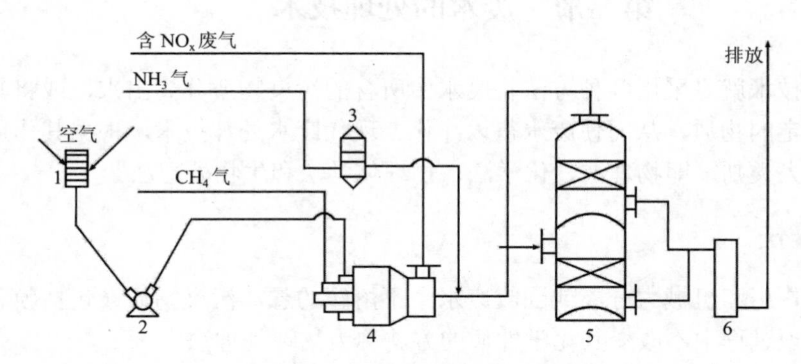

图 4-18　氨选择催化还原法工艺流程

1—空气过滤器；2—鼓风机；3—NH_3 过滤器；4—锅炉；5—反应器；6—水封

3．汽车尾气治理技术

汽车发动机排放的废气中含有 CO、碳氢化合物、NO_x、醛、有机铅化合物、无机铅、苯并[a]芘等多种有害物。控制汽车尾气中有害物排放浓度的方法有两种：一种方法是改进发动机的燃烧方式，使污染物的产生量减少，称为机内净化。另一种方法是利用装置在发动机外部的净化设备，对排出的废气进行净化治理，这种方法称为机外净化。从发展方向上说，机内净化是解决问题的根本途径，也是今后应重点研究的方向。机外净化采用的主要方法是催化净化法，常用的有：

（1）一段净化法。又称为催化燃烧法，即利用装在汽车排气管尾部的催化燃烧装置，将汽车发动机排出的 CO 和碳氢化合物，用空气中的氧气氧化成为 CO_2 和 H_2O，净化后的气体直接排入大气。显然，这种方法只能去除 CO 和碳氢化合物，对 NO_x 没有去除作用，但此方法技术较成熟，是目前我国应用的主要方法。

（2）二段净化法。是利用二个催化反应器或在一个反应器中装入两段性能不同的催化剂，完成净化反应。由发动机排出的废气先通过第一段催化反应器（还原反应器），利用废气中的 CO 和 NO_x 还原为 N_2；从还原反应器排出的气体进入第二反应器（氧化反应器），在引入空气的作用下，将 CO 和碳氢化合物氧化为 CO_2 和 H_2O。按这种先进行还原反应，后进行氧化反应顺序的二段反应法，在实践中已得到了应用；但该法的缺点是燃料消耗增加，并可能对发动机的操作性能产生影响，而在氧化反应器中，由于副反应的存在，将会导致 NO_x 含量的回升。

（3）三元催化法。是利用能同时完成 CO、碳氢化合物的氧化和 NO_x 还原反应的催化剂，将三种有害物一起净化的方法。采用这种方法可以节省燃料、减少催化反应器的数量，是比较理想的方法。但由于需对空燃比进行严格控制以及对催化剂性能的高要求，因此从技术上说还不十分成熟。

第二节 废水的处理技术

废水处理技术就是采用各种方法将废水中所含的污染物质分离出来，或将其转化为无害和稳定的物质，从而使废水得以净化。现代废水处理技术，根据其作用原理可划分为四大类别，即物理法、化学法、物理化学法和生物处理法。

一、物理法

通过物理作用和机械力分离或回收废水中不溶解的悬浮污染物质（包括膜和油珠），并在处理过程中不改变其化学性质的方法称为物理处理法。

废水物理处理法主要分为两大类，即分离（如沉淀、浮上和磁分离等）、隔滤（如格栅、筛网、过滤、离心分离等）

物理处理法一般较为简单，多用于废水的一级处理中，以保护后续工序的正常进行并降低其他处理设施的处理负荷。

1. 均衡与调节

多数废水的水质、水量常常是不稳定的（如工业、企业排出的废水），具有很强的随机性，尤其是当操作不正常或设备产生泄漏时，废水的水质就会急剧恶化，水量也大大增加，有时往往会超出废水处理设备的处理能力，给处理操作带来很大困难，使废水处理设施难以维持正常操作。这时，就要进行水量的调节与水质的均衡。调节的作用是尽可能减少废水特征上的波动，为后续的水处理系统提供一个稳定和优化的操作条件。在调节过程中通常要进行混合以保证水质的均匀和稳定，这就是均衡。

调节与均衡主要通过设在废水处理系统之前的调节池来实现。

图 4-19 是长方形调节池的一种，它的特点是在池内设有若干折流隔墙，使废水在池内来回折流。配水槽设在调节池上，废水通过配水孔溢流到池内前后各位置而得以均匀混合。起端入口流量一般为总流量的 1/4 左右，其余通过各投配孔口流入池内。

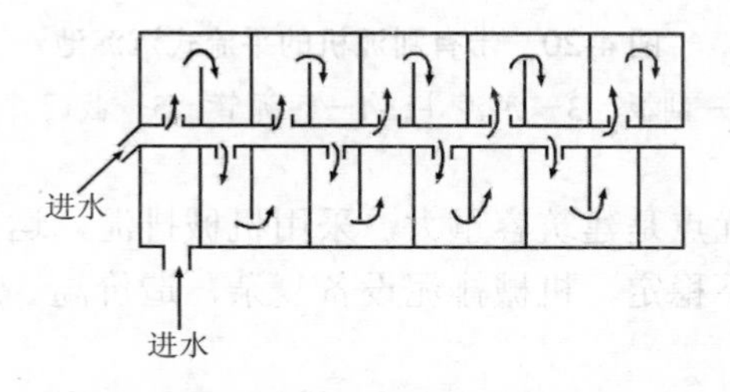

图 4-19 折流式调节池

调节池容积大小可视废水的浓度、流量变化、要求的调节程度及废水处理设备的处理能力来确定，做到既经济又满足废水处理系统的要求。

2．沉淀

沉淀法也称澄清法，是利用废水中悬浮物密度比水大可借助重力作用下沉的原理而达到液固分离目的的一种处理方法。

沉淀根据废水中悬浮物的沉淀现象可分四种类型：自由沉淀、絮凝沉淀、拥挤沉淀和压缩沉淀。它们均是通过沉淀池来进行沉淀的。

沉淀池是一种分离悬浮颗粒的构筑物，根据它们的构造可分为普通沉淀池和斜板斜管沉淀池。普通沉淀池应用较为广泛，按其池内水流方向，可分为平流式、竖流式、辐流式和斜流式四种。

图 4-20 是一种带有刮泥机的平流式沉淀池，废水由进水槽通过进水孔流入池中，进口流速一般应低于 25 mm/s，进水孔后设有挡板能稳流并使废水均匀分布，沿水平方向缓缓流动。水中的悬浮物沉至池底，由刮泥机刮入污泥斗，经排泥管借助静水压力排出。沉淀池出水处设置浮渣收集槽及挡板以收集浮渣，清水溢过沉淀池末端的溢流堰，经出水槽排出池外。

平流沉淀池的优点是构造简单、沉淀效果好、性能稳定。缺点是排泥困难、占地面积也较大。

竖流式沉淀池的优点是排泥容易、无需机械刮泥设备、占地面积也较小。缺点是池子深度大、造价高、单池容量小。当废水处理量大时，需多个池子并列使用，故它只适用于小型污水处理厂。

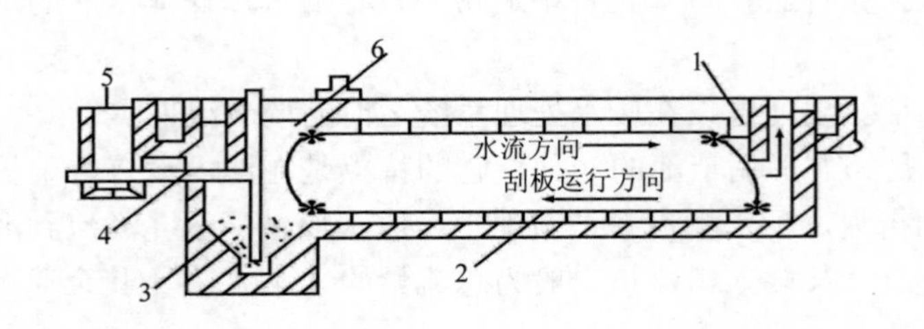

图 4-20　带有刮泥机的平流式沉淀池

1—漂浮物收集槽；2—刮板；3—污泥斗；4—污泥管；5—截门井；6—集渣器驱动装置

辐流式沉淀池的优点是建筑容量大，采用机械排泥，运行较好，管理较简单。缺点是池中水流速度不稳定，机械排泥设备复杂，造价高。这种池子适用于处理水量大的场合。

斜流沉淀池的优点是沉淀效率高，停留时间短，占地少。这种池子在给水处理中得到比较广泛的应用。在废水处理中的应用不普遍，尤其是生活污水。在选矿水尾矿浆的浓缩、炼油厂含油废水的隔油等已有较成功的经验。

3．隔油

隔油主要用于对废水中可浮油的处理，它是利用水中油品与水密度的差异与水分离并加以清除的过程。隔油过程在隔油池中进行，目前常用的隔油池有两大类—平流式隔油池与斜流式隔油池。

平流式隔油池除油率一般为 60%～80%，粒径 150 μm 以上的油珠均可除去。它的优点是构造简单，运行管理方便，除油效果稳定。缺点是体积大、占地面积大、处理能力低、排泥难，出水中仍含有乳化油和吸附在悬浮物上的油分，一般很难达到排放要求。

图 4-21 所示的是一种波纹板式隔油池。池中以 45° 倾角安装许多塑料波纹板，废水在板中通过，使所含的油和泥渣进行分离。斜板的板间距为 2～4 cm，层数为 24～26 层。设计中采用的雷诺数为 *Re*=360～400，板间水流处于层流状况。经预处理（除去大的颗粒杂质）后的废水，经溢流堰和整流板进入波纹板间，油珠上浮到上板的下表面，经波纹板的小沟上浮，然后通过水平的撇油管收集，回收的油流到集油池。污泥则沉到下板的上表面，通过小沟下降到池底，然后通过排泥管排出。经处理后的废水从隔油池上部的出水管排出，波纹板隔油池可分离油滴的最小直径为 60 μm，废水在池中停留时间一般不超过 30 min。

近年来国内外对含油废水处理取得不少新进展，出现了一些新型除油技术和设备。主要有粗粒化装置、多层波纹板式隔油池（MWS 型）等。这些新型除油技术和设备已广泛用于化工、交通、海洋、食品等行业含微量油或含乳化油废水的处理。

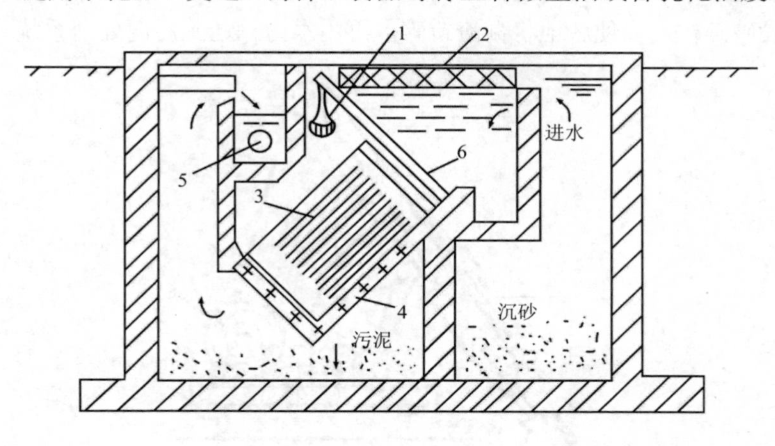

图 4-21　波纹板式隔油池

1—撇油管；2—泡沫塑料浮盖；3—波纹板；4—支撑；5—出水管；6—整流板

4．隔滤法

利用过滤介质截留废水中的悬浮物的方法叫隔滤法，也叫筛选截留法。这种方法有时作废水处理，有时作为最终处理，出水供循环使用或循序使用。筛选截留法的实质是：让废水通过一层带孔眼的过滤装置或介质，尺寸大于孔眼尺寸的悬浮颗粒则被截留。当使用到一定时间后，过水阻力增大，就需将截留物从过滤介质中除去，一般常用反洗法来实现。过滤介质有钢条、筛网、滤布、石英砂、无烟煤、合成纤维、微孔管等，常用的过滤设备有格栅、栅网、微滤机、砂滤器、真空滤机、压滤机等（后两种滤机多用于污泥脱水）。

（1）格栅。格栅是由一组平行钢质栅条制成的框架，缝隙宽度一般在 15～20 mm，倾斜架设在废水处理构筑物前或泵站集水池进口处的渠道中，用以拦截废水中大块的漂浮物，以防阻塞构筑物的孔洞、闸门和管道或损坏水泵的机械设备。因此，格栅实际上是一种起保护作用的安全设施。图 4-22 是一种移动伸缩臂式格栅除污机。

格栅的栅条多用圆钢或扁钢制成。扁钢断面多采用 50 mm×10 mm 或 40 mm×10 mm，其特点是强度大，不易弯曲变形，但水头损失较大；圆钢直径多用 10 mm，其特点恰好与扁钢相反，被拦截在栅条上的栅渣有人工和机械两种清除方法。在大型水处理厂或泵站前的大型格栅（每日截渣量大于 0.2 m^3），一般采用机械清渣。图 4-22 是一种移动伸缩臂式格栅除污机，主要用于粗、中格栅，深度中等的宽大格栅。优点：设备全部在水面上，钢绳在水面上运行，寿命长，可不停水检修。缺点：移动较复杂，移动时耙齿与栅条间隙对位困难。对于每日拦截栅渣大于 1 t 的格栅，常附设破碎机，以便就地将栅渣粉碎，再用水力输送到污泥处理系统一并处理。

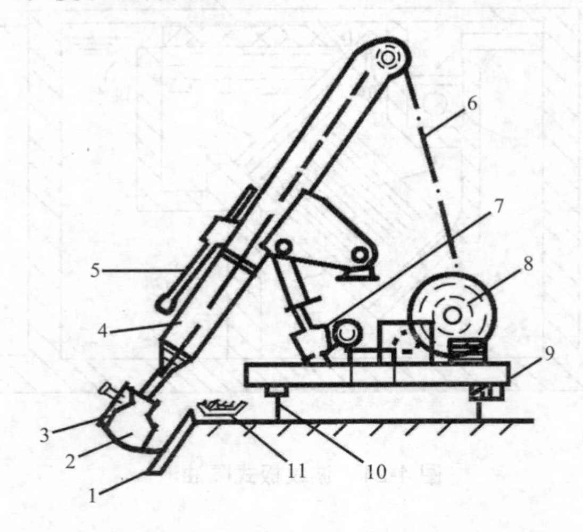

图 4-22 移动伸缩臂式格栅除污机

1—格栅；2—耙斗；3—卸污板；4—伸缩臂；5—卸污调整杆；6—钢丝绳；7—臂角调整机构；8—卷扬机构；9—行走轮；10—轨道；11—皮带运输机

（2）筛网。筛网用金属丝或纤维丝编制而成。与格栅相比，筛网主要用来截留尺寸较小的悬浮固体，尤其适宜用来分离和回收废水中细碎的纤维类悬浮物（如羊毛、棉布毛、纸浆纤维和化学纤维等），也可用作城市污水和工业废水的预处理以降低悬浮固体含量。

筛网可以做成多种形式，如固定式、圆筒式、板框式等。不论何种形式，其构造都要做到既能截留悬浮物固体，又能自动清理筛面。表 4-6 是几种常用的筛网机。

表 4-6 几种常用筛网机

类	型	适用范围	优点	缺点
筛网	固定式	从废水中去除低浓度固体杂质及毛和纤维类，安装在水面以上时，需要水头落差或水泵提升	平面筛网构造简单，造价低；梯形筛丝筛面，不易堵塞，不易磨损	平面筛网易磨损，易堵塞，不易清洗；梯形筛丝筛面构造复杂
筛网	圆筒式	从废水中去除中低浓度杂质及毛和纤维类，进水深度一般<1.5 m	水力驱动式构造简单，造价低；电动梯形筛丝转筒筛，不易堵塞	水力驱动式易堵塞，电动梯形筛丝转筒筛构造较复杂，造价高
筛网	板框式	常用深度 1～4 m，可用深度 10～30 m	驱动部分在水上，维护管理方便	造价高，板框网更换较麻烦；构造较复杂，易堵塞

5．离心分离

离心分离的原理是：含悬浮物的废水在高速旋转时由于悬浮颗粒和废水的质量不同，所受到的离心力大小不同，质量大的被甩到外圈，质量小的则留在内圈，通过不同的出口将它们分别引导出来，从而使悬浮物与水分离。

离心分离设备按离心力产生的方式不同可分为水力旋流器和高速离心机两种类型。水力旋流器有压力式和重力式两种。其设备固定，液体靠水泵压力或重力（进出水头差）由切线方向进入设备，造成旋转运动产生离心力。

高速离心机依靠转鼓高速旋转，使液体产生离心力。高速离心机的转速较高，一般为 3 500～50 000 r/min，转鼓直径较小，而长度较长。离心机大量应用于化工、石油、食品、制药、选矿、煤炭、水处理和船舶等部门。

压力水力旋流器可以将废水中所含粒径 5 μm 以下的颗粒分离出去。进水的流速一般应在 6～10 m/s，进水管稍向下倾斜，这样有利于水流向下旋转运动。压力式水力旋流器具有一些优点，即体积小，单位容积的处理能力高，构造简单，使用方便，易于安装维护。缺点是水泵和设备易磨损，所以设备费用高，耗电较多。一般只用在小批量的、有特殊要求的废水处理。

二、废水的化学处理法

废水的化学处理法（简称化学法）是利用化学反应的原理及方法来分离回收废水中的污染物或是改变它们的性质，使其无害化的一种处理方法。它用于处理废水中的溶解的无机物、难以生物降解的有机物或胶体物质。

常用的化学处理法有：化学混凝法、中和法、氧化还原法、电化学法、化学沉淀法。

1．化学混凝法

化学混凝法（简称混凝法），在废水处理中可以用于预处理、中间处理和深度处理的各个阶段。它除了除浊、除色之外，对高分子化合物、动植物纤维物质、部分有机物质、油类物质、微生物、某些表面活性物质、农药，及汞、镉、铅等重金属都有一定的清除作用，所以它在废水处理中的应用十分广泛。

混凝法的优点是：设备费用低、处理效果好、操作管理简单；缺点是要不断向废水中投加混凝剂，运行费用较高。

（1）混凝法的基本原理。废水中的微小悬浮物和胶体粒子很难用沉淀方法除去，它们在水中能够长期保持分散的悬浮状态而不自然沉降，具有一定的稳定性。混凝法就是向水中加入混凝剂来破坏这些细小粒子的稳定性，首先使其互相接触而聚集在一起，然后形成絮状物并下沉分离的处理方法。前者称为凝聚，后者称为絮凝，一般将这两个过程通称为混凝。具体地说，凝聚是指使胶体脱稳并聚集为微小絮粒的过程，而絮凝则是使微絮粒通过吸附、卷带和架桥而形成更大的絮体的过程。

（2）混凝剂。混凝剂可分为无机混凝剂、有机混凝剂和高分子混凝剂三类，国内多采用铝、铁盐类无机混凝剂。近年来，有机和高分子混凝剂也有很大的发展，作用远比无机混凝剂优越。

（3）混凝剂的选择。混凝剂的选择及用量要根据废水的具体性质而定，总的原则是所用的混凝剂必须价廉易得，使用量少，效率高，生成的絮凝物容易沉降分离。

（4）助凝剂。有时当单用混凝剂不能取得较好的效果时，可以投加某种称为助凝剂的辅助药剂来调节、改善混凝条件，提高处理效果。助凝剂主要起以下几个作用：① 通过投加酸性或碱性物质来调整 pH 值；② 投加活化硅胶、骨胶、PAM 等改善絮凝体结构，利用高分子助凝剂的吸附架桥作用以增强絮凝体的密实性和沉降性能。③ 投加氯、臭氧等氧化剂，在采用 $FeSO_4$ 时，可将 Fe^{2+}氧化为 Fe^{3+}，当废水中有机物过高时，也可使其氧化分解，破坏其干扰或使胶体脱稳，以提高混凝效果。常用的助凝剂有 PAM、活化硅胶、骨胶、海藻酸钠、氯气、氧化钙等。

近些年来，混凝技术在研制高效能新型混凝剂、新型高效的混凝设备、微絮凝—过滤工艺等方面都取得了新的研究进展，并获得了较好的应用效果。

2．中和法

中和法主要用来处理含酸、碱性废水。当废水酸碱浓度较高（约 3%以上）时，应首先进行酸、碱的回收，对浓度低的酸碱废水，可采取二者互相中和或投加药剂中和的方法，如投入石灰（$CaCO_3$）、苛性钠（NaOH）、碳酸钠（Na_2CO_3）等碱性物质中和酸性废水，投加硫酸、盐酸或利用 CO_2 气体中和碱性废水；也可采用过滤中和法，即以石灰石、大理石等作滤料，使酸性废水通过滤层得到中和，中和后废水的 pH 值变为中性。

石灰是处理酸性废水最常用的一种中和剂，碱性废渣（电石渣，碳酸钙渣等）也用于中和酸性废水。

工业硫酸是处理碱性废水常用的中和剂，工业生产中排出的含酸废水也是一种良好的中和剂。烟道气中含有一定量的 CO_2、SO_2、H_2S 等酸性气体，也可以用作碱性废水的中和剂，但其缺点是杂质太多，易引起二次污染。

3．氧化还原法

氧化还原法是通过药剂与废水中的污染物发生氧化还原反应，将废水中的有害物质转化为不溶解的或低毒的新物质的方法。常用的方法有：氧化法和化学还原法。

（1）氧化法。废水处理中最常采用的氧化剂为空气、臭氧、二氧化氯、氯气、高锰酸钾，常用的方法有空气氧化法和臭氧氧化法。

① 空气（及纯氧）氧化法。该方法是利用空气（及纯氧气）去氧化废水中污染物的一种处理方法，主要用于含硫废水的处理，可在各种密封塔体中进行。纯氧氧化法相对来说效率比空气氧化法要高，但成本较高，一般很少采用。

② 臭氧氧化法。臭氧的氧化性在天然元素中仅次于氟，可分解一般氧化剂难

于破坏的有机物，且不产生二次污染物，制备方便，因此广泛地用于消毒、除臭、脱色以及除酚、氰、铁等，而且可降低废水COD、BOD值。

臭氧处理系统中最主要的设备是接触反应器。为使臭氧与污染物充分反应，应尽可能使臭氧化空气在水中形成微细气泡并采用两相逆流操作，强化传质过程。

影响臭氧氧化的因素主要是共存杂质的种类和浓度、溶液的pH和温度、臭氧浓度、用量和投加方式、反应时间等。臭氧氧化的工艺条件应通过实验确定。其主要缺点是发生器耗电量大，工艺复杂。

（2）化学还原法。是采用一些还原剂与废水中的污染物发生反应，把有毒物转化为低毒、微毒或无毒物质的方法。常用的还原剂有如下几种：①电极电位较低的金属（铁、锌）；②带负电的离子如 SO_3^{2-}；③带正电离子 Fe^{2+}；④含有 H_2S、SO_2 的工业废气。此法主要用于处理含六价铬和氯化合物的废水。

- 含铬废水的处理。

电镀、制革、冶炼、化工等工业废水中的六价铬以 CrO_4^{2-} 或 $Cr_2O_7^{2-}$ 形式存在。含六价铬的废水，可用硫酸亚铁、焦亚硫酸钠、二氧化硫、亚硫酸钠、亚硫酸氢钠等为还原剂将其还原为 Cr^{3+}，化学反应式如下：

$$H_2Cr_2O_7+6H_2SO_4+6FeSO_4 \longrightarrow 3Fe_2(SO_4)_3+Cr_2(SO_4)_3+7H_2O$$

$$2H_2Cr_2O_7+3H_2SO_4+3Na_2S_2O_5 \longrightarrow 3Na_2SO_4+2Cr_2(SO_4)_3+5H_2O$$

$$H_2Cr_2O_7+3SO_2+3H_2O \longrightarrow Cr_2(SO_4)_3+4H_2O$$

$$2H_2Cr_2O_7+6NaHSO_4+3H_2SO_4 \longrightarrow 2Cr_2(SO_4)_3+3Na_2SO_4+8H_2O$$

还原反应过程中pH值不应大于4.5，最好是pH＜3。反应生成的 Cr^{3+} 可投加石灰或其他碱性物质，使pH=7.5～9.0，生成Cr（OH）$_3$ 沉淀，反应为：

$$Cr_2(SO_4)_3+3Ca(OH)_2 \longrightarrow 2Cr(OH)_3\downarrow+3CaSO_4\downarrow$$

- 含汞废水的处理。

氯碱、炸药、制药等工业废水中常含有 Hg^{2+}，可以将其还原为Hg而分离回收。常用的还原剂有活泼金属（铁、铝、锌等）、硼氢化钠、甲醛、联胺等。对废水中的有机汞可先将其氧化为无机汞然后再还原。采用活泼金属如锌粉做还原剂，则发生如下反应。

$$Zn+Hg^{2+} \longrightarrow Hg\downarrow+Zn^{2+}$$

析出的汞附在金属表面，可用干馏法加以回收。为了加快反应速度，增大金属与废水的接触，置换用的金属常制成粒状或粉状，放在过滤床中，让废水从中流过而发生反应。

图 4-23 是青海电化厂用还原-吸附法处理含汞废水的工艺流程。含汞废水入集水池，用泵抽取上层清液，由计量装置加入盐酸调节 pH 值至 3～6 后先进入铁屑还原塔，然后再进入铜屑置换塔，最后经活性炭吸附塔处理后排入下水道。还原塔和置换塔底部汞沉渣定期排入汞渣贮槽，送至汞渣处理工序处理。含汞废水经还原

处理后，出水汞浓度接近排放标准，再经吸附处理，排水中汞浓度可降至 0.05 mg/L 以下，去除率达 99.5%。

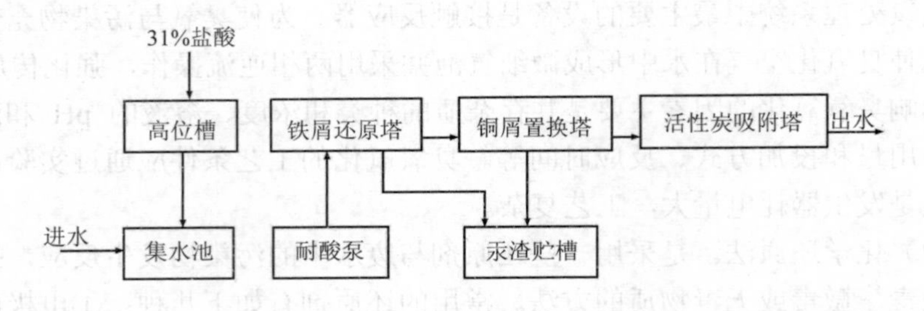

图 4-23 还原—吸附法处理含汞废水的工艺流程

4．电化学法

电化学法又称电解法，是废水中的电解质在直流电的作用下发生电化学反应而得到净化的过程。

电解过程在电解槽中进行，槽中与电源正极相接的电极叫阳极，与电源负极相连接的电极叫阴极。接通直流电源之后，在电场力的作用下，废水中的正、负离子则分别向二极移动，并在电极表面发生氧化还原反应，生成不溶于水的沉淀或气体从水中分离出来，从而降低了废水中有害物的浓度或是使其转化为无毒或低毒物质。

电解法主要适用于处理含重金属离子、含油废水的脱色，近年来也开始应用于工业有机废水的处理中。废水的电化学处理可分为电极表面处理过程、电解氧化还原过程、电解浮选和电凝聚处理过程四类，前二类属于电化学—化学法，而后二类则属于电化学—物理法。

电解法处理废水是一种较为简单、经济、有效的方法，它有以下几方面的特点：

（1）适应性强：不受废水水质限制，且适用范围广泛；

（2）处理效果好：电解法处理废水是一个综合的复杂过程，既包括电极上和溶液中的氧化还原过程，又存在着吸附、絮凝和气浮等多种物理化学过程，处理效果好。处理过程中污泥浮渣少，一般不会产生二次污染；

（3）设备简单、易管理：电解法主要设备为直流电源和电解槽，操作简单易管理；

（4）处理费用低：除使用可溶性阳极需消耗一定量铁或铝外，一般不需消耗其他材料和药品，只需消耗一些电力，运转费用低。例如用电解法处理含酚废水，处理费用只是臭氧氧化的一半，是活性炭吸附法的四分之一。

5．化学沉淀法

利用某些化学物质为沉淀剂，使其与废水中的某些可溶性污染物发生化学反应，生成难溶于水的化合物从废水中沉淀出来的水处理方法称为化学沉淀法。该法多用于去除废水中重金属离子及含硫、氰、氟、砷的有毒化合物。常用的方法有：中和沉淀法、硫化物沉淀法和铁氧化沉淀法。

三、废水的物理化学法

废水经过物理方法处理后，仍会含有某些细小的悬浮物以及溶解的有机物。为了进一步去除残存在水中的污染物，可以采用物理化学方法进行处理。常用的物理化学方法有吸附、浮选、萃取、电渗析、反渗透、超过滤等。

1. 吸附法

吸附过程原理是：利用多孔固体吸附剂的表面活性，吸附废水中的一种或多种污染物，达到废水净化的目的。根据固体表面吸附力的不同，吸附可分为以下三种类型：

（1）物理吸附。吸附剂和吸附质之间通过分子间力产生的吸附为物理吸附。物理吸附是一种常见的吸附现象。由于吸附是分子间力引起的，所以吸附热较小；并且在低温下能进行。被吸附的分子由于热运动还会离开吸附剂表面，这种现象称为解吸，它是吸附的逆过程。降温有利于吸附，升温有利于解吸。由于分子间力是普遍存在的，所以一种吸附剂可吸附多种吸附质。但由于吸附质性质的差异，某一种吸附剂对各种吸附质的吸附量是不同的。

（2）化学吸附。吸附剂和吸附质之间发生由化学键力引起的吸附称为化学吸附。化学吸附一般在较高温度下进行，吸附热较大。一种吸附剂只能对某种或几种吸附质发生化学吸附，因此化学吸附具有选择性。化学吸附比较稳定，当化学键力大时，化学吸附是不可逆的。

（3）离子交换吸附。离子交换吸附就是通常所指的离子交换法。

物理吸附、化学吸附和离子交换吸附这三种过程并不是孤立的，往往是相伴发生。在废水处理中，大部分的吸附现象往往是几种吸附综合作用的结果。由于吸附质、吸附剂及其他因素的影响，可能某种吸附是主要的。例如，有的吸附在低温时主要是物理吸附，中、高温时是化学吸附。

活性炭吸附。活性炭是一种非极性吸附剂，是由含碳为主的物质做原料，经高温炭化和活化制得的疏水性吸附剂，其外观是暗黑色，有粒状和粉状两种，目前工业上大量采用的是粒状活性炭。活性炭主要成分为碳，还有少量的氧、氢、硫等元素，还含有水分、灰分。它具有良好的吸附性能和稳定的化学性质，可以耐强酸、强碱，能经受水浸、高温、高压作用，不易破碎。与其他吸附剂相比，活性炭具有巨大的比表面积，通常可达 500～1 700 m^2/g，因而形成了强大的吸附能力。但是，比表面积相同的活性炭，其吸附容量并不一定相同，因为吸附容量不仅与比表面积有关，而且还与微孔结构和微孔分布以及表面化学性质有关。

2. 萃取法

萃取法是利用与水不相溶解或极少溶解的特定溶剂同废水充分混合接触，使溶于废水中的某些污染物质重新进行分配而转入溶剂，然后将溶剂与除去污染物质后的废水分离，从而达到净化废水和回收有用物质的目的。采用的溶剂称为萃取剂，被萃取的物质称为溶质，萃取后的萃取剂称萃取液（萃取相），残液称为萃余液（萃余相）。萃取法具有处理水量大，设备简单，便于自动控制，操作安全、快速，成本低等优点，因而该法具有广阔的应用前景。目前在我国仅用于为数不多的几种有机废水和个别重金属废水的处理。

（1）液—液萃取过程和原理。液—液萃取属于传质过程，它的主要作用原理是基于传质定律和分配定律。

传质定律 物质从一相传递到另一相的过程称为质量传递过程（简称传质过程）。在传质过程中，两相之间质量的传递速率 G 与传质过程的推动力Δc 和两相接触面积 F 的乘积成正比，可用下式表示：

$$G= KF\Delta c$$

式中：G —— 物质的传递速率，即单位时间内从一相传递到另一相的物质的量，kg/h；

F —— 两相的接触面积，m^2；

Δc —— 传质过程的推动力，即废水中杂质的实际浓度与平衡时的浓度差，kg/m^3；

K —— 传质系数，与两相的性质、浓度、温度、pH 等有关系。

随着传质过程的进行，废水中杂质的实际浓度逐渐减小，而在另一相中杂质浓度逐渐增加。所以，在传质过程中推动力是一个变数。为了加快传质速度，在工艺上多采用逆流操作来增大传质过程的推动力，如汽提、吹脱、萃取过程，都采用逆流操作，即汽—液两相、液液两相呈逆流流动。由于传质速率与两相的接触面积成正比，因此在工艺上采用喷淋、鼓泡、泡沫等方式使某一相呈分散状态，而且分散得越细，两相接触面积就越大。另外，采用搅拌可以增加相间的运动速度，有利于萃取剂和废水中溶质的不断接触，从而加速传质过程的进行。

分配定律 某溶剂和废水互不相溶，溶质在溶剂和废水中虽然都能溶解，但它在溶剂中比在废水中有更高的溶解度。当溶剂与废水接触后，溶质在废水和溶剂之间进行扩散，溶质在废水中传递到溶剂中去，一直达到某一相平衡时为止，这个过程称为萃取过程。

对稀溶液的实验表明，在一定温度和压力下，如果溶质在两相以同样形式的分子存在的话，则溶质在两相中的浓度比为一常数，这个规律称为分配定律。它可用下式表示：

$$K_2=c_1/c_2$$

式中：c_1 —— 溶质在萃取液中的浓度；

c_2 —— 溶质在萃余液中的浓度；

K_2 —— 分配系数。

很明显，溶剂的选择性越好，这个比例常数越高，也就是分配系数值越高。

由萃取作用原理可知，要提高萃取速度和设备生产能力，其途径主要有：增大两相接触界面积、增大传质系数和增大传质推动力。

（2）萃取工艺和设备。萃取工艺包括混合、分离和回收三个主要工序。根据萃取剂与废水的接触方式不同，萃取操作有间歇式和连续式两种。其中间歇萃取的工艺及计算与间歇吸附相同。连续逆流萃取设备常用的有填料塔、筛板塔、脉冲塔、转盘塔和离心萃取机。

图 4-24 是往复叶片式脉冲筛板塔，整个筛板塔分为三段，废水与萃取剂在塔中逆流接触。在萃取段内有一纵轴，轴上装有若干块钻有圆孔的圆盘形筛板，纵轴由塔顶的偏心轮装置带动，做上下往复运动，既强化了传质，又防止了返混。上下两分离段面较大，轻、重两液相靠密度差在此段平稳分层，轻液（萃取相）由塔顶流出，重液（萃余相）则由塔底经“∩”形管流出，“∩”形管上部与塔顶空间相连，以维持塔内压力平衡，便于保持下界面稳定。

图 4-25 是离心萃取机转鼓式示意图，其外形为圆形卧式转鼓，转鼓内有许多层同心圆筒，每层都有许多孔口相通。轻液由外层的同心圆筒进入，重液由内层的同心圆筒进入。转鼓高速旋转（1 500～5 000 r/min）产生离心力，使重液由里向外，轻液由外向里流动，进行连续的逆流接触，最后由外层排出萃余相，由内层排出萃取相。萃取剂的再生（反萃取）也同样可用萃取机完成。

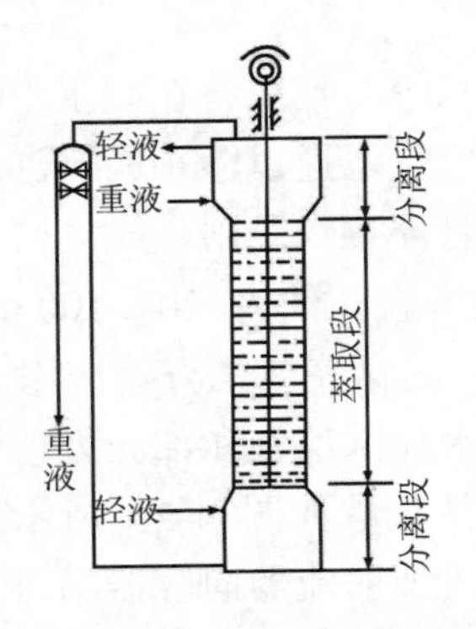

图 4-24　往复叶片式脉冲筛板塔

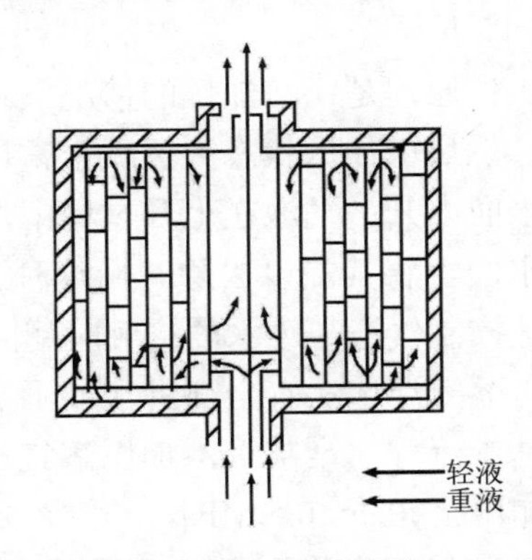

图 4-25　离心萃取机转鼓式

离心萃取机的结构紧凑，分离效率高，停留时间短，特别适用于密度较小、易产生乳化及变质的物质分离，但缺点是构造复杂，制造困难，电耗大。

3. 浮选法

浮选法就是利用高度分散的微小气泡作为载体去黏附废水中的污染物，随气泡上浮于水面成为泡沫层，然后刮出回收，实现固液或液液分离的过程。

浮选法的基本原理　浮选法的根据是表面张力的作用原理，当液体和空气相接触时，在接触面上的液体分子与液体内部液体分子的引力，使之趋向于被拉向液体的内部，引起液体表面收缩至最小，使得液珠总是呈圆球形存在。这种企图缩小表面面积的力，称之为表面张力，其单位为 N/m^2。将空气注入废水时号与废水中存在的细小颗粒物质共同组成三相系统。细小颗粒黏附到气泡上时，使气泡界面发生变化，引起界面能的变化，在颗粒黏附于气泡之前和黏附于气泡之后，气泡的单位界面面积上的界面能之差以ΔE 表示。如果$\Delta E>0$，说明界面能减少了，颗粒为疏水物质，可与气泡黏附；反之，如果$\Delta E<0$，则颗粒为亲水物质，不能与气泡黏附。

若要用浮选法分离亲水性颗粒（如纸浆纤维、煤粒、重金属离子等），就必须投加合适的药剂，以改变颗粒的表面性质，使其表面变成疏水性，易于黏附在气泡上，这种药剂通常称为浮选剂。同时浮选剂还有促进起泡作用，可使废水中的空气形成稳定的小气泡，以利于气浮。

浮选剂的种类很多，如松香油、石油及煤油、脂肪酸及其盐类、表面活性剂等。对不同性质的废水应通过试验选择合适的品种和投加量，也可参考矿冶工业浮选的资料。

浮选法设备和流程　浮选法的形式比较多，常用的浮选方法有加压溶气浮选、曝气浮选、真空浮选、电解浮选和生物浮选等。

加压浮选法在国内应用比较广泛，几乎所有的炼油厂都采用这种方法来处理废水中的乳化油，并取得了较为理想的处理效果，使水中含油可以降到 10～25 mg/L 以下。

其操作原理是：在加压的情况下将空气通入废水中，使空气在废水中溶解达饱和状态，然后由加压状态突然减至常压，这时水中空气迅速以微小的气泡析出，并不断向水面上升。气泡在上升过程中，与废水中的悬浮颗粒黏附，一同带出水面。然后从水面上将其加以去除。用这种方法产生的气泡直径约为 20～100 μm，并且可人为地控制气泡与废水的接触时间因而净化效果比分散空气法好，应用广泛。

加压溶气浮选法有全部进水加压溶气、部分进水加压溶气和部分处理水加压溶气三种基本流程。全部进水加压溶气气浮流程的系统配置如图 4-26 所示。全部原水由泵加压至 0.3～0.5 MPa，压入容器罐，用空压机或射流器向容器罐压入空气。溶气后的水气混合物再通过减压阀或释放器进入气浮池进口处，析出气泡进行气浮。在分离区形成的浮渣用刮渣机将浮渣排入浮渣槽，这种流程的缺点是能耗高、溶气罐较大。若在气浮之前需经混凝处理时，则已形成的絮体势必在压缩和溶气过程中破碎，因此混凝剂消耗量较多。当进水中的悬浮物多时，易堵塞溶气释放器。

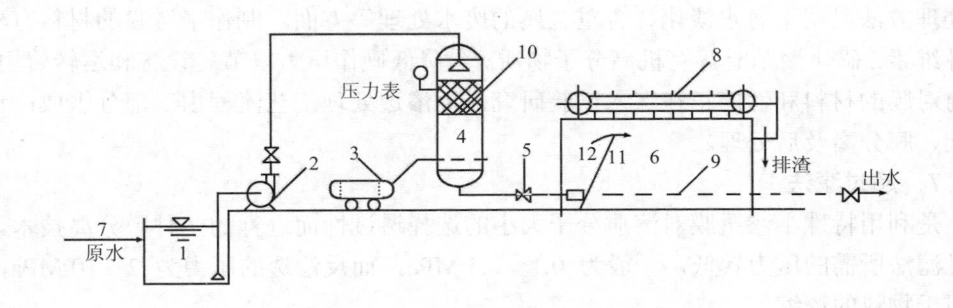

图 4-26 加压溶气气浮流程

1—吸水井；2—加压泵；3—空压机；4—压力容气罐；5—减压释放阀：6—分离室；
7—原水进水管；8—刮渣机；9—集水系统；10—填料层；11—隔板；12—接触室

在废水处理中，浮选法已广泛应用于：① 分离地面水中的细小悬浮物、藻类和微絮体；② 回收工业废水中的有用物质，如造纸厂废水中的纸浆纤维和填料等；③ 代替二次沉淀池，分离和浓缩剩余活性污泥，特别适用于那些易于产生污泥膨胀的生化处理工艺中；④ 分离回收油废水中的可浮油和乳化油；⑤ 分离回收以分子或离子状态存在的目的物，如表面活性剂和金属离子等。

4．离子交换法

用固体物质去除污水中的某些物质，即利用离子交换作用来置换污水中的离子化物质。随着离子交换树脂的生产和使用技术的发展，近年来，在回收和处理工业污水的有毒物质方面，由于效果良好，操作方便而得到一定的应用。

在污水处理中使用的离子交换剂有无机离子交换剂和有机离子交换剂两大类。采用离子交换法处理污水时必须考虑树脂的选择性。树脂对各种离子的交换能力是不同的。交换能力的大小主要取决于各种离子对该种树脂亲和力（又称选择性）的大小。目前离子交换法广泛用于去除污水中的杂质，例如去除（回收）污水中的铜、镍、锌、汞、金、银、铂、磷酸，有机物和放射性物质等。

5．电渗透法（膜分离技术的一种）

电渗透法是在离子交换技术基础上发展起来的一项新技术。它与普通离子交换法不同，省去了用再生剂再生树脂的过程，因此具有设备简单、操作方便等优点。电渗析是在外加直流电场的作用下，利用阴、阳离子交换膜对水中离子的选择透过性，使一部分溶液中的离子迁移到另一部分溶液中去，以达到浓缩、纯化、合成、分离的目的。另它还可用于海水、苦咸水除盐，制取去离子水等。

6．反渗透（膜分离技术的一种）

利用一种特殊的半渗透膜，在一定的压力下，将水分子压过去，而溶解于水中的污染物质则被膜所截留，污水被浓缩，而被压头过膜的水就是处理过的水。目前该处理方法已用于海水淡化、含重金属的废水处理等方面。制作半透膜的材料有醋酸纤维素，磺化聚苯醚等有机高分子物质。为降低操作压力以节省设备和运转费用，目前对膜的材料和性能正在深入试验研究。反渗透处理工艺流程由三部分组成：预处理、膜分离及后处理。

7．超过滤法

是利用特殊半渗透膜对溶质分子大小的选择透过性而进行的一种膜分离技术。超过滤法所需的压力较低，一般为 0.1～0.5 MPa，而反渗透的压力为 2～10 MPa，多用于物料的浓缩。

四、生物处理法

生物处理法就是利用微生物新陈代谢功能，使废水中呈溶解和胶体状态的有机污染物被降解并转化为无害的物质，使废水得以净化。生物处理法的工艺根据参与的微生物种类和供氧情况，分为好氧生物处理法和厌氧生物处理法。

1．好氧生物处理法

依据好氧微生物在处理系统中的生长状态可分为活性污泥法和生物膜法两大类。

（1）活性污泥法。活性污泥是曝气池的净化主体，生物相较为齐全，具有很强的吸附和氧化分解有机物的能力。

根据运行方式的不同，活性污泥法主要可分为：普通活性污泥法（常规或传统活性污泥法）、逐步曝气活性污泥法、生物吸附活性污泥法（吸附再生曝气法）和完全混合污泥法（包括加速曝气法和延时曝气法）等。其中普通活性污泥法是处理废水的基本方法，其他各种方法均在此基础上发展而来。

图 4-27 是普通活性污泥法的工艺流程图，采用窄长形曝气池，水流是纵向混合的推流式，按需氧量进入空气，使活性污泥与废水在曝气池中互相混合，并保持 4～8 h 的接触时间，将废水中的有机污染物转化为 CO_2、H_2O、生物固体及能量。曝气池出水，活性污泥在二次沉淀池进行固液分离，一部分活性污泥被排除，其余的回流到曝气池的进口处重新使用。

普通活性污泥法对溶解性有机污染物的去除效率为 85%～90%，运行效果稳定可靠，使用较为广泛。其缺点是，抗冲击负荷性能较差，所供应的空气不能充分利用，在曝气池前段生化反应强烈，需氧量大，后段反应平缓而需氧量相对减少，但空气的供给是平均分布，结果造成前段供氧不足，后段氧量过剩的情况。

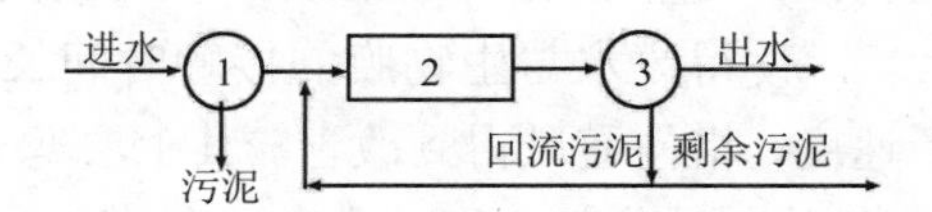

图 4-27　活性污泥法流程

1—初次沉淀池；2—曝气池；3—二次沉淀池

（2）生物膜法。普通生物滤池的工作原理是：废水通过布水器均匀地分布在滤池表面，滤池中装满滤料，废水沿滤料向下流动，到池底进入集水沟、排水渠并流出池外。在滤料表面覆盖着一层黏膜，在黏膜上长着各种各样的微生物，这层膜被称为生物膜。生物滤池的工作实质主要靠滤料表面的生物膜对废水中有机物的吸附氧化作用。故生物膜法是靠生物滤池实现的。

生物滤池主要设计参数：

① 水力负荷，即每单位体积滤料或每单位面积滤池每天可以处理的废水水量。单位是 m^3（废水）/m^3（滤料）·d 或 m^3（废水）/m^2（滤池）·d。

② 有机物负荷或氧化能力，即每单位体积滤料每天可以去除废水中的有机物数量。单位是 g/m^3（滤料）·d。

生物滤池的种类有普通生物滤池、高负荷生物滤池、塔式滤池等。

图 4-28 是高负荷生物滤池，采用实心拳状复合式塑料滤料，旋转布水器进水，运行中多采用处理水回流。其优点是：增大水力负荷，促使生物膜脱落，防止滤池堵塞；稀释进水，降低有机负荷，防止浓度冲击，使系统工作稳定；向滤池连续接种污泥，促进生物膜生长；增加水中溶解氧，减少臭味；防止滤池孳生蚊蝇。缺点是：水力停留时间缩短；降低进水浓度，将减慢生化反应速度；回流水中难溶解的物质产生积累；在冬季回流将降低滤池内水温。

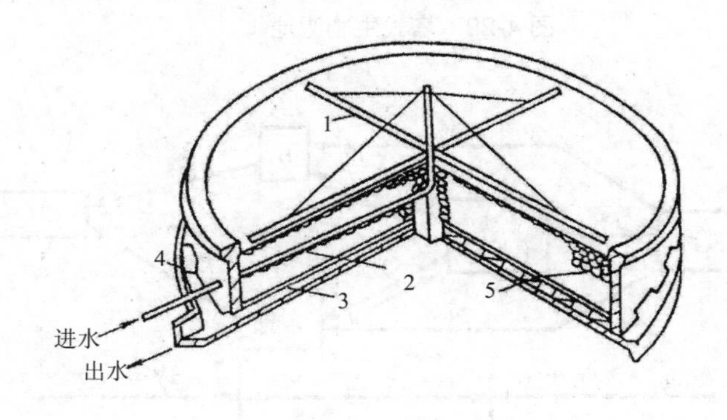

图 4-28　高负荷生物滤池

1—旋转布水器；2—滤料；3—集水沟；4—总排水沟；5—渗水装置

图 4-29 是塔式生物滤池（是根据化学工业填料塔的经验建造的），它的直径小而高度大（20 m 以上），使得废水与生物膜的接触时间长，生物膜增长和脱落快，提高了生物膜的更新速度，塔内通风得到改善。其上层滤料去除大部分有机物，下层滤料起着改善水质的作用。因塔高且分层，对进水的水量水质变化适应性强，对含酚、氰、丙烯腈、甲醛等有毒废水都有较好地去除效果。

2. 厌氧生化法

厌氧生化法的基本原理　废水的厌氧生物处理是指在无分子氧的条件下，通过厌氧微生物（或兼氧微生物）的作用，将废水中的有机物分解转化为甲烷和二氧化碳的过程。厌氧过程主要依靠三大主要类群的细菌，即水解产酸细菌、产氢产乙酸细菌和产甲烷细菌的联合作用完成。因而应划分为三个连续的阶段。如图 4-30 所示。

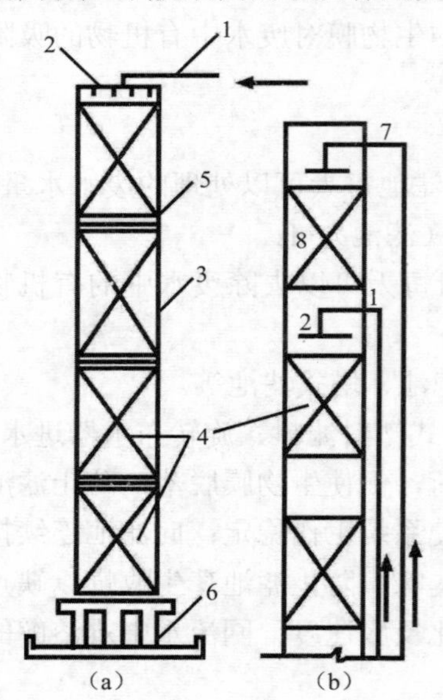

（a）塔式生物滤池；（b）二段塔滤的吸收段
1—进水管；2—布水器；3—塔身；
4—滤料；5—填料支承；6—塔身底座；
7—吸收段进水管；8—吸收段填料

图 4-29　塔式生物滤池

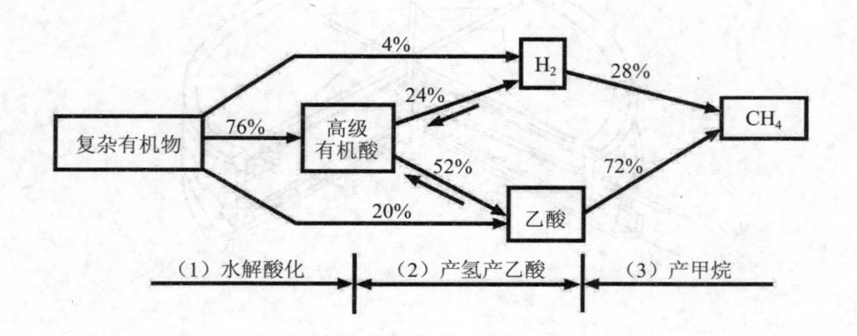

图 4-30　厌氧发酵的三个阶段和 COD 的转化率

第一阶段为水解酸化阶段。复杂的大分子有机物、不溶性的有机物先在细胞外水解为小分子、溶解性有机物，然后渗透到细胞内，分解产生挥发性有机酸、醇类、醛类物质等。

第二阶段为产氢产乙酸阶段。在产氢产乙酸细菌的作用下，将第一个阶段所产生的各种有机酸分解转化为乙酸和 H_2，在降解奇数碳素有机酸时还形成 CO_2.

第三阶段为产甲烷阶段。产甲烷细菌利用乙酸、乙酸盐、CO_2 和 H_2 或其他一碳化合物将有机物转化为甲烷。

上述三个阶段的反应速率因废水性质不同而异。而且厌氧生物处理对环境的要求比好氧法要严格。一般认为，控制厌氧生物处理效率的基本因素有两类，一类是基础因素，包括微生物量（污泥浓度）、营养比、混合接触状况、有机负荷等；另一类是周围的环境因素，如温度、pH、氧化还原电位、有毒物质的含量等。

多年来，结合高浓度有机废水特点和处理实践经验，开发了不少新的厌氧生物处理工艺和设备。20 世纪 90 年代以来，以颗粒污泥为主要特点的 UASB 反应器广泛应用于废水处理中，在其基础上，又发展起了同样以颗粒污泥为根本的颗粒污泥膨胀床（EGSB）反应器和厌氧内循环（IC）反应器。由于各种厌氧生物处理工艺和设备各有优缺点，究竟采用什么样的反应器以及如何组合，要根据具体的废水水质及处理需要达到的要求而定。

3．生物处理法的技术进展

随着生化法在处理各种废水中的广泛应用，对生化处理技术改进方面的研究特别活跃。尤其是活性污泥法的技术改进，取得了一系列新的进展。

活性污泥法的新进展　在污泥负荷率方面，按照污泥负荷率的高低，分成了低负荷率法、常负荷率法和高负荷率法；在进水点位置方面，出现了多点进水和中间进水的阶段曝气法和生物负荷法、污泥再曝气法；在曝气池混合特征方面，改革了传统的推流式，采用了完全混合法；为了提高溶解氧的浓度、氧的利用率和节省空气量，研究了渐减曝气法、纯氧曝气法和深井曝气法。

（1）纯氧曝气法。其优点是水中溶解氧的浓度可增加到 6～10 mg/L，氧的利用率可提高到 90%～95%，而一般的空气曝气法仅为 4%～10%。在曝气时间相同的情况下，纯氧曝气法比空气曝气法的 BOD_5（是指 20℃，经 5 d 培养用来稳定废水中可氧化有机物所需氧的数量）和 COD（化学需氧量）的去除率可以分别提高 3% 和 5%，在处理规模较小时可采用。

（2）深层曝气法。增加曝气池的水深，提高水中氧的溶解速度，因此深层曝气池水中的溶解氧要比普通曝气池高，而且采用深层曝气法可提高氧的转移效率和减少装置的占地面积。

（3）深井曝气法。深井曝气法也可称为超深层曝气法。井内水深 50～150 m，因此溶解浓度高，生化反应迅速，适用于处理场地有限、工业废水浓度高的情况。

（4）生物接触氧化法。是兼有活性污泥法和生物膜法特点的生物处理法，它是以接触氧化池代替传统的曝气池，以接触沉淀池代替常用的沉淀池。因其空气用量少，动力消耗比较低，电耗可比活性污泥减少 40%～50%，无需污泥回流，运行方便可靠，具有活性污泥法和生物膜法两者的许多优点，所以它越来越受到人们的重视。

为了提高进水有机物浓度的承受能力，提高污水处理的效能，强化和扩大活性污泥法的净化功能，人们又研究开发了两段活性污泥法、粉末-活性污泥法、加压曝气法等处理工艺；开展了脱氮、除磷等方面的研究与实践；同时，采用化学法与活性污泥法相结合的处理方法，在净化含难降解有机物污水等方面也进行了探索。目前，活性污泥法正朝着快速、高效、低耗等方面发展。

生物膜法新进展　早期出现的生物滤池（普通生物滤池）虽然处理污水效果较好，但其负荷比较低，占地面积大，易堵塞，应用受到了限制。后来人们对其进行了改进，如将处理后的水回流等，从而提高了水力负荷和 BOD（生化需氧量）负荷，这就是高负荷生物滤池（图 4-28 所示）。

生物转盘在构造形式、计算理论等方面均得到了较大的发展，如改进转盘材料性能可改善转盘的表面积特性，有利于微生物的生长。近年来，人们开发了采用空气驱动的生物转盘、藻类转盘等。在工艺形式上，进行了生物转盘与沉淀池或曝气池等优化组合的研究，如根据转盘的工作原理，新近又研制了生物转筒，即将转盘改成转筒，筒内可以增加各种滤料从而使生物膜的表面积增大。

总之，随着研究与应用的不断深入，废水生物处理的方法、设备和流程在不断发展与革新。与传统法相比，它们在适用的污染物种类、浓度、负荷、规模以及处理效果、费用和稳定性方面都大大改善了。另外，酶制剂及纯种微生物的应用、酶和细胞的固定化技术等又会将现有的生化处理水平提高到一个新的高度。

五、典型的废水处理流程

1. 炼油废水的处理流程

（1）炼油废水的来源。炼油厂生产废水主要是冷却水、含油废水、含硫废水、含碱废水，有时还会排出酸性废水。

（2）炼油废水的处理方法。炼油废水的处理一般都是以含油废水为主，处理对象主要是浮油、乳化油、挥发酚、COD、BOD 及硫化物等，对于其他一些废水（如含硫废水、含碱废水）一般是进行预处理，然后汇集到含油废水系统进行集中处理。集中处理的方法仍以生化处理为主。其中，含油废水要先通过上浮、气浮、粗粒化附聚等方法进行预处理，除去废水中的浮油和乳化油后再进行生化处理；含硫废水要先通过空气氧化、蒸汽汽提等方法，除去废水中硫和氨等再进行生化处理。另外，用湿式空气氧化法来处理石油精炼废液也是一项较为理想的污染治理技术。

（3）炼油废水处理实例。某炼油厂废水量 1 200 m^3/h，含油 300～200 000 mg/L，

含酚 8～30 mg/L。采用隔油池、两级气浮、生物氧化、矿滤、活性炭吸附等组合处理工艺流程，如图 4-31 所示。废水首先经沉砂池除去固体颗粒，然后进入平流式隔油池隔除浮油；隔油池出水再经两级全部废水加压气浮，以除去其中的乳化油；二级气浮池出水流入推流式曝气池进行生化处理。曝气池出水经沉淀后基本上达到国家规定的工业废水排放标准。为达到地面水标准和实现废水回用，沉淀池出水经砂滤池过滤后一部分排放，一部分经活性炭吸附处理后回用于生产。废水净化效果见表 4-7。

表 4-7　废水处理效果实测数据

取样点	主要污染物浓度/（mg/L）				
	油	酚	硫	COD_{Cr}	BOD_5
废水口	300～200 000	8～30	5～9	280～912	100～200
隔油池出口	50～100				
一级气浮池出口	20～30				
二级气浮池出口	15～20				
沉淀池出口	4～10	0.1～1.8	1.01～0.01	60～100	30～70
活性炭塔出口	0.3～0.4	未检出～0.05	未检出～0.01	<30	<5

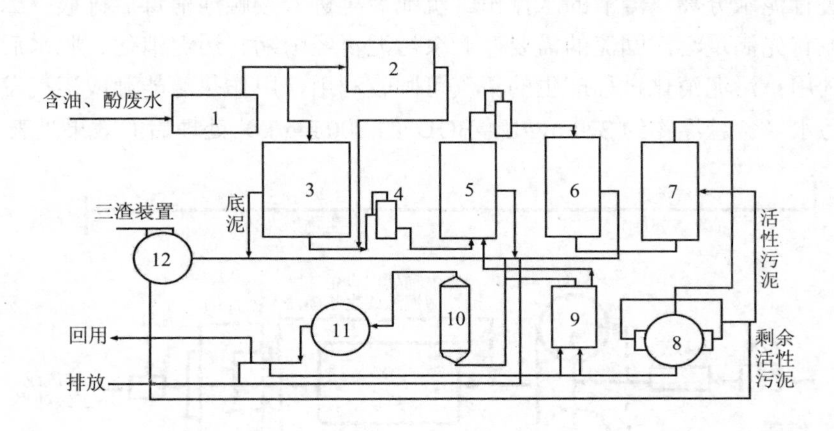

图 4-31　炼油厂废水处理流程实例

1—沉砂池；2—调节池；3—隔油池；4—溶气罐；5—一级浮选池；6—二级浮选池；7—生化氧化池；8—沉淀池；9—砂滤池；10—吸附塔；11—净化池；12—渣池

隔油池的底泥、气浮池的浮渣和曝气池的剩余污泥经自然浓缩、投加铝盐和消石灰絮凝、真空过滤脱水后送焚烧炉焚烧。隔油池撇出的浮油经脱水后作为燃料使用。该废水处理系统的主要参数为：

① 隔油池，停留时间 2～3 h，水平流速 2 mm/s。

② 气浮系统，采用全溶气两级气浮流程，废水在气浮池停留时间 65 min，一

级气浮铝盐投量 40～50 mg/L，二级气浮铝盐投量为 20～30 mg/L。进水释放器为帽罩式。溶气罐溶气压力 294～441 kPa，废水停留时间 2.5 min。

③ 曝气池，推流式曝气池废水停留时间 4.5 h，污泥负荷（每日每千克混合液悬浮固体能承受的 BOD_5）0.4 kg BOD_5/（kg·d），污泥浓度为 2.4 g/L，回流比 40%，标准状态下空气量，相对于 BOD_5 的为 99 m^3/kg，相对于废水的为 17.3 m^3/m^3。

④ 二次沉淀池，表面负荷 2.5 m^3/（m^2·h），停留时间 1.08 h。

⑤ 活性炭吸附塔，处理能力为 500 m^3/h，失效的活性炭用移动床外热式再生炉进行再生。

2．城市污水的处理

城市污水是指工业废水和生活污水在市政排水管网内混合后的污水。城市污水处理是以去除污水中的 BOD 物质为主要对象的，其处理系统的核心是生物处理设备（包括二次沉淀池），城市污水处理流程如图 4-32 所示。污水先经格栅、沉砂池，除去较大的悬浮物质及砂粒杂质，然后进入初次沉淀池，去除呈悬浮状的污染物后进入生物处理构筑物（或采用活性污泥曝气池或采用生物膜构筑物）处理，使污水中的有机污染物在好氧微生物的作用下氧化分解。生物处理构筑物的出水进入二沉池进行泥水分离，澄清的水排出二沉池后再进入接触池消毒后排放；二沉池排出的污泥首先满足污泥回流的需要，剩余污泥再经浓缩、污泥消化、脱水后进行污泥综合利用；污泥消化过程产生的沼气可回收利用，用作热源能源或沼气发电。一般城市污水（含悬浮物约 220 mg/L，BOD_5 约 200 mg/L）处理后的效果见表 4-8。

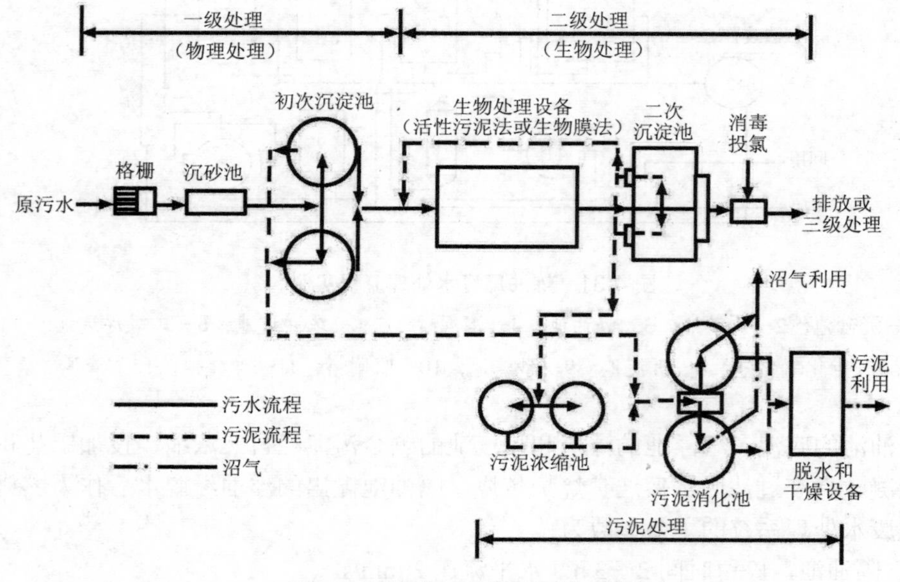

图 4-32 城市污水处理厂处理流程

表 4-8　处理效果　mg/L

处理等级	处理方法	悬浮物		BOD_5		氮		磷	
		去除率/%	出水浓度	去除率/%	出水浓度	去除率/%	出水浓度	去除率/%	出水浓度
一级处理	沉淀	50～60	90～110	25～30	140～150				
二级处理	活性污泥法或生物膜法	85～90	20～30	85～90	20～30	50	15～20	30	3～5

第三节　固体废物处理、处置及利用

一、固体废物的处理方法

固体废物的处理是指通过物理、化学、生物等方法将固体废物转变为适于运输、利用、贮存或最终处置的过程。常见的处理方法有：

1．焚烧法

焚烧法是将可燃固体废物置于高温炉内，使其中可燃成分充分氧化的一种处理方法。焚烧法的优点是可以回收利用固体废物内潜在的能量，减少废物的体积（一般可减少 80%～90%），破坏有毒废物的组成结构，使其最终转化为化学性质稳定的无害化的灰渣，同时还可彻底杀灭病原菌、消除腐化源。所以，用焚烧法处理可燃固体废物能同时实现减量、无害和资源化的目的，是一种重要的处理处置方法。焚烧法的缺点是只能处理含可燃物成分高的固体废物（一般要求其热值大于 18 600 kJ/kg），否则必须添加助燃剂，增加运行费用。另外，该法投资比较大，处理过程中不可避免地会产生可造成二次污染的有害物质，从而产生新的环境问题.

在焚烧实际操作中控制的因素主要有四个，即温度、停留时间、搅拌和过量空气率，简称三 T-E。

适合焚烧的废物主要是那些不可再循环利用或安全填埋的有害废物，如难以生物降解的、易挥发和扩散的含有重金属及其他有害成分的有机物、生物医学废物（医院和医学实验室所产生的需特别处理的废物）等。

2．热解处理

含有有机物较多的固体废物在高温缺氧的条件下转化为低分子化合物的过程叫热解。热解的产物有气相（H_2、CH_4、CO 和 CO_2）、液相（焦油、燃料油等）和固相（炭黑等）。热解处理适用于废塑料、废橡胶、城市垃圾、农业固体废物的处理。

3．厌氧发酵处理

含有有机物较多的固体废物在缺氧的条件下，在厌氧细菌的作用下，使固体废物的有机物分解转化为甲烷和二氧化碳的过程叫厌氧发酵处理。它主要用于处理禽畜的粪便，在我国农村已经普遍推广应用。

4．微生物分解技术

利用微生物的分解作用处理固体废物的技术，应用最广泛的是堆肥化。堆肥化是依靠自然界广泛分布的细菌、放线菌和真菌等微生物，人为地促进可生物降解的有机物向稳定的腐殖质生化转化的微生物学过程，其产品为堆肥。堆肥的主要作用是能够改善土壤的物理、化学和生物性质，有利于农作物生长。

5．化学法

化学处理是通过化学反应使固体废物变成另外的安全和稳定的物质，使废物的危害性降到尽可能低的水平。此法往往用于有毒、有害的废渣处理。化学处理法包括以下几种方法。

（1）中和法。呈强酸性或强碱性的固体废物，除本身造成土壤酸、碱化外，往往还会与其他废弃物反应，产生有害物质，造成进一步污染。因此，在处理前 pH 宜事先中和到应用范围内。

有许多化学药物可用于中和反应。中和酸性废渣可采用氢氧化钠、熟石灰、生石灰等。中和碱性废渣通常采用硫酸。

中和法主要用于金属表面处理等工业中产生的酸、碱性泥渣。中和反应设备可以采用罐式机械搅拌或池式人工搅拌两种。前者多用于大规模中和处理，后者则多用于间断的小规模处理。

（2）氧化还原法。通过氧化或还原反应，将固体废物中可以发生价态变化的某些有毒、有害成分转化成为无毒或低毒且具有化学稳定性的成分，以便无害化处置或进行资源回收。例如对铬渣的无害化处理，由于铬渣中的主要有害物质是四水铬酸钠（$Na_2CrO_4 \cdot 4H_2O$）和铬酸钙（$CaCrO_4$）中的六价铬，因而需要在铬渣中加入适当的还原剂，在一定条件下使六价铬还原成三价铬。经过无害化处理的铬渣，可用于建材工业、冶金工业等部门。

（3）化学浸出法。该法是选择合适的化学溶剂（浸出剂如酸、碱、盐水溶液等）与固体废物发生作用，使其中有用组分发生选择性溶解后进一步回收的处理方法。该法可用于含重金属的固体废物的处理，特别是在石化工业中废催化剂的处理上得到广泛应用。下面以生产环氧乙烷的废催化剂的处理为例来加以说明。

用乙烯直接氧化法制环氧乙烷，必须使用银催化剂，大约每生产 1 t 产品要消耗 18 kg 银催化剂。因此，催化剂使用一段时期（一般为二年），就会失去活性成为废催化剂。回收的过程由以下三个步骤组成：

① 以浓 HNO_3 为浸出剂与废催化剂反应生成 $AgNO_3$、NO_2 和 H_2O。

$$Ag+2HNO_3 \longrightarrow AgNO_3+NO_2+H_2O$$

② 将上述反应液过滤得 $AgNO_3$ 溶液，然后加入 NaCl 溶液生成 AgCl 沉淀。

$$AgNO_3+NaCl \longrightarrow AgCl\downarrow+NaNO_3$$

③ 由 AgCl 沉淀制得产品银。

$$6AgCl+Fe_2O_3 \longrightarrow 3Ag_2O\downarrow+2FeCl_3$$

$$2Ag_2O \longrightarrow 4Ag+O_2$$

该法可使催化剂中银的回收率达到 95%，既消除了废催化剂对环境的污染，又取得了一定的经济效益。

6．分选法

分选方法很多，其中手工捡选是各国最早采用、最基本的方法，适用于废物产源地、收集站、处理中心、转运站或处置场。分选处理技术主要有：

（1）筛分。它是根据固体废物颗粒尺寸大小进行分选的一种方法。筛分是通过一个以上的不同孔径筛面，将不同粒径的混合固体废物分为两组以上颗粒组的过程。评价筛分的效果的指标为筛分效率。常用的筛分设备有：固定筛、滚筒筛、惯性振动筛、共振筛，工业中共振筛是应用最广泛的一种。筛分有湿筛和干筛两种工艺，工业废渣的分选多采用干筛。筛分设备中的筛面安装时要有一定的角度，在筛分操作中应注意连续均匀给料，使废物沿整个筛面宽度铺成一薄层，既充分利用筛面，又便于细粒透筛，可以提高筛子的处理能力和筛分效率。及时清理和维修筛面也是保证筛分效率的重要条件。

（2）风力分选。简称风选，又称气流分选。它是以空气为分选介质，在气流作用下使固体废物按密度和粒度进行分选的一种方法。主要用于城市垃圾中的有机物和无机物的分离。风力分选系统如图 4-33 所示。其方法是：先将城市垃圾破碎到一定粒度，再将水分调整在 45%以下，定量送入卧式惯性分离机分选；当垃圾在机内落下之际，受到鼓风机送来的水平气流吹散，即可粗分为重物质（金属、瓦块、砖石类），次重物质（木块、硬塑料类）和轻物质（塑料薄膜、纸类）；这些物质分别送入各自的振动筛，筛分成大小两级后，由各自的立式锯齿形风力分选装置分离成有机物和无机物。

（3）浮选。是在固体废物与水调制的料浆中，加入浮选药剂，并通入空气形成无数细小气泡，使欲选物质颗粒黏附在气泡上，随气泡上浮于料浆表面成为泡沫层，然后刮出回收，不浮的颗粒仍留在料浆内，通过适当处理后废弃。

在浮选过程中，固体废物各组分对气泡黏附的选择性，是由固体颗粒、水、气泡组成的三相界面间的物理化学特性所决定的。其中比较重要的是物质表面的润湿性。固体废物中有些物质表面的疏水性较强，容易黏附在气泡上，而另一些物质表面亲水，不易黏附在气泡上。物质表面的亲水、疏水性能，可以通过浮选药剂的作用而加强。因此，在浮选工艺中正确选择、使用浮选药剂是调整物质可浮性的主要外因条件。

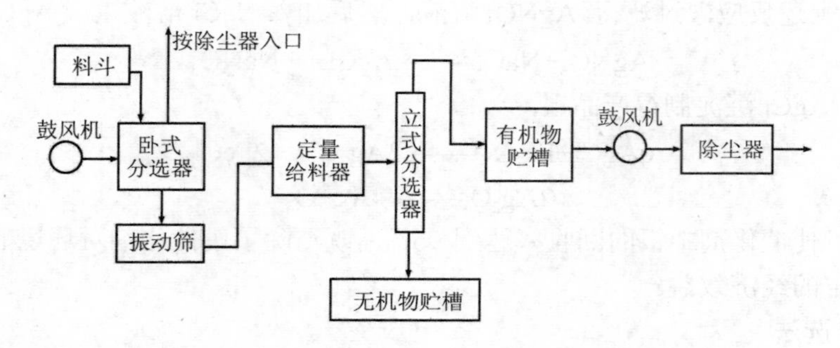

图 4-33 风力分选系统

浮选药剂是浮选工艺的关键，根据药剂在浮选过程中的作用不同，可分为：捕收剂、起泡剂和调整剂。常用的捕收剂有黄药、油酸、煤油等。常用的气泡剂有松油、松醇油、脂肪酸等。常用的调整剂有硫化钠、硫酸铜、水玻璃、淀粉、石灰、明矾、聚丙烯酰胺等。

（4）磁选。它是利用工业废渣中不同组分磁性的差异，在不均匀磁场中实现分离的一种分选技术。按磁选机的磁场强弱，可分强磁选和弱磁选；根据分选时所采用的介质，又分为湿式磁选和干式磁选。只要被分离的物质具有适当的磁性差异及适合的粒度，几乎都可用磁选进行分离。

上述之外，还有其他一些分选技术，如重力分选、跳汰分选、静电分选、电力分选等。

7．填埋法

填埋法即土地填埋法。目前，采用较多的土地填埋方法是卫生土地填埋、安全土地填埋和浅地层处置法。

（1）卫生土地填埋。卫生土地填埋是处置城市生活垃圾而不会对公众健康及环境造成危害的一种方法。卫生土地填埋场的底部要进行严格的防渗处理，有渗滤液收集、处理系统，并设有相应的气体排放设施。卫生土地填埋场的周围要有相应的防止地表水入场的导流渠等。目前，我国大城市都建有生活垃圾卫生土地填埋场。

（2）安全土地填埋。安全土地填埋是在卫生土地填埋技术基础上发展起来的一种改进了的卫生土地填埋。只是安全土地填埋场的结构和安全措施比卫生土地填埋场更为严格而已。

8．固化法

固化法是指通过物理或化学方法，将有害废弃物掺合并包容在密实的惰性基材中，以降低或消除有害成分的溶出的一种固体废物处理技术。衡量固化处理效果的主要指标为：固化体的增容比和浸出率。常见的固化法有以下几种。

（1）水泥固化法。以水泥为固化剂将有害废物进行固化处理的一种方法。水泥固化方法简单，稳定性好，固化体有可能作建筑材料。对于含有有害物质的污泥的固化方法来说，是一种最经济的方法。其缺点是水泥为固化体的浸出率高，增容比大，一般为 1.5～2。有些废物需进行预处理和投加添加剂，使处理费用增高。

（2）石灰基固化法。将有害废物与石灰、粉煤灰和水泥窑灰混合均匀，使其凝固成固化体。它主要用于固化处理硫酸盐或亚硫酸盐类的废渣。该方法简单，处理费用低，固化体较为坚固，但增容比大，固化体容易受酸介质侵蚀，需对固化体表面进行处理。

（3）塑料固化法。塑料固化技术按所用塑料（树脂）不同可分为热塑性塑料固化和热固性塑料固化两类。热塑性塑料有聚乙烯、聚氯乙烯树脂等，在常温下呈固态，高温时可变为熔融胶黏液体，将有害废物掺和包容其中，冷却后形成塑料固化体。热固性塑料有脲醛树脂和不饱和聚酯等。脲醛树脂具有使用方便、固化速度快、常温或加热固化均佳的特点，与有害废物所形成的固化体具有较好的耐水性、耐热性及耐腐蚀性。不饱和聚酯树脂在常温下有适宜的黏度，可在常温、常压下固化成型，容易保证质量，适用于对有害废物和放射性废物的固化处理。塑料固化法的特点是：一般均可在常温下操作；为使混合物聚合凝结仅加入少量的催化剂即可；增容比和固化体的密度较小。此法既能处理干废渣，也能处理污泥浆，并且塑性固化体不可燃。其主要缺点是塑料固化体耐老化性能差，固化体一旦破裂，污染物浸出污染环境，因此，处置前都应有容器包装，因而增加了处理费用。此外，在混合过程中释放的有害烟雾污染周围环境。

（4）水玻璃固化法。水玻璃固化是以水玻璃为固化剂，无机酸类（如硫酸、硝酸、盐酸等）作为辅助剂与有害污泥按一定的配料比进行中和与缩合脱水反应，形成凝胶体，将有害污泥包容，经凝结硬化逐步形成水玻璃固化体。水玻璃固化法具有工艺操作简便、原料价廉易得、处理费用低、固化体耐酸性强、抗透水性好、重金属浸出率低等特点，但目前此法尚处于试验阶段。

（5）玻璃基固化法。将有害废物与玻璃混合均匀，经高温熔融冷却后而形成玻璃固化体。固化体性质极为稳定，可安全地进行处置，但费用昂贵，只适于处理极有害化学废物和强放射性废物。

（6）沥青固化。是以沥青为固化剂与危险废物在一定的温度、配料比、碱度和搅拌作用下发生反应，使危险废物均匀地包容在沥青中，形成固化体。经沥青固化处理所生成的固化体空隙小、致密度高，难于被水渗透，同水泥固化体相比较，有害物质的渗出率更低；并且采用沥青固化，无论污泥的种类和性质如何，均可得到性能稳定的固化体。此外，沥青固化处理后随即就能硬化，不需像水泥那样经过 20～30 天的养护。但是，沥青固化时，由于沥青的导热性不好，加热蒸发的效率不高，同时如果污泥中所含水分较大，蒸发时会有起泡现象和雾沫夹带现象，容易使排出废气发生污染。对于水分含量大的污泥，在进行沥青固化之前，要通过分离脱水的方法使水分降到 50%～80%。再者，沥青具有可燃性，必须考虑到如果加热蒸发时沥青过热就会引起大的危险。

二、固体废物的处理、处置和利用的原则

处理、处置和利用固体废物对维持国家的持续发展有着重要意义。其基本原则是：减量化、资源化和无害化。

减量化是采取合理的工艺和方法，在生产过程中减少固体废物的产生量，实行清洁生产。

资源化是采取合理的工艺和方法，从固体废物中回收有用的物质和能源。

无害化是通过工程处理使固体废物达到不危害人体健康，不污染环境的过程。

三、典型固体废物的处理与利用

1．粉煤灰利用

粉煤灰是燃煤锅炉产生的固体废物，是我国当前产量较大的工业废渣之一。1995年粉煤灰产量为 1.02 亿 t，2001 年粉煤灰产量为 1.6 亿 t。20 世纪 50 年代，我国开始研究利用粉煤灰，粉煤灰利用的新工艺、新技术不断涌现，截至 2000 年底，我国粉煤灰年综合利用量已达 7 000 万 t 以上，年利用率达 58%，主要应用在建筑材料、土建工程领域。

（1）粉煤灰作建筑材料。粉煤灰中含有大量的 SiO_2（40%～60%）和 $A1_2O_3$（15%～40%）具有一定的活性，可以作为建材的原料。粉煤灰作建筑材料，是我国大宗利用粉煤灰的途径之一，占总用灰量的 30%左右。它包括配制粉煤灰水泥、粉煤灰混凝土、粉煤灰烧结砖与蒸养砖、粉煤灰砌块、粉煤灰砂浆、粉煤灰陶粒等。本书简要介绍粉煤灰水泥。

粉煤灰水泥又叫粉煤灰硅酸盐水泥，它是由硅酸盐水泥熟料和粉煤灰，加入适量石膏磨细而成的水硬胶凝材料。粉煤灰中含有大量活性 $A1_2O_3$、SiO_2 和 CaO，当其掺入少量生石灰和石膏时，可生产无熟料水泥，也可掺入不同比例熟料生产各种规格的水泥。粉煤灰水泥中粉煤灰的加入量为 20%～30%。

（2）粉煤灰作土建原材料和填充土。粉煤灰能代替砂石、黏土用于高等级公路路基、修筑堤坝。其用作路坝基层材料时，掺和量高、吃灰量大，且能提高基层的板体性和水稳定性。粉煤灰代替砂石回填矿井，代替黏土复垦洼地。煤矿区因采煤塌陷，形成洼地。利用坑口粉煤灰、对煤矿区的煤坑、洼地、塌陷区进行回填，既降低了塌陷程度，吃掉了大量灰渣，还复垦造田，减少农户搬迁，改善矿区生态。淮北电厂多年来用粉煤灰造地近 467 hm^2，发展种植养殖业，取得了良好的经济、社会和环境效益。矿山尾砂复垦时，需考虑复垦层的结构和表层土壤的理化性质，

改善其通气通水性能。粉煤灰可以调节粗粒尾砂的级配，改善黏土质尾砂的通水通气性能，如广西苹果铝业公司—300 目尾砂黏土复垦土层板结，掺入适量粉煤灰后，其透气透水与保水性能得到明显改善。

除此之外，利用粉煤灰回填地下井坑，不仅节约大量水泥，减轻地下荷载，而且可以防火堵火等。

（3）粉煤灰在农业中的应用。粉煤灰具有质轻、疏松多孔的物理特性，还含有磷、钾、镁、硼、钼、锰、钙、铁、硅等植物所需的元素，具有改良土壤、提高土壤肥力、防病抗旱、增产等作用，因而广泛应用于农业生产。

（4）回收工业原料。

① 回收煤炭资源。我国热电厂粉煤灰一般含碳 5%～7%，其中含碳大于 10%的电厂占 30%，含碳量大于 10%的粉煤灰不适合做建材原料，其中碳可作为资源进行回收。煤炭的回收方法与排灰方式有关，有以下两种方法：浮选法回收湿排粉煤灰中的煤炭和干灰静电分选煤炭。

② 回收金属物质。粉煤灰含 Fe_2O_3 一般在 4%～20%，当 Fe_2O_3 含量大于 5%时，即可回收。Fe_2O_3 经高温焚烧后，部分被还原成 Fe_3O_4 和铁粒，可通过磁选回收。辽宁电厂在 1 000 Oe[（1Oe＝1 000/4π）A/m]磁场强度下，分选得含铁 50%以上的铁精矿，铁回收率达 40%以上。山东省曾作过比较，当粉煤灰含 Fe_2O_3>10%时，磁选铁精粉，其经济价值和社会价值远远优于开矿。

Al_2O_3 是粉煤灰的主要成分，是宝贵的铝资源。从粉煤灰中提取氧化铝，在国外已有较深入的研究，并已工业化生产。我国还处于研究阶段。粉煤灰中 Al_2O_3 含量高于 25%方可回收。目前铝回收有石灰石烧结法、高温融熔法、热酸淋洗法、直接熔解法等多种。

粉煤灰中还含有大量稀有金属如钼、锗、镓、钪、钛、锌等。美国、日本、加拿大等国进行了大量开发，并实现了工业化提取钼、锗、钒、铀。我国也做了很多研究工作。

③ 分选回收空心微珠 空心微珠的容重一般只有粉煤灰的 1/3，其粒径多在 75～125 μm，通过浮选或机械分选，可回收这一资源。空心微珠具有多种优异性能。我国许多电厂都回收它，并用于下列材料开发：

- 利用它可生产多种保温、绝（隔）热、耐火产品。
- 是塑料尤其是耐高温塑料的理想填料，用于聚氯乙烯制品，可以提高软化点 10℃以上，并提高硬度和抗压强度。
- 空心微珠表面多微孔，可作石油化工的裂化催化剂和化学工业的化学反应催化剂，也可用作化工、医药、酿造、水工业等行业的无机球状填充剂、吸附剂、过滤剂。它由于硬度大、耐磨性能好，常被作为染料工业的研磨介质，作墙面地板的装饰材料，利用厚壁微珠还可生产耐磨涂料。在军工领域，它被用作航天航空设备的表面复合材料和防热系统材料，并常被用于坦克刹车。

- 空心微珠比电阻高，且随温度升高而升高，是电瓷和轻型电器绝缘材料的极好原料，利用它可制成绝缘陶瓷和渣绒绝缘物。

上述以外，粉煤灰还可以用来制造人造沸石、分子筛、废水处理用的絮凝剂、吸附材料和硅铝钡合金等。

2．污泥的处理与处置

（1）污泥的调理。是为了提高污泥浓缩、脱水效率的一种预处理方法。主要有化学调节法、淘洗法、热处理法和冷却法四种。以下重点介绍前两种调理方法。

① 化学调节法。化学调节法就是在污泥中加入适量的助凝剂、混凝剂等化学药剂，使污泥颗粒絮凝，改善污泥的脱水性能。

助凝剂的主要作用在于提高混凝剂的混凝效果。常用的助凝剂有硅藻土、珠光体、酸性白土、锯屑、污泥焚烧灰、电厂粉尘及石灰等惰性物质。

混凝剂的主要作用是通过中和污泥胶体颗粒的电荷和压缩双电层厚度，减少粒子和水分子的亲和力，使污泥颗粒脱稳，改善其脱水性。常用的混凝剂包括无机混凝剂和高分子聚合电解质两类。无机混凝剂有铝盐和铁盐，高分子聚合电解质有聚丙烯酯胶和聚合铝等。

化学调节的关键是化学药品的选择和投药量的确定，通常通过实验室试验来确定。

② 淘洗法。污泥的淘洗法是将污泥与 3～4 倍污泥量的水混合后再进行沉降分离的一种方法。污泥的淘洗仅适用于消化污泥的预处理，目的在于降低碱度，节省混凝剂用量，降低机械脱水的运行费用。淘洗可分为一级淘洗、二级淘洗或多级淘洗，淘洗水用量为污泥量的 3～5 倍。经过淘洗的污泥，其碱度可从 2 000～3 000 mg/L 降至 400～500 mg/L，可节省 50%～80%的混凝剂。

淘洗过程是：泥水混合→淘洗→沉淀。三者可以分开进行，也可在合建的同一池内进行。如果在池内辅以空气搅拌或机械搅拌，可以提高淘洗效果。

（2）污泥浓缩。污泥浓缩是指通过污泥增稠来降低污泥的含水率并减少污泥的体积。其主要有重力浓缩、离心浓缩和气浮浓缩三种方法。工业上主要采用后两种，中、小型规模装置多采用重力浓缩。

① 重力浓缩。重力浓缩是一种重力沉降过程，依靠污泥中固体物质的重力作用进行沉降与压密。它是在浓缩池内进行的，操作与一般沉淀池相似。根据运行情况，污泥浓缩池分为间歇式和连续式两种。

② 气浮浓缩。气浮浓缩是采用加压溶气气浮原理，通过压力溶气罐溶入过量的空气，然后突然减压释放出大量的微小气泡，并附着在污泥颗粒周围，使其密度减小而强制上浮，从而使污泥在表层获得浓缩。因此，溶气气浮法适用于相对密度

接近于 1 的活性污泥的浓缩。

③ 离心浓缩。它缩是利用污泥中固体颗粒和水的密度差异，在高速旋转的离心机中，固体颗粒和水分别受到大小不同的离心力而使其固液分离，达到污泥浓缩。

（3）污泥脱水。污泥的脱水、干化是当前污泥处理方法中较为主要的方法。污泥进行自然干化（或称晒泥）是借助于渗透、蒸发与人工撇除等过程而脱水的。一般污泥含水率可从 95%降至 75%左右，使污泥体积缩小为原来的 1/50。污泥机械脱水是通过过滤达到脱水目的的，常采用的脱水机械有真空过滤脱水（真空转鼓、真空吸滤）、压滤脱水机（板框压滤机、滚压带式过滤机）、离心脱水机等。

（4）污泥的利用。污泥中有许多有用的物质，可通过以下途径加以利用。

① 建筑材料。污泥焚烧灰掺加黏土和硅砂可用来制砖，或在剩余活性污泥中加进木屑、玻璃纤维压制板材；以无机物为主要成分的沉渣，可用来铺路和填坑。

② 农肥。把有机污泥用作肥料和土壤改良剂是污泥处置的重要方法之一。城市污水处理厂产生处理后的生物污泥，尤其是经消化处理后的污泥含有各种肥分，施用后可增加农作物产量，增大土地肥力。

③ 沼气。有机污泥经过厌氧发酵分解后产生的沼气，可作为能源。

此外，污泥中蛋白质可作饲料或从中提取维生素 B_{12}、维生素 A 和维生素 B 等化学药物。

④ 回收污泥中有用的物质。利用化学沉淀法去除废水中重金属而产生的污泥，可通过酸化回收金属盐。

（5）污泥的处置。由于某些因素无法采用污泥利用或产品回收的方法来进行污泥的处理，就不得不考虑污泥的最终处置。污泥的最终处置方法有：填埋、固化和焚烧。

3．城市生活垃圾的处理和利用

城市垃圾是指城市居民在日常生活中抛弃的固体废物。对城市垃圾的处理和利用，要根据国情、市情和垃圾的类型、成分和特点，因地制宜地选择途径和方法。

（1）城市垃圾的处理方法。

① 垃圾的压缩处理。城市垃圾密度小、体积大，一般要经过压缩处理后可以减小体积，便于运输和填埋。

② 城市垃圾填埋。城市垃圾填埋是其最终处理方式，垃圾填埋既可以处理城市的混合垃圾，也可以消纳其他废物处理工艺的剩料和不能再回收利用的废物，例如堆肥剩料、焚烧残渣、净化污泥和无法纳入废物资源化循环的各类物质。目前，城市垃圾多采用卫生土地填埋法。

③ 城市垃圾焚烧。在大城市附近，若无法建设垃圾填埋场时，可用焚烧法进行处理，达到无害化和减量化的目的。目前，全世界有 2 100 多座现代化的垃圾焚烧工厂。欧洲国家城市垃圾体积的 20%～25%进行了焚烧处理。日本、丹麦垃圾焚

烧处理为70%以上。焚烧后，垃圾的体积减小85%左右，便于填埋。近些年，我国城市垃圾焚烧发展较快，在上海、广州、深圳等城市都相继建立了垃圾焚烧厂。

垃圾焚烧后产生的热能，可用来生产蒸汽或电能，也可用于满足供暖或生产的需要。根据计算，每5 t垃圾，可节省1 t标准燃料。在目前能源日渐紧缺情况下，利用焚烧垃圾产生的热能作为热源，有着现实意义。

垃圾焚烧主要问题是“二次污染”。垃圾焚烧后虽然可以把炉渣和灰分中的有害物质降低到最低程度，但却向大气排放了有害物质并在城市散布灰尘。因此，垃圾焚烧工厂必须配备消烟除尘装置以降低向大气排放的污染物质。

④ 城市垃圾堆肥。堆肥处理是利用微生物分解垃圾有机成分的生物化学过程。在此过程中，有机物、氧气和细菌相互作用，析出二氧化碳、水和热，同时生成腐殖质。

堆肥的方法有露天式和机械化两种。露天堆肥法经济，但易受气候条件影响，臭味难以控制，历时长，用地多，适合中小城市。机械化堆肥使垃圾堆肥在罐内进行氧化，并且有分离装置将废塑料、玻璃、金属等惰性粗粒成分分离出去，有通风搅拌装置加快有机物的分解速度。采用现代化的堆肥处理法，可在2天内制成堆肥。

（2）城市垃圾的资源化利用。城市垃圾是丰富的再生资源，其所含成分（按质量）分别为：废纸40%，黑色和有色金属3%～5%，废弃食物25%～40%，塑料1%～2%，织物4%～6%，玻璃4%以及其他物质。大约80%的垃圾为潜在的可利用资源。利用垃圾有用成分作为再生原料有着很多优点，不仅可以节省自然资源，而且回收利用的成本很低，还可以减少环境污染。垃圾所含废纸是造纸的再生原料。处理利用100万t废纸，即可避免砍伐600 km^2的森林。处理利用垃圾所含废黑色金属，可节省铁矿石炼钢所需电能的75%，节省水40%，而且显著减少对大气的污染，降低矿山和冶炼厂周围堆积废石的数量。利用垃圾中的废弃食物，不仅可减少对环境的污染，而且可获得补充饲料来源，明显提高农业效益。用100万t食物加工饲料，可节省出36万t饲料用谷物，生产45 000 t以上的猪肉。

近年来，世界上许多工业发达国家都大力开展了从垃圾中回收有用成分的研究工作。例如，意大利的索雷恩切希尼公司在罗马兴建的两座垃圾处理工厂，可处理城市垃圾量的70%以上。其处理工艺对垃圾的黑色金属、废纸和有机部分（主要是废弃食物）等基本有用成分进行全面回收，并且还回收塑料和玻璃供重复利用。我国人口众多，垃圾产量很大。我国科技工作者为利用生活垃圾作了大量的研究工作，取得了显著的成效。如江苏霞客环保色纺股份公司，每年利用废弃的矿泉水瓶、可乐瓶20多亿只，年产6万t涤纶纱原料，用来生产窗帘、被单等，取得了十分明显的社会效益和经济效益。

第四节 噪声污染控制技术

噪声的传播一般有三个阶段：噪声源、传播途径和接受者。传播途径包括反射、衍射等各种形式的声波行进过程。只有当声源、声的传播途径和接受者三个因素同时存在时，噪声才能对人造成干扰和危害。因此，控制噪声必须考虑这三个因素。

一、声源控制技术

控制噪声的根本途径是对声源进行控制，控制声源的有效方法是降低辐射声源功率。在工矿企业中，经常可以遇到各种类型的噪声源，它们产生噪声的机理各不相同，所采用的噪声控制技术也不相同。下面根据产生噪声的物理性质不同来分别介绍其控制技术。

1．机械噪声控制技术

机械噪声是由各种机械部件在外力激发下产生振动或相互撞击而产生的。控制机械噪声的措施应从改进设备的结构设计、改革生产工艺、操作方式、提高机械的加工质量和装配精度考虑。主要采用的方法有：

（1）提高运动部件的加工精度和光洁度，选择合适的工差配合，控制运动部件之间的间隙大小，降低运动部件的振动振幅，采取足够的润滑减少摩擦力；

（2）避免运动部件的冲击和碰撞，降低撞击部件之间的撞击力和速度，延长撞击部件之间的撞击时间；

（3）提高旋转运动部件的平衡精度，减少旋转运动部件的周期性激发力；

（4）在固体零部件接触面上，增加特性阻抗不同的黏弹性材料，减少固体传声；在振动较大的零部件上安装减振器，以隔离振动，减少噪声传递；

（5）采用内损耗系数较高的材料制作机械设备中噪声较大的零部件，或在振动部件的表面附加阻尼，降低其声辐射效率；

（6）在生产中可用焊接代替铆接，用滚压机和风压机矫正钢板代替敲打，用无声液压或挤压代替冲压，可用压力机代替锻锤。

2．气流噪声的控制

气流噪声是由气流流动过程中的相互作用或气流和固体介质之间的作用产生的，控制气流噪声的主要方法有：

（1）选择合适的空气动力机械设计参数，减小气流脉动，减小周期性激发力；（2）降低气流速度，减少气流压力突变，以降低湍流噪声；（3）降低高压气体排放压力和速度，安装合适的消声器。

3．电磁噪声的控制

电磁噪声主要是由交替变化的电磁场激发金属零部件和空气作周期性振动而产

生的。

（1）降低电动机噪声的主要措施有：① 合理地选择沟槽数和级数；② 在转子沟槽中充填一些环氧树脂材料，以降低振动；③ 增加定子的刚性；④ 提高电源稳定性；⑤ 提高制造和装配精度。

（2）降低变压器电磁噪声的主要措施有：① 减小磁力线密度；② 选择低磁性硅钢材料；③ 合理选择铁心结构，铁心间隙充填树脂性材料，硅钢片之间采用树脂材料粘贴。

4．隔振

振动和噪声是两个不同的概念，但它们有着密切的联系。许多噪声是由振动诱发产生的，因此在对声源进行控制时，必须同时考虑隔振。

控制振动的方法与控制噪声的方法有所不同，通常采用的方法有以下三种：

（1）减小扰动；（2）防止共振；（3）采取隔振措施。常用的隔振装置有金属弹簧、橡胶隔振器等。

二、传播途径控制技术

通常由于某种技术和经济上的原因，无法从声源控制上降低噪声，这时就必须从传播途径上考虑降噪措施。具体采取的方法有：

1．吸声降噪

当声波入射到物体表面时，部分入射声波能被物体表面吸收而转化成其他能量，这种现象叫做吸声。吸声降噪是一种在传播途径上控制噪声强度的方法。物体的吸声作用是普遍存在的，吸声的效果不仅与吸声材料有关，还与所选的吸声结构有关。

（1）吸声材料。吸声材料之所以具有降噪能力是与它们的结构密切相关的。

优质的吸声材料表面具有丰富的细孔，其内部松软多孔，孔与孔之间相连通，并深入到材料的内部，以使声波容易传到材料的内部，使声能充分衰减。常用的吸声材料可分为三类：即纤维型、泡沫型和颗粒型。纤维型多孔材料如泡沫塑料、多孔陶瓷板、多孔水泥板、玻璃纤维、矿渣棉、甘蔗板等。泡沫型吸声材料有聚氨基甲酯酸泡沫塑料等，颗粒型吸声材料有膨胀珍珠岩和微孔吸声砖等。

（2）吸声结构。吸声材料一般安装在室内墙面或顶棚面或以空间吸声体悬挂在噪声源上方，构成吸声结构。多孔吸声材料对于高频率的声波具有较好的吸声作用，但对低频率噪声，吸声能力较差。为了解决上述问题，采用共振吸声结构来降低噪声。吸声结构的设计应考虑到要降低的噪声频率的要求。若以吸收高频率噪声为主则采用吸声材料做成各种形式的吊挂结构或吸声材料紧贴墙体结构，外层可加穿孔或不加的方法，效果最好；若是吸收低频率和中频率噪声，采用共振吸声结构来降低噪声。常用的共振吸声结构有共振吸声器、穿孔板、微穿孔板、膜状和板状等共振吸声结构及空间吸附体。

2．消声器

消声器是一种既能使气流通过又能有效地降低噪声的设备。通常可用消声器降低各种空气动力设备的进出口或沿管道传递的噪声。例如在内燃机、通风机、鼓风机、压缩机、燃气轮机以及各种高压、高速气流排放的噪声控制中广泛使用消声器。这里主要介绍以下常用的几种。

（1）阻性消声。它是利用装置在管道内壁或中部的阻性材料（主要是多孔材料）吸收声能而达到降低噪声目的的。当声波通过敷设有吸声材料的管道时，声波激发多孔材料中众多小孔内空气分子的振动。由于摩擦阻力和黏滞力的作用，使一部分声能转换为热能耗散掉，从而起到消声作用。阻性消声器能较好地消除中、高频噪声，而对低频的消声作用较差。

（2）抗性消声。它是利用管道截面的变化（扩张或收缩）使声波反射、干涉而达到消声的目的。与阻性消声器相比，它不使用吸声材料，而是利用不同形状的管道和腔室进行适当的组合，使声波产生反射或干涉现象，从而降低消声器向外辐射的声能。抗性消声器的性能和管道结构形状有关，一般选择性较强，适用于窄带噪声和低、中频噪声的控制。常用的抗性消声器有扩张室、共振腔两种形式。

（3）损耗型消声。它是在气流通道内壁安装穿孔板或微穿孔板，利用它们的非线性声阻来消耗声能，从而达到消声的目的。微穿孔板消声器是典型的损耗型消声器。在厚度小于 1 mm 的板材上开孔径小于 1 mm 的微孔，穿孔率一般为 1%～3%，在穿孔板后面留有一定的空腔，即称为微穿孔板吸声结构。它与阻性消声器类似，不同之处在于用微穿孔板吸声结构代替了吸声材料。从某种意义讲，微穿孔板消声器是一种阻抗复合式消声器。

（4）扩散消声。工业生产中有许多小喷孔高压排气或放空现象，如各种空气动力设备的排气、高压锅炉排气放风等，伴随这些现象的是强烈的排气喷流噪声。这种噪声的特点是声级高、频带宽、传播远，危害极大。扩散性消声器是利用扩散降速、变频或改变喷注气流参数等机理达到消声的目的。常见的有小孔喷注消声器、多孔扩散消声器和节流降压消声器。

（5）复合消声。将以上四种消声原理组合应用即可构成多种复合消声器。

一个合适的消声器可直接使气流声源噪声降低 20～40 dB(A)，相应响度降低 75%～93%。通常要求消声器对气流的阻力要小，不能影响气动设备的正常工作，其构成的材料坚固耐用并便于加工和维修，此外要外形美观、经济。

3．隔声降噪

按照噪声的传播方式，一般可将其分为空气传声和固体传声两种。空气传声是指声源直接激发空气振动并借助于空气介质而直接传入人耳，例如汽车的喇叭声表面向空间辐射的声音。固体传声是指声源直接激发固体构件振动后所产生的声音。

如人走路撞击楼板时，固体构件的振动以弹性波的形式在墙壁及楼板等构件中传播，在传播中向周围空气辐射出声波。事实上，声音的传播往往是这两种声音传播方式的组合。对于空气传声，可在噪声传播途径中，利用墙体、各种板材及其构件将接受者分隔开来，使噪声在空气中传播受阻而不能顺利地通过，以减少噪声对环境的影响，这种措施通称为隔声。对于固体传声，可以采用弹簧、隔振器及隔振阻尼材料进行隔振处理，这种措施称为隔振。

隔振不仅可以减弱固体传声，同时可以减弱振动直接作用于人体和精密仪器而造成的危害。

隔声是噪声控制工程中常用的一种技术，常用的隔声构件有：隔声屏障、隔声罩、隔声室、隔声墙、隔声幕、隔声门等。

（1）隔声墙。对于实心的均匀墙体，其隔声能力决定于墙体的单位面积质量；其值越大则隔声性能越大，隔声效果越好。当声波投射到墙面时，声压将使墙体发生振动，墙体质量越大则惯性阻力也越大，引起墙体振动越困难，因而隔声效果越好。墙体隔声能力还与入射声波的频率有关，对于高频声的隔声效果更好，对于低频声的隔声效果较差。有空心夹层的双层墙体的隔声结构比同样质量的单层墙的隔声效果更好，这是由于夹层中空气的弹性作用可使声能衰减。如果隔声效果相同，夹层结构比单层结构的质量可减少65%～75%。

（2）隔声间。由隔声墙及隔声门等构件组成的空间称为隔声间。隔声间的实际隔声量不仅与各构件的隔声量有关，而且还与隔声间内表面的吸声量及内表面面积有关。一般来说，隔声间内表面的吸声量越大，隔声间内表面积越小，其隔声量则越大。隔声间中的门、窗和孔洞往往是隔声间的薄弱环节。一般门窗平均隔声量不超过15～20 dB(A)，普通分隔墙的平均隔声量至少可达30～40 dB(A)。孔洞和缝隙对构件的隔声影响甚大，若门、窗、墙体上有较多细小的孔隙，则隔声墙再厚，隔声效果也是不好的。

（3）隔声屏障。它是保护近声场人员免遭直达噪声危害的一种噪声控制手段。当声波在传播中遇到屏障时，会在屏障的边缘处产生绕射现象，从而在屏障的背后产生一个声影区，声影区内的噪声级低于未设置屏障的噪声级。目前国内通常采用各种形式的屏障降低交通噪声。例如，上海在建设全国第一条高架铁路的同时，为了控制噪声污染，建成一条250 m长的隔声屏障试验工程，经过实测表明当列车以80 km/h行驶时，隔声屏障内的噪声为85 dB(A)，而声屏障外30 m内的噪声仅为69～70 dB(A)，下降了15～16 dB(A)，效果十分明显。

（4）隔声罩。当噪声源比较集中或只有个别噪声源时，可将噪声源封闭在一个小的隔声空间内，这种隔声设备称为隔声罩。隔声罩是抑制机械噪声的较好的方法，如柴油机、电动机、空压机、球磨机等强噪声设备，常常使用隔声罩来减噪。

一般机器所用的隔声罩由罩板、阻尼涂料和吸声层构成。罩板一般用1～3 mm

厚的钢板，也可以用密度较大的木质纤维板。罩壳用金属板时要涂以一定厚度的阻尼层以提高隔声量，专用阻尼材料是橡胶、沥青、塑料和环氧树脂等所谓黏滞性材料，这主要是声波在罩壳内的反射作用会提高噪声的强度。隔声罩在制作过程中，最好是将声源全部密封，但在实际中是难以做到的。例如，柴油机、汽油机、汽轮机等必须通过进气管和排气管吸入空气和排出废气，以完成它们的工作循环。它们还必须用水进行冷却，为满足这些要求，都需要用管道将隔声罩与外界连通，显然这对隔声是不利的。因此，在进风口和排气口处还应该装上专门的消声装置。

（5）隔声门和隔声窗。隔声门和隔声窗是用途相当广泛的隔声构件。隔声门、窗的隔声量要与其隔声构件主体的隔声量匹配，否则达不到预期的目的。普通门的平均隔声量为 10～20 dB(A)，而隔声门的隔声量应在 30 dB(A)以上。隔声门在制作中都采用多层复合结构。窗子的隔声效果主要取决于玻璃的厚度．在制作中多采用两层以上玻璃中间夹以空气层的方法，来提高玻璃窗的隔声效果。此外，在隔声门和隔声窗的设计和施工中必须注意密封问题。

三、个人防护

在声源和传播途径上控制噪声难以达到标准时，往往需要采取个人防护措施。在很多场合下，采取个人防护还是最有效、最经济的方法。目前最常用的方法是佩戴护耳器。一般的护耳器可使耳内噪声降低 10～40 dB(A)。扩耳器的种类很多，按构造差异分为耳塞、耳罩和头盔。

第五节　其他环境污染防治

其他污染包括放射性污染、电磁污染、热污染、光污染及生物污染等。随着科学技术的迅猛发展，其他污染已成为当代世界性的问题。它们对环境的污染与工业“三废”一样，也是危害人类生存环境的公害。

一、放射性污染

目前，除了进行核反应之外，采用任何化学、物理或生物的方法，都无法有效地破坏这些核素，改变其放射性的特性。因此，为了减少放射性污染的危害，一方面要采取适当的措施加以防护；另一方面必须严格处理与处置核工业生产过程中排出的放射性废物。

1．辐射防护方法

（1）外照射防护。辐射防护的目的主要是为了减少射线对人体的照射，人体接受的照射剂量除与源强有关外，还与受照射的时间及距辐射源的距离有关。为了尽量减少射线对人体的照射，应使人体远离辐射源，并减少受照时间。在采用这些方法受到限制时，常用屏蔽的办法，即在放射源与人之间放置一种合适的屏蔽材料，利用屏蔽材料对射线的吸收降低外照射的剂量。

① α 射线的防护。α 射线射程短，穿透力弱，因此用几张纸或薄的铅膜，即可将其吸收。

② β 射线的防护。β 射线穿透物质的能力强于 α 射线，因此用于屏蔽 β 射线的材料可采用有机玻璃、烯基塑料、普通玻璃及铅板等。

③ γ 射线的防护。γ 射线穿透能力很强，危害也最大，常用具有足够厚度的铅、铁、钢、混凝土等屏蔽材料屏蔽 γ 射线。

（2）内照射防护。内照射防护基本原则是阻断放射性物质通过口腔、呼吸器官、皮肤、伤口等进入人体的途径或减少其进入量。

2．放射性废物的处理和处置

对放射性废物中的放射性物质，现在还没有有效的办法将其破坏，以使其放射性消失。因此，目前只是利用放射性自然衰减的特性，采用在较长的时间内将其封闭，使放射强度逐渐减弱的方法，达到消除放射性污染的目的。

（1）放射性废液的处理和处置。对不同浓度的放射性废水可采用不同的方法处理。

① 稀释排放。对符合我国《放射防护规定》中规定浓度的废水可以采用稀释排放的方法直接排放，否则应经专门净化处理。

② 浓缩贮存。对半衰期较短的放射性废液可直接在专门容器中封装贮存，经一段时间，待其放射强度降低后，可稀释排放。对半衰期长或放射强度高的废液，可使用浓缩后贮存的方法。常用的浓缩手段有共沉淀法、离子交换法和蒸发法。用上述方法处理时，分别得到了沉淀物、蒸渣和失效树脂，它们将放射物质浓集到了较小的体积中。对这些浓缩废液，可用专门容器贮存或经固化处理后埋藏。对中、低放射性废液可用水泥、沥青固化；对高放射性的废液可采用玻璃固化。固化物可深埋或贮存于地下，使其自然衰变。

③ 回收利用。在放射性废液中常含有许多有用物质，因此应尽可能回收利用。这样做既不浪费资源，又可减少污染物的排放。另外，还可以通过循环使用废水，回收废液中某些放射性物质，并在工业、医疗、科研等领域进行回收利用。

（2）放射性固体废物的处理和处置。对玷污器物的处置　这类废弃物包含的品种繁多，根据受玷污的程度以及废弃物的不同性质，可以采用不同方法进行处理。① 去污：对于被放射性物质玷污的仪器、设备、器材及金属制品，用适当的清洗剂进行擦洗、清洗，可将大部分放射性物质清洗下来，清洗后的器物可以重新使用，同时减小了处理的体积，对大表面积的金属部件还可用喷镀方法去除污染；② 压缩：对容量小的松散物品用压缩处理减小体积，便于运输、贮存及焚烧；焚烧对可燃性固体废物可通过高温焚烧大幅度减容，同时使放射性物质聚集在灰烬中，焚烧后的灰可在密封的金属容器中封存，也可进行固化处理。采用焚烧方式处理，需要良好的废气净化系统，因而费用高昂；③ 再熔化：对无回收价值的金属制品，还可在感应炉中熔化，使放射性物质被固封在金属块内。经压缩、焚烧减容后的放射性固体废物可封装在专门的容器中或固化在沥青、水泥、玻璃中，然后将其埋藏在地下或贮存于设于地下的混凝土结构的安全贮存库中。

（3）放射性废气的处理与处置。对于低放射性废气，特别是含有半衰期短的放射性物质的低放射性废气，一般可通过高烟筒直接稀释排放；对含有粉尘或含有半衰期长的放射性物质的废气，则需经过一定的处理，如用高效过滤的方法除去粉尘，碱液吸收去除放射性碘，用活性炭吸附碘、氪、氙等。经处理后的气体，仍需通过高烟筒稀释排放。

二、电磁污染

1. 电磁辐射污染的防护

控制电磁污染也同控制其他类型的污染一样，必须采取综合防治的办法，才能取得更好的效果。为了从根本上防治电磁辐射污染，首先要从国家标准出发，对产生电磁波的各种工业和家用电器设备和产品，提出较严格的设计指标，尽量减少电磁能量的泄漏，从而为防护电磁辐射提供良好的前提；其次通过合理的工业布局，使电磁污染源远离居民稠密区，以加强损害防护；应制定设备的辐射标准并进行严格控制；对已经进入到环境中的电磁辐射，要采取一定的技术防护手段，以减少对人及环境的危害。下面介绍几种常用的防护电磁辐射的方法。

（1）屏蔽防护。使用某种能抑制电磁辐射扩散的材料，将电磁场源与其环境隔离开来，使辐射能限制在某一范围内，达到防止电磁污染的目的，这种技术手段称为屏蔽防护。从防护技术角度来说，这是目前应用最多的一种手段。电磁屏蔽分为主动屏蔽和被动屏蔽两类。主动屏蔽是将电磁场的作用限定在某一范围内，使其不对此范围以外的生物机体或仪器设备产生影响。具体做法是用屏蔽壳体将电磁污染源包围起来，并对壳体进行良好的接地，这种方法可以屏蔽电磁辐射强度很大的辐射源。被动屏蔽是将场源放置于屏蔽体外，使场源对限定范围内的生物机体及仪器设备不产生影响。

屏蔽材料可用钢、铁、铝等金属或用涂有导电涂料或金属镀层的绝缘材料。一般来说，电场屏蔽用铜材为好，磁场屏蔽则用铁材料。目前，常用的屏蔽装置有屏蔽罩、屏蔽室、屏蔽衣、屏蔽眼罩、屏蔽头盔等，可根据不同的屏蔽对象与要求进行选择。

（2）吸收防护。采用对某种辐射能量具有强烈吸收作用的材料，敷设于场源外围，以防止大范围的污染。吸收防护是减少微波辐射危害的一项积极有效的措施，可在场源附近将辐射能大幅度降低，多用于近场区的防护上。吸收材料常分为①谐振型吸收材料，它是利用某些材料的谐振特性制成，其特点是材料较薄，能对谐振频率附近的窄频带的微波辐射有较强的吸收作用；②匹配型吸收材料，它是利用某些材料和自由空间的阻抗匹配，吸收微波辐射能并使之衰减。其特点是适于吸收频率范围很宽的微波辐射。实际应用的吸收材料种类很多，可在塑料、橡胶、胶木、陶瓷等材料中加入铁粉、石墨、木材和水等制成，如泡沫吸收材料、涂层吸收材料和塑料板吸收材料等。

（3）个人防护。个人防护的对象是个体的微波作业人员，当因工作需要操作人员必须进入微波辐射源的近场区作业时，或因某些原因不能对辐射源采取有效的屏蔽、吸收等措施时，必须采取个人防护措施，以保护作业人员的安全。个人防护措施主要有穿防护服、戴防护头盔和防护眼镜等。这些个人防护装备同样也是应用了屏蔽、吸收等原理，用相应的材料制成，一般用铁丝网制作。

（4）加强城市规划管理、实行区域控制。对工业集中的城市，特别是电子工业集中的城市或电气、电子设备密集使用地区，可以将电磁辐射源相对集中在某一区域，使其远离一般工业区或居民区，并对这样的区域设置安全隔离带，从而在较大的区域范围内控制电磁辐射的危害。在城市规划管理时，要划分自然干净区、轻度污染区、广播辐射区和严重工业污染区，确定管理和控制的重点，逐步加以改造和治理。由于绿色植物对电磁辐射具有较好的吸收作用，因此在安全隔离带区域内加强绿化是防治电磁污染的有效措施之一。

总而言之，根据防护的对象和具体要求，可以选择合适的技术措施来防止电磁辐射，减少对环境的污染。除此之外，还要加强电磁辐射污染的管理工作，在继续落实国家环保总局《电磁辐射环境保护管理办法》基础上，还需将电磁辐射环境监测纳入环境监测体系的整体规划中，建立和健全有关电磁辐射建设项目的环境影响评价及审批制度。尤其是位于市区或市郊的卫星地面站、移动通信、寻呼及大型发射台站和广播、电视发射台、高压输变电设施等项目。

三、废热污染

1. 热污染的防治

（1）改进热能利用技术，提高热能利用率。通过提高热能利用率，既节约了能源，又可以减少废热的排放。如美国的火力发电厂，20 世纪 60 年代平均热效率为 33%，现已提高到使废热的排放量降低很多。

（2）利用温排水冷却技术，减少温排水。电力等工业系统的温排水，主要来自工艺系统中的冷却水。对排放后造成热污染的这种冷却水，可通过冷却的方法使其降温，降温后的冷水可以回到工业冷却系统中重新使用。可用冷却塔冷却或用冷却池冷却，比较常用的为冷却塔冷却。在塔内，喷淋的温水与空气对流流动，通过散热和部分蒸发达到冷却的目的。应用冷却回用的方法，节约了水资源，又可向水体不排或少排温热水，减少热污染的危害。

（3）加强废热的综合利用。对于工业装置排放的高温废气，可通过如下途径加以利用：① 利用排放的高温废气预热冷原料气；② 利用废热锅炉将冷水或冷空气加热成热水和热气，用于取暖、淋浴、空调加热等。

对于温热的冷却水，可通过如下途径加以利用：① 利用电站温热水进行水产养殖，如国内外均已试验成功用电站温排水养殖非洲鲫鱼；② 冬季用温热水灌溉农田，可延长适于作物的种植时间；③ 利用温热水调节港口水域的水温，防止港口冻结等。

通过上述方法，对热污染起到了一定的防治作用。但由于对热污染研究得还不充分，防治方法还存在许多问题，因此有待进一步探索提高。

四、光污染

1．光污染的防护

（1）加强对人工光源的管理。

正确使用灯光，白天尽量多使用自然光线。加强对人工光源的管理，控制城市灯光特别是强光源的过度使用。

（2）加强城市规划和管理。

光对环境的污染是客观存在的，但目前由于缺少相应的污染标准与法律制度，因而还没有形成较完整的环境质量管理方法与防范措施，今后需要在这方面进一步探索和研究。

五、生物污染

面对日趋严重的生物污染问题，必须及时制定相应的控制对策。

1．加强立法，搞好动植物检疫

搞好动植物检疫是控制生物污染的有效途径，中国先后颁布实施了一系列动植物检疫法规，并明确了内外检疫对象的名单，把好进出口关，为控制有害生物的传播提供了法律保障。针对外来物种入侵（食人鲳）问题，国家环保总局、中国科学院于 2003 年 1 月 10 日联合印发了《关于发布中国第一批外来入侵物种名单的通知》（环发[2003 卫 1 号]）。公布入侵中国的第一批外来物种名单共 16 种，分别为紫茎泽兰、薇甘菊、空心莲子草、豚草、毒麦、互花米草、飞机草、凤眼莲（水葫芦）、假高粱、蔗扁蛾、湿地松粉蚧、强大小蠹、美国白蛾、非洲大蜗牛、福寿螺、牛蛙。要求各地加强对外来入侵物种的防治工作，保护中国生物多样性、生态环境，保障国家环境安全，促进经济和社会的可持续发展。中国现有的其他入侵物种为鱼类的虎鱼、麦穗鱼、食人鲳，有害昆虫的白蚁、松突圆蚧、洲斑潜蝇、稻水象、美洲大蠊、德国小蠊、松材线虫。环境保护部于 2010 年 1 月 7 日印发《关于发布中国第二批外来入侵物种名单的通知》（环发[2010]4 号）。公布入侵中国的第二批外来物种名单共 19 种，分别为马缨丹、三裂叶豚草、大薸、加拿大一枝黄花、蒺藜草、银胶菊、黄顶菊、土荆芥、刺苋、落葵薯、桉树枝瘿姬小蜂、稻水象甲、红火蚁、克氏原螯虾、苹果蠹蛾、三叶草斑潜蝇、松材线虫、松突圆蚧、椰心叶甲。

2．尊重自然规律

生物污染的根源是生态平衡受到破坏，而生态破坏往往是由人类造成的。因此，人类在大力发展经济的同时，必须保护好生态环境，尊重自然规律，合理开发、利用资源，推行可持续发展战略。

3．加强生物多样性保护

保持合理的生物多样性、生态平衡的稳定性，有效防止外来物种的入侵是非常重要的。且要充分运用生态学原理对有害生物进行综合治理，加强生物多样性的保护。

4．促进生物技术健康发展

针对生物技术对环境影响方面存在的问题，制定必要的生物活性物质排放标准并控制其超标排放，加强这方面的环境管理。同时，开展高新生物技术安全性和生物伦理方面的研究，加快生物安全监测、评价、管理与立法工作，规范各项生产科研活动，促进高新技术的健康发展，确保人类未来的安全。

复习与思考

1. 治理大气污染物有哪些方法？
2. 吸收法治理 SO_2 废气有哪几种具体方法？
3. 吸收法治理 NO_x 废气有哪几种具体方法？
4. 选择吸收剂应考虑哪些因素？
5. 催化法治理污染物所需催化剂的特性是什么？
6. 如何选择除尘设备？
8. 沉淀法有哪几种类型？
9. 格栅和筛网的主要功能是什么？
10. 什么叫化学混凝法？
11. 吸附法处理废水的基本原理是什么？适用于处理什么物质的废水？分为哪几种类型？
12. 萃取法目前主要应用于哪些方面？
13. 浮选法主要应用于哪些方面？
14. 厌氧生化法的基本原理是什么？
15. 设计一个城市污水处理厂的流程图，并标出其设备的名称。
16. 解释卫生土地填埋、安全土地填埋、废物固化。

18. 为了降低污染，常采用的固体废物处理的方法有哪些?
19. 试比较各种固化方法的特点，并说明它们的适用范围。
20. 粉煤灰主要应用在哪些方面?
21. 为什么污泥机械脱水前要进行调理?怎样调理?
22. 污泥的最终出路是什么?
23. 噪声的控制技术有哪些?
24. 放射性污染的防治措施有哪些?
25. 电磁辐射污染的防护措施有哪些?
26. 怎样防治热污染?
27. 生物污染的控制对策有哪些?

第五章

我国的环保方针、政策及管理制度

第一节　中国环境保护的基本方针

一、环境保护的“三十二字”方针

中国的环境保护起步于20世纪70年代，在此之前我国虽然已经出现了一些环境问题，但尚未引起人们的警觉。1972年在斯德哥尔摩人类环境会议上我国的代表提出了“全面规划、合理布局、综合利用、化害为利、依靠群众、大家动手、保护环境、造福人民”的方针，简称为“三十二字”方针。后在1973年的第一次全国环境保护会议上被确定为我国环境保护的指导方针，并写进了《关于保护和改善环境的若干规定（试行草案）》和《中华人民共和国环境保护法（试行）》中。

环境保护的“三十二字”方针是我国环境保护工作和早期环境立法的基本指导思想，是对我国环境保护工作的重点、方向、方法的高度概括。这一方针在前所未有的环境保护实践中抓住了要领，指明了环境保护的一些主要方面和问题。在70年代建立的环境管理制度就是在这一方针指导下制定出来的，其他一些环境保护的规定和管理办法也是这一方针的具体化和延伸。实践证明，这一方针虽然存在着不足和局限性，但基本是正确的，符合当时的中国国情，也符合当时中国环境保护的实际。1973—1983年，对中国的环境保护工作起到了积极的指导作用。

二、环境保护的“三同步、三统一”方针

进入20世纪80年代之后，国家政治、经济形势发生了重大变化。随着经济体制改革的深入、环境问题的发展以及人类对环境问题认识的不断深化，我国环境保护的形势也发生了很大变化。

在新的历史条件下，环境保护的规律是什么?环境保护与经济建设的关系是什么?如何正确处理环境与发展的关系?这些问题无法从原有的指导方针中找到答案。继续运用“三十二字”方针来指导我国环境保护工作就显得不合适了。因此，在认真总结过去10年环境保护实践的基础上，于1983年第二次全国环境保护会议上提出了“三同步、三统一”的环境保护战略方针，这也是至今为止一直在指导着我国

环境保护实践的基本方针。

“三同步、三统一”方针是指经济建设、城乡建设、环境建设同步规划、同步实施、同步发展，实现经济效益、社会效益和环境效益的统一。这一指导方针是对“三十二字”方针的重大发展，是环境管理思想与理论的重大进步，体现了可持续发展的观念，也是环境管理理论的新发展。这一方针已成为现阶段我国环保工作的指导思想和环境立法的理论依据。

“三同步”的前提是同步规划。实际上是“预防为主”思想的具体体现。它要求把环境保护作为国家发展规划的一个组成部分，在计划阶段将环境保护与经济建设和社会发展作为一个整体同时考虑，通过规划实现工业的合理布局。

“三同步”的关键是同步实施。其实质就是要将经济建设、城乡建设和环境建设作为一个系统整体纳入实施过程，以可持续发展思想为指导，采取各种有效措施，运用各种管理手段落实规划目标。只有在同步规划的基础上，做到同步实施，才能使环境保护与经济建设、社会发展相互协调统一。

“三同步”的目的是同步发展。它是制定环境保护规划的出发点和落脚点，它既要求把环境问题解决在经济建设和社会发展过程中，又要求经济增长不能以牺牲环境为代价，而是实现持续、高质量的发展。

“三统一”实际上是贯穿于“三同步”全过程的一条最基本原则，充分体现了当今的可持续发展思想，要求克服传统的发展观，调整传统的经济增长模式，强调发展的整体和综合效益，使发展既能满足人们对物质利益的整体需求，又能满足人们对生存环境质量的整体需求。

第二节　中国环境保护的政策

一、环境保护是我国的一项基本国策

1. 基本国策确立的理由

所谓国策，就是立国、治国之策。它是指那些对国家经济社会发展具有全局性、长期性和决定性影响的重大问题及解决对策。1982 年 12 月我国召开的第二次全国环保会议上将保护环境列为我国一项基本国策是出于以下理由：

（1）因为环境与发展是既对立又统一的。它们之间既相互制约，又相互依存、相互促进。发展意味着对自然环境和自然资源的开发和利用。在此过程中，发展既可以为人类创造物质财富，又可以改善人类的生活环境；但是，不适当的生产和消费、过度地向自然索取，会导致环境恶化，最终威胁到人类的生存和发展。

我国的国情决定了我们不能停止工业化进程，不能停止对自然的干预；但我们在开发利用自然以获取发展的同时，应充分估计到可能对自然造成的损害，从而采

取措施，减轻这种损害或化害为利。既满足当代人的需求，又不威胁后代人。

（2）我国的环境污染和生态破坏已相当严重，成为制约国家经济发展的一个重要因素，而且对国民的健康带来严重影响。如果我们现在还不切实抓紧环境保护工作，环境污染和生态破坏将会发展成为如人口一样的问题，非常难以解决，会从根本上破坏国家发展的前景。

（3）保护环境不仅是建设物质文明的需要，也是建设精神文明的需要。优美、舒适、清洁的工作和生活环境是人类追求的目标之一。我国是文明古国、礼仪之邦，是最早提出“天人合一”观念的国家，保护环境是历史赋予我们的重任。

（4）保护环境利在当代，功在千秋，是一项关系到民族昌盛的伟大事业，不仅需要大量投资，也要付出长时期的艰苦努力。

总之，将环境保护列为基本国策，是由于它直接关系到国家的强弱、民族的兴衰、社会的稳定，关系到全局战略和长远发展。要落实环境保护这一基本国策，必须依靠行政、法律、经济、科学和教育等各种手段。

2. 基本国策的地位和作用

基本国策属于政策的范畴。国策也是为了实现党的方针、路线和任务而制定的，它是一个国家最高和最重要的政策之一。国策虽然是属于政策的范畴，但其职能大大超出了一般政策的范围，国策所涉及的范围，必然是制约全国、涉及全局、统率各方和影响未来的重大政策。从这种意义上讲，国策的地位和权威在所有的政策中应该是最高的，国策是制定其他各种有关政策的前提和依据。当国策与具体政策发生矛盾时，只能是各种政策服务于国策。国策制约、调节和决定着具体政策，因此，列为国策的事业或工作，必须是在一个国家的社会经济发展以及其他的事业和工作中起着支配和决定性作用的事项，也必须是具有长期性、全面性和战略性影响和作用的事项。

环境是人们赖以生存和发展的最基本条件，从环境保护所从事的事业和工作对象看，它涉及国民经济的各行各业，牵扯到社会的方方面面，关系到全民族和子孙后代的切身利益。所以，把环境保护作为基本国策是我们党和国家的重大英明决策。

二、中国环境保护的基本政策

中国环境保护的基本政策包括“预防为主、防治结合、综合治理”政策，“谁污染、谁治理”政策和“强化管理”政策，简称为环境保护的“三大政策”。这三大政策是以中国的基本国情为出发点，以解决环境问题为基本前提，在总结多年来中国环境保护实践经验和教训的基础上而制定的具有中国特色的环境保护政策。

1.“预防为主”政策

这一政策的基本思想是把消除环境污染和生态破坏的行为实施在经济开发和建设的过程之前或之中，实施全过程控制，从源头解决环境问题，减少污染治理和生态保护所付出的沉重代价，转变所有发达国家都走过的“先污染、后治理”的环境保护道路。贯彻执行这一政策，主要包括以下三方面内容：

（1）按照“三同步、三统一”的方针，把环境保护纳入国民经济和社会发展五年规划之中，进行综合平衡，这是从宏观层次上贯彻“预防为主”环境政策的先决条件。

（2）环境保护与产业结构调整、优化资源配置相结合，促进经济增长方式的转变，这是从宏观和微观两个层次上贯彻“预防为主”环境政策的根本保证。

（3）加强建设项目的环境管理，严格控制新污染的产生，这是从微观层次上贯彻“预防为主”环境政策的关键。只有从源头上严格控制新污染的产生，才能有效地治理老污染。控制新污染必须从建设项目管理入手，严格按照国家的环境保护产业政策、技术政策、清洁生产规范和规划布局要求，运用建设项目环境管理的有关制度对其进行立项把关、施工审查和竣工验收，将可能产生的环境问题消除在萌芽之中。

2.“谁污染，谁付费”政策

“谁污染，谁付费”是指某个区域内的若干家排污企业可以通过付费的方式，把污染治理交给专业化公司来完成，实现治污集约化。建立专业化环境治理公司可以吸纳各种社会资金，从而形成政府、银行、国内外企业和个人等多元投资的局面，解决目前中国环境治理的巨大需求与投入不足的矛盾。从根本上改变环境保护完全依靠政府的不利局面。

“谁污染，谁付费”原则的确立将成为我国的环境保护走上社会化、市场化、企业化轨道的开端。

“谁污染，谁付费”政策的思想是：治理污染，保护环境是生产者不可推卸的责任和义务，由污染产生的损害以及治理污染所需要的费用，都必须由污染者承担和补偿，从而使“外部不经济性”内化到企业的生产中去。这项政策明确了环境责任，开辟了环境治理的资金来源。其主要内容包括：① 要求企业把污染防治与技术改造结合起来。技术改造资金要有适当比例用于环境保护措施。② 对工业污染实行限期治理。③ 征收排污费。凡超过国家标准排放污染物的，都要依法缴纳排污费。

3.“强化环境管理”政策

三大政策中，核心是强化环境管理。这一方面是因为通过改善和强化环境管理可以完成一些不需要花很多资金就能解决的环境污染问题，另一方面是因为强化环境管理可以为有限的环境保护资金创造良好的投资环境，提高投资效益。这项政策的主要内容是：

（1）加强环境保护立法和执法。自 1979 年颁布《中华人民共和国环境保护法（试行）》以来，已先后有《中华人民共和国大气污染防治法》《中华人民共和国水污染防治法》《中华人民共和国海洋环境保护法》等一系列环境保护法律出台，并在《中华人民共和国森林法》《中华人民共和国水法》等一系列相关法律中突出强调了环境保护的要求，从而形成了比较完整的环境保护法律体系，这些法规已成为环境保护工作的依据和武器，确立了环境保护的权威性，在实践中发挥了重要作用。

（2）建立全国性的环境保护管理网络。各级政府中都有环境保护机构，同时都建立了全国性的为环境保护提供支持手段的宣传、教育、科研、监测、管理等一系列机构，全国直接从事环境保护工作的人员达 20 余万，环境保护工作基本上可以覆盖全国各个地方。

（3）运用图书、报刊、影视等传播媒介广泛动员民众参与环境保护，并在教育体系中逐步加强了环境意识教育。

（4）建立了多项制度为核心的强化环境管理的制度体系，使环境管理工作迈上了新的台阶。

三、中国环境保护的单项政策

基本政策只是一种原则性规定和宏观指导，做好环境保护工作还需要具体的单项政策作为补充。这是因为，作为一个完整的政策体系，它由基本政策和单项政策两部分组成。只有基本政策而没有单项政策，微观环境管理是无法开展的，环境保护工作也将寸步难行。

中国环境保护的单项政策主要包括环境保护的产业政策、行业政策、技术政策、经济政策、能源政策。

1．环境保护的产业政策

所谓环境保护的产业政策是指有利于产业结构调整和发展的专项环境政策。环境保护的产业政策包括两个方面，一是环境保护产业发展政策，二是产业结构调整的环境政策。

（1）环保产业发展政策。环保产业是国民经济结构中以防治环境污染、改善生态环境、保护自然资源为目的所进行的技术开发、产品生产、商业流通、资源利用、信息服务、技术咨询、工程承包等活动的总称。主要包括环境保护机械设备制造、生态工程技术推广、环境工程建设和服务等方面。

环保产业是国民经济的重要组成部分，也是防治环境污染、改善生态环境质量的物质技术基础。发展环保产业需要有政策的指导，并要求国家从税收、信贷等方面给予政策支持。要坚持扶持优强的原则，以名优产品为龙头，组建跨地区、跨行业的大型环保产业集团，积极引进先进技术、装备，提高环境咨询、环境影响评价、环境规划、环境工程设计与施工等技术服务的能力和水平，逐步形成基本满足国内环保市场需求，并具有国际竞争能力的环保产业体系。

环保产业是一个极具发展潜力并拥有良好市场前景的重要高新技术产业。作为当今和未来的主导性产业，它与机械、电子、石油化工、汽车、航空航天、生物工程等产业一样，已经并将继续成为世界主要工业化国家竞争的焦点之一。作为发展中国家的中国应当抓住当前国际、国内这一有利时机，制定既有利于发展经济，又有利于环境保护的可持续的环保产业发展政策，加快发展自己的环保产业，使这一新的朝阳产业快速成为国家经济的增长点，并成为21世纪国家的主导产业之一。

在第三次全国环境保护会议之后，我国相继制定并颁布了一系列关于环保产业发展的法规和政策。1990年，国务院办公厅转发了国务院环境保护委员会《关于积极发展环境保护产业的若干意见》的通知；1992年，国家环保局发布了由国务院环境保护委员会制定的《关于促进环境保护产业发展的若干措施》的24号文件；1994年，国家环保局出台了《建设项目环境保护设施竣工验收管理规定》的14号令和试行的《建设项目环境保护设施竣工验收监测办法》；1995年，国家环保局发布了15号文《环境工程设计证书管理办法》（此文已于2006年6月5日废止）和《关于环保产业科技开发贷款有关事项的通知》的234号文件；1997年，发布了由国家环境科学产业学会制定的《关于加强环保产业管理工作的通知》的31号文件；同年国家环保局颁发了《关于环境科学技术和环保产业若干问题的决定》，2000年2月由国家经贸委和国家税务总局联合发布了《当前国家鼓励发展的环保产业设备（产品）目录》等。

（2）环境保护的产业结构调整政策。实现国家的可持续发展，关键是要转变经济增长方式。实现经济增长方式的转变，要从产业结构和产品结构调整入手，减少重复建设，这就需要制定有利于环境保护的产业结构调整政策。

中国作为最大的发展中国家，产业结构不合理问题十分突出，第一、二、三产业比例严重失调和重复建设问题大大降低了国家经济的持续发展潜力。为了推进国家的产业结构调整，自第三次全国环境保护会议以来，国务院及有关政府职能部门相继制定并出台了若干个关于产业结构调整的政策性文件和规定。

这些政策性文件和规定主要有《关于当前产业政策要点的决定》《90年代国家产业政策纲要》《汽车工业产业政策》《中华人民共和国固定资产投资方向调节税暂行条例》《关于全国第三产业发展规划基本思路的通知》《指导外商投资方向规定》《外商投资产业指导目录》《关于严禁引进小型化学制浆造纸设备防止污染转移的紧急通知》和《水利产业政策》等。这些政策都是从有利于环境保护，实现可持续发展的角度规定了不同时期内国家产业结构调整的具体指导思想和原则。调整产业结构应当在提高产业内在素质、优化规模结构和企业组织结构的同时，改进产品结构，淘汰资源能源消耗高、污染严重的生产技术、设备和产品，大力降低结构性破坏。并要充分利用发达国家在经济全球化进程中进行产业结构调整的机会，积极引进资本、技术密集型产业，包括那些技术先进的劳动密集型产业。通过产业结构调整限制高投入、高消耗、高污染、低产出、低效益、低增长产业的发展，鼓励发展低投入、低消耗、低污染、高产出、高效益、高增长的“清、新、小”的第三产业。

2. 环境保护的行业政策

所谓环境保护的行业政策是指以特定的行业为对象开展环境保护的专项政策。行业不同，其行业环境保护政策也不一样，具有明显的行业特点。根据行业生产的规模、特点、生产工艺水平以及污染物的产生情况，各行业的环境保护政策均可分为鼓励发展、限制发展和禁止发展三类政策。

（1）鼓励发展的行业政策。对于那些具有先进的生产工艺、资源利用率高、污染排放量小且具有规模经济效益的企业，国家采取鼓励发展的政策。例如，在1997年国家规定：造纸行业中木浆年产量在 10 万 t 以上的新建、扩建项目，以芦苇、蔗渣、竹等为原料生产非木浆年产量在 5 万 t 以上的新建、扩建项目，麦草浆年产量在 3.4 万 t 以上、布局合理的新建、扩建项目均属于鼓励发展的范畴。皮革行业中，高档鞋面革、软面革、高档服装革、汽车坐垫革、家具革等也属于国家鼓励发展的范畴。

（2）限制发展的行业政策。对于那些生产工艺一般、资源利用率不高、污染排放量较大且规模效益不明显的企业，国家采取限制发展的政策。例如，1997 年国家规定：造纸行业中玻璃纸、低档瓦楞原纸、低档黄板纸、油毡原纸属于限制发展的范畴，皮革行业中低档修面革、劳保手套革，年生产能力折牛皮 10 万张以下的新建、改扩建项目属于国家限制发展的范畴。另外，1996 年国家在规定关闭“15小”乡镇企业的同时，也规定了限制发展的 8 个行业，它们是造纸、制革、印染、电镀、化工、农药、酿造、有色金属冶炼等。

（3）禁止发展的行业政策。对于那些生产工艺落后、资源利用率低、污染严重的企业，国家采取禁止发展的政策。例如，1997 年国家规定：造纸行业中年产在 1.7 万 t 以下禾草碱法化学浆的新建、改扩建项目，年产在 1.7 万 t 以下半化学禾草本色浆的新建、改扩建项目均属于禁止发展的范畴。在皮革行业中，年生产能力折合牛皮在 3 万张以下的新建、改扩建项目和在淮河流域、旅游风景区、饮用水源地、经济渔业区、自然生态保护区等环境敏感区域新建小型制革项目都属于国家禁止发展的范畴。另外，被列入“15 小”关闭对象的乡镇企业也是国家禁止发展的范畴。

当然，这些行业政策在实践中并没有得到完全的贯彻落实，其中最主要的原因是国家是在区域管理模式下推行和落实国家的环保行业政策，地方保护主义的干扰和阻挠必然使其效果大打折扣。在一些地区和城市，严重的地方保护主义使国家的环境保护行业政策成为一纸空文，无法落实。

3. 环境保护的技术政策

所谓环境保护的技术政策是指以特定的行业或领域为对象，在行业政策许可范围内引导企业采取有利于保护环境的生产和污染防治技术的政策。环境保护的技术政策是企业制定污染防治对策的依据，也是开展环境监督管理的出发点。由于行业和领域不同，环境问题产生的途径和方式也就不同，解决环境问题所采用的污染治理技术和生产技术也不一样，这就决定了有不同的环境保护技术政策。

环境保护技术政策的总体思想是重点发展高质量、低消耗、高效率的适用生产技术，重点发展技术含量高、附加值高、满足环保要求的产品，重点发展投入成本低、去除效率较高的污染治理适用技术。

到目前为止，中国已经制定了若干环境保护技术政策。如，《环境保护技术政策要点》《城市污水处理及污染防治技术政策》《防治煤烟型污染技术政策》《摩托车排放污染防治技术政策》《柴油车污染防治技术政策》《废电池污染防治技术政策》《推行清洁生产的若干意见》《机动车排放污染防治技术政策》《城市生活污水处理及污染防治技术政策》《城市生活垃圾处理及污染防治技术政策》《印染行业废水污染防治技术政策》《危险废物污染防治技术政策》和《燃煤二氧化硫排放污染防治技术政策》等。

4．环境保护的经济政策

所谓环境保护的经济政策是指运用税收、信贷、财政补贴、收费等各种有效经济手段引导和促进环境保护的政策。环境保护的经济政策按照内容可分为三大类：污染防治的经济优惠政策；资源、生态补偿政策；污染税和污染费政策等。

（1）污染防治的经济优惠政策。自 20 世纪 80 年代以来，中国政府先后制定了一些污染防治的经济优惠政策和环境法规。如《国务院关于结合技术改造防治工业污染的几项规定》《关于开展资源综合利用若干问题的暂行规定》《关于企业所得税若干优惠政策的通知》《关于继续对部分资源综合利用产品等实行增值税优惠政策的通知》《关于继续对废旧物资回收经营企业等实行增值税优惠政策的通知》《关于印发固定资产投资方向调节税治理污染、保护环境和节能项目的通知》《资源综合利用认定管理办法》《关于印发〈技术改造国产设备投资抵免企业所得税暂行办法〉的通知》等。另外，中国政府还将有关土地沙化预防和治理方面的资金补助、财政贴息及税费减免等政策优惠内容以法律的形式写进了《中华人民共和国防沙治沙法》中。

为了使环境保护的经济政策产生应有的激励作用，有时不但不能收费，甚至还要为此花钱、增加收入。在实践中，正是由于倒置了经济政策的两个功能，才导致了环境保护投入过低的问题，从而造成了经济低增长和环境问题的积重难返。因此，转变人们对经济政策的认识，增强环境保护经济政策的诱导功能，通过实施污染防治的优惠政策促进资源的综合利用势在必行。

（2）资源与生态补偿政策。自然资源和环境质量是经济发展和人们福利改善的物质基础。资源的消耗和环境退化必然引起自然资本和人造资本的变化，从而使社会成本增高，降低经济持续发展的能力和潜力。因此，要实现可持续发展，就要建立资源与生态的补偿机制，制定有利于环境保护的资源、生态补偿政策。作为环境保护经济政策的一个重要组成部分，制定和实施资源、生态补偿政策的目的在于通过对生态环境和资源的各种用途的定价来改善环境和实现资源的有效配置，以影响特定的生产方式和消费方式，减缓生产过程和消费过程中资源的消耗速度以维持稳定的自然资本贮量，并鼓励有益于环境的利用方式以减少环境退化，从而达到可持续利用环境和自然资源的目标。

在我国有关资源和生态补偿主要包括以下几方面：矿产资源补偿、土地损失补偿、水资源补偿、森林资源补偿和生态农业补偿等。按照“谁污染、谁治理，谁开发、谁保护，谁利用、谁补偿，谁破坏、谁恢复”的基本环境政策，国家环保局早在 1992 年就发布了《关于确定国家环境保护局生态环境补偿费试点的通知》，规定了全国 14 个省的 18 个市、县（区）为试点单位，这是中国第一个关于资源与生态补偿的政策性文件，是资源与生态补偿的新开端。

在环境保护的经济政策中，资源、生态补偿政策是最基本、最重要的政策，也是目前最薄弱的方面，急需国家制定和出台相关的资源、生态补偿政策。从 1996 年以来，国家已经对此予以高度的重视，加大了资源、生态补偿的政策研究和立法研究，但是进展缓慢。这是中国制定《国民经济与社会发展“十一五”计划及远景目标纲要》时在环境与发展领域应予重点考虑的问题之一。

（3）污染税和污染费政策。污染税和污染费政策是根据“污染者负担原则”所制定的要求经济行为主体对环境污染和破坏承担经济补偿责任的一类环境政策。

污染税和污染费政策的目的是利用价值规律，通过征收税和费来规范企业的排污行为，引导企业积极开展污染治理，并由此促进企业内部的经营管理，节约使用资源，减少或消除污染物的排放，实现经济与环境的协调发展。

迄今为止，在中国长期以来采用的主要环境经济政策是污染费政策。污染费政策就是通常所说的排污收费政策，一般有两个层次。一是超标收费，二是排污就收费。2003 年以前中国长期实行的主要是超标收费政策，现已改为排污收费、超标处罚。

完善现有的环境保护经济政策对中国环境保护事业的发展至关重要。以下几点是必须考虑的：一是调整资源价格体系，使资源价格能够真正反映出生产成本与环境成本，有助于实现资源的有效管理与节约。二是改革现行的国民经济核算体系，将环境成本与资源成本纳入现行的国民经济核算体系。三是改革现行的污染费政策，排污费标准要与污染损失相当，并把环境税纳入财政改革内容，利用边际成本原理制定水利、电力、城市管道燃气、集中供热、污水处理、垃圾处理和交通基础设施建设的价格。四是实施优惠税收政策以鼓励和刺激清洁生产、综合回收利用、生态保护等方面的投资建设项目。五是制定有利于城市可持续发展的交通价格政策，通过交通税费的征收与管理促进那些有益于环境保护的交通方式，鼓励发展城市公共交通。

5. 环境保护的能源政策

环境保护的能源政策是指以提高能源利用率、开发无污染和少污染的清洁能源为主要内容，开展环境保护的能源政策。今后一个相当长的时期内，中国总的能源政策是：坚持开源与节流并重，改善能源结构，提高能源效率。在以煤炭为主要能源的情况下，优先开发水、电、天然气等清洁能源，提高清洁能源在一次性能源中的比重。

具体来说，一是要引进煤的气化、热电循环、煤床甲烷气回收先进技术、清洁高效的净煤技术和能源综合利用技术，努力降低煤炭能源在一次性能源中的比重，提高城市能源利用率。二是要制定国家的产品能效标准，推动高能效产品的开发和利用，提高工业能源利用率。三是在能源紧缺地区有计划地发展核能源，发展农村的秸秆气化和生物能发电，改善农村能源结构和能源利用方式。

开发能源是发展的需要，节约能源更是发展的需要，而且是可持续发展的需要。目前，我国一方面是能源紧张，另一方面又普遍存在着消耗高、浪费大的现象，能源利用率与国际先进水平相比还有很大差距。据初步统计，我国能源利用率只有30%，比国际先进水平平均低 20 个百分点，单位国内生产总值的能耗是发达国家的几倍至十几倍，与其他发展中国家相比，也要高出许多，节能潜力很大。

环境保护的五个单项政策是国家环境保护政策体系中的重要组成部分，是当前形势下做好环境保护工作的政策依据。可以说，环境保护的基本政策是单项政策的制定依据，环境保护的单项政策是基本政策在各个领域、各个方面关于环境保护阶段性目标和要求的具体体现，是开展环境保护工作的具体指导。如果说基本政策是纲和总则，那么单项政策则是目和细则，二者相互影响和补充、不能替代和分割，基本政策与单项政策共同构成了较为完整的中国环境保护政策体系。

第三节　中国环境管理制度

环境管理制度属于环境管理对策与措施的范畴，是从强化管理的角度确定了环境保护实践应遵循的准则和一系列可以操作的具体实施办法，是关于污染防治和生态保护与管理思想的规范化指导，是一类程序性、规范性、可操作性、实践性很强的管理对策与措施，是国家环境保护的法律、法规、方针和政策的具体体现。

从 1973 年我国环境保护事业起步至今，我国在环境保护的实践中，不断地探索和总结，逐步形成了一套既符合中国国情，又能够为强化环境管理提供有效保障的环境管理制度。从最早提出的“三同时”、环境影响评价和排污收费老三项管理制度，到后来的环境保护目标责任制、城市环境综合整治定量考核、排污许可证制度、污染物集中控制和限期治理新五项环境管理制度，以及后来在环境保护的实践中形成的污染事故报告制度、现场检查制度、排污申报制度、环境信访制度和环境保护举报制度。目前，我国的环境管理制度已经远不是单项制度的“构件”的简单堆砌，而是一座由新老制度构成的有机整体。

一、“三同时”制度

1.“三同时”制度的建立与发展

“三同时”的设想是1972年6月，在国务院批转的《国家计委、国家建委关于官厅水库污染情况和解决意见的报告》中提出的；1979年《中华人民共和国环境保护法（试行）》对“三同时”制度从法律上加以确认；1981年5月由国家计委、国家建委、国家经委、国务院环境保护领导小组联合下达的《基本建设项目环境保护管理办法》，把“三同时”制度具体化，并纳入基本建设程序；1986年国务院环境保护委员会、国家计委、国家经委联合发布了《建设项目环境保护管理办法》；1987年，国家计委、国务院环境保护委员会联合发布《建设项目环境保护设计规定》，“三同时”制度得到进一步的补充和完善；1989年12月26日，《中华人民共和国环境保护法》正式颁布，“三同时”制度再次得以确认；1998年，为了适应环境保护事业的发展，国务院在1986年《建设项目环境保护管理办法》的基础上，补充、修改、完善并颁布了《建设项目环境保护管理条例》，并明确规定了违反“三同时”制度的法律责任。

2.“三同时”制度的主要内容

“三同时”制度，是指新建、改建、扩建项目和技术改造项目以及区域性开发建设项目的污染治理设施必须与主体工程同时设计、同时施工、同时投产的制度。它与环境影响评价制度相辅相成，是防止新污染和破坏的两大“法宝”，是我国“预防为主”方针的具体化、制度化。

根据1998年11月18日国务院第十次常务会议通过并于1998年11月29日中华人民共和国国务院令第253号发布施行《建设项目环境保护管理条例》，规定环境保护设施建设的“三同时”具体如下：

第十六条　建设项目需要配套建设的环境保护设施，必须与主体工程同时设计、同时施工、同时投产使用。

第十七条　建设项目的初步设计，应当按照环境保护设计规范的要求，编制环境保护篇章，并依据经批准的建设项目环境影响报告书或者环境影响报告表，在环境保护篇章中落实防治环境污染和生态破坏的措施以及环境保护设施投资概算。

第十八条　建设项目的主体工程完工后，需要进行试生产的，其配套建设的环境保护设施必须与主体工程同时投入试运行。

第十九条　建设项目试生产期间，建设单位应当对环境保护设施运行情况和建设项目对环境的影响进行监测。

第二十条 建设项目竣工后，建设单位应当向审批该建设项目环境影响报告书、环境影响报告表或者环境影响登记表的环境保护行政主管部门，申请该建设项目需要配套建设的环境保护设施竣工验收。

环境保护设施竣工验收，应当与主体工程竣工验收同时进行。需要进行试生产的建设项目，建设单位应当自建设项目投入试生产之日起 3 个月内，向审批该建设项目环境影响报告书、环境影响报告表或者环境影响登记表的环境保护行政主管部门，申请该建设项目需要配套建设的环境保护设施竣工验收。

第二十一条 分期建设、分期投入生产或者使用的建设项目，其相应的环境保护设施应当分期验收。

第二十二条 环境保护行政主管部门应当自收到环境保护设施竣工验收申请之日起30日内，完成验收。

第二十三条 建设项目需要配套建设的环境保护设施经验收合格，该建设项目方可正式投入生产或者使用。

3."三同时"制度的特点

（1）具有法律的严肃性。《中华人民共和国环境保护法》第 26 条对"三同时"制度做出全面表述，第 35、36、37 条对违反"三同时"制度的法律责任做了明确规定。

（2）具有可行的操作性。纳入建设项目管理内容，有明确的职责和管理程序。

（3）具有明确的时限性。制度内容落实到基建的全过程（设计、施工、投产三个阶段），分解到各职责中，分阶段检查验收，环环相扣。

（4）具有明显的中国特色。"三同时"制度是我国出台最早的一项环境管理制度。它是中国独创，是在我国社会主义制度和经济建设经验的基础上提出来的，是具有中国特色并行之有效的环境管理制度。

二、环境影响评价制度

我国的建设项目环境影响评价制度是在借鉴国外经验的基础上，结合中国实际情况逐步建立和发展起来的一项具有中国特色的环境管理制度，该项制度具有法律强制性并纳入基本建设程序；实行分类管理和评价资格审核制度；强调评价从业人员持证上岗和注重环评队伍的技术培训工作。建设项目环境影响评价制度不仅对控制新污染源产生、老污染源治理以及防止生态环境破坏起到了积极作用，而且对全民族环境保护意识的提高起到了重要的作用。

根据《中华人民共和国环境保护法》和《建设项目环境保护管理条例》的规定：在中华人民共和国领域和中华人民共和国管辖的其他海域内的生产性建设项目、非生产性建设项目和区域开发建设项目均必须执行环境影响评价制度。

1. 环境影响评价制度的内容

从环境管理程序上看，我国的环境影响评价制度大体包括：环境影响评价的确立、环境影响评价的委托、环境影响评价工作的开展、环境影响报告书的审批等几个方面的内容。

（1）环境影响评价的确立。根据国家的有关规定，凡是新建或改扩建工程，应按照生态环境部“分类管理名录”确定并编制环境影响报告书、环境影响报告表或填报环境影响登记表。

第一，编写环境影响报告书的项目：指对环境可能造成重大的不利影响，这些影响可能是敏感的、不可逆的、综合的或以往尚未有过的。

第二，编写环境影响报告表的项目：指可能对环境产生有限的不利影响，这些影响是较小的或者减缓影响的补救措施是很容易找到的，通过规定控制或补救措施是可以减缓对环境的影响。这类项目可以直接编写环境影响报告表，对其中个别环境要素或污染因子需要进一步分析的，可附单项环境影响评价专题报告。

第三，对环境不产生不利影响或影响极小的建设项目，不需要开展环境影响评价，只需填报环境保护管理登记表。

但是，对于未列入国家和省建设项目分类管理名录的建设项目，建设单位必须向生态环境主管部门如实办理申报表。生态环境主管部门依据建设项目的特性及所在区域的环境保护要求，按照审批管理权限对环境有影响的建设项目做出依法编制环境影响报告书、环境影响报告表或登记表的处理意见，对环境无影响的建设项目直接加具同意项目建设的意见。

（2）环境影响评价的委托。建设单位在明确了环境影响评价工作的类型后，应委托持有生态环境部颁发的《建设项目环境影响评价资格证书》的单位开展环境影响评价工作。建设单位在选择评价单位时应注意以下几个问题：

第一，评价单位持有的评价证书等级：生态环境部颁发的《建设项目环境影响评价资格证书》分甲、乙两个等级。持有甲级评价证书的单位，可以按照评价证书规定的业务范围，承担各级生态环境部门负责审批的建设项目环境影响评价工作，编制环境影响报告书或环境影响报告表。持有乙级评价证书的单位，可以按照评价证书规定的业务范围，承担地方各级生态环境部门负责审批的建设项目环境影响评价工作，编制环境影响报告书或环境影响报告表。

第二，评价单位的业务范围：按照 1999 年新颁布的《建设项目环境影响评价资格证书管理办法》，评价单位必须在证书规定的业务范围内开展环境影响评价工作。

（3）环境影响评价工作程序。环境影响评价工作程序大体分为三个阶段，第一阶段为准备阶段，主要工作为研究有关文件，进行初步的工程分析和环境现状调查，筛选重点评价项目，确定各单项环境影响评价的工作等级，编制评价工作大纲；第二阶段为正式工作阶段，其主要工作为进一步做工程分析和环境现状调查，并进行环境影响预测和评价环境影响；第三阶段为报告书编制阶段，其主要工作为汇总、分析第二阶段工作所得到的各种资料、数据，给出结论，完成环境影响报告书的编制。

（4）环境影响报告书（表）的审批。环境影响报告书（表）的审批程序是保证环境影响评价工作顺利进行的重要手段，是生态境部门进行建设项目环境管理把关的重要步骤，是环境影响评价制度能否落到实处的关键。

① 环境影响评价大纲的编制与审批。按照分类管理名录需要编制环境影响报告书的项目，应编制环境影响评价大纲。环境影响评价大纲是环境影响报告书的总体设计和行动指南，应在开展评价工作之前编制。它是具体指导环境影响评价的技术文件，也是检查报告书内容和质量的主要判据，应在充分研读有关文件、进行初步的工程分析和环境现状调查后形成。

环境影响评价大纲审批权限与环境影响报告书的审批权限一致，由建设单位向负责审批的生态环境部门申报，并抄送行业主管部门。生态环境部门根据情况确定评审方式，提出审查意见。

评价单位应在生态环境部门对评价大纲做出批复后开展具体的环境影响评价工作，并注意在实施中把审查意见列为报告书内容。

② 环境影响报告书的编制与审批。环境影响报告书是环境影响评价程序和内容的书面表现形式之一，是环境影响评价项目的重要技术文件。建设项目的类型不同，对环境的影响差别很大，环境影响报告书的编制内容和格式也有所不同，一般而言应包括以下内容：

- 总论：包括环境影响评价项目的由来、编制报告书目的、编制依据、评价标准、评价范围、控制及保护目标等；
- 建设项目概况：包括建设项目规模、生产工艺水平、产品方案、原料、燃料及用水量、污染物排放量、环保措施，并进行工程影响环境因素分析；
- 环境现状：自然环境调查，社会环境调查，评价区域大气环境质量现状调查，地表水环境质量现状调查，地下水环境质量调查，土壤及农作物现状调查，环境噪声现状调查，人体健康及地方病调查，其他社会、经济活动污染，破坏环境现状调查；
- 污染源调查与评价：包括建设项目污染源预估、评价区内污染源调查与评价；
- 环境影响预测与评价：包括大气环境影响预测与评价、水环境影响预测与评价、声环境影响预测与评价、生态环境影响评价、对人群健康影响分析、振动及电磁波的环境影响分析等；
- 环保措施的可行性及经济技术论证：大气污染防治措施的可行性分析及建议、废水治理措施的可行性分析及建议、废渣处理及处置的可行性分析、对噪声、振动等其他污染控制措施的可行性分析、对绿化措施的评价及建议、环境管理、监测制度建议；

- 环境影响经济损益简要分析：包括建设项目的经济效益、建设项目的社会效益和建设项目的环境效益；
- 实施环境监测的建议：针对建设项目环境影响特点，提出对各排放口的监测方案或计划，提出配置监测设备和人员的建议；
- 结论：要求简要、明确、客观地阐述评价工作的主要结论，包括评价区的环境质量现状、污染源评价的主要结论、主要污染源及主要污染物、建设项目对评价区环境的影响、环保措施可行性分析的主要结论及建议；从三个效益统一的角度，综合提出建设项目的选址、规模、布局等是否可行。

环境影响报告书（表）的审批一律由建设单位负责提出，报主管部门预审，主管部门提出预审意见后转报负责审批的环境保护部门审批；建设项目的性质、规模、建设等发生较大改变时，应按照规定的审批程序重新报批；对于环境问题有争议的建设项目，其环境影响报告书（表）可提交上一级环境保护部门审批。

负责审批的生态环境部门应严格按照审批权限、时限进行审批，坚决杜绝越权审批的发生。1998 年颁布的《建设项目环境保护管理条例》对审批权限作出如下规定：第一，属于国家环境保护总局审批的项目：核设施、绝密工程等特殊性质的建设项目；跨省、自治区、直辖市行政区域的建设项目；国务院审批的或国务院授权有关部门审批的建设项目。第二，上述规定以外的建设项目环境影响报告书、报告表或登记表的审批权限，由省、自治区、直辖市人民政府规定。

2．环境影响评价制度的特点

我国的环境影响评价制度是借鉴国外经验并结合中国的实际情况，逐步形成的。我国的环境影响评价制度主要特点表现在以下几个方面：

（1）具有法律强制性。我国的环境影响评价制度是国家环境保护法明令规定的一项法律制度，以法律形式约束人们必须遵照执行，具有不可违背的强制性，所有对环境有影响的建设项目都必须执行这一制度。

（2）纳入基本建设程序。未经生态环境主管部门批准环境影响报告书的建设项目，计划部门不办理设计任务书的审批手续，土地部门不办理征地，银行不予贷款。环境影响评价在基本建设程序中具有非常重要的地位。

（3）分类管理。对造成不同程度环境影响的建设项目实行分类管理。对环境有重大影响的必须编写环境影响报告书；对环境影响较小的项目可以编写环境影响报告表；而对环境影响很小的项目，可以只填报环境影响登记表。

（4）实行评价资格审核认定制。为确保环境影响评价工作的质量，自 1986 年起，我国建立了评价单位的资格审查制度，强调评价机构必须具有法人资格，具有与评价内容相适应的固定在编的各专业人员和测试手段，能够对评价结果负起法律责任。评价资格经审核认定后，发给相应等级环境影响评价证书。甲级证书由国家环境保护局颁发，乙级证书由省、自治区、直辖市环保局颁发。1999 年国家环境保护总局根据 1998 年新颁布的《建设项目环境保护管理条例》制定了新的《建设项目环境影响评价资格证书管理办法》，强调了环评人员的持证上岗、对评价单位两年一次的定期考核以及新的证书申请办法，规定甲、乙级环境影响评价证书均由国家环境保护总局颁发。持证评价是我国环境影响评价制度的一个重要特点。

三、排污收费制度

排污收费制度是指国家环境行政管理机关根据法律规定，对排放污染物者征收一定费用的制度，包括排污费的征收、管理和使用等方面的内容。

1. 排污收费制度的建立与发展

1978 年 12 月，中共中央批转国务院环境保护领导小组《环境保护工作汇报要点》提出：“向排污单位实行排放污染物的收费制度，由环境保护部门会同有关部门制定具体收费办法。”1979 年 8 月，《中华人民共和国环境保护法（试行）》颁布，在法律上正式确立我国的排污收费制度：“超过国家规定的标准排放污染物，要按照排放污染物的数量和浓度，根据规定收取排污费。”

1982 年 2 月 5 日，国务院在总结了全国 27 个省、直辖市、自治区排污收费试点工作经验的基础上，发布了《征收排污费暂行办法》，明确对废气、废水、废渣等污染物排放实行超标收费办法，对排污收费的目的，排污费征收、管理和使用做出了统一具体的规定，并于同年 7 月 1 日起在全国执行。当时由于我国受经济发展水平低、企业经济承受能力普遍较弱、环境保护意识不高的限制，征收标准偏低（低于污染的平均治理成本）。在这之后的十余年，我国市场物价以年均超过 10%的幅度递增，使得本来较低的标准显得更低了，致使许多企业宁愿缴纳排污费也不愿上污染治理设施。

我国排污收费制度建立之初，其功能仅是促进企业污染治理，设计的标准是超标排污收费和单因子收费，既不公平，又没能真正体现环境资源的价值。浓度收费、超标准收费的结果是随着排污单位的增多，在一定的区域即使排污单位全部达标排放，区域环境质量仍向恶化的趋势发展，一些企业甚至不惜采用稀释的办法，应付达标和躲避排污收费，既污染了环境，又浪费了资源。单因子收费，即一个企业如果排放多种污染物，只对收费额最高的一种收费，其结果是掩盖了污染的真实性，企业即使投资治理了其中一种污染物，可能并不带来排污收费额度降低的好处，失去了减少排污的作用。

2003 年 1 月，国务院颁布《排污费征收使用管理条例》（国务院 369 号令），同时废止了 1982 年发布的《征收排污费暂行办法》和 1988 年发布的《污染源治理专项基金有偿使用暂行办法》。2003 年 2 月，国家计委、财政部、国家环保总局、国家经贸委颁布《排污费征收标准管理办法》等排污收费配套办法，完成了排污收费制度体系改革，改革了排污收费标准体系。变超标收费为排污收费，总体上实行“排污收费、超标处罚”；变单一收费为浓度与总量相结合，按排放污染物的质量（当量数）收费；变单因子收费为多因子收费，视其排放污染物的种类，分别计算每个排污口的最大 3 个收费因子，叠加收费；变静态收费为动态收费，分步实施，逐步高于治理成本，如二氧化硫（SO_2）排污费征收分三年到位；简化了排污收费计算，排污收费标准规范化。改革了排污费资金使用管理。实行“收支两条线”“环保开票、银行代收、财政辖管”，排污费 10%缴入中央国库，90%缴入地方国库，分别作为国家和地方环境保护专项资金管理，排污费资金使用与环保部门自身建设脱钩；取消“返还”的概念，根据污染防治的重点和当地最急需解决的环境问题，按轻重缓急予以安排。改革了排污费监督管理。强调政务公开，实行公告制；加强审计监察监督，增加透明度；强化排污费征收管理，加强排污收费稽查。

2．排污收费制度的内容

（1）排污即收费。国务院《排污费征收使用管理条例》第 2 条规定：“直接向环境排放污染物的单位和个体工商户（以下简称排污者），应当依照本条例的规定缴纳排污费。”

（2）强制征收排污费。交纳排污费是排污者必须承担的法律责任。《排污费征收使用管理条例》第 21 条规定：“排污者未按照规定缴纳排污费的，由县级以上地方人民政府环境保护行政主管部门依据职权责令限期缴纳；逾期拒不缴纳的，处应缴排污费数额 1 倍以上 3 倍以下的罚款，并报经有批准权的人民政府批准，责令停产停业整顿。”

（3）属地分级征收。《排污费征收使用管理条例》第 7 条规定：“县级以上地方人民政府环境保护行政主管部门，应当按照国务院环境保护行政主管部门规定的核定权限对排污者排放污染物的种类、数量进行核定。”

（4）征收程序法定化。《排污费征收使用管理条例》规定排污费征收程序为：排污申报登记—排污申报登记核定—排污费征收—排污费缴纳—（不按照规定缴纳的）责令限期缴纳—（拒不履行的）实行强制征收。排污费征收必须依据法定程序进行，否则视为征收排污费程序违法。

（5）排污费“收支两条线”。《排污费征收使用管理条例》第 4 条规定：“排污费的征收、使用必须严格实行‘收支两条线’，征收的排污费一律上缴财政，环境保护执法所需经费列入本部门预算，由本级财政予以保障”。

（6）核定收缴制。《排污费征收使用管理条例》第 13 条规定：“负责污染物排放核定工作的环境保护行政主管部门，应当根据排污费征收标准和排污者排放的污染物总类、数量确定排污者应当缴纳的排污费数额，并予以公告。”

（7）实行公告制。根据《排污费征收管理条例》第 13 条、17 条和《关于减免及缴纳排污费有关问题的通知》（财综[2003]38 号）规定，负责核定工作的环境保护行政主管部门应对排污者排放的污染物种类、数量、对应项目征收标准、应当缴纳的排污费数额，予以公告；批准减缴、免缴、缓缴排污费的排污者的名单由受理申请的环境保护行政主管部门予以公告。公告可采用电视、报纸、广播、互联网等形式。

（8）征收时限固定。《排污费资金收缴使用管理办法》第 5 条规定：“排污费按月或者季属地化收缴。”

（9）专款专用。《排污费征收使用管理条例》第 5 条、18 条、25 条规定，排污费作为环境保护专项资金，全部纳入财政预算管理，主要用于重点污染源防治、区域性污染防治、污染防治新技术和新工艺的开发及示范应用，国务院规定的其他污染防治项目等，任何单位和个人不得截留、挤占或者挪作他用。

（10）缴纳排污费不免除其他法律责任。《排污收费征收使用管理条例》第 12 条规定：“排污者缴纳排污费，不免除其防治污染、赔偿污染损害的责任和法律、行政法规规定的其他责任。”

四、环境保护目标责任制度

环境保护目标责任制度就是以签订责任书的形式具体落实各级地方人民政府（行政首长）和排污单位（企业法人）对环境质量负责的环境行政管理制度。这项制度确定了一个区域、一个部门乃至一个单位环境保护的主要责任者和责任范围，运用目标化、定量化、制度化的管理方法，把贯彻执行环境保护这一基本国策作为各级领导的行为规范，推动环境保护工作的全面、深入发展，是责、权、利、义的有机结合。

1．环境保护目标责任制度的建立

1986 年初，甘肃省人民政府在兰州等 5 个省辖市开展试点工作，由省环境保护委员会代表省政府与市政府签订环境保护目标责任书，把环境保护工作纳入各市政府的基本职责。1987 年，甘肃省人民政府在全省范围内推广环境保护目标责任制。

1989 年 4 月，第三次全国环境保护会议召开，提出在全国推行环境保护目标责任制：省长对全省的环境质量负责，市长对全市的环境质量负责，县长对全县的环境质量负责，乡长对全乡的环境质量负责。强调要使各级政府的领导者真正对环境负责，就必须有环境保护目标责任制度做保证。1989 年 12 月，《中华人民共和国环境保护法》颁布，其第 16 条规定：“地方各级人民政府，应当对本辖区的环境质量负责，采取措施改善环境质量。”第 24 条规定：“产生环境污染和其他公害的单位，必须把环境保护工作纳入计划，建立环境保护责任制度。”此后，环境保护目标责任制度作为一项环境管理制度开始在全国执行。

2．环境保护目标责任制度的主要内容

环境保护目标责任制度是新五项制度措施的龙头，具有全局性的影响。首先，它明确了保护环境的主要责任者、责任目标和责任范围，解决了“谁对环境质量负

责”这一首要问题。其次，责任制的容量很大，各地可以根据本地区的实际情况，确定责任制的指标体系和考核方法。既可以有质量指标，也可以有为达到质量所要完成的工作指标；既可以将老三项制度的执行纳入责任制，也可以将其他四项新制度的实施包容进来。许多地方把排污费收缴率、环境影响评价和“三同时”执行率等都纳入了责任制。所以抓住了这个龙头就能带动全局，促进其他制度和措施的全面实行。第三，责任制的各项指标可以层层分解，使保护环境的任务落到方方面面、各行各业，调动全社会的积极性，从制度上扭转环境保护部门一家孤军作战的局面。

3．环境保护目标责任制度的实施

实施环境保护目标责任制度是一项复杂的系统工程，涉及面广、政策性强、技术性强、任务十分繁重。其工作程序大致经过责任书的制定、责任书的下达、责任书的实施、责任书的考核四个阶段：

（1）制定阶段。在这一阶段各级政府组织有关部门和地区，通过广泛调查研究、充分协商，确定实施责任制的基本原则，建立指标体系，制定责任书的具体内容。

（2）下达阶段。责任书制定后，以签订责任状的形式，把责任目标正式下达，将各项指标逐级分解，层层建立责任制，使任务落实、责任落实。

（3）实施阶段。在各级政府的统一指导下，责任单位按各自承担的义务，分头组织实施，政府和有关部门对责任书的执行情况定期调度检查，采取有效措施，以保证责任目标的完成。

（4）考核阶段。责任书期满，先逐级自查，然后由政府组织力量，对完成情况进行考核。根据考核结果，给予奖励或处罚。

五、城市环境综合整治定量考核制度

1．城市环境综合整治定量考核制度的建立

1984 年 12 月，中共中央《关于经济体制改革的决定》提出：“城市政府应该集中力量做好城市的规划、建设和管理，加强各种公用设施的建设，进行环境的综合整治。”1985 年，国务院召开全国城市环境保护工作会议，会议原则通过《关于加强城市环境综合整治的决定》，提出了中国城市环境综合整治的方针、政策、目标与任务。1988 年 9 月，国务院环境保护委员会发布《关于城市环境综合整治定量考核的决定》，要求从 1989 年 1 月 1 日起实施城市环境综合整治定量考核工作。1989 年 1 月，国务院环境保护委员会发布《关于城市环境综合整治定量考核实施办法（暂行）》，国家对北京、上海、天津、石家庄、郑州、武汉、沈阳、大连、桂林、苏州等共 32 个城市进行直接考核，考核范围包括大气、水、噪声控制、固体废弃物综合利用和处置及城市绿化等 5 个方面。1989 年 5 月，国务院环境保护委员会下发《城市环境综合整治定量考核措施解释与计算方法（修改稿）》《城市环境综合整治定量考核监督办法》，城市环境综合整治定量考核制度更加完善。实施城

市环境综合整治定量考核，是推动城市环境综合整治的保证措施，也是我国环境管理制度的重要组成部分。这项制度的出现，标志着中国城市的环境管理，开始从传统的定性管理向定量管理转变，由经验型管理向科学化管理发展。

2．城市环境综合整治定量考核制度

两大部分内容：一部分为城市环境综合整治，一部分为定量考核。城市环境综合整治，就是用综合的对策整治、调控、保护和改造城市环境，创造一个良性城市生态系统。定量考核是实行城市环境目标管理的重要手段，通过科学的定量考核指标体系，对城市环境综合整治方面的工作情况进行考核。

主要内容是：把城市的环境建设、经济建设和城市建设有机地结合起来，通过系统规划，合理布局，调整产业结构和能源结构，技术改造，污染源治理，集中控制，市政公用设施建设，环境监督管理等多层次、多途径、多形式的综合性措施，保护和改善城市环境。重点是控制水环境、空气、固体废物、声环境的污染。

3．城市环境综合整治定量考核指标

	序号	指标名称	限值		权重	计分公式	考核范围
环境质量	1	大气总量悬浮微粒年日平均值/（mg/m^3）	北方 0.6	北方 0.18	4	$4(0.6-x)/0.42$	认证点位
			南方 0.5	南方 0.08		$4(0.5-x)/0.42$	认证点位
	2	二氧化硫年日平均值/（mg/m^3）	0.1	0.02	3	$3(0.10-x)/0.08$	认证点位
	3	氮氧化物年日平均值/（mg/m^3）	0.1	0.05	3	$3(0.10-x)/0.08$	认证点位
	4	饮用水源水质达标率/%	100	80	6	$6(x-80)/20$	认证点位
	5	城市地面水水质达标率/%	100	60	6	$6(x-60)/40$	认证点位
	6	区域环境噪声平均值/dB(A)	62	56	4	$4(62-x)/6$	认证点位
	7	交通干线噪声平均值/dB(A)	74	68	4	$4(74-x)/6$	认证点位
污染控制	8	水污物排放总量削减率/%	10	0	4	$4(0.05x+0.5)$	城市地区
	9	大气污物排放总量削减率/%	见指标解释	见指标解释	4	见指标解释	城市地区
	10	烟火控制区覆盖率/%	100	50	4	$4(x-30)/70$	建成区
	11	环境噪声达标区覆盖率/%	50	10	4	$4(x-10)/40$	建成区
	12	工业废水排放达标率/%	90	30	4	$4(x-30)/60$	城市地区
	13	汽车尾气达标率/%	80	30	3	$3(x-30)/50$	城市地区
	14	民用型煤普及率/%	90	0	3	$3x/90$	
	15	工业固体废物综合利用率/%	80	20	4	$4(x-20)/60$	城市地区
	16	危险废物处置率/%	100	20	4	$4(x-20)/80$	城市地区
环境建设	17	城市污水处理率/%	40	0	4	$4x/40$	城市地区
	18	城市集中供热率/%	40	0	3	$3x/40$	城市地区
	19	城市气化率/%	90	40	3	$3(x-40)/50$	城市地区
	20	生活垃圾处理率/%	90	0	4	$4x/90$	建成区
	21	建成区绿化覆盖率/%	40	10	3	$3(x-10)/30$	城市地区
	22	自然保护区覆盖率/%	8	0	3	$2x/8+1$	城市地区

	序号	指标名称	限值		权重	计分公式	考核范围
环境管理	23	城市环境保护投资指数/%	2	0	4	$4x/2$	城市地区
	24	环境保护机构建设/%	见指标解释	见指标解释	3	见指标解释	城市地区
	25	“三同时”合格执行率/%	100	50	3	$3(x-75)/25$	城市地区
	26	排污费征收面/%	100	50	1.5	$1.5(x-50)/50$	城市地区
		排污费征收率/%	2	0.5	1.5	$1.5(x-0.5)/1.5$	城市地区
	27	污染防治设施运行率/%	100	50	3	$3(x-50)/50$	城市地区

4．城市环境综合整治定量考核制度的实施

（1）实行分级考核。城市环境综合整治定量考核实行分级考核，国家环境保护总局负责 113 个国家环境保护重点城市的考核。各省、自治区、直辖市负责考核的城市除地级市外，还可根据本省实际情况对县级市进行考核。

（2）考核程序。城市环境综合整治定量考核每年进行一次，考核的具体程序是每年年终，由城市政府组织有关部门对各项指标的情况进行汇总，填写《城市环境综合整治定量考核结果报表》，上报省环境保护局；省环境保护局对上报情况进行初步审查，并提出审查意见报国家环境保护总局。国家环境保护总局组织对被考核的城市进行复查，复查核实后，排出名次向全国公布考核结果。省、自治区政府组织对所辖城市进行考核，并在当地公布考核结果。

六、排污许可证制度

排污许可证制度是以保护及改善环境质量为目的，以污染物排放总量控制为基础，规定可能造成环境不良影响活动的排污单位，必须向环境管理机关提出排污申请，经审查批准，发给许可证后才能从事排污活动的管理制度。

1．排污许可证制度的建立

排污许可证制度是我国的一项重要的环境管理制度。国家环保局早在 1986 年就开始进行排放水污染物许可证制度的试点工作。1989 年 4 月，第三次全国环境保护工作会议后，国务院在《关于进一步加强环境保护工作的决定》中提出“逐步推行污染物排放总量控制和排污许可证制度”。同年 9 月颁布的《中华人民共和国水污染防治法实施细则》（2000 年 3 月修订）规定：“县级以上地方人民政府环境保护部门根据总量控制实施方案，审核本行政区域内向该水体排污的单位的重点污染物排放量，对不超过排放总量控制指标的，发给排污许可证；对超过排放总量控制指标的，限期治理，限期治理期间，发给临时排污许可证。”12 月，颁布《中华人民共和国环境保护法》，进一步规定：“排放污染物的企业事业单位，必须按照国务院环境保护行政主管部门的规定申报登记。”1991 年，《中华人民共和国大气污染防治法实施细则》规定：“向大气排放污染物的单位，必须按规定向排污所在地的环境保护部门提交《排污申报登记表》。申报登记后，排放污染物的种类、数量、浓度需作重大改变时，应当在改变的 15 天前提交新的《排污申报登记表》；属于突发性的重大改变，必须在改变后的 3 天内提交新的《排污申报登记表》。”1995 年，《中华人民共和国固体废物污染环境防治法》规定：“国家实行工业固体废物申报登记制度。”1997 年施行的《中华人民共和国环境噪声污染防治法》规定：“造成环境噪声污染的设备的种类、数量、噪声值和防治设施有重大改变的，必须及时申报，并采取应有的防治措施。”

2．排污许可证制度的主要内容

排污许可证制度是以保护及改善环境质量为目标，是在控制污染物排放总量的基础上建立的。

排污许可证在性质上是环境保护部门对申请排污单位的排污活动的同意，有效控制排污单位污染物的排放。排污许可证制度包括排污单位的排污申报登记、许可证控制指标的确定、排污许可证污染物控制目标的规划分配、发放排污许可证、许可证执行情况的监督管理。

我国现有的排污许可证管理包括排放水污染物许可证和排放大气污染物许可证等。

3．排污许可证制度的实施

排污许可证制度的实施经过排污申报登记、排污指标的审定、排污许可证下达、许可证监督管理四个过程。

（1）排污申报登记。排污申报登记是一项单独的环境管理行政制度，同时也是实施排污许可证制度的基础与保证。排污申报登记主要申报登记内容是：排污单位基本情况：原料、资源、能源消耗情况；工艺流程、排污节点、排污种类、排放浓度、排放总量、排放去向：污染处理设施的建设、运行情况：单位的地理位置及平面布置示意图。

（2）排污指标的审定。环境保护部门对排污单位排污申报登记表进行核查，确定申报登记内容的准确性，从而审定排污许可证控制因子，然后分配排污单位污染物允许排放浓度、允许排放量。审定排污单位排污指标是排污许可证制度的核心工作。

（3）发放排污许可证。向达到控制指标的排污单位发放排污许可证，对暂时达不到需要控制指标的排污单位发放临时许可证。

（4）许可证监督管理。对排污单位是否按排污许可证规定的排污要求进行排污做定期检查。

为了保证排污许可证制度的顺利实施，需制定排污许可证管理办法，排污许可证的监督、监测、定期考核制度等。

七、污染集中控制制度

污染物集中控制是在一个特定的范围内，为保护环境所建立的集中治理设施和采用的管理措施，是强化环境管理的一种重要手段。污染物集中控制应以改善流域、区域等控制单元的环境质量为目的，依据污染防治规划，按照废水、废气、固体废物等的性质、种类和所处的地理位置，以集中治理为主，用尽可能小的投入获取尽可能大的环境、经济、社会效益。

1．污染物集中控制制度的建立

污染物集中控制是从我国环境管理实践中总结出来的。多年的实践证明，我国的污染治理必须以改善环境质量为目的，以提高经济效益为原则。以往的污染治理常常过分强调单个污染源的治理，搞了不少污染治理设施，可是区域总的环境质量并没有大的改善，环境污染并没有得到有效的控制。

正是基于上述原因，1987 年，国务院环境保护委员会发布《城市烟尘控制区管理办法》，其第 4 条规定："建设烟尘控制区的基本原则：1．发展集中供热、联片采暖，避免新建分散的采暖锅炉：2．利用工业余热、发展集中供热。"1989 年 4 月，第三次全国环境保护会议召开，国务院环境保护委员会明确提出："考虑到我国现实情况，污染治理应该走集中与分散治理相结合的道路，以集中控制作为发展方向"，污染物集中控制制度正式得以确认。

2．污染物集中控制的实施

（1）实行污染物集中控制，必须以规划为先导。如完善排水管网，建立城市污水处理厂，发展城市绿化等。集中控制污染必须与城市建设同步规划、同步实施、同步发展。

（2）集中控制城市污染，要划分不同的功能区域，突出重点，分别整治。因为各区域内的污染物性质、种类和环境功能不同，其主要的环境问题也就不一样。

（3）实行污染物集中控制必须与分散治理相结合。实行集中控制，并不意味着不需要分散治理，从某种意义上讲，分散治理还十分重要，如少数大型企业、远离城镇的污染源或因条件不具备无法实行集中控制的等。

（4）实行污染物集中控制必须疏通多种资金渠道。污染物集中治理比起分散治理，在总体上可以节约资金，但是一次性投入较大。所以，要多方筹集资金。

（5）实行污染物集中控制，必须由地方政府牵头，政府领导挂帅，协调各部门，分工负责。

3．污染物集中控制的意义

（1）有利于集中人力、物力、财力解决重点污染问题。集中治理是实施集中控制的重要内容。根据规划对已经确定的重点控制对象，进行集中治理，有利于调动各方面的积极性，把分散的人力、物力、财力集中起来，解决敏感或老大难的污染问题。

（2）有利于采用新技术，提高污染治理效果。实行污染集中控制，使污染治理由分散的点源治理转向社会化综合治理，有利于采用新技术、新工艺、新设备，提高污染控制水平。

（3）有利于提高资源利用率，加速有害废物资源化。实行污染集中控制，可以节约资源、能源，提高废物综合利用率。如集中控制水污染，可把处理污水作农田灌溉之用；集中治理大气污染，可同时从节煤、节电抓起。

（4）有利于节省防治污染的总投入。集中控制污染比分散治理污染节省投资、节省设施运行费用、节省占地面积，也大大减少了管理机构、人员，解决了企业缺少资金或技术、难以承担污染治理责任、虽有资金但缺乏建立设施的场地或虽有设施却因管理不善达不到预期效果等问题。

（5）有利于改善和提高环境质量。集中控制污染是以流域、区域环境质量的改善和提高为直接目的的，其实行结果必然有助于环境质量状况在相对短的时间内得到较大的改善。

八、限期治理制度

限期治理是指以污染源调查、评价为基础，以环境保护规划为依据，突出重点，分期分批地对污染危害严重、群众反映强烈的污染物、污染源、污染区域采取的限定治理时间、治理内容及治理效果的强制性措施，是人民政府为了保护人民的利益对排污单位采取的法律手段，被限期治理的企业事业单位必须依法完成限期治理。

1．限期治理制度的建立

限期治理最早出现于 1973 年 8 月国家计委《关于全国环境保护会议情况的报告》：对污染严重的城镇、工矿企业、江河湖泊和海湾，要一个一个地提出具体措施，限期治理好。

1978 年 10 月，国家计委、国家经委、国务院环境保护领导小组提出一批严重污染环境的重点工业企业名单，要求限期治理。至此，限期治理作为一项管理内容开始试验性的施行。

《中华人民共和国环境保护法》《中华人民共和国水污染防治法》《中华人民共和国大气污染防治法》《中华人民共和国环境噪声污染防治法》等法律中都有限期治理的规定。各地方根据国家的法规制定了具体的规定和办法。

2．限期治理的范围

限期治理的范围包括区域性限期治理、行业性限期治理和污染源限期治理。其中，区域性限期治理是指对污染严重的某一区域、某个水域的限期治理，如在滇池流域、淮河流域进行的限期治理。区域性限期治理除了进行必要的点源治理外，调整工业布局、调整经济结构、技术改造、市政建设和改造等也都是区域性限期治理的重要措施。行业性限期治理是指对某个行业性污染的限期治理，如国家对“15 小”的限期治理。行业性限期治理也包括限期调整产品结构、原材料、能源结构和工艺设备的限期调整与更新。污染源限期治理是指对污染严重的排放源进行限期治理。

3. 限期治理的重点

限期治理的重点主要针对污染危害严重、群众反映强烈的污染物、污染源；位于居民稠密区、水源保护区、风景游览区、自然保护区、城市上风向等环境敏感区的污染源；区域或水域环境质量十分恶劣，有碍观瞻、损害景观的区域或水域的环境综合整治项目；污染范围较广、污染危害较大的行业污染项目等。

限期治理要具有四大要素：限定时间、治理内容、限期对象、治理效果，四者缺一不可。

九、其他五项环境管理制度

1. 现场检查制度

现场检查制度是指生态环境部门或者其他依法行使环境监督管理权的部门，对管辖范围内排污单位的排污情况和污染治理等情况进行现场检查的制度。实行现场检查制度的目的在于督促排污单位遵守环境保护法律规定，采取措施积极防治污染；促进排污单位加强环境管理，减少污染物的排放和消除污染事故隐患，提高和增强排污单位的领导及有关人员的环境保护意识和环境法治观念，自觉履行保护环境的义务；督促管理部门履行自己的职责，提高污染防治水平，克服和减少有法不依的现象。

2. 污染事故报告制度

污染事故是指由于违反环境保护法律法规的经济社会活动与行为以及意外因素的影响或不可抗拒的自然灾害等原因，致使环境受到污染，人体健康受到危害，社会经济与人民财产受到损失，造成不良社会影响的突发性事件。污染事故可分为：水污染事故、大气污染事故、噪声与振动污染事故、固体废物污染事故、农药与有毒化学品污染事故、放射性污染事故等。污染事故报告制度，是指因发生事故或者其他突然性事件，以及在环境受到或可能受到严重污染、威胁居民生命财产安全时，依照法律法规的规定进行通报和报告有关情况并及时采取措施的制度。

3. 排污申报制度

《中华人民共和国环境保护法》第二十七条规定：排放污染物的企业事业单位，必须依照国务院环境保护行政主管部门的规定申报登记。排污申报制度的具体规定如下（1992 年 8 月 14 日国家环境保护局令第 10 号）：

第一条　为加强对污染物排放的监督管理，根据《中华人民共和国环境保护法》及有关法律法规制定本规定。

第二条　凡在中华人民共和国领域内及中华人民共和国管辖的其他海域内直接或者间接向环境排放污染物、工业和建筑施工噪声或者产生固体废物的企业事业单位（以下简称“排污单位”），按本规定进行申报登记（以下简称“排污申报登记”），法律、法规另有规定的，依照法律、法规的规定执行。放射性废物、生活垃圾的申报登记不适用本规定。

第三条　县级以上环境保护行政主管部门对排污申报登记实施统一监督管理，排污单位的行业主管部门负责审核所属单位排污申报登记的内容。

第四条　排污单位必须按所在地环境保护行政主管部门指定的时间，填报《排污申报登记表》，并按要求提供必要的资料。新建、改建、扩建项目的排污申报登记，应在项目的污染防治设施竣工并经验收合格后一个月办理。

第五条　排污单位必须如实填写《排污申报登记表》，经其行业主管部门审核后向所在地环境保护行政主管部门登记注册，领取《排污申报登记注册证》。

排放污染物的个体工商户的排污申报登记，由县级以上地方环境保护行政主管部门规定。

排放单位终止营业的，应当在终止后一周内向所在地环境保护行政主管部门办理注销登记，并交回《排污申报登记注册证》。

第六条　排污单位申报登记后，排放污染物的种类、数量、浓度、排放去向、排放地点、排放方式、噪音源种类、数量和噪声强度、噪声污染防治设施或者固体废物的储存、利用或处置场所等需作重大改变的，应在变更前十五天，经行业主管部门审核后，向所在地环境保护行政主管部门履行变更申报手续，征得所在地环境保护行政主管部门的同意，填报《排污变更申报登记表》；发生紧急重大改变的，必须在改变后三天内向所在地环境保护行政主管部门提交《排污变更申报登记表》。发生重大改变而未履行变更手续的，视为拒报。

第七条　排放污染物超过国家或者地方规定的污染物排放标准的企业事业单位，在向所在地环境保护主管部门申报登记时，应当写明超过污染物排放标准的原因及限期治理措施。

第八条　需要拆除或者闲置污染物处理设施的，必须提前向所在地环境保护部门申报，说明理由。环境保护部门接到申报后，应当在一个月内予以批复，逾期未批复的，视为同意。

未经环保部门同意，擅自拆除或闲置污染物处理设施未申报的，视为拒报。

第九条　法律、法规对排污申报登记的时间和内容已有规定的，按已有规定执行。

第十条　建筑施工噪声的申报登记，按《中华人民共和国环境噪声污染防治条例》第二十二条的规定执行。

第十一条 排污单位对所排放的污染物，按国家统一规定进行监测、统计。

第十二条 排污单位的废水排放口，废气排放口，声排放源和固体废物贮存、处置场所应适于采样、监测计量等工作条件，排污单位应按所在地环境保护行政主管部门的要求设立标志。

第十三条 县级以上环境保护行政主管部门有权对管辖范围内的排污单位进行现场检查，核实排污申报登记内容。被检查单位必须如实反映情况，提供必要的资料。

进行现场检查的环境保护行政主管部门必须为被检查单位保守技术及业务秘密。

第十四条 县级以上环境保护行政主管部门应建立排污申报登记档案，省辖市级以上的环境保护行政主管部门应建立排污申报登记数据库。

第十五条 排污单位拒报或谎报排污申报登记事项的，环境保护行政主管部门可依法处以三百元以上三千元以下罚款，并限期补办排污申报登记手续。

第十六条 《排污申报登记表》《排污变更申报登记表》《排污申报登记注册证》的格式和排污申报登记数据库的建设规范由国家环境保护局统一制定。

第十七条 本办法自一九九二年十月一日起施行。

4．环境信访制度

为了防范环境污染事故的发生，减少各类环境污染事件的扰民危害，除了要进一步加大环境监督执法力度，还必须加大环境监察的检查频率，增加明察暗访。为此，国家专门设立了动员和鼓励广大群众参与环境监督的环境信访制度，并颁布了《环境信访办法》（[1997]环保局令 19 号）。办法中规定了环境信访应遵循的原则、环境信访工作的机构与职责、环境信访的受理、环境信访的形式、环境信访人的权利和义务以及环境信访的办理程序等。

5．环境保护举报制度

“九五”期间，国家环境保护总局开始在全国实施环境保护举报制度，同时全面开通了 12369 中国环保举报热线，并逐步实现有奖举报制度。环境保护举报制度的内容包括：

（1）制定环境保护举报制度管理办法，内容包括：环境保护举报的受理范围，举报事项的办理程序，鼓励环境保护举报的措施。

（2）通过报纸、广播、电视及其他有效形式，向社会公告受理环境保护举报的单位名称、通讯地址、邮政编码、电话号码及环境保护举报的其他有关规定。

（3）环境保护举报的受理范围应包括环境污染和生态破坏事故，违反各项环境管理制度的行为及其他违反环保法律、法规、规章的事件和行为，对环境保护执法情况的监督等。

（4）环境保护举报事项的办理程序应包括登记立案，协调分办，及时反馈，定期公布受理情况和办理结果。

（5）鼓励环境保护举报的措施应包括为举报者保守秘密，对有重大贡献的环境保护举报者予以表彰、奖励等。

阅读材料 5-1　哈尔滨制药厂重污染限期治理而未治

哈尔滨制药厂是一个以生产抗生素原料为主，以半合成抗生素为重点的中国第二大抗生素生产企业。1996 年，根据全国政协的考察，该药厂每天产生污水约 2.5 万 t，其中 80%的污水未经任何处理直接排入松花江，平均 COD 浓度达 1 048 mg/L，年排放 COD 达 1 万多吨。除排放污水外，哈尔滨制药厂的 3 个大烟囱冒着滚滚浓烟，烟尘所及，便是一片黑灰，一股股刺鼻的怪味随风而至，附近厂矿和居民，每逢中午、晚上以及刮风时，根本不能开窗。早在 1990 年，有关部门就将其列为松花江水系限期治理企业，1992 年；国家环境保护局又将其列为全国第二批限期治理企业，到 1996 年 9 月，两个限期治理期限均已超期，而治理工程却未全面施工。

【点评】

哈尔滨制药厂以“生产一流产品，创一流企业，奉献至诚，造福人类”作为宗旨，但在治污问题上的举措却不能令人满意。作为中央直属企业，黑龙江省人民政府于 1990 年就将其列为松花江水系限期治理企业，1992 年国家环境保护局又一次责令限期整改，按照整改最长期限 3 年计算，哈药厂也远远超过期限。根据《环境保护法》第三十九条规定：“对经限期治理逾期未完成治理任务的企业事业单位，除依照国家规定加收超标排污费外，可以根据所造成的危害后果处以罚款，或者停业、关闭。”可这些措施在实际执行中因种种原因而均未到位。究其原因除有技术上的因素外，更为深层次的原因则是领导的环境意识淡薄以及限期治理措施实施的不得力。这也说明中国的环保法制还有待于进一步完善。

阅读材料 5-2　人工建筑破坏景区，联合国黄牌警告张家界

张家界武陵源在风景上可以和美国西部的几个国家公园相比，如布依斯峡谷、科罗拉多大峡谷，只是由于武陵源的海拔较低，具有完整的生态系统、珍奇的地质遗迹景观和多姿多彩的气候景观，所以具有独特的审美情趣。1992 年 12 月，武陵源被联合国教科文组织遗产委员会列入世界自然遗产名录。

1998 年，作为中国首批列入世界自然遗产名录的张家界武陵源风景名胜区却因存在大量粗制滥造的人工建筑，被联合国遗产委员会官员出示了黄牌，并限令在 1998 年 10 月后全部拆除。

张家界政府下大决心进行景区拆迁，究其原因：1998 年秋天，联合国遗产委员会

在进行 5 年一次的环境监测时做出这样的结论：武陵源现在是一个旅游设施泛滥的世界遗产景区，大部分景区现在像是一个城市郊区的植物园或公园。

世界遗产这块金字招牌，为武陵源每年带来上百万的游客，政府急于招商引资，同时鼓励当地农民办旅游。当时由于规划意识淡薄，风景区内的建筑设施严重失控。风景区已经建成游览线 30 多条，游道 300 多 km，景区还设有登山索道、观光电梯，全市现有饭店 400 多家，床位总数达 3 万多张。

摘自《天府早报》 2001 年 11 月 5 日

【点评】

由于缺乏长远规划，大量与自然环境不协调的人工建筑的产生，破坏了原有的生态环境，导致原本已列入世界自然遗产名录的风景名胜区遭到联合国黄牌警告，如果再不采取措施，将影响张家界武陵源今后的发展。

阅读材料 5-3 城市空气质量报告

一、城市空气质量报告的分类

城市空气质量报告可分为两类，一类是过去一段时间的情况报告，称为现状报告，通常有年报、季报、月报、周报和日报；另一类是未来一段时间的情况报告，称为预测预报，通常有短期预报、中期预报和长期预报（趋势预报）。

二、空气质量日报

1. 空气质量日报的产生

一个城市的环境监测部门先选择若干个自动监测点位，代表不同类型的区域，有清洁对照点（如北京的定陵）、居民日常生活和工作的环境（如北京的东四、天坛、奥体中心、农展馆、古城、望京新城、东坝地区、市委党校和玉泉路地区）、交通环境（如北京前门、车公庄西路）等。每个自动监测点的仪器自动地把每小时或每天的污染物平均浓度测出来。中心监测站收集各个监测点传输来的数据，进行分析处理，得到全市每天的污染物平均浓度，就是该市的空气质量日报。

2. 空气质量日报的项目

我国“重点城市空气质量日报”包括 47 个环保重点城市；指标体系中有可吸入颗粒物 PM_{10}、NO_2、SO_2，由中央电视台向全国发布。

3. 空气污染指数（API）

由于各种空气污染浓度值的大小级别不易被普通公众接受，国际上通常把空气污染物的浓度换算成空气污染指数。每一种污染物的空气污染指数称为空气污染分指数。

4. 首要污染物与空气质量级别

在所监测的各种污染物当中，空气污染分指数最大的一种叫做首要污染物。把首要污染物的空气污染分指数作为该城市的空气污染指数，据此将城市空气质量状况分为 5 个级别，以描述城市的污染程度。空气污染指数与空气质量级别的关系见下表。

API	空气质量级别		空气质量状况	对健康的影响
0～50	Ⅰ		优	可正常活动
51～100	Ⅱ		良	可正常活动
101～150	Ⅲ	$Ⅲ_1$	轻微污染	长期接触，易感人群出现症状
151～200		$Ⅲ_2$	轻度污染	长期接触，健康人群出现症状
201～250		$Ⅳ_1$	中度污染	一定时间接触后，健康人群出现症状
251～300	Ⅳ	$Ⅳ_2$	中度重污染	一定时间接触后，心脏病和肺病患者症状显著加剧
＞300	Ⅴ		重度污染	健康人群明显强烈症状，提前出现某些疾病

有的城市对公布的空气污染物项目进行了增加和调整。以北京市为例，北京市从 1999 年 5 月开始公布空气质量日报，其中除了全国都有的项目之外，还增加了 CO 和 O_3 两项。O_3 是光化学烟雾中的光化学氧化剂之一，增加这一项有利于预测光化学污染的发生。

三、空气质量预报

从 2001 年 6 月 5 日起，我国的电视观众可以在每天中央电视台的节目中，收看到全国 47 个环境保护重点城市的空气质量状况，包括污染预报内容，为当日 20 时到次日 20 时城市的空气质量等级。城市环境空气质量预报由环保部门和气象部门联合制作、统一发布。各城市也可以在当地媒体上发布本地区的环境空气质量预报。

国际上预报的方法有数值预报模型和经验统计模型两种。相比空气质量日报，空气质量预报的可变因素增多，特别是空气质量预报与天气预报密切相关，而天气预报本身就有一个准确度问题。因此，空气质量预报只是对空气质量发展趋势的描绘，它与空气质量日报的实时监测有很大区别。

有了城市空气质量预报，人们就可以从广播、电视、报纸及类似天气预报的服务电话、电脑网络上，随时获得当地的空气质量信息，就可以根据空气质量预报的情况，避开空气污染的严重区域和高发时段，从而达到保护身体的目的。有关部门也可以根据空气质量预报采取一些措施，比如调整各工业企业的生产、控制污染物排放等以降低城市空气污染。当空气质量状况恶化时，有关部门将发出空气质量警报，及时提醒人们采取必要的防范措施。

复习与思考

1. 中国环境保护的基本方针是什么？
2. 为什么把环境保护确定为中国的一项基本国策?它的作用是什么？
3. 中国环境保护基本政策有哪些？试述其主要内容。
4. 如何理解“谁污染、谁付费”这一环境政策的全部含义？

5. 为什么说“强化管理”是具有中国特色的环境政策？

6. 简述我国环境保护的能源政策。

7. 中国环境保护基本政策和单项政策之间的关系是什么？

8. 我国现行的环境管理制度包括哪些？

9. 什么叫“三同时”制度？违反“三同时”制度的法律责任有哪些？

10. 什么叫环境影响评价？环境影响评价制度的特点有哪些？

11. 简述我国排污收费制度的改革与发展。

12. 什么叫排污收费制度？征收排污费的目的是什么？

13. 污染集中控制的目的是什么？

14. 城市环境综合整治定量考核的内容有哪些？

15. 阅读材料一。

要求：收集《限期治理制度》《水污染防治法》《征收排污费制度》等相关法律、法规资料，讨论哈尔滨制药厂作为中央直属企业是否可以漠视限期治理规定；对两个限期治理期限均已超期却未全面施工状况的深层原因，进行分析。针对类似的情况应如何处理？提出自己的主张。

目标：通过讨论，加深对限期治理的认识，进一步理解环境管理制度的丰富内涵。

16. 阅读材料二。

要求：收集《建设项目环境保护管理条例》《建筑法》及《环境管理制度》等相关法律、法规及张家界武陵源风景名胜区的有关资料，探讨造成张家界武陵源现状的历史原因，进行分析。你身边的风景名胜区有没有类似的情况？应该怎样对待这些问题?请提出自己的见解。

目标：通过讨论，加深对环境管理中的环境影响评价制度实施重要性的认识。

下篇

可持续发展概论

第六章

可持续发展的基本理论与实践

第一节　背景与发展

一、18 世纪以前的可持续发展思想

可持续发展思想自古即有。早在农业文明时代，中国就有了朴素的可持续发展思想。春秋战国时期（公元前 6 世纪至公元前 3 世纪）就有保护正在怀孕和产卵的鸟兽鱼鳖以利“永续利用”的思想和封山育林、定期开禁的法令。著名思想家孔子主张：“钓而不纲，弋不射宿。”（指只用一个钩而不用多钩的鱼竿钓鱼，只射飞鸟而不射巢中的鸟，《论语·述而》）“山林非时不升斤斧，以成草木之长；川泽非时不入网罟，以成鱼鳖之长。”（《逸周书·文传解》）春秋时在齐国为相的管仲，从发展经济、富国强兵的目标出发，十分注意保护山林川泽及生物资源，反对过度采伐。他说：“为人君而不能谨守其山林菹泽草莱，不可以立为天下王。”（《管子·地数》）战国时期的荀子也把自然资源的保护视作治国安邦之策，特别注重遵从生态学的季节规律（时令），重视自然资源的持续保存和永续利用。1975 年在湖北云梦睡虎地 11 号秦墓中发掘出 1 100 多枚竹简，其中的《田律》清晰地体现了可持续发展的思想，“春二月，毋敢伐树木山林及雍堤水。不夏月，毋敢夜草为灰，取生荔，毋...毒鱼鳖，置阱罔，到七月而纵之”。这是中国和世界最早的环境法律之一。“与天地相参”可以说是中国古代生态意识的目标和理想。

在西方，朴素的可持续发展思想源于古希腊时期。古希腊关于人和自然关系的认识，部分地反映在哲学思维中，如普罗泰哥拉（Protagoras，公元前 480－前 411）提出的“人是万物的尺度”的唯心主义观点，苏格拉底（Socrates，公元前 469－前 399）认为应该把认识自然看作崇高的事情，提出了“美德即知识”的哲学命题等。西方国家的学者从不同的科学领域对人口、经济、生态环境、自然的相互关系进行了学术研究，为可持续发展观的形成奠定了理论基础。1798 年，英国经济学家马尔萨斯（Thomas Robert Malthus）发表《人口论》，最早对人口、经济与自然资源（土地）之间的关系进行深入系统研究；西方学者对生态环境问题的研究，可以追溯到 17 世纪。1661 年，英国出版的《驱逐烟气》一书，是世界上最早研究大气污

染的专著；18 世纪的法国科学家巴丰（Buffoon）是第一个直接研究人类经济活动对自然环境作用的学者，他发现了人类活动对森林、湖泊、沼泽、灌木的分布有重要影响；1866 年德国学者海克尔（Heakel）提出了生态学（ecology）这一名词，标志着生态学这门科学的形成。

二、近现代的可持续发展思想

近现代的可持续发展思想的提出源于西方发达国家对环境问题的重视及全球环境与发展意识的觉醒。其产生的时代背景是全球环境发展事态急剧恶化，绿色消费浪潮的兴起以及绿色和平运动的发展。

（1）20 世纪中叶，随着环境污染的日趋加重，特别是西方国家公害事件的不断发生，环境问题频频困扰人类。1962 年，美国海洋生物学家蕾切尔·卡逊（Rachel Carson）发表环境保护科普著作《寂静的春天》，通过对污染物富集、迁移、转化的描写，阐明了人类同大气、海洋、河流、土壤、动植物之间的密切关系，初步揭示了污染对生态系统的影响。她告诉人们："地球上生命的历史一直是生物与其周围环境相互作用的历史……，只有人类出现后，生命才具有了改造其周围大自然的异常能力。在人对环境的所有袭击中，最令人震惊的，是空气、土地、河流以及大海受到各种致命化学物质的污染。这种污染是难以清除的，因为它们不仅进入了生命赖以生存的世界，而且进入了生物组织内。"

（2）1968 年，由来自 10 个国家的科学家、教育家、经济学家、人类学家和企业家成立了非正式国际协会——罗马俱乐部（The Club of Roma），并于 1972 年发表了由美国学者麦多斯（D. L. Meadows）领导下的第一份研究报告《增长的极限》。这份报告根据人口、资本、食品、非再生资源和环境污染五个基本变量之间的正负反馈联系而建立的"世界模型"，对全世界现在与未来的经济增长和人口增长进行了分析预测。报告认为：地球负载能力和非再生资源的有限性决定了增长是有极限的，"在现有系统没有重大变化的假定下，人口和工业的增长，最迟在下一个世纪内一定要停止"。《增长的极限》出版后，以其严密的分析和浓重的悲观色彩在全世界引起了巨大反响和争论。1974 年，罗马俱乐部发表题为《人类处于转折点》的第二份研究报告，根据文化、环境、资源等差异把全世界划分为 0 个区域，用电子计算机编制出了"多水平世界模型"，并得出与《增长的极限》大致相同的结论。

（3）20 世纪 70 年代以来，日益恶化的环境与发展事态以及科学家对这些问题的成功研究，逐渐引起了各国政府和联合国对此的重视。1972 年 6 月，联合国人类环境会议在斯德哥尔摩召开，大会通过的《人类环境宣言》宣布了 37 个共同观点和 26 项共同原则，发出了人类"只有一个地球"、全世界资源和环境已陷入危机的警告。80 年代伊始，联合国本着必须研究自然的、社会的、生态的、经济的以及利用自然资源过程中的基本关系，确保全球发展的宗旨，于 1983 年 3 月成立以挪威首相布伦特兰夫人（G. H. Brundland）任主席的世界环境与发展委员会（WCED）。1987 年，在《我们共同的未来》报告中把可持续发展作为一个关键性概念提出来，并对其下了明确定义。报告对当前人类在经济发展和环境保护方面存在的问题进行了全面和系统的评价，一针见血地指出："过去我们关心的是发展对环境带来的影响，而现在我们则迫切地感到生态的压力，如土壤、水、大气、森林的退化对发展所带来的影响。在不久以前我们感到国家之间在经济方面相互联系的重要性，而现在我们则感到在国家之间的生态学方面的相互依赖的情景，生态与经济从来没有像现在这样互相紧密地联系在一个互为因果的网络之中。"1991 年 6 月，在北京召开了有 41 个发展中国家和 9 个发达国家参加的第一个发展中国家环境与发展部长级会议，会议通过的《北京宣言》表明了发展中国家在环境与发展问题上的立场。1992 年 6 月，联合国在里约热内卢召开了由 183 个国家的代表团和 70 个国际组织的代表以及 102 个国家的领导人参加的世界环境与发展大会，大会通过了以可持续发展为主题的《21 世纪议程》等 5 个纲领性文件，标志着可持续发展观已得到世界上大多数国家的认可。

三、可持续发展的几种观点

1. 国外的可持续发展观

（1）可持续发展的生态观。① 保护和加强环境系统的生产和更新能力（可持续发展问题专题研讨会，INTECOL，IUBS，1991 年），即可持续发展是不超越环境系统更新能力的发展；② 可持续发展是寻求一种最佳的生态系统以支持生态的完整性和人类愿望的实现，使人类的生存环境得以持续。

（2）可持续发展的社会观。① 在生存于不超越维持生态系统涵容能力的情况下，提高人类的生活质量，强调可持续发展的最终落脚点是人类社会即改善人类的生活质量、创造美好环境；② 人口规模处于稳定、高效利用可再生能源、集约高效的农业生态系统的基础得到保护和改善、持续发展的交通运输系统、新的工业和新的工作、经济从增长到持续发展、政治稳定、社会秩序井然的一种社会发展。

（3）可持续发展的经济观。这类观点均认为可持续发展的核心是经济发展。① 可持续发展旨在保持自然资源的质量和其所提供服务的前提下，使经济的净利益增加到最大限度（Barbier，1985 年）；② 自然资本不变前提下的经济发展，或今天的资源使用不应减少未来的实际收入（Pearce 等，1989 年）；③ 不降低环境质量和不破坏世界自然资源基础的经济发展。

（4）可持续发展的技术观。① 可持续发展是转向更清洁、更有效的技术——尽可能接近零排放，或密闭式工艺方法——尽可能减少能源和其他自然资源的消耗（Spath，1989 年）；② 可持续发展就是建立极少产生废料和污染物的工艺或技术系统；③ 可持续发展就是在人口、资源、环境各个参数的约束下人均财富不能实现负增长（Solow，1993 年）。

2．中国的可持续发展观

中国是一个发展中的大国，人口众多、人均资源相对不足、经济基础比较薄弱、总体技术水平相对落后。中国对可持续发展的理论与实践的理解有别于发达国家，代表着发展中社会的普遍要求和利益，也体现了其作为一个特殊的发展中国家的特殊要求。

可持续发展不仅是既满足当代人的需求、又不损害子孙后代满足其需求能力的发展，也应是既符合本国利益、又不损害他国利益的发展，即可持续发展意味着走向国家公平和国际公平，这也是联合国环境规划署（UNDP）第 15 届理事会通过的《关于可持续发展的声明》（1989 年）所强调的原则。

可持续发展的核心是发展，落后和贫穷不可能实现可持续发展的目标，经济发展是实现人口、资源、环境与经济协调发展的根本保障。

江泽民同志（1995 年）在《正确处理社会主义现代化建设中的若干重大关系》一文中指出，“在现代化建设中，必须把实现可持续发展作为一个重大战略。要把控制人口、节约资源、保护环境放到重要位置，使人口增长与社会生产力的发展相适应，使经济建设与资源、环境相协调，实现良性循环。……必须切实保护资源与环境，不仅要安排好当前的发展，还要为子孙后代着想，决不能吃祖宗饭，断子孙路，走浪费资源和先污染、后治理的路子”。《中华人民共和国国民经济和社会发展“九五”计划和 2010 年远景目标纲要》指出，实施可持续发展战略，要“保持社会稳定，推动社会进步，积极促进社会公正、安全、文明、健康发展”。

中国可持续发展战略的总目标是“建立可持续发展的经济体系、社会体系和保持与其相适应的可持续利用的资源和环境基础”，以最终实现经济繁荣、社会进步和生态环境安全。

总之，可持续发展的核心是发展，强调的是发展以自然环境资源为发展基础，同资源承载力相协调，通过高效利用自然资源使社会、经济发展与环境相协调，而不是以环境污染、生态破坏为代价取得经济福利的增长；可持续发展强调各子系统之间的协调、平衡，以及发展的质量，而不是像传统的经济那样强调数量的增长；可持续发展强调代内公平和代际公平，不以牺牲一部分人的利益来满足另一部分人的需要；可持续发展以在实现社会进步的同时提高生活质量为目标，认为单纯追求经济增长并不能体现发展的内涵，“发展”比增长含义更广泛，意义更深远；可持续发展以发展和环境作为一个大系统的视角，多维地考虑发展与保护生态环境的问题，需要社会政策、法规体系、市场机制和社会各个层面的扶助和推动，强调综合决策和公众参与，可持续发展的原则要切实纳入社会、经济发展总体规划和各项立法等重大决策之中。

第二节 可持续发展的概念及内涵

一、可持续发展的概念

“持续（sustain）”一词来源于拉丁语“sustenere”，意思是“维持下去”或“保持继续提高”。针对资源与环境，则应该理解为保持或延长资源的生产使用性和资源基础的完整性，意味着使资源能够永远为人们所利用，不至于因其耗竭而影响后代人的生产与生活。

“发展”一词，传统的狭义的含义指的只是经济领域的活动，其目标是产值和利润的增长、物质财富的增加。随着认识的提高，人们注意到发展并非纯经济性的，正如苏珊·乔治（Susan George）所提出的，发展是超脱于经济、技术和行政管理的现象。发展应该是一个广泛的概念，它不仅表现在经济的增长，国民生产总值的提高，人民生活水平的改善；它还表现在文学、艺术、科学的昌盛，道德水平的提高，社会秩序的和谐，国民素质的改进等。简言之，既要“经济繁荣”，又要“社会进步”。发展除了生产数量上的增加，还包括社会状况的改善和政治行政体制的进步；不仅有量的增长，还要有质的提高。

“可持续发展”一词在1980年的《世界自然保护大纲》中首次作为术语被提出。在此期间还提出了“可持续性”和“持续发展”等概念，“可持续性”是指社会系统、生态系统或任何其他不断发展中的系统继续正常运转到无限将来而不会由于耗尽关键资源而被迫衰弱的一种能力。其含义具有长时间内保护和养育的意思，常用来评价人类活动对自然环境和资源的影响，而“持续发展”意为连续若干年的发展，强调首先消除贫困，实现持续发展，而“可持续发展”概念应该是“可持续性”和“持续发展”的结合，既要考虑发展也要考虑环境、资源、社会等各方面保持一定水平。

可持续发展的概念，各个学科从各自的角度有不同的表述，但基本含义是一致的。可归纳为：“建立极少产生废料和污染物的工艺或技术系统，在加强环境系统的生产和更新能力以使环境资源不致减少的前提下，实现持续的经济发展和提高生活质量。”或者说，可持续发展是“人类在相当长一段时间内，在不破坏资源和环境承载力的条件下，使自然—经济—社会的复合系统得到协调发展”。

（1）世界环境和发展委员会（WECD）的可持续发展定义。在世界环境和发展委员会（WECD）于 1987 年发表的《我们共同的未来》的报告中，对可持续发展的定义为：“既满足当代人的需求，又不对后代人满足其自身需求的能力构成危害的发展”，这一概念在 1989 年联合国环境规划署(UNEP)第 15 届理事会通过的《关于可持续发展的声明》中得到接受和认同，它鲜明地表达了两个基本观点：一是人类要发展，尤其是穷人要发展；二是发展要有限度，不能危及后代人的发展。即可持续发展是指满足当前需要，而又不削弱子孙后代满足其需要之能力的发展，而且绝不包含侵犯国家主权的含义。联合国环境规划署理事会认为，可持续发展涉及国内合作和跨越国界的合作。可持续发展意味着国家内和国际间的公平，意味着要有一种支援性的国际经济环境，从而导致各国，特别是发展中国家的持续经济增长与发展，这对于环境的良好管理也具有很重要的意义。可持续发展还意味着维护、合理使用并且加强自然资源基础，这种基础支撑着生态环境的良性循环及经济增长。此外，可持续发展表明在发展计划和政策中纳入对环境的关注与考虑，而不代表在援助或发展资助方面的一种新形式的附加条件。以上论述，包括了两个重要概念，一是人类要发展，要满足人类的发展需求；二是不能损害自然界支持当代人和后代人的生存能力。

美国人对可持续发展的表述同 WECD 相似：满足现代的需求而不损害下一代满足他们需要的能力。进一步说，可持续发展是一种主张：① 从长远观点看，经济增长同环境保护不矛盾；② 应当建立一些可被发达国家和发展中国家同时接受的政策，这些政策使发达国家继续增长，也使发展中国家经济发展，却不致造成生物多样性的明显破坏以及人类赖以生存的大气、海洋、淡水和森林等系统的永久性损害。

（2）侧重于自然属性的可持续发展定义。可持续性的概念源于生态学，最初应用于林业和渔业，即所谓“生态持续性”（Ecological Sustainability）。它主要指自然资源及其开发利用程度间的平衡。国际自然保护同盟（IUCN）1991 年对可持续性的定义是“可持续地使用，是指在其可再生能力(速度)的范围内使用一种有机生态系统或其他可再生资源”。同年，国际生态学联合会（INTECOL）和国际生物科学联合会（1UBS）进一步探讨了可持续发展的自然属性。他们将可持续发展定义为“保护和加强环境系统的生产更新能力”。即可持续发展是不超越环境系统再生能力的发展。此外，从自然属性方面定义的另一种代表是从生物圈概念出发，即认为可持续发展是寻求一种最佳的生态系统以支持生态的完整性和人类愿望的实现，使人类的生存环境得以持续。

（3）侧重于社会属性的可持续发展定义。世界自然保护同盟、联合国环境署和世界野生动物基金会 1991 年共同发表的《保护地球——可持续生存战略》（Caring for the Earth：A strategy for sustainable living）一书中提出的定义是：“在生存不超出维持生态系统涵容能力的情况下，改善人类的生活品质”，并进而提出了可持续生存的 9 条基本原则。这 9 条基本原则既强调了人类的生产方式与生活方式要与地球承载能力保持平衡，保护地球的生命力和生物多样性，又提出了可持续发展的价值观和 130 个行动方案。报告还着重论述了可持续发展的最终目标是人类社会的进步，即改善人类生活质量，创造美好的生活环境。报告认为，各国可以根据自己的国情制定各自的发展目标。但是，真正的发展必须包括提高人类健康水平，改善人类生活质量，合理开发、利用自然资源，必须创造一个保障人们平等、自由、人权的发展环境。1992 年，联合国环境与发展大会（UNCED）的《里约宣言》中对可持续发展进一步阐述为："人类应享有以与自然和谐的方式过健康而富有成果的生活的权利，并公平地满足今世后代在发展和环境方面的需要，求取发展的权利必须实现。"

（4）侧重于经济属性的可持续发展定义。这类定义均把可持续发展的核心看成是经济发展。从经济方面对可持续发展的定义最初由希克斯·林达尔提出，表述为："在不损害后代人的利益时，从资产中可能得到的最大利益。"其他经济学家（穆拉辛格等人）对可持续发展的定义是："在保持能够从自然资源中不断得到服务的情况下，使经济增长的净利益最大化。"这就要求使用可再生资源的速度小于或等于其再生速度，并对不可再生资源进行最有效率的使用，同时，废物的产生和排放速度应当不超过环境自净或消纳的速度。在《经济、自然资源、不足和发展》中，作者巴比尔（Barbier）把可持续发展定义为："在保护自然资源的质量和其所提供服务的前提下，使经济发展的净利益增加到最大限度。"普朗克（Pronk）和哈克（Hag）在 1992 年为可持续发展所作的定义是："为全世界而不是为少数人的特权所提供公平机会的经济增长，不进一步消耗自然资源的绝对量和涵容能力。"英国经济学家皮尔斯（Pearce）和沃福德（Warford）在 1993 年合著的《世界末日》一书中，提出了以经济学语言表达的可持续发展定义："当发展能够保证当代人的福利增加时，也不应使后代人的福利减少。"而经济学家科斯坦萨（Costanza）等人则认为，可持续发展是能够无限期地持续下去——而不会降低包括各种"自然资本"存量（量和质）在内的整个资本存量的消费数量。他们还进一步定义："可持续发展是动态的人类经济系统与更为动态的，但在正常条件下变动却很缓慢的生态系统之间的一种关系。这种关系意味着，人类的生存能够无限期地持续，人类个体能够处于全盛状态，人类文化能够发展，但这种关系也意味着人类活动的影响保持在某些限度之内，以免破坏生态学上的生存支持系统的多样性、复杂性和基本功能。" 世界银行在 1992 年度《世界发展报告》中称，可持续发展指的是：建立在成本效益比较和审慎的经济分析基础上的发展和环境政策，加强环境保护，从而导致福利的增加和可持续水平的提高。

（5）侧重于科技属性的可持续发展定义。这主要是从技术选择的角度扩展了可持续发展的定义，倾向这一定义的学者认为："可持续发展就是转向更清洁、更有效的技术，尽可能接近'零排放'或'密闭式'的工艺方法，尽可能减少能源和其他自然资源的消耗。"还有的学者提出："可持续发展就是建立极少产生废料和污染物的工艺或技术系统，在加强环境系统的生产和更新能力以使环境资源不致减少的前提下，实现持续的经济发展和提高生活质量。"或者说，可持续发展是"人类在相当长一段时间内，在不破坏资源和环境承载力的条件下，使自然一经济一社会的复合系统得到协调发展”。他们认为污染并不是工业活动不可避免的结果，而是技术水平差、效率低的表现，他们主张发达国家与发展中国家之间进行技术合作，缩短技术差距，提高发展中国家的经济生产能力。美国世界资源研究所在 1992 年提出，可持续发展就是建立极少废料和污染物的工艺和技术系统。

综上所述，可持续发展是一种特别从环境和自然资源角度提出的关于人类长期发展的战略和模式，它不是在一般意义上所指的一个发展进程要在时间上连续运行、不被中断，而是特别指出环境和自然资源的长期承载能力对发展进程的重要性以及发展对改善生活质量的重要性。可持续发展的概念从理论上结束了长期以来把发展经济同保护环境相互对立起来的错误观点，并明确指出了它们应当是相互联系和互为因果的。

二、可持续发展的内涵

1. 可持续发展是一个综合的和动态的概念

可持续发展在代际公平和代内公平方面是一个综合的概念，它不仅涉及当代的或一国的人口、资源、环境与发展的协调，还涉及同后代的和国家或地区之间的人口、资源、环境与发展之间矛盾的冲突。

可持续发展也是一个涉及经济、社会、文化、技术及自然环境的综合概念。可持续发展主要包括自然资源与生态环境的可持续发展、经济的可持续发展和社会的可持续发展三个方面。可持续发展一是以自然资源的可持续利用和良好的生态环境为基础；二是以经济可持续发展为前提；三是以谋求社会的全面进步为目标。人类社会发展的最终目标是在供求平衡条件下的可持续发展。可持续发展不仅是经济问题，也不仅是社会问题和生态问题，而是三者互相影响的综合体。目前的发展现状却往往是经济学家强调保持和提高人类生活水平，生态学家呼吁人们重视生态系统的适应性及其功能的保持，社会学家则将他们的注意力集中于社会和文化的多样性。

可持续发展是一个动态的概念。可持续发展并不是要求某一种经济活动永远运行下去，而是要求其不断地进行内部的和外部的变革，即利用现行经济活动剩余利润中的适当部分再投资于其他生产活动，而不是被盲目地消耗掉。

2. 不同学者对可持续发展内涵的理解

（1）可持续发展的根本问题和特征。刘东辉认为，可持续发展的根本问题是资源分配，既包括在不同世代之间的时间上的分配（代际分配），又包括了在当代不同国家、不同地区的人群间的分配（地区分配）。

王宏广认为，可持续发展同传统发展观主要有五个不同点：① 在生产上，把生产成本同其造成的环境后果同时考虑；② 在经济上，把眼前利益同长远利益结合起来综合考虑，在计算经济成本时，要把环境损害作为成本计算在内；③ 在哲学上，在“人定胜天”与“人是自然的奴隶”之间，选择了人与自然和谐共处的哲学思想，类似于中国古代的“天人合一”；④ 在社会学上，认为环境意识是一种高层次的文明，要通过公约、法规、文化、道德等多种途径，保护人类赖以生存的自然基础；⑤ 在生产目标上，不是单纯以生产的高速增长为目标，而是谋求供求平衡条件下的可持续发展。

他还提出可持续发展有五大特征：① 持久。表现为资源的消耗量低于资源的再生量与技术替代量之和。② 稳定。指连续不断地增加和发展，其波动幅度在能够承受的安全限度内。③ 协调。各生产部门、各种产品以及同一产品的不同品种能够达到结构合理、共同协调地发展。④ 综合。指在对产品及服务供求平衡的条件下，全面综合地发展，表现为不依赖外援的连续发展。⑤ 可行。指可持续发展的方案措施是切实可行的、经济有效的、可为社会所接受的。

可持续发展既不是医治社会百病的灵丹妙药，也不是理想主义的空谈。它代表了当今科学对人与环境关系认识的新阶段。王宏广认为，它包括三个基本要素：① 少破坏、不破坏乃至改善人类赖以生存的环境和生产条件；② 技术要不断革新，对于稀有资源、短缺资源能够经济有效地取得替代品；③ 对产品或服务的供求平衡能实现有效的调控。

（2）可持续发展的目标。刘东辉指出，可持续发展的目标是：① 恢复经济增长；② 改善增长的质量；③ 满足人类的基本需求；④ 确保稳定的人口；⑤ 保护和加强自然资源基础；⑥ 改善技术发展方向；⑦ 在决策中协调经济同生态的关系。

可持续发展是以经济发展为中心，如果经济搞不上去，社会发展、环境保护和资源持续利用也不可能。可持续发展的目的是发展，关键是可持续。

（3）可持续发展的基本内涵和本质。王宏广认为，可持续发展的基本内涵是：增长不等于发展，发展不等于可持续，可持续发展不等于供求平衡。

张坤民认为，可持续把发展与环境作为一个有机的整体。可持续发展的基本内涵是：① 可持续发展不否定经济增长，尤其是穷国的经济增长，但需要重新审视如何推动和实现经济增长。② 可持续发展要求以自然资产为基础，同环境承载力相协调。③ 可持续发展以提高生活质量为目标，同社会进步相适应。④ 可持续发展承认并要求在产品和服务的价格中体现出自然资源的价值。⑤ 可持续发展的实施以适应的政策和法律体系为条件，强调“综合决策”和“公众参与”。

叶文虎认为，可持续发展的核心内容是协同和公平。协同是指社会进步的目标、经济增长的目标和环境保护的目标这三者之间的协同，即人类社会与自然环境的协同。地球属于人类，也属于其他生物，人类行为只有在有利于整个地球的完整、稳定和完美时，才是正确的。公平，就是人类与其他生物物种之间、不同人群之间及不同地区和国家的人群之间在占有自然资源和物质财富分配上的“时空公平”。

他认为，可持续发展实质上是要求在任何一个时期，人群的生活质量或消费水平、环境质量和承载力状况这三者之间处于协调状态。

刘东辉认为，从思想实质看，可持续发展包括三个方面的含义：① 人与自然界的共同进化思想；② 当代与后代兼顾的伦理思想；③ 效率与公平目标兼容的思想。换言之，这种发展不能只求眼前利益而损害长期发展的基础，必须近期效益与长期效益兼顾，决不能“吃祖宗饭，断子孙路”。

布鲁克菲尔德（H.C.Brookfield）在 1991 年指出，可持续发展的本质是运用资源保育原理，增强资源的再生能力，引导技术变革使可再生资源替代不可再生资源成为可能，制定行之有效的政策，限制不可再生资源的利用，使资源利用趋于合理化。

三、可持续发展战略的基本思想

可持续发展战略，是指促进发展并保证其具有可持续性的战略，是改善和保护人类美好生活及其生态系统的计划和行为的过程，是多个领域的发展战略的总称。

可持续发展战略的制定和实施，是实现可持续发展的重要手段，其目的在于使经济、社会、资源、环境等各种发展目标相协调。可持续发展战略依其研究尺度可以划分为全球可持续发展战略、区域可持续发展战略、国家或地区可持续发展战略，以及某个部门的或多个部门的可持续发展战略。

1. 可持续发展战略的基本要求

可持续发展战略应当是为达到经济、社会、资源和环境目标而制定的国家政策、计划或行动方案，它必须符合以下要求：

（1）表达一个国家的“发展度”，以便于人们据此判断该国家是否在真正地、健康地发展；是否在保证生活质量和生存空间的前提下不断地发展。“发展度”侧重于强调量的概念即财富规模的扩大，表明实施可持续发展并不是要遏制经济增长和财富积累，那种把可持续发展视为停止向自然取得资源，以维持生态环境质量的想法和做法，有悖于可持续发展的本质。

（2）能够衡量一个国家的“协调度”，以便于人们据此定量地诊断该国家能否维持四种平衡，即环境与发展之间的平衡、效率与公正之间的平衡、市场发育与政府调控之间的平衡以及当代人与后代人之间在利益分配上的平衡。可见，“协调度”与“发展度”的不同之处在于，它更强调内在的效率和质的概念，注重合理地调控财富的来源、财富的积累、财富的分配以及财富在满足全人类需求中的行为规范。

（3）能够体现一个国家的“持续度”，以便于人们据此判断该国家发展的长期合理性。强调可持续发展战略要体现一个国家的“持续度”，意味着对“发展度”和“协调度”的把握，不能局限于一定时段内的发展速度和发展质量，它们必须建立在充分长时间内的调控机理之中。

2. 可持续发展战略具有的特点

（1）可持续发展战略是一个着眼于长远未来的全局性战略。战略是一个较长历史时期内相对稳定的行动指南，是带有长远性和全局性的重大谋划，其着眼点在未来。可持续发展战略作为一个涉及当代人、下一代人甚至整个人类未来的战略，它的实现需要一代人、几代人甚至整个人类的连续不断的努力。因此，制定可持续发展战略必须立足于现在，着眼于未来。

（2）可持续发展战略是一个“立体交叉”的整体发展战略。发展是可持续发展的核心，保持经济的适度增长是实现可持续发展的前提。但可持续发展理论认为，经济增长与资源的永续利用和环境保护是相互联系、不可分割的整体，要实现可持续发展，必须放弃片面强调经济增长的传统战略，通过发展战略的转变实现经济、社会、资源、环境的协调发展；必须彻底告别传统的经济增长方式，通过生产方式的根本转变，减少能源和原材料消耗；必须彻底改变传统的生活方式，实现可持续消费，减少对地球资源的依赖；要依靠科技进步和提高劳动者的素质，不断改善发展质量；政府制定各种政策时要统一考虑环境与发展问题；要不断完善国家可持续发展的政策体系和法律体系，建立有利于可持续发展的综合决策机制和协调机制。可见，可持续发展战略涉及社会生活的各个层面，是一个“立体交叉”的整体发展战略。

（3）可持续发展战略是以人为本的战略。自从把经济增长当做发展的首要目标的传统发展观受到人们的普遍批判之后，人在发展中的地位便逐步上升，成为发展的核心。此后，发展的首要目标开始由物的增长向人本身的发展转变，人的需求与创造性潜力成为发展要考虑的关键因素。从这一视角出发，人们将发展理解为围绕着普遍的个人所展开的一系列活动，旨在促进人的基本需求的满足、公众参与、民主化以及社会公正的实现。在可持续发展战略中，“以人为本”的理念更明确地被置于首要地位。

（4）可持续发展战略是灵活性和相对稳定性的统一。人类从事的社会实践活动所具有的动态性特征，决定了用于指导社会实践的可持续发展战略应该是动态的，要能够随机应变，以适应社会经济活动的不断变化。就一个国家的可持续发展战略而言，从它的制定到实施，包括政策和行动计划的制定、实施、监督、检查等都应当是滚动的，需要在实施过程中，随着能力建设的增强和各部门、各阶层参与度的提高而不断进行调整和补充。另一方面，可持续发展战略是一个行动过程，它应建立在现行的各项合理的经济、社会、资源、环境政策及计划的基础上，与之相协调，并具有相对稳定性，唯有如此，才能对社会实践发挥指导作用。一个变化多端的战略，将使人们无所适从，从而丧失指导实践的功能。因此，各行为主体在制定可持续发展战略时，都应尽可能地运用先进的技术与方法进行科学预测，使之具有前瞻性和科学性。

四、可持续发展的基本原则

可持续发展具有极其丰富的内涵。就其社会观而言，主张公平分配，既满足当代人又满足后代人的基本要求；就其经济观而言，主张建立在保护地球自然系统基础上的持续经济发展；就其自然观而言，主张人类与自然和谐相处。其中体现的基本原则有：

（1）发展的原则。它强调发展是核心，但在发展的同时又要具有长远的观点，保障自然资源的供需平衡，进而保障社会、经济的可持续发展。

（2）协调性原则。强调人类社会和经济系统发展要与自然生态环境大系统和谐、协调发展，不能超越资源环境的承载能力，并应适当投资于自然环境的保护和改善；社会各系统、子系统之间协调发展的原则。

（3）质量原则。强调经济发展的质，而不仅仅是量的增长。这正是我国政府反复强调的“积极促进经济增长方式的根本转变”的主旨。可持续发展应避免单纯依靠扩大资源投入和消费来增大经济增长总量，而要使各种经济活动更加有效，以尽可能低的环境资源代价达到经济发展，实现最佳的生态经济效益。

（4）公平性原则。这里所说的公平包括在资源利用方面和发展机会在当代人社会各阶层之间公平、代际之间的公平分配等方面。

（5）推行现代生态型、集约型的生产和发展模式的原则。实现高效利用资源、生产清洁化、高效益，人类社会发展与自然环境在结构和功能上相结合及和谐统一。

第三节　可持续发展的理论应用

一、可持续发展评估的意义

可持续发展是指：“既满足当代人的需要，又不损害后代人满足需要的能力的发展。”它强调发展的可持续性、公平性以及经济、社会与资源、环境发展的协调性。可持续发展评估就是以可持续发展理论为指导，运用生态学、经济学、社会学以及系统工程的思想与方法对可持续发展系统运行状况进行测度和评价。

首先，可持续发展评估是实施可持续发展战略能力建设的重要组成部分，是实施《中国 21 世纪议程》的重要步骤，也是度量和评价一个国家、一个地区、一个部门可持续发展进程的重要手段。同时，它通过对区域可持续发展的状态、水平、程度、方向，进行定量的监测、诊断、预警和调控，真正把可持续发展战略的全面实施，置于科学的基础之上。

其次，有利于政府决策科学化。实施可持续发展战略，推动国家、地区、部门的可持续发展是一项政府行为，需要制订计划、规划，并组织实施；需要制定相关的政策和法规加以引导；需要科学管理和决策。而这种科学决策和管理需要科学准确的信息和数据；需要定量和定性分析。实施可持续发展战略是一项庞大的系统工程，仅凭领导个人的知识、经验、智慧与胆识决策难免会出现失误。而这种失误往往会给国家、集体和个人带来巨大的损失。所以，可持续发展评估，对可持续发展科学决策意义重大。

再次，有利于丰富和发展可持续发展理论，推动科学技术不断进步。目前，可持续发展概念、内涵不但被世人普遍接受而且可持续发展在我国已经被作为一个重点问题来研究。但许多内容还有待深化。规划和实施可持续发展战略，建立可操作性的可持续发展评估体系，是一个从理论到实践的过程。在这一过程中，可以通过发现问题，定量分析问题，解决问题，不断地丰富完善和发展可持续发展理论。同时，通过不断追求目标实现和取得最佳预期效果，使相关的科研成果不断涌现，加快科技进步。

可以说，可持续发展评估在国际范围内都是一个极富挑战意义的工作，它是一个庞大的系统工程。目前，可持续发展评价指标体系和评估研究有了长足的发展。尽管仍然面对一些亟待研究解决的问题，但在一个国家、一个地区、一个部门可持续发展评估实践中已经发挥了积极的作用，显示了较强的生命力和巨大的发展潜力。随着人们的不断探索研究、实践，丰富完善，在可持续发展战略的实施过程中可持续发展评估将发挥更大的作用。

二、可持续发展指标体系

1. 建立可持续发展指标体系的原则

可持续发展指标体系是描述、评价可持续发展的可量度参数的集合。建立可持续发展指标体系是为地方可持续发展的优化调控服务的，是综合评价发展阶段、发展程度、发展质量的重要依据。因此，建立切实可行的、有利于可持续发展的指标体系应遵循以下原则：

（1）科学性原则。所建立的指标应能反映可持续发展的真实状况，具有客观性，反映指标的数据其来源要可靠、具有准确性，处理方法具有数学依据，指标目的清楚，定义准确，界定清晰，能够量化并能满足计算机对数据的要求。复合指标的处理要有理论依据。

（2）系统性原则。指标体系必须综合、全面反映地方可持续发展的各个方面，各指标之间具有层次性和不重复性，同时，还应确定合理的权值，使各个指标在评价总体系中具有科学的定位和发挥合理的作用。

（3）动态性原则。可持续发展是一个动态过程，指标的建立应考虑变化特点。可以根据不同阶段的特点，设计相应的指标量化目标值。指标体系既能够反映可持续发展的历史特点和现状，又能够反映发展的趋势，这样便于预测和管理。

（4）可操作性原则。指标体系应是简易性和复杂性的统一，要充分考虑数据取得和指标量化的难易程度，既保证全面反映可持续发展的各种内涵，又要利于推广，不要过于繁杂。要尽量利用现有统计资料及有关规范标准。

（5）典型性原则。可持续发展内涵深刻，各子系统之间的关系和行为相当复杂，不同的评价对象又各有众多的可选指标。为便于描述和说明问题，应选择那些最有典型性、代表性的指标。

2．建立可持续发展指标体系的方法

在对可持续发展具体指标进行设计时，针对不同的研究对象，要采取不同的方法，这样才能客观合理地反映各个研究对象的实际情况。王艳洁等对此进行了研究。

（1）系统法。系统法就是先按研究对象可持续发展的系统学方向分类，然后逐类定出指标。中国科学院可持续发展战略研究组按照系统法，独立设计了一套“五级叠加，逐层收敛，规范权重，统一排序”的可持续发展指标体系，依照人口、资源、环境、经济、技术、管理相协调的基本原理，对有关要素进行外部关联及内部自治的逻辑分析，并针对中国的发展特点和评判需要，设计了包含生存支持系统、发展支持系统、环境支持系统、社会支持系统和智力支持系统在内的 5 个系统、16 种状态、47 个变量和 249 个指标的中国可持续发展战略指标体系。另外，有学者在云南省 10 年（1986—1995 年）可持续性评价中分经济、社会、人口、资源、环境 5 个子系统建立了含有 35 项指标的评价体系，然后从各子系统综合发展指数的变化趋势（经济、社会系统综合发展指数呈上升趋势，人口、资源系统综合发展指数呈波动性变化，但总趋势为上升的，而环境系统发展指数呈下降趋势）出发，并应用回归分析方法，得出当前制约云南省可持续发展的首要因素是环境问题，提出在提高环境质量的同时要大力提高人力资源素质。

（2）目标法。目标法又叫分层法。首先确定研究对象可持续发展的目标，即目标层，然后在目标层下建立一个或数个较为具体的分目标，称为准则（或类目指标），准则层则由更为具体的指标（又叫项目指标）组成。在应用目标法时，研究者通常将系统的综合效益作为目标，把生态效益、经济效益、社会效益作为准则，选取有关要素作为评价系统是否具有可持续发展能力的指标因子。孙玉军则以复合生态系统可持续发展能力作为评价的目标，从物质需求、人的素质状况、经济条件、森林及多资源和环境等因素出发，提出了由物质需求度、核心发展度、经济富强度、资源丰富度和环境容忍度等 5 个类目指标，恩格尔系数等 31 个项目指标组成的明溪县区域可持续发展能力的评价指标体系。

（3）归类法。归类法就是先把众多指标进行归类，再从不同类别中抽取若干指标构建指标体系。罗明灿等用这一方法，结合新疆天西局林区各国有林场的自然经济条件，尤其是森林资源的现有统计数据，建立了新疆天西局林区森林资源发展综合评价的指标变量集。张壬午等也应用此法，建立了山西省闻喜县生态农业建设评价指标体系。

三、中国可持续发展战略的实施

中国对实施可持续发展战略给予了高度重视。在联合国环境与发展大会之后，中国政府认真履行自己的承诺，在各种场合，以各种形式表示了中国走可持续发展之路的决心和信心，并将可持续发展战略与科教兴国战略一起确定为我国的两大发展战略。

1. 实施可持续发展战略的重大举措

中国自 1992 年联合国环境与发展会议以来，在推进可持续发展方面做出了不懈的努力。产生于《中国 21 世纪议程》框架之下的一批优先项目正在付诸实施。《国民经济和社会发展“九五”计划和 2010 年远景目标纲要》把可持续发展作为一条重要的指导方针和战略目标，并明确做出了中国今后在经济和社会发展中实施可持续发展战略的重大决策。建立中国可持续发展指标体系的工作正在进行。ISO14000 认证体系的推广工作取得了较大进展，已经有一批带有生态标志的产品进入消费者的家庭。一些地区建立了生态农业实验区，遵循可持续发展为指导的原则，在保护和改善生态环境的同时提高农业生产力、实现农村贫困人口脱贫等方面做出了成功的探索。所有这些表明，中国正在积极按照可持续发展的原则进行多方面的实践。

中国在可持续发展领域制定的重要方案和进行的重大研究主要有：① 指导中国环境与发展的纲领性文件——中国环境与发展十大对策；② 关于环境保护战略的政策性文件——中国环境保护战略；③ 履行《蒙特利尔议定书》的具体方案——中国逐步淘汰消耗臭氧层物质国家方案；④ 全国环境保护 10 年纲要——中国环境保护行动计划（1991—2000 年）；⑤ 中国人口、环境与发展的白皮书，国家级实施可持续发展的战略框架——中国 21 世纪议程；⑥ 履行《生物多样性公约》的行动计划——中国生物多样性保护行动方案；⑦ 国家控制温室气体排放的研究——中国：温室气体排放控制的问题与对策；⑧ 专项领域实施可持续发展的纲领——中国环境保护 21 世纪议程、中国 21 世纪议程林业行动计划、中国海洋 21 世纪议程；⑨ 指导环境保护工作的纲领性文件——国家环境保护“九五”计划和 2010 年远景目标；⑩“九五”期间，国家在可持续发展领域实施的两项重大举措——全国主要污染物排放总量控制计划和中国跨世纪绿色工程规划，国家还将重点进行“三河”（淮河、海河和辽河）、“三湖”（太湖、巢湖和滇池）、“两区”（酸雨控制区和二氧化硫控制区）、“一市”（北京市）、“一海”（渤海）的污染控制工作（简称“33211”工程）。同时，还将对“三区”即特殊生态功能区、重点资源开发区以及生态良好区进行重点生态环境保护，以确保国家环境安全，促进可持续发展战略的实施。此外，积极开展国际合作，进行可持续发展的研究。例如，正在进行的“江西省山江湖工程”（井冈山、赣江、鄱阳湖工程）和“支持黄河三角洲可持续发展”等研究项目。

2.《中国 21 世纪议程》的实施进程

《中国 21 世纪议程》的实施，将为逐步解决中国的环境与发展问题奠定基础，有力地推动中国走上可持续发展的道路。自《中国 21 世纪议程》颁布以来，中国各级政府分别从计划、法规、政策、宣传、公众参与等不同方面，加以推动实施。主要包括以下四个方面：

（1）结合经济增长方式的转变推进《中国 21 世纪议程》的实施。一是在实施《中国 21 世纪议程》过程中，既充分发挥市场对资源配置的基础性作用，又注重加强宏观调控，克服市场机制在配置资源和保护环境领域的“失效”现象。二是促进形成有利于节约资源、降低消耗、增加效益、改善环境的企业经营机制，有利于自主创新的技术进步机制，有利于市场公平竞争和资源优化配置的经济运行机制。三是加速科技成果转化，大力发展清洁生产技术、清洁能源技术、资源和能源有效利用技术以及资源合理开发和环境保护技术等。加强重大工程和区域、行业的软科学研究，为国家、部门、地方的经济、社会管理决策提供科技支撑。四是坚持资源开发与节约并举，大力推广清洁生产和清洁能源。千方百计减少资源的占用与消耗，大幅度提高资源、能源和原材料的利用效率。五是结合农业、林业、水利基础设施建设、“高产、高效、低耗、优质”工程和生态农业的推广，调整农业结构，优化资源和生产要素组合，加大科技兴农的力度，保护农业生态环境。六是研究、制定和改进可持续发展的相关法规和政策，研究可持续发展的理论体系，建立与国际接轨的信息系统。七是研究、改进、完善和制定一系列的管理制度，包括使可持续发展的要求进入有关决策程序的制度、对经济和社会发展的政策和项目进行可持续发展评价的制度等，以保证《中国 21 世纪议程》有关内容的顺利实施。

（2）通过国民经济和社会发展计划实施《中国 21 世纪议程》。根据国务院决定，《中国 21 世纪议程》将作为各级政府制定国民经济和社会发展中长期计划的指导性文件，其基本思想和内容要在计划里得以体现。国务院要求各有关部门和地方政府要按照计划管理的层次，通过国民经济和社会发展计划分阶段地实施《中国 21 世纪议程》。主要是创造条件，优先安排对可持续发展有重大影响的项目；对建设项目进行是否符合可持续发展战略的评估；对不符合可持续发展要求的项目，坚决予以修改和完善。特别是按照可持续发展的思想，对经济和社会发展的政策和计划进行评估，以避免重大失误。

（3）大力提高全民可持续发展意识。一是要加强可持续发展教育。各级教育部门逐步将可持续发展思想贯穿于从初等到高等教育全过程中。二是要加强可持续发展宣传和科学技术普及活动，充分利用电视、电影、广播、报刊、书籍等大众传媒，积极宣传可持续发展思想。三是要加强可持续发展培训。《中国 21 世纪议程》的实施需要群众的广泛参与，各级领导干部担负着组织实施的重任。因此，应把各级管理干部，特别是各级决策层干部的可持续发展培训，放在突出重要的位置。

（4）利用国际合作实施《中国 21 世纪议程》。为了加强中国可持续发展能力建设和实施示范工程。国家从各地方、各部门实施可持续发展战略的优先项目计划中，选择有代表性的适合于国际合作的项目，列入《中国21世纪议程》优先项目计划，以争取国际社会的支持与合作。1994年和1997年，中国政府和联合国开发计划署（UNDP），先后在北京联合召开了中国21世纪议程高级国际圆桌会议，推出了一批《中国21世纪议程》优先项目。许多国际组织、外国政府和企业，以及非政府组织对优先项目表示了不同程度的合作意向，有的正在进行实质性的合作。此外，中国本着“新的全球伙伴关系的精神”，充分利用可持续发展是当今国际合作热点的有利时机，通过广泛宣传，引进资金、技术和管理经验，拓宽国际合作渠道。

四、实施可持续发展战略的世界动向

为了推进可持续发展战略的实施，不少国家积极采取行动，相继制定出适合本国国情的规划和政策，有的制定了本国的21世纪议程，并成立了专门的可持续发展委员会，几乎所有的国际组织都对可持续发展做出了反应。这一切充分体现了国际社会对可持续发展的重视。从目前各国推行可持续发展战略的实际情况看，发展水平不同的国家，其贯彻可持续发展的侧重点和追求的目标均不一样，但是他们在设立机构、制定政策等方面都取得了相当的进展，在执行可持续发展的法律法规、公众参与等方面也做出了积极努力。

1. 联合国推行可持续发展的努力

联合国于1993年选举了50个成员国（定期分批改选）成立了可持续发展委员会（UNCSD），以作为联合国环境与发展大会的后续行动。该委员会每年举行会议，审议世界各国执行《21世纪议程》的情况，可持续发展委员会的具体职能包括：

（1）监督联合国系统在落实《全球21世纪议程》方面所做的工作。

（2）监测发达国家把国民生产总值的0.7%用作对发展中国家援助所取得的进展。

（3）审议《里约热内卢会议宣言》《气候变化框架条约》和《保护生物多样性条例》的执行情况。

（4）考虑各国提供的关于实施《全球21世纪议程》的情况信息，包括各国面临的资金和技术转让问题。

（5）通过联合国经济组织向联合国大会提出有关可持续发展的报告。在世界银行、联合国开发计划署（UNDP）和联合国环境规划署（UNEP）的管理下，已对包括保护生物多样性在内的可持续发展多个领域投入了大量的资金。

2. 可持续发展的经济政策体系

这里所涉及的经济政策，特指以促进可持续发展为目标的经济政策工具。国际上过去对于环境和生态问题一般也都是采取“命令控制”的方式，但通过实践发现在很多场合下收效甚微。因此，近年来很多国家开始转向积极地利用市场机制的作用，更多地依靠经济政策，常见的有环境税、可贸易排污许可证、废除或应用补贴等。

（1）环境税。对排放污染物征税，是使环境成本内部化、纠正在环境问题上“市场失灵”的重要手段。如果把排污费视作广义的环境税，全世界现有环境税的数量已达数百种。

（2）可贸易排污许可证。可贸易排污许可证是运用市场机制抑制污染排放的又一种制度设计。例如，新加坡政府为了实现分阶段停止使用氟利昂的目标，每个季度都对生产和进口氟利昂的许可证进行拍卖。许可证的数量有限，且逐渐递减。

（3）补贴的废除和应用。众多的实例表明，从可持续发展的角度来评价，补贴这一政策手段具有很大的两面性。迄今为止的大多数补贴由于扭曲了资源的市场价格，造成了资源的浪费和不合理使用，这种补贴应该予以废除。而对于环境保护科研和技术普及等方面的补贴，则可以有效地促进环境保护目标的实现。

（4）押金返还制度。所谓押金返还制度，是指对有可能污染环境的制品征收押金，当该制品返回到资源回收利用部门时再返还押金。这一制度能促使污染产品的生产者和消费者将废品回收并用于再生处理或安全存放。

3．世界银行提出的可持续发展政策工具

世界银行于1997年6月提出了一份题为《里约之后的五年——环境政策的创新》的报告，该报告对以资源管理和污染控制为目的的政策工具，按照“运用市场”“创造市场”“运用环境规章”“动员公众”等政策出发点进行分类，其各自的作用如下：

（1）运用市场。运用市场和价格信号来实现资源的合理配置是最为有效的环境管理政策工具。例如，取消或减少在资源利用上的价格补贴，可以减少资源的价格扭曲；环境税可以用来反映外部成本；对使用者收费可以减少对环境资源的过分使用；押金返还制度有利于环境保护和节约资源目标的实现。

（2）创造市场。环境资源不能自动通过市场来进行有效配置，这对可持续发展是一个很不利的因素。对此，可以通过人为努力创造市场来求得问题的解决。例如，明确产权、推进分权化、实行可交易的排污许可证等都是创造市场的方法。

（3）运用环境规章。规章是处理环境问题最常用的方法，采用的方法有“标准”“禁令”“许可”和“配额”等。

（4）动员公众。“公众参与”指的是动员公众关心环境问题；“信息公开”指的是使消费者获得更多的信息以便选择“对环境友好”的产品，“生态标识”就是一个例子。

第四节 循环经济简介

随着人类对自身生存发展与自然的关系的认识积累过程和科学技术的不断发展，循环经济作为以可持续发展为指导原则的经济发展理念，成为现代经济发展及全球化过程中的热点和趋势。可持续发展是人类发展历程中的巨大转折点，以可持续发展的战略为指导，在经济发展理念上，人类的认识过程从末端治理到清洁生产，又从生态经济到循环经济和知识经济几个阶段。这些认识上的进步，来源于在社会经济发展过程中的反思以及生态学原理的启示；同时，也是可持续发展的研究和实践逐步深化的结果。循环经济是生态经济的深化，又是人类未来即将进入的美好远景——知识经济时代的基础和发起点。

循环经济是一种遵循生态学原则的发展理念。与传统的经济发展模式相比，其根本区别就是摈弃传统的线性经济的大量消耗、大量生产、大量废弃和浪费资源、效率低下、污染和破坏严重的粗放型发展模式，而转变为与环境友好协调、资源最优利用、循环利用的集约型发展模式。因此，以循环经济理念推行社会经济的发展模式转变，是实现可持续发展的保障。

循环经济在其实践层面上，涉及的不仅仅是经济发展战略、经济政策等转变问题，它必须渗透到社会、经济、科技、文化、观念、伦理道德等各个方面，通过推动社会经济发展战略、政策、法律、观念、伦理道德、教育、科技等社会经济各个方面的转变，切实地将社会、经济发展模式和人们的行为方式转移到可持续发展的方向上来。这一转变的发生，不仅对环境政策还将对宏观社会、经济政策产生根本性的影响。

从形式上讲，循环经济是一个从古即有的理念和行为。在生产力落后、物质资源匮乏的时期，人们自然提倡节约资源、尽可能地回收利用资源的原则来维持生产和生活。我国自 20 世纪 50 年代起，在计划经济且较困难时期，就建立了十分完善的废弃资源回收系统。只是随着生产力的快速发展，消费水平不断提高，在人类中心和享乐主义盛行的情况下，人们摈弃了从前的艰苦奋斗、勤俭节约的良好传统，崇尚高消费、忽视给自然环境带来的恶果。当今，在资源、环境问题日益突出的形势下，按照生态规律发展的合理性和必需性就凸显出来，因此，循环经济的理念被提出来，人们开始意识到，应沿着这样一条生态型发展的模式道路发展，构建起建立在科学技术发展基础上的循环经济体系，是实现可持续发展的保障。

一、循环经济的起源

1．人类发展的历程回顾

侧重于经济发展与环境关系的角度，人们一般把人类发展分为四个阶段：

第一阶段：原始经济阶段，人类智力水平和认识自然和人类自身及相互关系的水平相对低下，生产力水平极低，因此人类可以说完全依赖自然，没有能力支配、改造、征服大自然。这一时期，人与自然融为一体，和谐相处，人类活动被纳入生态系统食物链的良性循环。处于“天人合一”的生存、发展状态。

第二阶段：农业经济文明阶段，此时人类已经能够利用自身力量去影响和改变局部的自然生态环境。在创造物质文明的同时也产生了一定的环境问题。生态系统的自身食物链局部被打破，人类开始构筑自己的食物链，开始影响自然生态系统的良性循环。但对自然生态的影响还十分微小，没有打破生态系统的良性循环，对自然的影响基本上在生态承载力以内，人类仍能与自然界较和谐地相处。

第三阶段：始于18世纪下半叶的工业革命，进入工业化经济发展阶段。即以现代化大工业为主的包括纺织、轻工、钢铁、化工、建筑等主要产业的经济时期。该时期人类与环境的关系发生了根本性的重大变化。这个阶段，人类关于自然的知识大量增加，对自然的认识发生了巨大变化，认为人类可以凭借自己的智慧和知识战胜自然、改造自然，并取得巨大经济效益，为人类的福利不断增长服务。开始对大自然进行过度开发、掠夺和破坏，生态系统的平衡受到严重干扰甚至被打破，造成生态退化和失调。而科学技术的飞速发展也同样是这种价值观的产物，更强化了人类征服自然、改造自然和破坏生态平衡的能力、力度和效果。直到自然生态系统的良性循环被破坏，生态系统开始严重退化，环境日益污染和恶化，产生严重的全球性环境问题并已经威胁到人类自身的生存和发展时，环境问题才引起人们的高度重视。

第四阶段：后工业经济阶段，可持续发展为指导思想。被称为第三次浪潮的新技术革命，提出了生态经济理论，进而开始了循环经济的探索和实践，以节约资源、提高科技含量来减少资源消耗和使产品和服务的全过程实现无污染化和实现资源循环利用为导向改造传统产业，以集约化生产服务模式替代粗放型生产和服务模式。

展望未来，按照社会与自然发展客观演进规律推断，在第四阶段后的第五阶段是知识经济阶段。发展依靠现代高科技的知识投入的产业来逐步替代资源消耗依赖型产业以及它们对资源的大量消耗。如：生物、新材料、新能源、软件、海洋和空间产业等。

2. 人类社会经济发展与环境关系的发展历程

就人类与环境的关系而言，人类社会在经济发展过程中经历了四种基本模式：

第一种是传统经济模式，人与环境的关系的处理模式是，从自然中获取资源，又不加任何处理地向环境中排放废弃物，是一种“资源—产品—污染排放”的单项线性开放式经济过程。随着工业的发展，生产规模的扩大和人口的增长，环境的自净能力削弱乃至消失，这种发展模式导致的环境问题日益严重，资源短缺的危机愈发突出。

第二种是生产过程末端治理模式。最初在发达的工业化国家，当环境污染代价已经足够大，不得不引起人们的注意进行防治时，政府才以零打碎敲的方式，末端治理的、常常是失败的制度，对经济活动普遍的环境影响做出反应。这些污染控制集中在末端治理，而不是从源头防治，通过改变生产发展模式和回收、循环来解决资源环境问题。具体的做法是“先污染，后治理”。治理的技术难度很大，治理成本极高，而且生态恶化难以遏制，甚至造成不可逆的难以挽回的后果。

第三种是清洁生产模式。清洁生产是在产品的整个生命周期，即常说的从摇篮到坟墓实现清洁化、无污染的生产和消费等活动。清洁生产是在企业生产和服务的生命周期范围内，体现源头防治、全过程治理，实现清洁、少废的生产和消费过程，达到对环境的影响最小、与环境相协调的目的。

清洁生产也有局限性。清洁生产的针对性较强，只是针对某种产品或服务的全过程进行控制，是对某个企业说的，未考虑区域或企业群落的集中控制，即通过企业间生态链网联系达到系统整体清洁生产的效果，且生态经济综合效益最优。通常，单个企业、产业或行业的清洁生产，不可避免地牵扯到其他企业或行业，如果割裂开来考虑，会在执行过程中产生冲突，而且可能造成多个企业清洁生产成本的叠加，因此其管理成本和治理成本总和会高得多。因此，在可持续发展的指引下，受到生态学原理的启发，人类进入了第四阶段的探讨，即生态工业和循环经济的探讨阶段。

第四种阶段，生态工业和循环经济阶段。用系统的观点看待社会和经济发展，建立一种效仿自然生态系统的具有一定层次、结构和资源最优循环利用功能的工业体系和经济体系成了人们探索和实践的热点。

生态工业和循环经济是试图把生产模式和经济模式从传统的以单纯为了满足人类自身需要而形成的追求物质和经济利益的单项型生产和经济模式，转变为与自然生态系统需求相适应，生产和经济活动在环境承载力以内，生产和发展模式与生态环境的结构和功能相结合的生态型、循环型的工业系统和经济发展模式。

循环经济是随着社会的发展和人们认识水平的提高产生的。循环经济是对传统线性经济的革命。循环经济一词是对物质闭环流动型经济的简称。20 世纪 60 年代美国经济学家鲍尔丁提出的宇宙飞船理论是循环经济思想的早期代表。他认为，地球就像在太空中飞行的宇宙飞船（当时正在实施阿波罗登月计划），这艘飞船靠不断消耗自身有限的资源而生存。鲍尔丁的宇宙飞船经济理论意味着人类社会经济活动应该从效法以线性为特征的机械论规律，转向服从以反馈为特征的生态学规律。然而，在 70 年代，循环经济的思想更多地还是先行者的一种超前性理念，人们并没有积极地沿着这条线索发展下去。当时，世界各国关心的问题仍然是污染物产生之后如何治理以减少其危害，即所谓环境保护的末端治理方式。80 年代，人们注意到要采用资源化的方式处理废弃物，思想上和政策上都要有所升华。但对于污染物的产生是否合理这个根本性问题，是否应该从生产和消费源头上防止污染物产生，大多数国家仍然缺少思想上的认识和政策上的举措。总的说来，20 世纪七八十年代环境保护运动主要关注的是经济活动造成的生态后果，而经济运行机制本身始终落在人们的研究视野之外。20 世纪 90 年代，在可持续发展战略的旗帜下，人们越来越认识到，当代资源环境问题日益严重的根源在于工业化运动以来高开采、低利用、高排放（所谓两高一低）为特征的线性经济模式，为此提出人类社会的未来应该建立一种以物质闭环流动为特征的经济模式，即循环经济，从而实现可持续发展所要求的环境与经济“双赢”，即在资源环境不退化甚至得到改善的情况下促进经济增长的战略目标。

二、循环经济的内涵

循环经济是一种生态型经济模式，倡导的是人类社会、经济发展与生态环境和谐统一的发展模式，把经济活动组成一个“资源—产品—再生资源”的反馈流程，其特征是低开采、高利用、低排放。所有的物质、能量在这个不断进行的经济循环中得到合理、持久的利用，使人类社会经济系统适应生态循环的需要，使物质、能量、信息在时间、空间、数量上得到最佳运用，把经济活动对自然环境的影响降低到尽可能小的地步，做到对自然资源的索取控制在自然环境的生产力之内，把废弃到环境中的废物量压缩在自然环境的消纳能力之内。实现可持续发展所要求的环境与经济“双赢”，即在资源不退化甚至改善的情况下促进经济的增长。循环经济的核心内涵包括三个方面：① 实现社会经济系统对物质资源在时间、空间、数量上的最佳运用，实现资源的合理利用和减量化；② 对环境资源的开发利用方式和程度与生态环境友好，并与其承载力相适应；③ 在发展的同时建立与生态环境的互动关系，即既是环境资源的享用者，又是生态环境的建设者的关系，实现二者的相互促进、共同发展。

三、循环经济的主要特征

循环经济作为一种科学的发展观、一种全新的经济发展模式，其自身的独立特征主要体现在以下几个方面：

1. 新的系统观

循环是指在一定系统内的运动过程，循环经济的系统是由人、自然资源和科学技术等要素构成的大系统。循环经济观要求人在考虑生产和消费时不再置身于这一大系统之外，而是将自己作为这个大系统的一部分来研究符合客观规律的经济原则，将“退田还湖”“退耕还林”“退牧还草”等生态系统建设作为维持大系统可持续发展的基础性工作来抓。

2. 新的经济观

就是用生态学和生态经济学规律来指导生产活动。经济活动要在生态可承受范围内进行，超过资源承载能力的循环是恶性循环，会造成生态系统退化。只有在资源承载能力之内的良性循环，才能使生态系统平衡地发展。循环经济是用先进生产技术、替代技术、减量技术和共生链接技术以及废旧资源利用技术、“零排放”技术等支撑的经济，不是传统的低水平物质循环利用方式下的经济。要求在建立循环经济的支撑技术体系上下工夫。

3. 新的价值观

循环经济观在考虑自然时，不再像传统工业经济那样将其作为“取料场”和“垃圾场”，也不仅仅视其为可利用的资源，而是将其作为人类赖以生存的基础，是需要维持良性循环的生态系统；在考虑科学技术时，不仅考虑其对自然的开发能力，而且要充分考虑到它对生态系统的修复能力，使之成为有益于环境的技术；在考虑人自身的发展时，不仅考虑人对自然的征服能力，而且更重视人与自然和谐相处的能力，促进人的全面发展。

4．新的生产观

就是要从循环意义上发展经济，用清洁生产、环保要求从事生产。它的生产观念是要充分考虑自然生态系统的承载能力，尽可能地节约自然资源，不断提高自然资源的利用效率。并且是从生产的源头和全过程充分利用资源，使每个企业在生产过程中少投入、少排放、高利用，达到废物最小化、资源化、无害化。上游企业的废物成为下游企业的原料，实现区域或企业群的资源最有效利用。并且用生态链条把工业与农业、生产与消费、城区与郊区、行业与行业有机结合起来，实现可持续生产和消费，逐步建成循环型社会。

5．新的消费观

提倡绿色消费，也就是物质的适度消费、层次消费。是一种与自然生态相平衡的、节约型的低消耗物质资料、产品、劳务和注重保健、环保的消费模式。在日常生活中，鼓励多次性、耐用性消费，减少一次性消费。而且是一种对环境不构成破坏或威胁的持续消费方式和消费习惯。在消费的同时还考虑到废弃物的资源化，建立循环生产和消费的观念。

四、循环经济的原则

循环经济应遵循一组以“减量化、再使用、再循环”为内容的行为原则（称为“3R”原则），每一个原则对循环经济的成功实施都是必不可少的。其中，减量化或减物质化原则属于输入端方法，旨在减少进入生产和消费流程的物质量；再利用或反复利用原则属于过程性方法，目的是延长产品和服务的时间强度；资源化或再生利用则是输出端方法，通过把废弃物再次变成资源以减少最终处理量。

（1）减量化原则（reduce）。循环经济的第一原则是要减少进入生产和消费流程的物质量，因此又叫减物质化。换句话说，人们必须学会预防废弃物产生而不是产生后治理。

（2）再利用原则（reuse）。循环经济的第二原则是尽可能多次以及尽可能多种方式地使用物品。通过再利用，人们可以防止物品过早成为垃圾。

（3）资源化原则（recycle）。循环经济的第三个原则是尽可能多地再生利用或资源化。资源化能够减少人们对垃圾填埋场和焚烧场的压力。目前有两种不同的资源化方式：一是原级资源化，即将消费者遗弃的废弃物资源化后形成与原来相同的新产品（报纸变成报纸，铝罐变成铝罐等）；二是次级资源化，即废弃物被变成不同类型的新产品。原级资源化在形成产品中可以减少 20%～90%的原生材料使用量，而次级资源化减少的原生物质使用量最多只有25%。

“3R”原则在循环经济中的重要性并不是并列的。人们常常简单地认为所谓循环经济仅仅是把废弃物资源化，实际上循环经济的根本目的是要求在经济流程中系统地避免和减少废物，而废物再生利用只是减少废物最终处理量的方式之一。

五、循环经济的框架模式

循环经济必须有相应的技术和政策支持，才能顺利实现。如果说当代知识经济的主要技术载体是以信息技术和生物技术为主导的高新技术，那么，循环经济的技术载体就是环境无害化技术或环境友好技术。

1. 循环经济的技术思路

首先，循环经济的生态效益最终将明显地体现在经济系统的物质变化上，因为循环经济系统将会大幅度地减少资源输入流，同时大幅度地减少废物的输出流。然而一个线性经济系统同时具有巨量的物料输入流和巨量的废物输出流，循环经济的技术思路是使线性经济的两个端点的消耗和排放大幅度降低。学者们指出，一个真正的循环经济其物质流活动应该基本上是地区性的。这不是制造地区间、国际间的生态隔离，而是要尽可能突出所在地区和附近地区经济人之间的相互作用。人们应该努力于这样的经济交换：一个地区的物质与能源的输入应尽可能来自输出地区的净剩余而不是单纯的索取，从而避免有损于输出地区的自然资源。

其次，生命周期理论构成了循环经济的微观技术思路。它要求从物质和能源的整个流通过程即从开采、加工、运输、使用、再生循环、最终处置六个环节对系统的资源消耗和污染排放进行分析，从而得到全系统的物质流情况和环境影响情况，由此评估系统生态、经济效益的优劣。运用生命周期理论可以避免传统线性思维从某个单独的环节进行环境影响评价的局限。循环经济对污染控制的技术思路已不再是针对这个或那个污染的治理，相反是通过完整的物流分析，使人们发现一系列传统治理措施的虚假性。

2. 循环经济的技术战略

线性经济和末端治理常把污染技术与清洁生产对立起来。在循环经济中这种对立不复存在。因为只要优化物质和能量流，所有技术都会倾向于变得越来越清洁。这将使我们认识到技术选择应在系统化的基础上举行。在传统的技术思路中，企业的技术战略往往是各自为政，从循环经济的角度看，要把所有的能减少物质消耗、能封闭物质流的技术作为系统化的思考对象。

根据技术创新过程中技术变化的强度不同，技术创新可分为渐进性创新和根本性创新。在循环经济中表现为增量改进和间断突破两种，增量改进最好的例子是污染治理技术，然而，单纯的治理更倾向于加强现有技术的轨迹。实际上阻碍了更为彻底的技术创新。循环经济技术战略提倡的是以技术回归为特点的战略，需要对先行技术体系进行大量改进，它要求确定未来需要达到的技术目标，然后指导现有技术向既定的方向进行转移，而不是像传统的科技发展那样盲目地等待和寄希望于基础研究取得的积极成果，技术回归战略将上述两难选择化为时间相对较短且经济上可行的各个中间阶段。

长期以来，人们制造物品的基本思路是做减法，即以这样那样的方式使原料变小以得到所需的物品。因此不可避免地产生大量废料。如果人们能够在分子和原子的层次上掌握物质的运动，那么就能运用加法方法论制造物品，即在最合适的地方再加上所需要的物质量（分子和原子），这样生产废料的概念本身也将消失。另一方面，信息替代也可以使人们达到物质化的目的。

3．循环经济的制度条件

法律支撑与经济政策是循环经济社会化的基础。循环经济发展方向是“怎样处理废弃物”到“怎样避免废弃物的产生”发展。政府注意加强与社会团体、科研机构、大学的联系，请他们参与政策研究、法规的制定；另外，注意发挥社区组织的作用，使循环经济得到更好的贯彻执行。

改善科研环境、加强科技创新是循环经济的动力。人是技术创新的源泉、又是技术的载体。我国科技体制改革逐步为科技人员提供了基本政策上的保证，极大地激发了科技创新的内在动力。但这并不是科技人员技术创新环境至臻完善的地方。通过科学教育、科学知识普及、科学精神的进一步传播，增进大众对科技的理解和参与，形成一个政府、产业界、教育界、学术界、金融界、民间组织甚至个人等多方面共同推动科技创新的局面，这样循环经济发展就有强大的动力支持。

健全社会中介组织是发展循环经济的桥梁。在发展循环经济过程中，非营利性的中介组织可以起到政府公共组织和企业赢利组织所起不到的作用。

公众参与是循环经济的保证。从 20 世纪 60 年代的环境运动到 90 年代的环境经济，世界上的环境与发展政策已经演变了三代。第一代是基于政府主导的命令与控制方法，通过行政手段实现污染控制；第二代是基于市场的经济刺激手段；第三代是在进一步完善政府和企业作用的基础上要求实现企业公开，其实质是实现公众监督和倡导下的生态文明，实施循环经济需要政府的提倡，需要企业的自律，更需要提高广大社会公众的参与。

各种制度条件相互依赖，任何一个环节不畅即会危害循环经济系统的持续和发展；或者说，循环经济系统的畅通程度取决于各种制度之间的和谐程度。人与环境和谐的意识及其相应的新的环境价值观念和伦理道德，才是可持续发展观的灵魂，是循环经济的精神支柱。

六、循环经济体系在我国的发展状况

我国是世界上较早推行循环经济的几个国家之一。鉴于我国正处于经济和社会发展的关键阶段，发展是最急迫和重要的任务，因此，我国发展循环经济的重点在于降低资源消耗，提高能源利用率。为了达到这一目的，我国制定了多项法律，大力推行清洁生产，约束企业污染环境的行为。如：1995 年我国颁布了《固体废物污染环境防治法》、2002 年我国颁布了《清洁生产促进法》等。

在发展循环经济的过程中，一些企业针对行业特点和企业自身的具体情况，做出了很多有益的尝试。

中国石化重视对资源的合理开发和利用，大力发展循环经济，推进经济社会协调发展，努力营造安全、环境友好、健康的生存发展空间。在污染防治方面，中国石化积极推行清洁生产，通过对生产工艺、技术、设备和操作管理的优化，生产装置的污染物量削减了 12%～30%，有效地加大了污染治理力度，在生产总量不断扩大、产品质量持续提高的同时，外排污染物不断减少，实现了增产减污。

宝钢历来注重环境保护，大力发展循环经济，旨在建设绿色宝钢。为了最大程度提高资源利用效率，实现资源经济的良性循环，实现企业、社会、环境的协调、可持续发展，宝钢采取的措施是：① 推进清洁生产，实施污染排放减量化和废弃物 100%利用；② 按照 ISO14001 国际标准建立环境管理体系，实施严格的环境综合管理。宝钢还采用了“建造废物回用链”的模式，取得了很好效果。目前，宝钢吨钢综合能耗比设计值低了近三分之一，为世界领先。宝钢通过开发废水处理和回收利用技术，吨钢新水耗量由设计值每年 9.0 m^3 下降到每年 4.57 m^3，水循环率提高到 97.35%，达到世界先进水平。

鞍钢集团始终坚持将节能降耗列入企业技改的重要内容。鞍钢已建成钢铁渣开发、瓦斯泥和转炉煤气回收、余热和水资源回收利用等 40 多项废物综合利用工程，将过去的废水、废气等回收再利用，提高了资源的利用率。通过生产工艺的优化、技术进步和燃料结构调整，在节能方面收到了明显效果。鞍钢在产能大幅提高的同时，能源消耗一降再降，在建立循环经济体系方面，已迈出了一大步。

一些企业将一个生产过程的废料、垃圾变成另一种生产过程的生产原料，“垃圾”在循环经济的“食物链”中变成资源，企业得到了收益，对环境的污染也降到了最低。芜湖市企业将工业废料粉煤灰和工业废渣都视为“放错了位置的资源”，在芜湖市将资源进行充分的综合利用的思想指导下，这些“废料”都变成了原料，从循环经济的输出端变成了循环经济链的上游，不但解决了废料污染问题，还为企业创造了效益。芜湖的水泥厂、空心砌块厂利用以煤为燃料的生产企业的伴生物粉煤灰制造空心砌块等新型墙体材料，将芜湖沉积的 150 万 t 废弃物山搬掉。芜湖市某生产合金棒线企业的熔炼车间，每月产生 100 t 左右含铜炉渣，该企业将这些炉渣按目前市场价 5 000 元/t 出售给能够以这些废料作为原料的其他企业，每月收益 50 万元。

尽管取得了一定的成果，但总体来说，我国的循环经济建设更多地还停留在概念层次上。因此，要全面推动我国循环经济建设，使循环经济融入国民经济的发展之中，还需要政府、企业、科技界、公众的共同努力，通过在理论思维、实现途径、操作方式等问题上的借鉴与创新，推进我国循环经济的发展。应从以下几方面着手：①建立循环经济的法律制度：根据发达国家的经验，在取得循环经济和生态工业实践的基础上，必须加快制定循环经济法规，通过法规对循环经济加以规范，做到有法可依，有章可循。因为循环经济要实现环境资源的有效配置，需要建立一套绿色保障制度体系。该体系应该包括三个方面：一是绿色制度环境，包括绿色资源制度、绿色产权制度、绿色市场制度、绿色产业制度、绿色技术制度等；二是绿色规范制度，包括绿色生产制度、绿色消费制度、绿色贸易制度、绿色包装制度、绿色回收制度等；三是绿色激励制度，包括绿色财政制度、绿色金融制度、绿色税收制度、绿色投资制度等。以上制度的有效运转都需要法制的保障，需要法律加以规范和调整。这是循环经济发展必要的基础设施。2002 年 6 月，《中华人民共和国清洁生产促进法》公布并于 2003 年 1 月 1 日起施行。应该说，这是我国推行循环经济在法律方面的一个良好开端。在这方面，可以充分借鉴日本的经验，制定《促进经济生态化发展法》和《循环资源再生利用法》，同时，建立具体资源再生行业法律。②探索建立绿色国民经济核算体系：要建立循环经济，关键之一就是要改革现行的经济核算体系，从企业到国家建立一套绿色经济核算制度，包括企业绿色会计制度、政府和企业绿色审计制度、绿色国民经济核算体系等。核算体系改革的核心是改变传统国民生产总值（GNP）统计的方法，因为这种统计方法没有扣除资源消耗和环境污染的损失，是一种不真实、非绿色的统计核算。目前，一些国家已采用了新的绿色国民经济核算方法，在计算国民生产总值时，要扣除资源的消耗和环境污染的损失。因此，我国应该加快绿色国民经济核算体系的试点和总结，采用绿色 GNP 代替传统 GNP 的核算。绿色 GNP 由世界银行在 20 世纪 80 年代提出，它比较全面地体现了环境与经济综合核算的框架，已逐步成为衡量现代发展进程、替代传统宏观核算指标的首选指标。绿色 GNP 等于 GNP 减去产品资本折旧、自然资源消耗、环境资源损耗（环境污染损失）之值。通过全国（1999 年和 1995 年）以及三明市和烟台市（1990 年、1993 年和 1996 年）的初步核算表明，使用绿色 GNP 核算方法是基本可行的。这种核算结果可供各级政府领导部门参考使用，并作为政绩考核指标，使他们看到传统国民生产总值和绿色国民生产总值之间的巨大差异，强化其可持续发展观念，促使其抛弃传统的经济发展模式，选择循环经济和清洁生产的道路。③建立绿色技术支撑体系：循环经济的技术思路，是通过对经济系统进行物流和能流分析，运用生命周期理论进行评估，旨在大幅度降低生产和消费过程的资源、能源消耗及污染物产生和排放。在这一意义喜爱，“绿色技术”体系包括用于消除污染物的环境工程技术，包括用以进行废弃物再利用的资源化技术，更包括生产过程无废少废、生产绿色产品的清洁生产技术。可以认为，建立绿色技术体系的关键是积极采用清洁生产技术，采用无害或低害新工艺、新技术，大力降低原材料和能源的消耗，实现少投入、高产出、低污染，尽可能把对环境污染物的排放消除在生产过程之中。推行清洁生产技术要与产业结构调整相结合，通过清洁生产实现“增产减污”。同时，要把清洁生产的着眼点从目前的单个企业延伸到工业园区，通过建立一批生态工业示范园区，来推广扩散清洁生产技术。④ 以绿色需求拉动循环经济发展：绿色需求是拉动循环经济的火车头。对此，可从投资和消费两个方面着手扩大绿色需求。一是在投资方面，可通过积极的绿色财政政策的实施，加大对循环经济基础设施建设的投入，对实施循环经济运作的企业给以财政补贴、减免税收、贷款担保与贴息等优惠政策；还可通过倾斜的产业政策，支持其到资本市场上市进行直接融资，引导企业构建循环经济体系，实现生产的生态化。二是在消费方面，可通过传媒的作用，加大绿色消费教育力度，引导公众积极参与绿色消费运动，使循环经济的观念深入人心；同时大力开展绿色消费信贷，金融支持绿色消费。在消费引导方面，各级政府要起保护环境的表率作用，通过政府的绿色采购、消费行为影响事业单位、企业和公众。例如在政府采购中，优先采购经过生态设计或通过环境标志认证的产品，优先采购经过清洁生产审计或通过 ISO14001 认证的企业的产品：在使用中，注意节约及多次重复利用，对办公用品等废弃物主动回收等。⑤ 积极开展循环回收利用的试点：循环经济是一种物质闭环流动型经济。从物质流动的方向看，传统工业社会的经济是一种单向流动的线性经济，即“资源—产品—废物”。线性经济的增长，依靠的是高强度地开采和消耗资源，同时高强度地破坏生态环境。循环经济的增长模式是“资源—产品—再生资源”。因此在开展循环经济建设中，循环回收利用的实施应是一个切入点。我国可以首先选择与群众生活密切相关的电池产品进行回收利用的试点。我国电池产量于 20 世纪 80 年代初超过美国，成为世界第一生产大国。1999 年我国电池总产量为 150 亿只，当年出口 100 亿只，进口 20 亿只，国内实际消费量约 70 亿只，其中含汞电池约 40 亿只（主要是低汞电池）。由于废电池中含有汞，如不妥善收集处理，会污染大气、土壤和地下水。可以通过开展“电池”产品的循环经济试点，建立废电池循环利用机制，一则取得经验、进行循环经济的技术、制度积累，二则强化公众参与，推动绿色消费。⑥ 大力发展生态工业园区：作为国民经济的主体，工业领域应率先实施循环经济。循环经济下的工业体系在实践上述“3R”原则时，主要有三个层次，即单个企业的清洁生产、企业间共生形成的生态工业园区以及产品消费后的资源再生回收，由此形成“自然资源—产品—再生资源”的整体社会循环，完成循环经济的物质闭环运动。在这三个层次中，生态工业园区（Eco-Industrial Parks，EIPs）已经成为循环经济的一个重要的发展形态。生态工业园区正在成为许多国家工业园区改造的方向，同时也正在成为我国第三代工业园区的主要发展形态。生态工业园区是依据循环经济理念和工业生态学原理而设计建立的一种新型工业组织形态。生态工业园区的目标是尽量减少废物，将园区内一个工厂或企业产生的副产品用作另一个工厂的投入或原材料，通过废物交换、循环利用、清洁生产等手段，最终实现园区的污染“零排放”。生态工业园区采用的环境管理是一种直接运用工业生态学的生态管理模式。所谓工业生态学是指用生态学的理论和方法来研究工业生产，把经济视为一种类似于自然生态系统的封闭体系。在这个体系中，一个企业产生的“废物”或副产品是另一个企业的“营养物”。这样，区域内彼此靠近的工业企业或公司就可以形成一个相互依存、类似于自然生态食物链过程的“工业生态系统”。通常用“工业共生”“要素耦合”和“工业生态链”概念来表征工业生态系统工业企业之间的关系。生态工业园区是工业生态思想的具体体现。因此，从环境角度来看，生态工业园区才是最具有环境保护意义生态绿色概念的工业园区。我国应在各地开展示范的基础上，全面推开此项工作。国家发展计划委员会可以设立相应的机构，统管全国生态工业园区的建设；各级政府也应设立诸如此类的机构组织，指导和协调地方生态工业的发展。

阅读材料 6-1　循环经济的四种模式

1. 杜邦模式——企业内部的循环经济模式

通过组织厂内各工艺之间的物料循环，延长生产链条，减少生产过程中物料和能源的使用量，尽量减少废弃物和有毒物质的排放，最大限度地利用可再生资源；提高产品的耐用性等。杜邦公司创造性地把循环经济三原则发展成为与化学工业相结合的“3R 制造法”，通过放弃使用某些环境有害型的化学物质、减少一些化学物质的使用量以及发明回收本公司产品的新工艺，到 1994 年已经使该公司生产造成的废弃塑料物减少了 25%，空气污染物排放量减少了 70%。

2. 工业园区模式

按照工业生态学的原理，通过企业间的物质集成、能量集成和信息集成，形成产业间的代谢和共生耦合关系，使一家工厂的废气、废水、废渣、废热或副产品成为另一家工厂的原料和能源，建立工业生态园区。典型代表是丹麦卡伦堡工业园区。这个工业园区的主体企业是电厂、炼油厂、制药厂和石膏板生产厂，以这 4 个企业为核心，通过贸易方式利用对方生产过程中产生的废弃物或副产品，作为自己生产中的原料，不仅减少了废物产生量和处理的费用，还产生了很好的经济效益，形成经济发展和环境保护的良性循环。

3. 德国 DSD——回收再利用体系

德国的包装物双元回收体系（DSD）是专门组织回收处理包装废弃物的非盈利社会中介组织，1995 年由 95 家产品生产厂家、包装物生产厂家、商业企业以及垃圾回收部门联合组成，目前有 1.6 万家企业加入。它将这些企业组织成为网络，在需要回收的包装物上打上绿点标记，然后由 DSD 委托回收企业进行处理。任何商品的包装，只要印有它，就表明其生产企业参与了“商品包装再循环计划”，并为处理自己产品的废弃包装交了费。“绿点”计划的基本原则是：谁生产垃圾谁就要为此付出代价。企业交纳的“绿点”费，由 DSD 用来收集包装垃圾，然后进行清理、分拣和循环再生利用。

4. 日本的循环型社会模式

日本在循环型社会建设方面主要体现在三个层次上。一是政府推动构筑多层次法律体系。2000 年 6 月，日本政府公布了《循环型社会形成促进基本法》，这是一部基础法。随后又出台了《固体废弃物管理和公共清洁法》《促进资源有效利用法》等第二层次的综合法。在具体行业和产品第三层次立法方面，2001 年 4 月日本实行《家电循环法》，规定废弃空调、冰箱、洗衣机和电视机由厂家负责回收；2002 年 4 月，日本政府又提出了《汽车循环法案》，规定汽车厂商有义务回收废旧汽车，进行资源再利用；5 月底，日本又实施了《建设循环法》，到 2005 年，建设工地的废弃水泥、沥青、污泥、木材的再利用率要达到 100%。第三层次立法还包括《促进容器与包装分类回收法》《食品回收法》《绿色采购法》等。二是要求企业开发高新技术，首先在设计产品的时候就要考虑资源再利用问题，如家电、汽车和大楼在拆毁时各部分怎样直接变为再生资源等。三是要求国民从根本上改变观念，不要鄙视垃圾，要把它视为有用资源。堆在一起是垃圾，分类存放就是资源。

复习与思考

1. 可持续发展的观点有哪些？
2. 如何认识和理解可持续发展的内涵？
3. 可持续发展的原则是什么？
4. 如何理解可持续发展战略？它具有哪些基本特征？
5. 为什么说可持续发展道路是中国未来发展道路的必然选择？
6. 如何建立可持续发展指标体系？
7. 我国可持续发展战略的实施情况怎样？
8. 循环经济的概念和内涵是什么？
9. 循环经济的原则是什么？
10. 循环经济具有哪些特征？
11. 循环经济与可持续发展的关系如何？
12. 循环经济在我国的研究发展状况如何？

第七章
自然资源的可持续利用

第一节 自然资源及其属性

一、自然资源的概念

所谓资源，“资”就是“有用”“有价值”的东西，即一切生产资料、生活资料。“源”就是“来源”。经济学家认为资源无外乎三种：自然资源、资本资源、人力资源；或者说土地、资本、劳动。有时也把它们称为基本生产要素。其中的资本包括资金、房屋、机器设备、基础设施等，它们在现代经济中是很重要的因素。但究其来源，还是土地和劳动，正如马克思引用威廉·配第的话所说：“劳动是财富之父，土地是财富之母”，这里的土地即指自然资源。

一些学科对资源作狭义的理解，即仅指自然资源。

较早给自然资源下较完备定义的是地理学家金梅曼，他在《世界资源与产业》一书中指出，无论是整个环境还是其某些部分，只要它们能（或被认为能）满足人类的需要，就是自然资源。他解释道：譬如煤，如果人们不需要它或者没有能力利用它，那么它就不是自然资源。看来金梅曼的“自然资源”是一个主观的、相对的、从功能上看的概念。

《辞海》一书关于自然资源的定义是“一般天然存在的自然物（不包括人类加工制造的原材料），如土地资源、矿藏资源、水利资源、生物资源、海洋资源等是生产的原料来源和布局场所。随着社会生产力的提高和科学技术的发展，人类开发利用自然资源的广度和深度也在不断增加”。这个定义强调了自然资源的天然性，也指出了空间（场所）是自然资源。

联合国有关机构对自然资源的概念作了规定。1970 年的一份文件中指出：“人在其自然环境中发现的各种成分，只要它能以任何方式为人类提供福利，都属于自然资源。从广义上来说，自然资源包括全球范围内的一切要素”。1972 年联合国环境规划署指出：“所谓自然资源，是指在一定的时间条件下，能够产生经济价值以提高人类当前和未来福利的自然环境因素的总称”。可见联合国的定义是非常概括和抽象的。

大英百科全书的自然资源定义是："人类可以利用的自然生成物，以及形成这些成分的源泉的环境功能。前者如土地、水、大气、岩石、矿物、生物及其群集的森林、草地、矿藏、陆地、海洋等；后者如太阳能、环境的地球物理机能（气象、海洋现象、水文地理现象），环境的生态学机能（植物的光合作用、生物的食物链、微生物的腐蚀分解作用等），地球化学循环机能（地热现象、化石燃料），非金属矿物的生成作用等"。这个定义明确指出环境功能也是自然资源。

20 世纪 80 年代中期我国一些学者给自然资源下的定义是："自然资源是指存在于自然界中能被人类利用或在一定技术、经济和社会条件下能被利用来作为生产、生活原材料的物质、能量的来源。或在现有生产力发展水平和研究条件下，为了满足人类的生产和生活需要而被利用的自然物质和能量"。[①]

这些定义各有侧重，但其共同特点是把自然资源看做是天然生成物，而把人类活动的结果排斥在外。实际上现在整个地球都或多或少地带有人类活动的印记，现在的自然资源中已经融进了不同程度的人类劳动结果，这是人类的社会属性决定的。所以，自然资源从本质上说是自然环境和人类社会相互作用的一种价值判断与评价，是以人类利用为标准的。笔者认为自然资源可定义为："在现有的经济、技术和社会条件下，人类从自然界中获取的以满足其需要与欲望的自然或近于自然的产物及作用于其上的人类活动结果"。详析之，自然资源的概念包括以下含义。

第一，自然资源是自然过程所产生的天然生成物。地球表面、土壤肥力、地壳矿藏、水、野生动植物等等，都是自然生成物。自然资源与资本资源、人力资源的本质区别，正在于其天然性。但现代的自然资源中又已或多或少地包含了人类世世代代劳动的结晶。

第二，任何自然物之所以成为自然资源，必须有两个基本前提：人类的需要和人类的开发利用能力，否则自然物只是"中性材料"，而不能作为人类社会生活的"初始投入"。

第三，人的需要与文化背景有关，因此自然物是否被看做自然资源，常常取决于信仰、宗教、风俗习惯等文化因素。例如伊斯兰教徒食素，这就决定了他们的"食物资源"的概念。又如非洲一些地区的人把烤蚱蜢看作美味佳肴，而且是他们蛋白质的主要来源之一；这在其他文化背景的人看来是不可接受的。关于资源与环境的伦理在人类与环境的相互关系中起着重要作用。

第四，自然资源的概念和范畴不是一成不变的，而是随着人类社会和科学技术的发展而不断变化。或者说人类对自然资源的认识，以及自然资源开发利用的范围、规模、种类和数量，都是不断变化的。同时还应指出，现在人们对自然资源已不再是一味索取，而是发展出保护、治理、抚育、更新等新观念。

---

① 陈如好.我国计算机编目工作的标准化建设问题〔J〕.图书馆，1997。

第五，自然资源与自然环境是两个不同的概念，但具体对象和范围又往往是统一客体。自然环境指人类周围所有的客观自然存在物。自然资源则是以人类需要的角度来认识和理解这些要素存在的价值。因此有人把自然资源和自然环境比喻为一个硬币的两面，或者说自然资源是自然环境透过社会经济这个棱镜的折射。

第六，自然资源不仅是一个自然科学概念，也是一个经济学概念，还涉及文化、伦理和价值观。卡尔·苏尔说过："资源是文化的一个函数"。如果说生态学使我们了解自然资源系统之动态和结构所决定的极限，那么我们还必须认识到，在其范围内的一切调整都必须通过文化的中介进行。

未来的知识经济时代，知识将与劳动、土地和资本一样，成为最重要的生产要素，也是最重要的经济资源。正确认识、合理利用自然资源，是21世纪最重要的知识之一。自然资源的稀缺问题，是自然资源的基本属性。自然资源的稀缺决定了自然资源的开发利用一般应是有限度的，超过了这个限度就会发生生态灾难。自然资源可持续利用要求在远未达到这些限度以前，全世界必须保证公平地分配有限的资源和调整技术上的努力方向，以减轻资源的压力。可再生资源的利用率应控制在再生和自然增长的限度内，切不可超过其再生能力，否则就会趋于耗竭。对于矿物燃料和原料这样的非可再生资源，今天利用多少，将来子孙可利用的储存量就减少多少，但这并不意味着不能利用这种资源，而应确定一个可持续的消耗率。这就要考虑那种资源的临界性，可将消耗减少到最低程度的技术可行性，以及替代资源的可行性。

二、自然资源的分类

从环境科学的角度，自然资源分为：① 原生性自然资源，如阳光、空气、降水等，它们随地球的形成和运动而存在，属非耗竭性资源（nondepletable resources）。② 次生性自然资源，这种资源是地球在演化过程中的特定阶段形成的，质与量有限定，具有一定的空间分布，属可耗竭性资源（depletable resources）。耗竭性资源又可分为非再生性资源（如煤、石油、天然气等）和可再生性资源（如动物、植物、微生物和各类生物群等）。经济学则把自然资源分为可再生资源（renewable resources）和非再生资源（depletable resources，直译为可耗竭资源）二类，现在大多沿用这种分类方法。

1. 可再生资源

可再生资源，也称为可更新资源，是指能够通过自然力以某一增长率保持或增加蕴藏量的自然资源。例如太阳能、大气、森林、鱼类、农作物以及各种野生动植物等。许多可更新资源的可持续性受人类利用方式的影响。在合理开发利用的情况下，资源可以恢复、更新、再生产甚至不断增长；在开发利用不合理的情况下，其可更新过程就会受阻，使蕴藏量不断减少，以至耗竭。例如水土流失导致土壤肥力下降；过度捕捞使渔业资源枯竭，并且进一步降低鱼群的自然增长率。有些可更新资源的蕴藏量和可持续性则不受人类活动影响，例如太阳能，当代人消费的数量不会使后代人消费的数量减少。有些可更新资源能够被储存起来。资源的可储存性为在不同的时间范围内配置资源提供了可能，例如粮食储备可以调剂余缺，平抑市场价格。太阳能也可以被储存，最常见的方式就是光合作用。可更新资源的储存一般来说不同于可耗竭资源的储藏。储藏可耗竭资源是为了延长它的经济寿命；储存可更新资源则是为了保证不同时期的供求平衡。

2. 不可再生资源（可耗竭资源）

假定在任何对人类有意义的时间范围内，资源质量保持不变，资源蕴藏量不再增加的资源称为可耗竭资源。主要指经过漫长的地质年代所形成的矿藏，包括金属和非金属。有人把经过漫长岁月形成的土壤也列为不可再生资源。耗竭既可看做是一个过程，也可看做是一种状态。可耗竭资源的持续开采过程也就是资源的耗竭过程。当资源的储藏量为零时，就达到了耗竭状态。

与人类生产生活密切相关的矿物资源，主要有煤、铁、铝、铜、天然气、石油（这六种资源消耗占总矿物资源消耗的 2/3）。据美国科学家计算，全球矿物资源已知储量，铁 1 000 亿 t，铝 170 万 t，铬 7.75 亿 t，铜 308 万 t，锰 8 亿 t。在能源日益紧张的今天，煤、石油、天然气的储量特别引人注目。据资料统计，全世界石油探明储量为 888.3 万 t，天然气探明储量 783 780 万 m^3，煤炭地质储量为 101 000 亿 t（可采储量 6 360 亿 t）。

可耗竭资源按其能否重复使用，又可分为可回收的可耗竭资源和不可回收的可耗竭资源。

（1）可回收的可耗竭资源。资源产品的效用丧失后，大部分物质还能够回收利用的可耗竭资源是可回收的可耗竭资源。主要指金属等矿产资源，例如：汽车报废后，汽车上的废铁可以回收利用。不过，资源的可回收利用程度是由经济条件所决定的。只有当资源的回收利用成本低于新资源的开采成本时，回收利用才有可能。

可回收的可耗竭资源的开采储量能够通过一些经济条件的变化而增加。而这些经济条件的变化虽然可能具有多种形式，但有一个共同特征，即使得以前不具有开采价值的资源变得有开采价值。矿产资源的市场价格是一个最明显的例子。当价格上升时，会刺激生产者去勘探潜在的资源，或者开采低品位的资源。此外，高价格还会刺激技术进步。技术进步可提高资源利用率，或是发现新的可替代资源。

可回收的可耗竭资源最终仍无法逃脱被耗竭的命运，但是耗竭的速率是可变的，它取决于市场需求、资源产品的耐用性和回收利用该产品的程度。除了需求缺乏弹性的情况外，一般来说价格增高会使需求量减少；资源产品的使用寿命越长，对资源的需求就越少。回收利用或是通过提高产品使用率（例如重复使用的饮料瓶），也可以减少对资源的需求。需要强调的是，可回收的可耗竭资源不可能 100%地循环利用。根据热力学第二定律，在一个封闭的系统内，无限的内循环是不可能的，甚至从系统外界不断投入能量时（例如太阳能的有效利用），无限的内循环也是不可能的。每次内循环都要产生某些损失，每次资源利用都会使资源产生某些退化，例如铜币能被融化铸成铜锭，但是在流通过程中摩擦掉的铜却不能恢复。只要资源的回收利用率小于 100%，资源蕴藏量最后就一定会降低到零。一般来说，可回收的可耗竭资源依靠回收利用而得到补充的数量是很低的，在任何时期，它对资源开采不会产生显著影响。

（2）不可回收的可耗竭资源。使用过程不可逆，且使用之后不能恢复原状的可耗竭资源是不可回收的可耗竭资源，主要指煤、石油、天然气等能源资源。这类资源被使用后就被消耗掉了，例如煤，一旦燃烧就变成了热能，热量便消散在大气中，变得不可恢复了。

不可回收的可耗竭资源的特点决定了它的耗竭速度必然快于其他资源。能源是人类社会发展的经济动力，一个国家利用和获得能源的能力，在很大程度上决定了它在当今世界的经济地位。当代社会对能源资源迅速增加的巨大需求，更加剧了这种资源的耗竭速率。尽管经济条件的变化同样可以对这类资源的开发提供刺激，但是其作用相对来说却是有限的。核能作为一种新能源，其利用前景仍不确定。至少目前商业运行的裂变型核电站尚不具备资源可持续性。因为这种电站使用的燃料是不可再生资源铀，同煤一样，铀也是一种不可回收的可耗竭资源。

减缓不可回收的可耗竭资源耗竭速率的重要措施是提高资源利用率。由于不可回收的可耗竭资源使用过程的不可逆性，决定了使用机会只有一次。如果在一次使用中资源得不到充分利用，就会造成重大浪费。另外，由于煤、石油等资源在使用之后，大多转化成对环境有害的能量和物质，所以提高资源利用率还可以减少污染。

可再生资源是可以用自然力保持或增加蕴藏量的自然资源。可再生资源在合理使用的前提下，可以自我更新繁殖、增加，生物资源都是可再生资源。非再生资源是不能运用自然力增加蕴藏量的自然资源，如铁矿、煤等。非再生资源又可分为可回收非再生资源和不可回收非再生资源，前者如金属等资源，后者如石油、煤、天然气等能量资源。此外，许多资源是可再生资源和非再生资源的混合，其特性介于两者之间，如土壤资源。

三、自然资源的特点

自然资源具有如下主要特点：① 自然性。自然资源是自然界物质生产过程的产品，与人工合成品具有本质区别。② 历史性。多数自然资源是经过漫长的自然历史过程形成的。例如石油的形成需要数万年或更长的历史。③ 有限性。地球上自然资源的储量是有限的。对非生态资源而言，随着人类消耗量的增加，资源储量会逐渐减少直至完全耗尽（如石油）；对生态资源而言，如果人类的利用速度超过其更新速度，也会导致枯竭（如森林）。④ 整体性。各类自然资源都不是孤立存在的，在时空上往往交互重叠、互相依存，共同构成完整的资源系统，对任何一种资源的开发利用必然对其他资源产生影响，并进而导致整个资源系统的变化。⑤ 种类与功能多样性。自然资源种类是多种多样的，仅已被开发利用的矿产资源就有200多种。某种自然资源的功能是多样的，例如，森林不仅可以提供木材、各种林副产品，还具有防护、减灾、净化和涵养水源等功能。⑥ 可更新性与不可更新性。多数自然资源具有自我更新或再生的能力，通过不断地更新保持数量和质量平衡，但其自然更新速度是有差别的；一些自然资源不能自我更新，会越用越少（如石油）。⑦ 空间分布不均衡性。由于地带性因素的影响，同类自然资源的分布是不均衡的，类型、储量、质量也均有很大差别。⑧ 国界性。在现阶段社会，自然资源按国界进行划分，和人一样具有国别。但也不完全如此，如大气资源不受国界限制、国境线上的地下矿产资源可能引起国际纠纷、某些动物自由游动可以改变国籍等。⑨ 公共性。自然资源是全社会、全人类共有的财富，原则上不能限制任何人享受其所提供的生态、社会服务，同时任何人对某些资源的享受也不会影响他人的享受。但由于自然资源是有限的，当消费不受限制时，最终会导致消费的抗争。⑩ 不可替代性。随着科学技术的不断进步，大多数自然资源产品可由人工合成品代替，但几乎所有替代品的原材料仍来自自然资源或其衍生物，在本质上仍然是自然资源；同时也有许多自然资源是完全不可由人工产品替代的。

四、自然资源与自然环境和人类生存发展的关系

1. 自然资源与自然环境的关系

自然环境是人类赖以生存，发展生产所必需的自然条件和自然资源的总称。自然环境既为人类提供了生存环境，也为人类生存提供了必要的资源。自然资源与自然环境是密不可分的，自然资源是自然环境的重要组成部分。如森林，既具有能完成森林生态系统中能量和物质的代谢功能，提供一定的生物产量和产物，可以随时间的变迁而演替，而且对它的毗邻环境具有涵养水源、保持水土、净化空气、消除噪音、调节气候、保护农田草原、改善环境质量等生态效能。人类在利用自然资源的过程中，不能脱离由自然资源与自然环境组成的自然综合体，整体的失调和瓦解，将危及人类自身的生存、生活和生产。对自然资源的过度利用，势必影响自然综合体的整体平衡，自然资源所具有的组成整体结构和功能的作用，以及其在自然环境中的生态效能，可能会很快消失，自然整体即遭破坏，甚至导致灾害。可见，人类利用自然资源，也就是利用自然环境。在自然资源与自然环境是统一体的前提下，开发任一项自然资源，必须注意保护人类赖以生存、生活、生产的自然环境。对待自然环境的任何组成成分犹如利用自然资源一样，也必须按照利用资源时所应注意的特性来对待自然环境。

自然资源和自然环境的基本属性为：

（1）自然物质条件既是自然环境，又是自然资源，可以互相转化，具有两重性；

（2）自然资源和自然环境的质和量都是有限定的；

（3）人类与自然资源和自然环境之间具有相依性。

2. 自然资源利用与人类社会经济发展的关系

自然资源是社会和经济发展必不可少的物质基础，是人类生存和生活的重要物质源泉。同时，自然资源为社会生产力发展提供了劳动资料，是人类自身再生产的营养库和能量来源。无论是作为活动场所、环境、劳动对象，还是从中制造劳动对象，都要开发利用自然资源，而被开发利用的自然资源数量、种类、组成等都会受到社会生产系统中经济政策、技术措施及人的数量、质量等方面的影响，也就是说，社会经济发展又对自然资源利用产生巨大的作用。

可见，要使社会生产得以正常进行，经济得到较快发展，就要求人类在开发利用自然资源的过程中，正确对待作为社会生产和经济发展基础的自然资源，按照资源生态系统的特性和运动规律来组织社会生产和规定经济发展的方向和速度。

第二节　中国的自然资源概况

我国自然资源具有两重性，既是资源富国又是资源贫国。按自然资源总量排序在世界上居第 4 位，是资源富国。但由于人口众多是世界上人均占有量很低的贫国。[1]

一、土地资源

我国国土面积为 960 万 km^2，宜农林牧利用面积为 7.3 亿 hm^2，仅次于加拿大，但人均却不足 0.67 hm^2，远低于世界人均的 3.27 hm^2。① 农耕地约 1.33 亿 hm^2，其中一等耕地约 0.53 亿 hm^2，受一定条件限制的二等、三等耕地占 60%。人均耕地 0.12 hm^2，只有世界人均耕地 0.36 hm^2 的 30%。② 园地 53.33 万 hm^2，各类果树面积约 220 万 hm^2，年产各类果品 2.1 亿 kg 左右，排世界第 7 位，但人均不足 0.2 kg，世界发达国家人均在 100 kg 以上。③ 草地面积 3.67 亿 hm^2，仅次于澳大利亚和美国，居世界第 3 位，其中北方草原 2.87 亿 hm^2，南北方山区草地约 0.67 亿 hm^2，沿海滩涂约 0.13 亿 hm^2。在草地中一等只占 13%。实际可利用的约 2.27 亿 hm^2，草地质量不佳，生产能力低下，还有退化草地 0.87 亿 hm^2。全国人均草地 0.2 hm^2 （世界人均草地为 0.73 hm^2）。④ 乔木和灌木毛面积 1.67 亿 hm^2，其中一等林地占 65%。我国林地资源的质量较好，后备树种资源丰富，约有 1.6 亿 hm^2，林业发展潜力大。⑤ 我国沙漠和沙漠化土地总面积 153.3 万 km^2，占全国总面积的 15.9%。20 世纪 50～70 年代，沙漠化土地平均每年以 1 560 km^2 的速度扩大；进入 1980 年代，沙漠化土地平均每年扩大 2 100 km^2，速度在加快。⑥ 在我国 960 万 km^2 的土地上，有水

1 何方. 生态资源观[J]. 经济林研究，1992，10（1）：62～70。

土流失面积 153 万 km^2，风蚀面积 187 万 km^2，并且逐年扩大。黄土高原水土流失最严重的地区，平均每年流失土壤达 16 亿 t，其中带走 4 000 多万 t 氮、磷、钾肥料。长江流域面积 180 万 km^2，而水土流失面积就占有 56.2 万 km^2。

二、水资源

我国水资源总量约 2.8 亿 m^3，居世界第 6 位，但人均只有 2 600 m^3，仅为世界人均量的 1/4，排世界第 88 位。水资源的时空分布不合理:首先在地理分布上不均，水土资源组合很不匹配。长江流域及以南地区耕地占全国的 36%，水资源却占 82%，地少水多；长江以北耕地占 64%，水资源仅占 18%，地多水少；黄淮海地区，耕地占全国的 41.8%，水资源不到全国的 5.7%。据 1986 年全国 236 个城市调查，80%的城市缺水，年缺水量达 3 640 亿 m^3。

三、矿产资源

从矿产种类来看，我国的矿种资源比较丰富，是矿种比较齐全的少数国家之一。现已发现矿产 171 种，探明储量 153 种；已发现矿地近 20 万处，已勘探和开发的矿区约 25 000 个。矿产资源种类比较齐全，配套程度高，总量丰富，居世界前列。但矿产资源的人均占有量不足世界水平的 1/2，居世界第 80 位。我国大宗矿产贫矿多，富矿少。很多矿种的储量不大。主要矿产中有一半不能满足生产建设的需要。

四、气候资源

气候资源是不能直接利用的，具有区域差异性、被动性和不可储性的特点。由于我国幅员辽阔，空间水、热、光的组合各异，形成了多种类型的气候。全国地跨 9 个温度带，可划分为 40 个气候类型区。我国光照条件好，全国大部分地区年光照时数在 1 800 h 以上，全国年均太阳辐射总量在 335.0～837.4 J/cm^2。年植物的生理辐射为 252.0 J/cm^2。我国热量资源丰富，日均气温持续≥10℃的温暖期，大多数地区在 180～250 d，在南部达 330 d 以上；≥10℃年积温在 3 500～6 000 d・℃。目前我国气候资源潜力还没有充分发挥出来，粮食大面积平均产量只有气候潜力的 30%～60%。

五、生物资源

（1）森林资源。我国地域辽阔多山，地形和气候千变万化，自然条件复杂，因此适宜多种林木生长，形成了丰富多样的森林类型：如阔叶林、针阔混交林、落叶阔叶林、落叶常绿阔叶混交林、热带雨林、季雨林、红树林、灌木林等。我国是世界上木本植物种类最多的国家之一，共有木本植物 8 000 余种，其中乔木 2 800 多种。材质优良且经济价值高的约有 1 000 种，还有繁多的经济林木和珍贵孑遗树种。森林中有大量的野生动植物资源，是一个巨大的基因库。但我国的森林覆盖率低，仅 12.98%，与世界森林覆盖率 30.6 的%平均水平相比差距很大。而中国人均森林面积仅 0.11 hm^2，居世界第 120 位。我国活立木总蓄量 102.6 亿 m^3，是世界森林蓄积量的 3100 亿 m^3 的 3%。我国森林资源还存在分布上极不平衡，林地利用率低，树种结构不合理，森林环境效益差等问题。

（2）野生动植物资源。我国的野生动植物资源非常丰富，据调查我国有高等植物 35 000 多种，陆栖脊椎动物近 2 000 种，其中爬行类 300 余种，鸟类 1 200 余种，兽类 400 多种，占世界陆栖脊椎动物种数的 10%。淡水鱼类记载的近 600 种，海鱼 1 500 种，也占世界鱼类种数的 10%。两栖动物 278 种，占世界两栖类总数的 6.7%。此外我国有丰富的昆虫资源，传粉昆虫如蜜蜂、角额壁蜂、唇壁蜂、紫壁蜂等；绢丝昆虫如桑蚕、柞蚕、天蚕等；工业原料昆虫如五倍子蚜虫、紫胶虫、白蜡虫等；药用昆虫如冬虫夏草类、亚香棒虫、蛹虫、地鳖虫、虫茶、鼎实多刺蚁、蚁蛉、洋虫、九香虫、芫菁、隐翅虫及金蝇等；食用昆虫如蝗虫、蚱蜢、螳螂、白蚁、龙虱、蚂蚁等；饲料昆虫如蝇蛆、黄粉虫等；观赏昆虫如金斑喙凤蝶、双尾褐凤蝶、三尾褐凤蝶、中华虎凤蝶以及阿波罗凤蝶等国家珍稀蝶类。

总的来说，我国资源总量在国际上是名列前茅的，但由于巨大的人口压力，使得资源问题日益突出，面临着产生资源危机的可能。

六、我国自然资源的特点

（1）资源总量丰富，人均占有量不足。中国国土面积（陆地）为 960 万 km^2，占世界土地面积的 7.2%，占亚洲的 25%，仅次于俄罗斯和加拿大，居世界第三位。人均占有土地面积不到 1 hm^2，只及世界平均数的 1/3，实际耕地面积 1.33 亿 hm^2，居世界第 4 位，林地面积 1.25 hm^2，居世界第 6 位，草地面积 3.67 亿 hm^2，居世界第 2 位，但人均占有量分别只有 0.12 hm^2、0.11 hm^2 和 0.35 hm^2，为世界平均水平的 1/3、1/6 和 1/2。我国有 1.8 万 km 海岸线，近 300 万 km^2 的管辖海域，500 km^2 以上的岛屿 7 372 个，海洋资源遭受掠夺性开发，沿海生态环境破坏严重。中国地表水资源总量 2.8 万亿 m^3，全国河流纵横，湖泊密布，河川径流量为 2.7 万亿 m^3，年均径流量为 284 m^3，但人均水资源只有 2 700 m^3，居世界第 109 位，被列为世界人均水资源的 13 个贫水国家之一。到 1998 年底，我国已发现 171 种矿产，矿产地 25 000 多处。探明有储量的矿产 153 种，其中 45 种主要矿产探明储量潜在价值约占世界矿产总价值的 12%，列美国和俄罗斯之后。但人均拥有矿产资源潜在总值 1.5 万美元，居世界第 53 位，是俄罗斯的 1/5，美国的 1/8，每平方米拥有矿产资源潜在总值 172 万美元，居世界第 24 位，比美国低 46%，比苏联低 43%。

按目前的人口自然增长速度，到 21 世纪中叶，我国人口将增至 15 亿～17 亿，据专家推算，我国目前的资源储量只能供给 16 亿人生活之用。所以资源的短缺和浪费将成为我国 21 世纪发展的重要制约因素。

（2）森林覆盖率低，生态环境脆弱。森林是人类以及所有生物赖以生存的生态系统中最精致、最重要的部分，它可以维持全球的 C、N、O、H_2O 等物质的平衡，遏制温室效应，具有调洪、缓洪、防蚀减沙、净化空气、维持生物多样性等诸多功能。中国曾经是森林茂密的国家，几千年前森林覆盖率达 60%以上，由于自然气候的变迁和人为破坏，现已成为世界上水土流失和荒漠化最严重的国家之一。森林平均覆盖率不足 14%，远低于 20%的国土安全线，离世界平均覆盖率 25%有很大差距。以东北林海著称的大兴安岭林区被空前洗劫，近 70%的林业局 10 年内将无林可伐。虽然，我国在 20 世纪 70 年代末就注意到了由于森林减少而造成的干旱、风沙等危害，1978 年启动了“绿色长城”工程，开展了十个大项目。然而，北方森林的毁损速度比著名的“三北”防护林的建设速度要快 8 倍，所以森林覆盖率低的问题并没有得到显著改善。长江洪灾之后，长江上游的人们仍在疯狂地砍伐森林的信息不断见诸报端，仅沿江国有森林工业企业 1998 年至少砍伐 30 万 m^3 木材，相当于 3 333 hm^2 原始森林。历史上长江流域森林覆盖率为 60%～80%，1957 年降至 22%，至 1996 年只剩 10%，而且仍在加速下降。森林面积的减少，导致许多自然资源的严重短缺，生态系统的环境保护功能严重削弱，自然灾害的频繁发生屡见不鲜。

（3）水土流失严重，土地严重退化。由于生产技术落后，农牧生产过度、水土流失严重以及鼠害、火灾等原因使土壤被侵蚀，草原退化、沙化、碱化。我国是世界上水土流失最为严重的国家之一，水土流失面积已达国土面积的 40%。每年流失土壤 50 亿 t 以上，荒漠化面积已占国土面积的 27.3%，沙化面积以每年 5 000 km^2 的速度在扩展，草原退化面积相当严重。内蒙古大草原受 200 万周边地带宁夏、甘肃等农垦民族的北上挖“发菜”而“发财”，致草原遭毁灭性破坏、草场植被的固沙能力丧失，沙尘暴天气随之而产生。全国约有 1.7 亿人受到荒漠化危害和威胁，约有 2 100 万 hm^2 农田受到荒漠危害，去年北京周边遭 12 次沙尘暴袭击就是因周边地区沙漠蔓延所致。

（4）生物资源锐减。生物多样性以其多方面的价值与人类生活息息相关，它不仅为人类的生存与发展提供自然基础，又成为衡量人类社会是否健康发展的指标。然而，森林大面积的砍伐与垦殖，生物资源的过度利用，无控制的旅游、环境污染以及全球气候变暖、外来物种的侵入，使生物种类灾难性减少。世界平均每年有 1.5 万～5 万个物种灭绝，每天失去 50～150 种。我国情况则更甚，可可西里藏羚羊被不法分子灭绝性的捕杀就令人触目惊心。生物多样性的破坏，必然减少生物圈内的食物链关系，使生态系统功能受阻，生态平衡大规模被破坏，从而间接影响全球气候变化，恶化人类的生存环境，阻碍人类的可持续发展。

（5）淡水资源严重短缺。水是生物赖以生存的最基本物质和经济社会持续发展的最基础的资源，是参与地表物质迁移和能量转化过程的基本要素。这个资源的缺损超过一定的阈值就会对人类文明的发展构成致命的威胁。我国的淡水资源仅是世界水资源的0.007%，我国人均拥有水量仅2 600 m^3，为世界平均值的1/4，世界排名第88位，但对水的浪费却名列前茅。我国工业企业单位产品用水量高于发达国家5～10倍。以缺水著称的西北地区人均年用水量850 m^3，比全国人均用水量高出几乎一倍。20世纪70年代初排放生活污水和工业废水约146亿t，80年代达313亿t，1990年代达404亿t，2000年增至705亿t。根据水资源紧缺阈值界限，中国大陆在20世纪20～30年代16亿人口人均水量接近缺水界线值。1950年以来我国大陆气候趋于干旱，人口倍增，城市发展，经济增长，人类活动使水循环系统遭到前所未有的干扰并改变其动力学场和水文地球化学场及陆地过程水文条件，导致水资源量与质及分布变异并引发与水相关的环境问题，所以水资源问题是我国亟待解决的大问题。

自然资源的严重匮乏，导致生态环境的破坏，生态系统服务功能削弱，年降雨量减少，地面径流加快，暴雨、沙尘暴、冰雹、洪水、旱灾等自然灾害时年发生，严重影响到社会、经济的发展，危及人民的生命财产安全。事实证明，单靠高消耗的方式来实现经济的暂时增长，发展空间会越来越小，最终走向自我灭亡。自然资源是有限的，盲目的、不合适地利用资源是不可持续的，必须走资源的可持续利用之路，以获得最大的经济、社会、生态效益，促进人类社会的不断前进。

评价我国的自然资源必须坚持全面、客观、正确的观点。一方面，要看到我国"地大物博"，自然资源丰富多彩，为经济及建设布局提供了优越的有利条件。我国地域辽阔，土地总面积位居世界第三位，为我国进行现代化建设提供了广阔的空间，也就是我们通常所说的"地大"。我国自然资源的种类多，各类自然资源的总量丰富，位居世界前列，为我国的现代化建设提供了雄厚的物质基础，也就是我们常说的"物博"。另一方面要从我国资源的人均相对量、资源质量等方面，指出其不足的一面。尽管我国各项资源的总量丰富，但因我国是一个人口大国，"巨大的分母"造成了我国各项资源的人均相对量少，远远低于世界平均水平，如人均土地只及世界平均水平的30%，人均水只及世界人均水平的1/5，人均铁矿只及世界平均水平的1/3。各项资源的绝对量大，相对量小，说明我国的自然资源并不是很丰富；同时，看一个国家或地区的自然资源对经济发展及布局的影响不仅要从数量上看更重要的要从质量状况上，尽管我国自然资源种类多，绝对数量大，但大多数资源的质量状况不理想。如从土地面积看，我国有19%的沙质荒漠、戈壁、寒漠、永久性积雪和石质裸露山地，目前的生产力水平低，尚难进行开发利用；从气候上的干湿状况看，我国山地多，平地少，尤其是海拔3 000 m以上的地形，约占全国土地面积的26%，在目前的社会经济和技术条件下，山区开发要比平地开发困难得多；从矿产资源看，我国大多数矿种品位低。

综上所述，对我国自然资源的评价必须坚持正确、客观、全面的观点，既要看到我国"地大物博"的一面，又要从资源的人均相对量，资源的质量等方面，实事求是地作出全面评价，用清醒的头脑代替盲目乐观，以利于保护和节约资源。

第三节 合理利用自然资源的原则

人类在长期开发利用自然资源的过程中，积累了许多经验，有的是成功的，如把一些野生植物培育成优良的农作物，有的则是失败的，如不少地区滥伐森林导致生态环境严重恶化。现在，一方面人类对自然资源的利用还很不充分，在某些领域里潜力还很大，但另一方面，由于开发不当，对自然资源的破坏和浪费相当严重。从种种经验教训中，人们逐渐认识到必须按自然资源的特点和规律来开发利用它们。在这方面，特提出以下几点原则：

一、资源利用的节约原则

我国各项资源的相对量小，各项资源并不很丰富，这就要求我们利用自然资源时，注意节约各种资源。例如，我国人均耕地只有 0.12 hm^2，远低于世界平均水平，人均水资源只有世界平均水平的 1/5。

二、土地资源开发的因地制宜原则

我国土地资源的地区分布不均衡，90%以上的耕地、林地及水域分布在东部及南部的湿润季风区内，而草原、半草原原则分布在西部干旱、半干旱地区。土地资源分布的这种差异性，要求我们在利用土地资源时要考虑各自不同的特点，确定农业生产的发展方向，即在东南部以发展种植业、林业及渔业为主，西半部以发展畜牧为主，不能全国搞“一刀切”。

三、资源开发利用的适度原则

对于热量、功能等近乎永恒性的生态资源都应最大限度地开发利用。对于矿产资源，则应在开采中，尽量提高回采率，不使资源浪费。对于再生性的生物资源来说，开发时必须重视一个适量的问题。众所周知，生物资源的再生是要有一定的条件作为前提，如果破坏了这种前提，采用“杀鸡取卵”的办法来利用资源，它们就无法再生了。目前，全世界有不少生物已灭绝，应该说，这在很大程度上是由于人们利用自然资源时反适量原则而造成的无法挽回的恶果。此外，生物资源的再生需要一个过程，而且还有阶段性。例如采用现代技术砍伐一片森林只需要很短的时间，而重新营造一片森林至少要花几十年。因此，人们一方面应尽可能促进资源的再生增殖能力，同时应注意对资源加以保护，使开发利用与再生更新协调起来。

四、自然资源的系统原则

众所周知，各种自然资源都是整个地球环境的有机组成部分，它们之间有相互影响、相互制约的关系。在各种再生性资源之间，这种关系尤为显著，有时达到“牵一发，动全身”的程度。例如，在气候、土地、生物、水等资源因素之间，就存在近乎“连环套”的相互制约关系。在多数情况下，一种自然资源的形成，都是多种因素复合使用的结果。自然资源的这种特点要求我们在开发自然资源时必须从自然界是一个整体的角度出发，尽可能做到利用的综合性和多方向，并力求避免单打一，这样既能发挥出整个资源系统的最大经济效益，也能使各个资源要素之间保持固有的平衡。上述原则对于开发土地、生物、水资源尤为重要。对于矿产资源来说系统原则就是要走综合利用的道路，这是根据许多矿床的共生、半生性特点提出的。如我国有三分之一的铁矿和四分之一的铜矿属于共生矿，如不重视综合利用，势必造成资源的极大浪费。

五、遵循生态学的原则，走可持续发展的道路

这一原则就是说要以经济学和生态学相结合的观点来看待自然资源的开发利用问题，开发利用自然资源，不仅要考虑社会需求和经济效益，也要重视整个生态系统的平衡，使近期利益同长远利益得以兼顾，否则就会顾此失彼，贻害将来。应该说，人们过去由于忽视这一原则给自已造成了种种恶果，如沙漠化、盐碱化、水污染等，如果现在对此还不引起足够的重视，势将对人们前途造成更大的危害。

第四节 自然资源蕴藏量

一、已探明储量

已探明储量是利用现有的技术,资源位置、数量和质量可以得到明确证实的储量。它又分为（1）可开采储量（如图 7-1 中阴影部分所示），定义为在目前的经济技术水平下有开采价值的资源。（2）待开采储量，定义为储量虽已探明，但由于经济技术条件的限制，尚不具备开采价值的资源。在技术条件不变的情况下，待开采储量要转变为可开采储量，在很大程度上取决于人们对这些资源的支付意愿。

二、未探明储量

未探明储量是指目前尚未探明但可以根据科学理论推测其存在或应当存在的资源。它分为：① 推测存在的储量，可以根据现有科学理论推测其存在的资源；② 应当存在的资源，今后由于科学的发展可以推测其存在的资源。

三、蕴藏量

资源蕴藏量等于已探明储量与未探明储量之和，是指地球上所有资源储量的总

和。因为价格与资源蕴藏量的大小无关，所以蕴藏量主要是一个物质概念而非经济概念。对于可耗竭资源来说，蕴藏量是绝对减少的；对于可更新资源来说，蕴藏量是一个可变量。这个概念之所以重要，是因为它代表着地球上所有有用资源的最高极限。以上资源蕴藏量的关系见图 7-1。

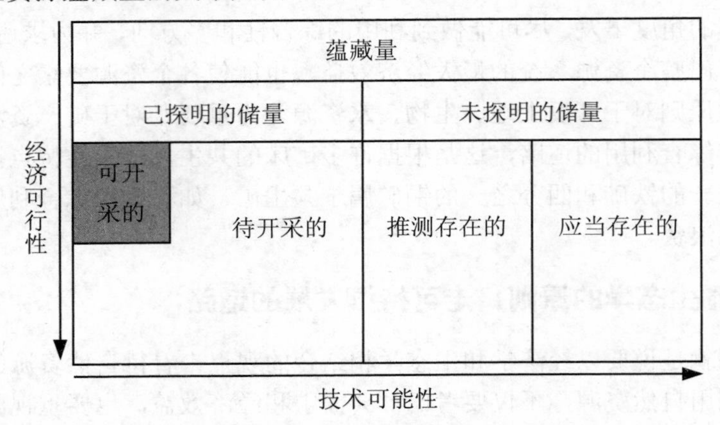

图 7-1 自然资源蕴藏量的关系

从图 7-1 可以看出，资源的可开采储量对应于品位较高，即具有经济技术可开采性的资源。自然资源储量的利用程度取决于经济可行性和技术可能性。纵坐标从左到右表示技术程度逐渐增加，资源利用的技术可能性逐渐降低。这两个方面都包含有时间概念，但没有表示时间的尺度，这是因为不同类别的资源在不同时间会有不同的开发利用方式。

四、关于储藏量的错误认识

掌握这三个概念的区别非常重要，否则就会导致错误的结论。如果把已探明储量当做是资源蕴藏量，再根据目前的资源消费水平估算地球上的资源还能使用多少年，就会得出非常悲观的结论。1934 年，有人估计铜的蕴藏量（实际是已探明储量）只够开采 40 年。但是 40 年以后，即到 1974 年，铜的已探明储量却还能再开采 57 年。在 1900 年，含铜 3%的铜矿石在经济上是可开发的最低品位。20 世纪 70 年代最低品位可降到约 0.35%。显然，这就大大地增加了世界铜储藏量的利用。

罗马俱乐部 1971 年发表的《增长的极限》，也犯有类似错误。他们根据巧妙的电子计算机模型进行研究，得出了一般的结论：许多不可更新资源不仅能用完，而且可能在不远的将来，在 30～50 年（大约 2020 年）非常突然地用完。实际上，这种计算方法只有在已探明储量等于资源蕴藏量，资源消费量一直保持不变的情况下才可能是正确的。但在今后一段时期，对于大多数自然资源来说，需求会随着价格而变化，已探明储量也会继续增加。所以这种计算方法是不正确的。

另一个错误是认为全部资源蕴藏量都是可利用的，即把所有资源看成是同质的，认为人们愿意为最后一个单位的资源付钱。如果价格是无限增长的，那么最后一个单位的资源蕴藏量也有可能被开采，然而价格不可能无限增加，总有一些资源由于开采成本过高，最终不会被利用。除此之外，开采资源时也还要消耗资源，特别是能源，这也会使得开采不可能进行完全。例如，钨是一种非常硬的金属，用于制造金属切削和岩石挖掘的工具。开采和加工钨矿石本身也需要用钨，工具的磨损和损坏必然消耗一些钨。如果钨矿石品位低，开采会出现负净产量，则这样的资源是不可利用的。再如，开采能源资源也需要消耗能源，消耗的能源大于开采的能源时，越开采则损失越大。

第五节　自然资源的可持续利用

一、自然资源可持续利用的定义和内涵

1. 定义

可持续的过程是指该过程在一个无限长的时期内，可以永远地保持下去，而系统的内外不仅没有数量和质量的衰退，甚至还有所提高。如果某项活动是可持续的，那么它对于任一种实践目的，都可以永远继续下去。严格讲，给可持续性下一个准确定义是相当困难的，客观存在着内涵不很明确和容易引起歧义等问题。这是因为：从普遍意义上来说，任何一种行为方式，都不可能永远持续下去。在一个有限的世界里，它总会受到这样或那样的限制。在人类历史发展进程中，每当面临这一时刻，总会有新的方式诞生，并通过替代物的出现、技术的进步和制度的创新来完成。另外，通常所讲的持续，只是在人类现有认识水平上的可预见的“持续”，现实世界还有许多不确定和尚未为人知的东西。因此，对于可持续性的定义不应拘泥于当前的状态，而应定义出一个范围，在此范围内可以有较大的灵活性。针对自然资源和环境，则应该理解为保持或延长自然资源的生产使用性和自然资源基础的完整性，意味着使自然资源能够永远为人类所利用。不至于因其耗竭而影响后代人的生产与活动。同时我们也必须清楚地认识到自然资源利用和经济发展之间存在的辩证统一关系。人类利用自然资源进行生产的目的是发展经济，并最终实现人类生活福利水平的提高。经济发展是主流，不能简单地为了保持或延长自然资源的生产使用性和自然资源基础的完整性而以牺牲经济发展为代价。但在追求经济发展的同时，应注意到使自然资源和环境能够可持续地为人类所利用。综上所述，我们可将“自然资源的可持续利用”定义为：在人类现有认识水平可预知的时期内，在保证经济发展对自然资源需求满足的基础上，能够保持或延长自然资源生产使用性和自然资源基础完整性的利用方式。

2. 内涵

根据上述对“自然资源的可持续利用”所下的定义，自然资源可持续利用的基本内涵，主要包括以下几个方面：① 自然资源的可持续利用必须以满足经济发展对自然资源的需求为前提。人类生产的终极目标是经济发展并在此基础上提高全人类的福利水平。经济发展在一定程度上总不可避免的将以自然资源的消耗为代价，并随着经济增长速度的加快，对自然资源的消耗速度也将越来越大。但是，如果以牺牲经济发展的代价来维持自然资源的环境基础，无疑是违背人类本身愿望和伦理基础的。因此，人类只有通过自然资源利用方式的变革，实现自然资源的可持续利用，来协调经济发展与自然资源环境保护两者之间的矛盾，从而保证经济发展对自然资源的需求。② 自然资源可持续利用的“利用”是指自然资源的开发、使用、管理、保护全过程，而不单单只指自然资源的使用。合理的开发、使用就是寻求和选择自然资源的最佳利用目标和途径，以发挥自然资源的优势和最大结构功能；而所谓“治理”是要采取综合性措施，以改造那些不利的自然资源条件，使之由不利条件变为有利条件；所谓“保护”是要保护自然资源及其环境中原先有利于生产和生活的状态。人类对自然资源的利用不仅仅是简单意义上的索取，在某种意义上更意味着对自然资源生产的投入。③ 自然资源生态质量的保持和提高，是自然资源可持续利用的重要体现。自然资源的可持续利用对自然资源生态质量保持和提高的要求是鉴于以往的自然资源开发利用活动，虽然带来巨大的财富，同时也酿成了对自然资源生态质量的严重破坏，并将危及人类今后的生存和发展这一情况而提出的。自然资源的可持续利用意味着维护、合理提高自然资源基础，意味着在自然资源开发利用计划和政策中加入对生态和环境质量的关注和考虑。④ 在一定的社会、经济、技术条件下，自然资源的可持续利用意味着对一定自然资源数量的要求。在人类目前认识范围决定的可预测前景内，自然资源的可持续利用涉及公平问题。因为目前的自然资源利用方式导致自然资源数量的减少并进而使后代人的需求受到影响，这种方式也不是可持续利用。自然资源的可持续利用必须在可预期的经济、社会和技术水平上保证一定自然资源数量以满足后代人生产和生活的需要。⑤ 自然资源的可持续利用不仅是一个简单的经济问题，同时也是一个社会、文化、技术的综合概念。上述各因素的共同作用形成了特定历史条件下人们的自然资源利用方式，为了实现自然资源的可持续利用，须对经济、社会、文化、技术等诸因素综合分析评价，保持其中有利于自然资源可持续利用的部分，对不利的部分则通过变革来使其有利于自然资源的可持续利用。

二、自然资源可持续利用是经济发展的物质基础

经济可持续发展的核心问题是自然资源的可持续利用，即自然资源的可持续利用是经济可持续发展的物质基础。这已开始成为共识，这一共识的形成是自然资源

的恒缺性这一事实决定的。

1. 自然资源是人类生存和繁衍的自然物质基础

作为自然属性的人是生态系统中生命系统的一部分，是生态系统中的主要消费者，因此，人们只有服从一系列的生态规律，才能生存和发展。而自然资源是生态系统中生命保障系统的基础，如果这个基础被破坏，人类生存就难以为继。经济活动的本质是满足人的需要，正是这种需要致使人类劳动生产的产品具有价值，而人类的所有需要中，生存和种的繁衍是最重要的需要，同时，也是其他需要的基础。由于自然资源是人类生存和繁衍的自然物质基础，由此使得它具有对人类最为重要的生存价值。

2. 自然资源的可持续利用是经济可持续发展的物质基础

可持续性是指生态系统受到某种干扰时能保持其生产率的能力。资源与环境是人类生存和发展的基础和条件，离开了资源与环境，人类的生存与发展就无从谈起。资源的永续利用和生态系统的可持续性的保持是人类持续发展的首要条件。人类若要维持自身的永续存在，对自然资源的利用就不能违背生态系统中物质和能量的传递与转换规律。因为人作为自然界生态系统中的一个物种与组成部分，与这个系统中的其他成分是相互依存和互为制约的，通过能量的交换，紧密地联系成不可分割的整体。由此，人类转化物能的环节，必须以前面环节物能的持续传递为基础，只有这样，才能在达到经济可持续发展的基础上，实现人类的永续生存。这就是人类的经济发展必须建立在自然资源可持续利用基础上的基本含义与理论依据。

人既是自然的，也是社会的。作为自然的人，它必须遵循上面这种自然资源利用规律；作为社会的人，则要不断努力地把生态系统中的自然资源转化为经济系统中的经济资源或物质财富，以满足社会发展的需要，这就要求自然资源必须“源源不断”地向人类提供被转化为物质财富的对象。但这“源源不断”并不意味着自然资源的数量无限，在现代科技水平不断提高的情况下，人类对各种自然资源的利用可以扩大其范围和深度，但却无法改变自然资源有限性的特征。也就是说，人类对自然资源的利用，必须维持在生态系统承载能力可负担的阈限之内。如果超出这种阈限，生态系统的平衡就会被打破，其正常运行就不能继续下去，经济进而人类社会的可持续发展也就会受到限制。因此，自然资源可持续利用是经济可持续发展的物质基础。

3. 自然资源的可持续利用状况，决定着该社会的可持续发展能力

自然资源具有生存、环境与经济价值，其生存价值和环境价值统称为生态价值。生态价值与经济价值之间存在着相互制约和补充的关系，在一个较长时期这些价值都会通过经济价值表现出来。例如，当资源的生态价值较大时，经济发展的成本就会较小，劳动生产率会更高，经济发展的速度就会较快，而当自然资源的生态价值量较小时，则会一切相反；同样，当自然资源的经济价值小时，它的生态价值就得不到充分反映。可见，从系统和较长时期看，自然资源的生态价值和经济价值是统一的。因此，在经济发展过程中，对自然资源的利用必须既注重其经济价值又注重其生态价值的保护。如果对某种自然资源的使用量超过一定限度，则社会从中得到的经济价值是很有限的，但为此而失去的生态价值可能非常大，甚至是无穷大，这时的资源使用量严重地得不偿失。这种情况说明，当自然资源一定时，经济发展过程中自然资源的经济利用是受到限制的。经济的发展从长远看不能突破自然资源的永续供给量，或者说，对自然资源的经济利用，不能使社会从中得到的经济价值小于为此而失去的生态价值量。所以我们有理由说，一个社会的自然资源能否得到可持续利用，决定着该社会能否实现经济的可持续发展，或者说，自然资源的可持续利用状况，决定着该社会的经济可持续发展能力。如果说，由历史形成的自然资源丰度状况，决定着该社会短期内和现有条件下的经济发展条件和速度，那么人类社会在现代经济发展过程中对自然资源的利用方式，即能否做到自然资源的可持续利用，则决定着该社会长期的经济状况和能否实现可持续发展。

以上对自然资源的理解，可以纠正传统上对自然资源利用的思路，引导我们以全新的态度对待人类赖以生存与发展的自然资源。

三、自然资源开发、利用、保护与经济可持续发展

自然资源作为经济发展的一个天赋条件，只有在人们开发、利用之后才能成为经济资源并发挥其作用。

1. 对自然资源的正确认识是可持续利用的前提条件

如前所述，自然资源具有生态与经济两方面的价值，所以，自然资源的可持续利用，不仅仅指作为生产资料这一经济价值的可持续利用，而且还包括生存价值（生命支持能力）、环境（包括净化、保护与功能性生态价值）价值的可持续利用。这才是当代自然资源可持续利用的完整含义。

随着社会的发展和生活水平的提高，人类需求的内容也会发生变化，这将导致对自然资源生态价值与经济价值利用侧重点的变化。随着人们需求层次的提高，诸如生态环境方面的需求将上升到越来越重要的地位。我们对自然资源的利用，应充分考虑到这一社会发展趋势。当丰富的自然资源相对于人类经济增长的需求显得充裕，而且人类活动所形成的污染没有超过自然资源或生态系统的自净能力时，人们对自然资源和环境的价值与利用，往往缺乏全面的正确认识，会忽视自然资源的生命支持力、资源供给的持续性及环境的净化功能等，重视和强调的只是作为生产要素的那部分自然资源的经济价值与功能，并且往往错误地认为，自然资源是取之不尽、用之不竭的，经济可以不受自然资源和环境因素的影响，无限地增长。由此导致了长期以来对自然资源的过度利用与环境的严重污染，结果不可避免地带来各种危害。自 20 世纪 60 年代开始，资源、环境危机成为日益严重的世界性问题，人类

走到了难以可持续发展的险境。

可见，只有正确理解人类经济活动与发展行为在自然界中的位置，全面认识自然资源的多种价值与功能，把握错综复杂的自然规律，协调人与自然、生态与经济的关系，才能合理保护与正确利用自然资源，使人类社会得以持续发展。

2．提高自然资源的生产率是经济可持续发展的重要内容

资源利用的效率，在很大程度上取决于对它开发使用中的成本和其使用中所带来的收益的比较。假定使用自然资源所获取的受益一定，则开采利用自然资源的成本愈低，资源的使用效率和经济价值就愈高。因此，研究自然资源与经济发展的关系，就不能将自然资源看做单纯的天赋收入，而应把如何使没有价值的天然形态的自然资源变成一种经济资源，如何实现资源利用经济效益的最大化作为研究的核心，其实质是如何合理利用自然资源的问题。合理利用自然资源，一方面指在目前的资源使用中通过市场机制和其他资源配置政策使资源和产品（或收入）在社会分配中得到有效配置；另一方面是指在考虑未来的资源使用时通过有效的资源配置政策使自然资源在时间的配置上对社会最优，这属于动态资源的配置决策问题。

四、自然资源可持续利用应达到的目标

1．经济与生态效益的统一

所谓自然资源开发的经济利益，就是在自然资源的开发利用这一经济形式中满足主体经济需要的一定数量的社会经济成果。人们从事物质资料生产活动，以解决衣、食、住、行等消费资料，是经济系统生产的经济产品。人们的一切自然资源开发利用的最终目的就是获得和享受这些经济产品，实现其经济利益。然而，人们对自然资源的开发利用过程不仅仅是一个经济过程，同时也是一个生态过程，对自然资源的进一步开发利用都意味着对原有生态环境的改变。与以往的自然资源开发形式相比，自然资源的可持续利用形式更强调在自然资源开发利用过程中经济利益和生态利益的有机统一，不但能实现最优的经济产生，同时使自然资源的生态质量保持或有所提高。这里所指的生态利益，主要是指在自然资源的开发利用过程中，以一定的人为主体的生态系统中满足人们生态需要的自然生态成果的质的提高和量的增加。

在现实生活中，生态利益和经济利益是相互联系、相互制约、相互作用而形成的有机统一体，这就是生态经济利益。自然资源的可持续利用形式追求的就是两者的高度统一。

2．眼前利益和长远利益的统一

自然资源的开发利用中，人类由于自身存在的短视行为，追求短期效益的倾向在一定的时空范围内相当明显，而长期效益由于时段的更替，所关联的因素多种多样，产生的原因十分复杂而且经常性地被忽略，直到情况发展到十分危险的程度时，才发现损失是巨大的甚至是不可弥补的。

在自然资源开发利用过程中，短期效益的“利”是十分明显的，毁林开荒、围湖造田以及其他形式的对自然资源的耗竭性使用在短期内确实能给开发者们带来利益上的增加。相对于短期效益的“利”而言，短期效益的“弊”的出现总是滞后的。在正常情况下往往需要经过较长一段时间后才能显现出来，而此时，往往造成的损失已经不可逆转。

自然资源的可持续利用追求的是目前利益和长远利益的有机统一，是涉及代际公平的根本问题。追求两者的统一，要求我们增强对目前利益“利”和“弊”的科学分析，并能有效地增强对长期利益进行前瞻性的正确预见。

3. 局部利益和全局利益的统一

在自然资源的开发利用过程中，必须正确地处理局部利益和全局利益的统一问题，这是影响代内公平问题的关键所在。某种形式的自然资源开发行为，可能对地方的局部利益有利，但是因为存在的生产外部性问题，其自然资源开发利用的外在成本会转嫁到周围地区，影响到全局利益的实现。另一方面，在某些时候，在某种情况下，也会存在为了追求实现全局整体利益，会暂时妨碍甚至减少局部利益的情况。自然资源的可持续利用形式追求的是在自然资源开发利用过程中局部利益和全局利益的统一。需要通盘考虑，统筹安排，充分发挥两者之间的一致性，使局部利益和全局利益能够实现有机结合和协调发展。

五、影响自然资源可持续利用的因素

1. 资源丰度和环境容量

自然资源丰度与环境容量是影响某个地区自然资源利用方式的首要因素。自然资源和环境在经济分析中可以看作生产活动所必需的资本，或者说是大自然向人类提供了他们所需的产品和服务。大自然提供的产品和服务可分为三类：① 各种矿藏和可耕地，② 自然景观，③ 承载与净化生产和消费的废弃场。从某种意义上来说，自然资源和环境是人类生产和生活所必需的一种生态资本。对生态资本的非持续利用会造成对自然资源和环境的严重破坏，使不可逆性越来越明显，而最低安全标准则设立了一条由自然资源和环境条件决定的分界线，用来表示自然资源开发所允许的程度。因此，一个地区自然资源丰度与环境容量的大小就直接影响到该地自然资源开发利用中最低安全标准的设立，并进一步决定了自然资源可持续利用的实现难易。通常意义上讲，一个自然资源和环境条件较优的地区要比较差的地区更易实现自然资源的可持续利用。

2. 人口与经济

人口和经济对自然资源可持续利用的影响主要表现在人口多少和经济发展程度对自然资源和环境的压力上。人口越多，对自然资源和环境的需求越大，客观上造成了对实现自然资源可持续利用不利的外部环境，更容易突破自然资源和环境的最低安全标准，造成对自然资源的掠夺性使用；另一方面，人口素质问题也同自然资源利用密切相关，人口素质越高，越容易在意识上和行动上接受并施行自然资源的可持续利用。经济发展程度与自然资源的利用之间也具有很强的相关性。一般意义上来说，经济越发展，对自然资源和环境的需求越大，对自然资源和环境可能带来的损失也越大。但是另一方面，经济的发展又为自然资源的可持续利用提供了先进的技术手段和财力支持，客观上又有利于自然资源可持续利用的实现。

3．技术进步和结构变迁

科学技术在改变人类命运的过程中具有伟大而神奇的力量。在今天人类面临环境退化与经济发展两难境地，从而来寻求可持续发展的新的历史关头时，希望再次寄托于科学技术的发展上。在自然资源的开发利用过程，应用对于自然资源环境无害甚至有益的技术以取代对自然资源环境具有潜在和现实危害的技术，将极大地降低自然资源利用过程中的环境风险。事实上，在生产实践活动中确实存在着这样的机会和可能，使科学技术的发展和应用在促进经济发展的同时起到减轻污染、改善环境质量的作用。在一个国家和地区的经济结构中，工业、农业、服务业及其内部各产业部门对自然资源的依赖程度是不一样的。同时，各产业部门利用自然资源产生的后果对自然资源和环境的影响也是不同的。因此，有效的经济结构变迁可以将一个国家和地区的产业结构引向自然资源节约和污染防范的方向，发展节约自然资源和减少污染的高新技术产业，实现经济结构的根本改变。

4．文化和制度

任何一种自然资源开发活动都是在一定的文化背景和制度条件下进行的，文化和制度的外在约束性作用对人们的自然资源开发利用形式产生重要的影响。一个国家的传统文化中，是否包含着基本的、朴素的自然资源和环境保护的思想因子（如中国古代的“天人合一”思想）对激发人们的内在力量从而采取可持续性的自然资源利用形式构成影响。而制度主要表现为外在的正式约束。由于人们在自然资源利用过程中所表现出来的各种非持续利用行为无法通过其他形式得到有效的解决，因此有意识地构建一个有利于自然资源可持续利用的制度体系，如自然资源有偿使用制度、产权制度、价格制度等就构成了自然资源可持续利用的重要保证。

六、自然资源可持续利用的途径

自然资源可持续利用的途径可从如下几方面着手：

（1）以可持续发展战略指导国民经济，在经济改革中体现资源的可持续利用观。制订既要发展经济，又要保护资源的双赢措施，并以强有力的政策措施使之得以贯彻落实。在这方面，我国政府迈出了可喜的一步，经过几年的努力，国民经济进入适度增长和健康发展轨道，实现了经济的软着陆。现需进一步发展环保产业，建立循环经济，把清洁生产和废弃物的利用融为一体，扩大自然资源的再生产，促进企业合理利用资源，减缓资源的耗竭和废弃物的排放，把经济活动按自然生态环境的模式组成一个资源—产品—再生资源的物质反复流动过程，实现工业生产的低消耗、低污染、高产出和高效益。同时，应抓住入世机遇，大力进行产业结构调整和技术改造。将高消耗、重污染、低产出、低效益的传统工业模式淘汰出局，替代以高新技术产业，通过技术更新提高产品质量，降低消耗、能耗，实现环保工业产业化。在农业方面，把现代科技成果与传统农业技术精华相结合，建立起一种具有生态合理性功能的良性循环的现代化农业生产体系，为此应采取以下措施：① 积极推广生物技术；② 倡导立体农业，通过“种、养、加”的合理结合，多项目、多层次、有效地利用土地、光、空气等，提高土地的单位面积产量，以弥补人均耕地的不足；③ 进行多种经营，构建生态农场、生态村、生态县及生态小流域，利用自然生物链的相互作用，以充分发挥农、林、牧、渔各业的潜力，缓解农产品需求对耕地资源的压力；④ 要确立现代食物新观念，大力发展以绿色食品为主的现代食品产业、饲料产业等，实施“粮食—经济作物—饲料作物”三元结构工程，促进食物供需的基本平衡。

（2）综合开发资源，加强资源开发管理。开发资源要整体规划，因地制宜，遵守自然资源开发利用的公开性和共同性原则，建立资源信息系统，掌握各种资源系统的开发现状和利用效率，明确资源开发过程中存在的问题和可开发潜力；根据我国社会发展的需要和世界市场情况，预测和制定各种时段的开发种类、数量和先后顺序，从整体利益出发，兼顾局部利益，从长远利益出发，争取近期最大效益，形成自然资源综合利用体系。发挥科研、院校、企业三方面的积极因素，提高资源利用效率。加强资源开发的管理，通过政策、法规，实行资源所有权和经营权分离，规范资源开发利用的审批与监督过程，在市场经济中实行自然资源科学的、有偿的、有秩序的、有限度的开发利用，做到长期的生态效益与经济的可持续发展。

（3）提高可更新资源的生产力，补偿可更新资源的退化和亏损。① 建立和科学管理自然保护区，使森林资源得到保护，并发挥其调节气候、涵养水源、控制水土流失、发展生物多样性的功能；② 应用生物遗传工程和先进的种养殖技术，在保护生物多样性的基础上促进生物能量的有效蓄积、转化和生物群落的稳定发展；③ 加强农田基本建设，兴修水利，探索科学的耕作、种植和施肥制度，以保持水土、改良土壤、增加肥力，保证土地持续生产能力的稳定和提高；④ 开展国土整治、发展区域性防护林带、保持水土、防止沙漠化，改善生态环境；⑤ 调节水资源量，大力提高和完善防洪系统建设，建立以节水为中心的社会生产与生活体系，建立江、河、湖、海统一调剂的水利战略。

（4）大力发展不可再生资源的可替代资源。加强能源建设，开发生物能、风能、水力发电等可更新资源，大力开发和推广洁净煤技术，向废弃物要资源等，以减少不可再生资源的开发，节约利用再生资源。

（5）控制人口增长，提高人口质量。人口众多是资源稀缺、环境破坏、生态失衡、经济难以持续发展的重要原因。因此必须控制人口数量，以达到适度人口规模，使之与经济资源、生态环境协调一致。同时要提高人口质量，重视开发智力资源，增大人力资源和科技资源，以降低自然资源的开发速度，提高自然资源利用率。通过知识经济的可持续发展促进自然资源的可持续利用，达到社会资源的整体性开发以及社会、经济、环境的协调发展。

（6）加大资源税收力度和范围，促进资源的更有效开发利用。发展环保产业的财政金融改革政策，制定有利于环保产业的投融资政策，组建环保产业投资基金，推动环保产业的发展。

（7）加强国际间的技术交流与合作，缩小技术差距，使自然资源利用尽可能合理高效。对资源进行共同开发，共同处理矛盾，使经济、社会、环境向可持续方向发展。

第六节　可耗竭自然资源的最优耗竭

对于不同类型的自然资源，可持续利用具有不同的含义。可耗竭资源因为不可再生，其可持续利用实际上是最优耗竭问题，主要包括两方面的内容：①在不同时期合理配置有限的资源；②使用可更新资源替代可耗竭资源。对于可更新资源来说，主要是合理调控资源使用率，实现资源的永续利用。

实现高效率的资源配置的核心问题是在不同时期配置可耗竭资源。高效率资源配置的社会目标是使资源利用净效益的现值最大化。对于可耗竭资源而言，需要合理分配不同时期的资源使用量。下面首先分析一种资源两个时期的配置模型，然后将其推广到更长的时期和更复杂的情况。

一、两个时期的资源配置模型

假设：（1）资源的边际开采成本在两个时期内是不变的，且以不变的方式供给；（2）在两个时期内对资源的需求是不变的，且边际支付意愿的方程式为 $p=8-0.4q$；（3）在两个时期内的总边际成本也是不变的，且为每单位 2 元（图 7-2）。

从图 7-2 可以看出，如果资源总供给量为 30 或 30 个单位以上时，在两个时期的资源配置就很容易实现高效率（暂不考虑贴现率），因为每个时期都能得到本期所需要的 15 个单位资源量，分别实现本期的高效率；时期 1 对资源的需求量不会减少资源对时期 2 的供给量。然而，当资源的有效供给量小于 30 时，就会出现另一种情况。

假设资源的有效供给量为 20，为了实现高效率的资源配置，就要使这 20 个单位资源在两个时期内的净效益现值之和最大化。净效益现值之和的求法可用一个例子说明：假设分配 15 个单位资源给时期 1，分配 5 个单位资源给时期 2。则时期 1 的净效益现值就等于图 7-2（a）中阴影部分的面积 45 元；时期 2 的净效益现值就等于图 7-2（b）中阴影部分的面积除以 1＋*r*（*r* 是贴现率）。如果贴现率 *r*＝0.10，那么时期 2 净效益现值就是 25÷（1＋0.1）＝22.73 元。因此，两期的净效益现值之和就等于 45＋22.73＝67.73 元。

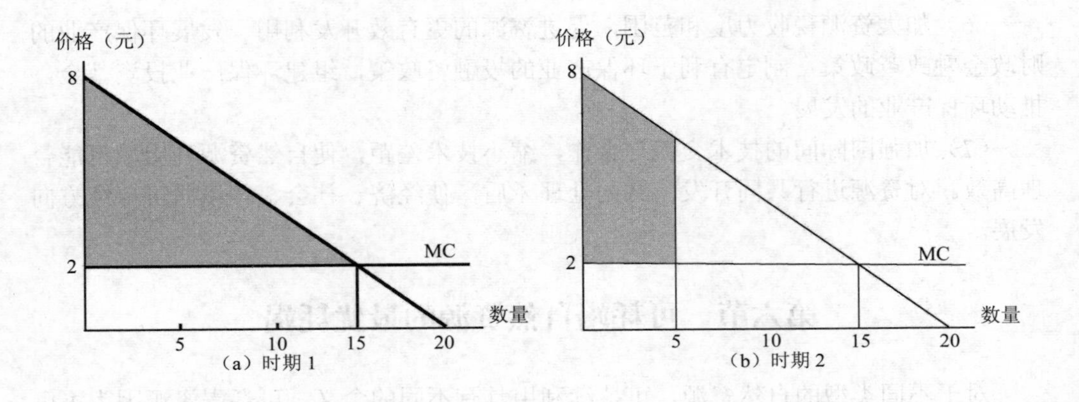

图 7-2　充足的可耗竭资源在两个时期的配置

为了找到使两个时期净效益现值最大的资源配置方案，可以通过计算机，找出时期 1 资源配置量 q_1 和时期 2 资源配置量 q_2 所有可能的组合（$q_1+q_2=20$），然后挑选出其中净效益现值最大的配置组合。但是这种方案比较烦琐。

实现资源高效率配置的必要条件是，时期 1 使用的最后一个单位资源的边际净效益现值等于时期 2 使用的最初一个单位资源的边际净效益现值。下面用一种简单直观的图形来表示两个时期的资源配置问题（图 7-3）。

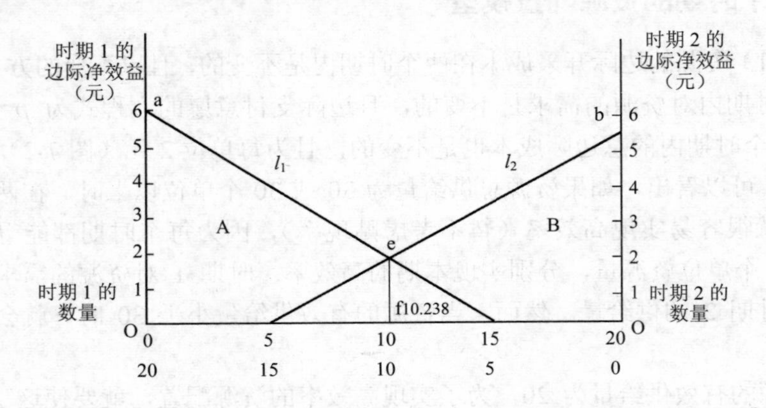

图 7-3　稀缺的可耗竭资源在两个时期的高效率配置

图 7-3 中 l_1 和 l_2 分别表示时期 1 和时期 2 的边际效益现值曲线，时期 1 的边际净效益现值曲线从左往右读，时期 2 的边际净效益现值曲线从右往左读。l_1 与纵坐标交点 a 为 6 元，因为最大边际净效益等于最大边际效益（8 元）减去边际成本（2 元）；假设贴现率 $r=0.1$，则 l_2 与纵坐标交点 b 为 6÷（1+0.1）=5.45 元。l_1 与 l_2 相交于点 e。这样，两个时期总的净效益现值就等于 aebOO 围成的面积。e 为高效率资源配置点，因为在这一点上两个时期净效益现值之和最大（此时面积最大）。如图可见，在这一点上分配给时期 1 的资源量为 10.238，分配给时期 2 的资源量为 9.762。

以上模型是在健全的市场和合理的政府调节下建立起来的。同时，由于我们这里分析的是稀缺的可耗竭资源，所以还必须考虑由于资源稀缺产生的额外的边际成本，在这里，我们称之为边际使用成本[①]（即图中 ef 所示）。边际使用成本是指在边际上失去的机会成本的现值。由于可耗竭资源的供给是固定的、有限的，今天多使用一单位的资源，就意味着明天少使用一单位的资源。因此，今天决定使用一定数量的资源，就意味着放弃将来使用该资源的净效益。

在一个有效率的市场中，不但要考虑边际开采成本，而且要考虑边际使用成本。如果资源是不稀缺的，资源价格就等于边际开采成本；如果资源是稀缺的，资源价格就等于边际开采成本加上边际使用成本。边际使用成本主要受贴现率的影响。贴现率的大小反映了人们对边际使用成本的评价。在上面的模型中，由于存在正贴现率，使得时期 1 比时期 2 获得更多的资源。贴现率越大，边际使用成本就越小，时期 2 获得的资源也就越少。所以贴现率的大小，表明了当代人对边际使用成本的评价和代际之间的资源配置关系。

二、*n* 个时期的资源配置

假设前面的需求曲线和边际成本曲线仍然保持不变，时间由两个时期延长到 *n* 个时期，资源的供给量也相应增加（图 7-4）。

图 7-4（a）表示资源开采和消费量在不同时期的变化。图 7-4（b）表示资源的总边际成本和边际开采成本随时间的变化，总边际成本和边际开采成本之差就是边际使用成本。

从图中可以看出，尽管边际开采成本保持不变，但边际使用成本是不断增加的。边际使用成本的增加反映了资源稀缺程度的增加和资源消费机会成本的提高。与随着时间增加而增加的总边际成本相对应的是，资源开采量随时间而逐渐降低直到最后为零。在图 7-4 中，当时间为 9，总边际成本为 8 元时，开采量为零。在这一点上，总边际成本等于人们愿意支付的最高价格，因此供给和需求同时为零。从这个例子中可以看出，即使边际开采成本没有增加，有效配置也能够使资源逐步耗

① 如果是不稀缺的可耗竭资源（这仅为理论上的假设），或者是可更新资源，且开发速率小于或等于其再生速率，则不存在边际使用成本。

竭，而避免了突然耗竭。

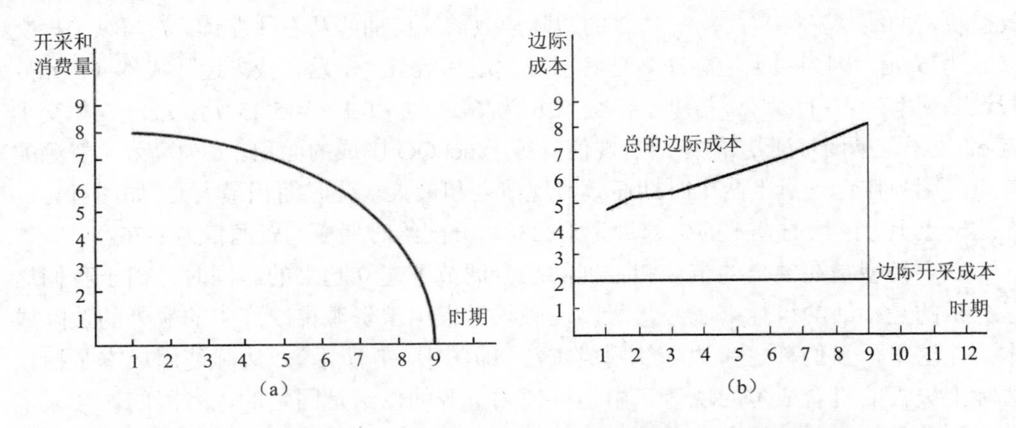

图 7-4 没有替代资源时，可耗竭资源在不同时期的开采数量和边际成本

三、可耗竭资源之间的替代

假设有两种可替代的可耗竭资源，有不同的不变边际开采成本，在一定条件下，边际开采成本低的可耗竭资源可以被边际开采成本高的可耗竭资源替代。这时，可耗竭资源之间的有效配置如图 7-5 所示。

两种资源的总边际成本都随时间不断增加，在转折点 t^*以前的时期，只有总边际成本低的资源 1 才会被利用。到转折点 t^*时，两种资源的总边际成本相等。在经过 t^*以后，只有总边际成本低的资源 2 才会被利用。分析总边际成本曲线可以发现两个值得注意的特征。首先，两种资源的替代是平滑过渡的；其次，总边际成本的增长率在替代以后慢了下来。

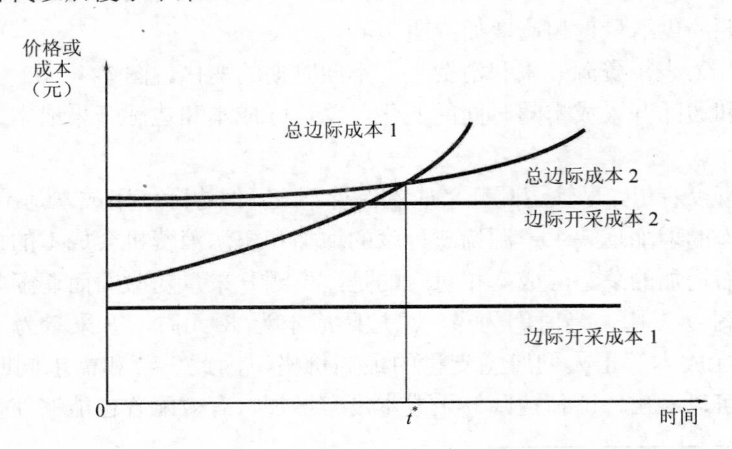

图 7-5 可耗竭资源之间的替代

第一个特征比较容易理解。两种资源的总边际成本在替代的那一刻必然相等，如果不相等，成本低的资源会被使用以获得较多的净效益。

总边际成本的增长率在替代以后变慢了，是因为就边际使用成本占边际总成本的比例而言，资源 2 小于资源 1。每一种资源的总边际成本是由边际开采成本加上边际使用成本决定的。对两种资源来说，边际使用成本都是以比率 r 增加，而边际开采成本都是不变的。从图 7-5 中可以看出，不变的边际开采成本占总边际成本的比例，资源 2 要大于资源 1，因此，资源 2 的总边际成本增加速率要慢，至少在开始是这样。

四、实现可更新资源替代可耗竭资源

上面讨论了当没有可更新的替代品时，如何配置可耗竭资源。如果存在可替代的可更新资源，并且以不变的边际成本供给，怎样考虑资源的有效配置？例如，当太阳能可作为替代能源时，如何有效配置煤炭和石油。

这个问题可以在前面的基础上继续分析。假设可耗竭资源存在可更新资源替代品，且当单位价格为 6 元时，可以无限供应该替代资源。这样，从可耗竭资源到可更新资源的替代就会发生，因为可更新资源的边际成本（6 元）小于可耗竭资源的最大支付意愿（8 元）。而且，由于替代品价格为 6 元，所以可耗竭资源总边际成本永远不会超过 6 元，因为只要作为替代品的可更新资源更便宜，人们就会用它来代替可耗竭资源。当没有有效的替代品时，人们的最大支付意愿使得总边际成本保持在较高水平上，当有效的替代品出现时，便抑制住了总边际成本的增长，但是却使边际开采成本固定在更高水平上，因为可更新资源的边际开采成本高于可耗竭资源（图 7-6）。

从图 7-6 中可以看出，在有效的资源配置中，实现了可耗竭资源向可更新资源替代品的平滑过渡。可耗竭资源的开采量随着边际使用成本的增加而逐渐减少，直到替代品出现并最终替代它。但是，由于存在可更新资源，可耗竭资源的开采速率可能比没有可更新资源替代品的情况下要快。在这个例子中，可耗竭资源是在时期 6 实现替代，而在前面的例子中，可耗竭资源是在时期 8 结束时耗竭的。

在图 7-6 中，可更新资源的使用开始于过渡点（或转折点，对应于时期 6）。在转折点之前，只使用可耗竭资源；而在转折点之后，只使用可更新资源。这个资源使用模式的变化导致了成本的变化。在转折点之前，可耗竭资源比较便宜；在转折点上，可耗竭资源的总边际成本（包括边际使用成本）等于替代品的边际成本。这时，替代发生了。由于替代品的有效存在，资源使用量在任何时候也不会降到 5 单位以下。

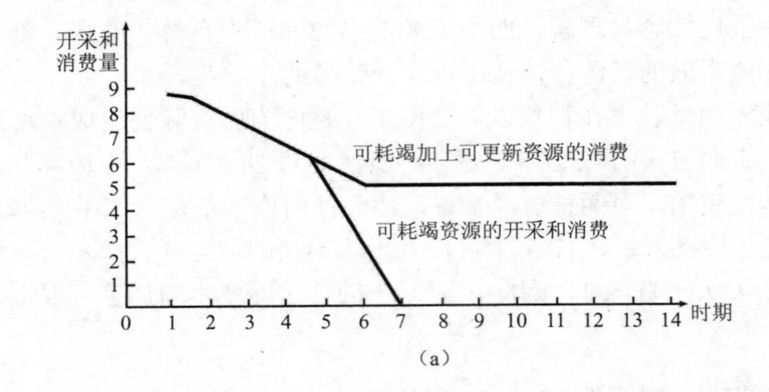

（a）

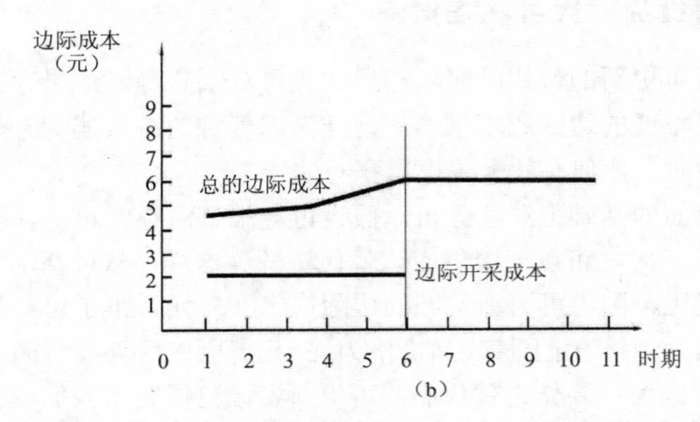

（b）

图 7-6 用可更新资源作为替代品时，可耗竭资源的开采量和边际成本

五、边际开采成本不断增加

在前面基础上，进一步分析可耗竭资源的边际开采成本随着开采量的增加而增加的情况。这在现实中是一种普遍现象，例如，矿物资源品位的降低会带来开采成本的上升。

在前面的分析中，假定边际使用成本在时间上是以百分率 r 增加的。当边际开采成本随开采量增加而增加时，边际使用成本在时间上逐渐下降，直到过渡到可更新资源时降为零。

边际使用成本是反映放弃将来边际净效益的机会成本。与边际开采成本不变的情况相反，本例中边际开采成本随时间而增加，因此，未来各时期的损失就会减少。边际开采成本越大时，未来各时期因本期节省资源而获得的净效益也会越小。如果最后一期边际开采成本足够高时，相比之下早期多消费一单位资源的损失就可以忽略不计。这时，边际使用成本降到零，总边际成本等于边际开采成本。

还有一点应当指出，在不变的边际开采成本下，可耗竭资源的储量最后可能开采完，而在不断增加边际开采成本的情况下，有些资源会因为边际成本太高而不被开采。

综上所述，可以全面解释可耗竭资源的有效配置过程。首先，资源的边际开采成本不变，并且资源的数量有限。这时，如果存在有效的替代品，就应向替代品平稳过渡，如果没有替代品就应节约使用资源。而当边际开采成本不断升高时，情况则比较复杂，因为它改变了边际使用成本的时间轮廓。不过，正是由于边际开采成本的增加，才使得可耗竭资源能够实现最优耗竭。

六、资源勘探和技术进步对可耗竭资源的影响

回顾历史可以发现，随着时间的推移，可耗竭资源的可开采储量和消费量，不是减少而是增加了。造成这一现象的主要原因是资源勘探和技术进步。

当地理位置优越和高品位的资源开采殆尽时，人们必须转向地理位置不好和低品位的资源，例如海底和地层深处的资源。勘探这种资源的成本被称作边际勘探成本，在时间上是不断增加的。当一种资源的总边际成本在时间上不断增加时，人们就会积极勘探新的来源。如果新发现资源储量的边际开采成本足够低，就会降低、至少会延缓总边际成本的增长速度，就会鼓励资源消费。

技术进步最显著的影响是使某一时期内边际开采成本持续下降。如果由于技术进步的作用，尽管对低品位资源的依赖增加了，但边际开采成本还是下降，资源的总边际成本在时间上有可能真正降低。但是，由于可耗竭资源数量是有限的，其总边际成本的下降只会是暂时的，最终必然会上升。因此，技术进步只是延长了可耗竭资源被替代的时间。

复习与思考

1. 是自然资源？自然资源具有哪些特点？
2. 自然资源可以分为哪些类型？
3. 中国自然资源的状况如何？其利用过程中存在哪些问题？
4. 自然资源可持续利用的内涵是什么？
5. 自然资源可持续利用的原则是什么？
6. 自然资源可持续利用的目标是什么？
7. 影响资源可持续利用的因素有哪些？
8. 自然资源可持续利用的途径有哪些？
9. 为什么说自然资源的可持续利用是经济可持续发展的物质基础？
10. 如何实现可耗竭资源的最优耗竭？
11. 如何制定中国可持续发展的自然资源战略？

第八章

人口与可持续发展

人口是社会系统的核心，是发展的原动力和终极受益者，是社会经济发展的关键因素之一。人类在地球上的出现，已经有几百万年的历史。回顾人类几百万年来的发展历程，有助于掌握人类社会进化发展的基本规律。反思人类当前面临的处境，可以正确把握未来的发展方向和途径。在人类影响环境的诸多因素中，人口是最主要、最根本的因素。人口问题是一个复杂的社会问题，也是人类生态学的一个基本问题。人口问题与资源问题、环境问题和发展问题一样，是当前世界各国人民共同关注的热点问题。中国人口问题和环境问题也面临着重大挑战。控制人口数量，提高人口素质是中国必须长期坚持的一项基本任务。

第一节　世界人口与发展

一、人口与人口过程

人口是生活在特定社会、特定地域、具有一定数量和质量，并在自然环境和社会环境中同各种自然因素和社会因素组成复杂关系的人的总称。

人口过程是人口在时空上的发展和演变过程，它包括人口的自然变动（人口的出生和死亡，即人口总数的变化）；人口的机械变动（人口的迁入和迁出，即人口数量在空间上发生的人口分布和人口密度的改变）；人口的社会变动（人口的社会结构的改变，即职业结构、民族结构、文化结构和行业结构等的改变）。人口过程反映了人口与社会、人口与环境的相互关系。

二、世界人口的发展概况

世界人口一直在迅速地增长，而且增长速度越来越快。

反映人口数量的变动指标是人口出生率、死亡率和人口自然增长率。人口自然增长率与出生率和死亡率的关系是：

自然增长率＝出生率 － 死亡率

另外，指数增长、倍增期等指标也能反映人口过程和人口增长规律。指数增长是指在一段时期内，人口数量以固定百分率增长。倍增期是表示在固定增长率下，人口增加 1 倍所需要的时间。计算公式如下：

$$T_d = 0.7 / r$$

式中：T_d—— 倍增期；

r —— 年人口自然增长率。

现代人口学的研究表明：随着人类的发展和社会福利的改善，世界人口的发展过程一般要经历从高出生率、高死亡率的人口波动，到低出生、低死亡率的人口稳定发展过程。这个人口数量的客观变动的过程大致可分为四个阶段，如表 8-1 所示。

第一阶段，在高出生率与高死亡率状况下达到人口数量低增长的同时，社会生产率和社会福利均处于较低水平。

这一阶段是相当漫长的，从人类社会诞生以来直到工业革命，人口都处于缓慢增长的阶段。在这个漫长的时期里，人口自然生殖，生育率长期处于最高水平，人类大多数的时光是以采集、捕猎和简单的农牧业生产活动为主。劳动工具简单，对自然规律的认识也十分有限，完全过着靠天吃饭的日子。由于生产力落后，医疗手段落后，人的食物等基本生活资料得不到保障，加上疾病、灾害、战争和传染病等等原因，死亡率极高。因此人口生得多，死得也多，人口自然增长率也相应地大幅度地波动，增长十分缓慢。据有关专家估算，在这个阶段，平均每 1000 年人口数量才增长 20%，比现在大约慢 1 000 倍。

第二阶段，人口出生率高，死亡率下降，这时人口数量增长较快。

这是指工业革命以后的阶段。在这一阶段，伴随着工业化的兴起，人类社会生产水平和社会福利事业都有不同程度的提高，人民生活水平和医疗卫生条件得到改善，死亡率开始大幅度下降，世界人口有了飞速的发展，到 1600 年，已达 5 亿；1800 年达到 10 亿；过了 100 余年，到 1930 年，世界人口就超过了 20 亿。在这以后，人口的增长速度更是惊人，在短短的 30 年中，即 1960 年，世界人口达 30 亿；到 1974 年，世界人口达 40 亿；又过了 13 年，到 1987 年，世界人口已到了 50 亿；12 年之后，1999 年 10 月 12 日，世界人口达 60 亿。人口高出生、低死亡及总量高增长的惯性，在未构成危机情况下一直没有引起人们的注意，更没有得到有效的控制。

第三阶段，人口出生率迅速下降，死亡率亦降至很低水平。

随着科技进步和社会福利事业的发展以及人口素质的普遍提高，人们的观念发生变化，妇女受教育的水准提高，就业机会增多，节育措施普遍实施，使出生率下降。值得注意的是，人口数量的增长情况在发达国家和发展中国家之间呈现出不平衡的态势。例如 20 世纪 60 年代以来，欧美一些发达国家中的人口自然增长率出现了下降的趋势。有些国家出现了零增长甚至负增长的现象，但发展中国家的人口依然继续迅速增长。1950 年以来，发展中国家人口增加了 31 亿，而发达国家仅增加了 4 亿，且稳定在 12 亿左右。发展中国家的人口占世界人口的比例由 1950 年的 68%

增加到现在的 80%左右，总数已达 48 亿之多，且持续增长势头仍居高不下。统计数字表明，发展中国家的人口增长速度最快。在世界最贫穷的非洲和南亚地区，人口增长率最高。在这些地区的国家中，最贫穷的家庭生育孩子最多。在亚洲、非洲和拉丁美洲的 62 个最贫穷国家中，15 岁以下人口已经达到 40%以上。在这些国家中，计划生育率最低，只有 15%。

第四阶段，又称现代型阶段，人口出生率低、死亡率低、增长率低。

这一阶段，人口出生率和死亡率都降到一定标准，人口再生产趋近一个稳定水平，人口结构比较合理，文化素质普遍提高，出生与死亡处于同一均衡水平点上，世界总人口相对稳定。

在《2006 世界人口展望》报告的发布会上，人口司司长兹劳特尼克就已表示，世界人口正在发生从高生育率、高死亡率到低生育率、低死亡率的转变。他指出大多数国家都在顺应从高生育率、高死亡率向低生育率、低死亡率这一人口转变潮流，例如，欧洲国家的出生率目前为一名妇女只生 1.5 个孩子。至于说，出生率会降到多低还不确定。另外，最不发达国家是否能像人们所期望的那样，将出生率减少 40%，也是一个不定因素，这要取决于其具体的社会经济发展状况。

我国也已经实现人口再生产类型从高出生、低死亡、高增长到低出生、低死亡、低增长的历史性转变，有力地促进了我国综合国力的提高、社会进步和人民生活的改善。但我国存在的人口数量、人口素质、人口结构等方面的问题，使人口与计划生育工作仍面临巨大挑战。

表 8-1 人口增长阶段及主要特征

人口增长阶段	出生率	死亡率	增长率	社会生产率	社会福利	人口素质
I 阶段	高	高	低	低	低	低
II 阶段	高	低	高	提高	提高	提高
III阶段	低	低	低	较高	较高	较高
IV阶段	低	低	低	高	高	高

联合国曾在 40 年前估计，2000 年的世界人口会略超过 60 亿，事实证明当时的估计是相当准确的。当时，由于第二次世界大战刚结束，世界人口只有 20 亿多一点，所以当时很少有人相信世界人口会在 40 年后增加两倍。法国国家人口研究所在法国图尔召开的世界人口年会的报告中指出，截至 2005 年 6 月，世界人口已达 64.77 亿，接近 65 亿，但是全球人口分布并不均匀。

68 亿人口的地球，既有 68 亿个可用于思考、创造知识财富的大脑，又有 68 亿双可用于劳动、创造物质财富的手，还有 68 亿张需要吃饭、消耗资源的口。面对 68 亿人口的世界，不管是喜、是忧、是福、是祸，全世界必须按照地球已有 68 亿人口的事实及将来的可能发展去思考问题、处理事情、安排生活、规划未来。表

8-2 给出了近 1000 年来世界人口增长的历史特征。

表 8-2　近 1 000 年来世界人口统计及其预测

年份	相隔时间/年	世界总人口/亿	年增长率/ ‰	倍增期/年
1000		2.8	—	—
1650	650	5.0	1.0	700.0
1800	150	10.0	4.7	150.0
1920	120	20.0	5.8	120.0
1965	45	33.3	15.0	46.0
1970	5	36.9	19.7	35.2
1975	5	40.8	17.5	40.0
1980	5	44.5	16.7	41.5
1985	5	48.4	16.3	42.5
1990	5	52.5	15.8	43.8
1995	5	56.8	15.1	45.9
2000	5	61.2	13.8	50.6

发达国家和发展中国家人口增长率对比如表 8-3 所示。由表 8-3 可见，世界人口的增长随着经济的发展而有所不同。自 20 世纪以来，发展中国家人口增长率迅速上升。

表 8-3　近 1 000 年来发达国家和发展中国家每年平均人口增长率

时期	平均人口自然增长率/ ‰		
	发达国家	发展中国家	全世界
1000—1750	—	—	1.0
1750—1800	4.0	4.0	4.0
1800—1850	7.0	5.0	5.0
1850—1900	10.0	3.0	5.0
1900—1950	7.5	8.0	8.0
1950—2000	11.0	23.0	19.0

由于人类社会经济的发展和人们物质生活水平的迅速提高，人口总量在加速膨胀，当人口基数突破 10 亿大关后，其增长之势更进一步加剧。每增加 10 亿人口所需的时间在急剧减少，如表 8-4 所示。2009 年 3 月 11 日联合国经济和社会事务部人口司发布了《世界人口前景》(2008 年修正本)。报告指出，到 2050 年，全球人口总数将从现在的 68 亿增长到 90 多亿，其中主要的人口增长来自发展中国家。报告同时指出，发展中国家的人口将从 2008 年的 56 亿增加到 2050 年的 79 亿。同一期间，发达国家的人口变化不大，将由目前的 12.3 亿增至 2050 年的 12.8 亿。

人口的迅速增长与人均耕地、草场、森林面积的下降构成了全球范围的一个综合性问题，已经成为当今国际社会上最为关注的热门课题之一。

表 8-4 近 200 年来世界人口每增加 10 亿人口所用时间

年份	世界总人口/亿	增加 10 亿人口所用时间/年
1804	10	—
1927	20	12
1960	30	33
1975	40	15
1987	50	13
1999	60	12

三、世界人口的增长特点

1. 人口分布

目前世界人口已超过 60 亿，其中绝大多数生活在发展中国家。发达国家人口出生率下降，发展中国家人口猛增。预计到 2025 年，这种情况仍将存在。目前世界人口保持着高增长的速度，并呈现了以下新的特点。世界人口分布不均，有的地区非常稠密，有的地区则人烟稀少。人类主要聚居在地球的四个地区，这些地区的人口密度大，超过 100 人/km²。它们是：西部和中部欧洲，特别是英国、法国、比利时、卢森堡、德国和意大利；北美东中部，即美国东部和加拿大东南地区；南亚次大陆，包括巴基斯坦、印度、孟加拉和斯里兰卡；亚洲的远东部分，特别是中国东部、朝鲜、日本等地区。

2. 年龄结构两极分化

世界人口的年龄结构两极分化，发达国家目前已进入老龄化社会，而发展中国家的人口年轻的多，有生育能力的人多，这就决定了发展中国家今后的人口还要持续增长。如 1986 年，约旦 14 岁以下儿童为 51%。与此相反，发达国家少年儿童系数比较低，1986 年英国为 19%，法国为 20.8%。1987 年，印度 14 岁以下儿童占其总人口的 37.2%。从全世界来看，人口正在老龄化，年龄中值从 1950 年的 22.9 岁提高到 1985 年的 23.3。预计到 2050 年，年龄中值将超过 30 岁。

人口老龄化是社会经济发展的必然结果，也是世界人口发展的趋势。21 世纪更被称为人口老龄化的世纪。联合国的《世界人口展望：2006 修订》报告指出，人口老龄化是今后 40 多年人口发展趋势的一个明显特性。在发达国家，60 岁以上的老龄人口已超过 15 岁以下儿童的人口数量，预计到 2050 年，老龄人口将是儿童人口数量的一倍。美国普查局于 2009 年 7 月 20 日发布的一项研究报告表明日本 22%的人口年龄在 65 岁及以上，是世界大国中老龄化最严重的。中国的老龄化人口最多，有 1.06 亿老人。印度其次，5 960 万为老龄人口，美国有 3 870 万，日本有 2 750 万，俄罗斯有 1 990 万。截至 2040 年，四个欧洲人就将有一个至少有 65 岁，七分之一的人可能至少有 75 岁。老龄化现象不仅仅是富国的专利，65 岁及以上人口中有62%的人现在生活在非洲、亚洲、拉美和加勒比海以及大洋洲的发展中国家。

3．城市人口急剧增加

近些年来，世界城市人口增长达到惊人的程度。20 世纪初，发展中国家的城市居民还不到 1%，而现在有 37%左右的人口居住在城市。集中型城市的人口比例，在城市化最为严重的中南美洲为 65%，东亚为 33%，非洲为 32%。据统计，1950—1980 年，世界城市人口由 6.98 亿增加到 18.7 亿，从占总人口的 28.1%增加到 42.2%。2000 年，城市人口增加到了 30 多亿，即超过世界总人口的一半以上。目前城市人口已超过农村人口，特别是发达国家的城市人口增加得更快。1950 年，美国城市人口占总人口的 64%，到 1980 年上升到 82.7%。同时，英国由 77.9%上升到 88.3%，西德由 70.9%上升到 86.4%，法国由 55.4%上升到 78.3%，日本由 35.8%上升到 63.3%，中国由 11.0%上升到 29.37%。根据联合国人口司最新颁布的《世界人口城镇化展望》（2009 年修正版），2010 年全球 69 亿人口中有 35 亿人居住在城镇，占 50.5%。其余 34 亿人居住在乡村，占 49.5%。未来 40 年，各大洲居住在城镇的人口将不断上升，而居住在农村的人口除非洲外均将出现下降趋势。到 2050 年，全球居住在城镇的人口将攀升至 63 亿，占那时全球总人口的 69%。而全球农村人口将下降为 29 亿，占那时全球总人口的 31%。由此可见，随着社会的发展，城市人口所占的比重逐年增大。

作为城市化的象征，是巨大型城市的出现。100 万人口的城市，据统计，工业革命以来，达到 100 万人口规模的城市 1800 年全世界只有伦敦 1 座，1850 年有 3 座，20 世纪初有 13 座，1950 年增加到 115 座，1980 年则达到 234 座，现在有 450 座左右，其中 2/3 诞生在发展中国家。“大都市”这个词汇已经有了新的衡量标准——人口超过 1 000 万，城市成为人类有史以来最巨大、最复杂的建筑集群。在过去的 15 年内，中国出现了两座人口超过 1 000 万的巨型城市（北京和上海）。根据目前的发展趋势，在未来的 20 年内，还将出现六座这样的城市，其中有两座人口将超过 2 000 万。

4．健康状况

由于人民生活水平的普遍提高，世界人口健康状况都有不同程度的改善。所有地区 5 岁以下儿童死亡率和婴儿死亡率都有了大幅度下降。但是发展中国家的人口健康状况与发达国家之间仍存在着较大的差距。特别是由于环境恶化和疾病造成的健康危害对发展中国家的影响更为严重。

5．文化程度

人口的科学文化素质是人口素质的核心内容，人口的科学文化素质高低，直接影响到对环境、资源的保护和利用。尽管绝大多数国家人口的文化程度在不断提高，但据统计，世界上文盲、半文盲约占世界人口总数的 1/4。大约有 1/5 的成年人不能读和写，这些人口主要分布在发展中国家和地区，尤其是这些国家和地区的农业人口。有些贫困国家和地区，由于愚昧、文化程度低，缺乏开发利用新资源的知识和能力，不仅浪费资源、破坏环境，而且还向环境排出更多的废弃物，增加了环境的污染和承载力。

第二节 中国人口的发展

一、中国人口的发展概况

中国人口状况对世界人口有着至关重要的影响。中国人口在很早以前就居世界各国之首。公元前，中国人口为 1 000 万水平；公元初至 17 世纪中期，中国人口在 5 000 万～6 000 万，占当时世界人口的 10%左右；1684 年，中国人口突破了 1 亿；1760 年，中国人口为 2 亿，倍增期为 76 年；1900 年为 4.26 亿；新中国成立时，中国人口为 5.4 亿，从此开始了高速度、大规模的经济建设，中国社会经济发展进入了一个崭新的时期，人口总量也进入了高速增长阶段。1953 年人口增长到 5.8 亿；到第二次人口普查的 1964 年，全国人口达到 6.9 亿；1982 年第三次人口普查达到了 10 亿之多；1995 年达到 12 亿；2000 年第五次人口普查达到了 12.9 亿；到 2008 年末，全国总人口为 13.28 亿。这是新中国成立时的 2.45 倍。随着我国计划生育工作的有效推行，生育率已降到了一个较低水平。从 20 世纪 50 年代平均每个妇女生育 6 个子女左右下降到 2009 年的 1.8 个左右。

13 多亿人口，无疑给我国社会和经济造成了极大的压力。2003 年 12 月温家宝总理在哈佛大学演讲时曾经说过：中国有 13 亿人口，不管多么小的问题，只要乘以 13 亿，都可以变成很大的问题；不管多么大的经济总量，只要除以 13 亿，都可以变为一个很小的数目，这是成为很低很低的人均水平。这一简单的乘除法，形象地说明了人口问题给我国社会和经济造成的巨大压力。

新中国成立后，由于我国人口基数大、人口问题的失策等众多原因，使人口增长速度过快。如果把 20 世纪称为世界人口大爆炸的世界，因为世界人口从 15 亿增至 60 亿，100 年净增 45 亿人。这期间中国人口从 4.26 亿增至 13 亿，增加 8.74 亿人。这就是说，中国人口爆炸是世界人口大爆炸的最主要方面。

1949—2000 年，我国人口增长大致分为七个阶段，见表 8-5。

表 8-5 1949—2000 年我国人口增长情况

	高峰期 1949—1957	低谷期 1958—1961	高峰期 1962—1973	下降期 1974—1984	高峰期 1985—1990	下降期 1991—1995	下降期 1996—2000
人口年平均自然增长率/ ‰	22.4	4.6	25.6	13.9	15.1	12.3	9.4

从人口自然增长率的发展规律看，建国初期，由于人口政策失误，导致中国在1949—1957年和1962—1973年出现了两次人口增长高峰，人口自然增长率高达20%以上。20世纪70年代以后，由于实行了计划生育政策，1974—1984年，人口平均自然增长率降至13.9‰，低于世界发展中国家的平均水平。“八五”期间中国人口过快增长的势头进一步得到抑制，人口自然增长率由1990年14.39‰降到1999年的8.77‰。从1985年开始受建国后第二次人口生育高峰的影响，尽管出现了第三次人口生育高峰，人口出生率有所回升，但与第一、第二次人口生育高峰有所不同，这次生育高峰所造成的人口年平均自然增长率仍然大大低于前两次高峰期。

据专家分析，今后我国人口发展的趋势会表现在以下几个方面，一是人口生育率将降到较低水平，自然增长率已由1974年22.2‰下降到1999年的8.77‰，几乎降低了一半，这是世界人口史上罕见的，但生育率继续下降的余地不是很大；二是由于受20世纪60～70年代初期生育高潮形成的人口年龄结构的影响，在1995年前后形成一个生育高峰，平均每年进入婚育年龄的人数约在1100万对以上，生育率的降低较为困难；三是中国目前人口死亡率在世界上是属于较低的。随着经济的迅猛发展，生活水平和医疗水平的进一步提高，死亡率继续下降是有可能的；四是人口城乡结构比较落后，乡村人口比重仍然很大，且在相当长的时间里降低乡村人口的生育率仍然较为困难。以目前人口为基础，若搞好计划生育工作，到2050年达14亿～16亿。人口增长率将得到控制，这时中国才可渡过人口的高峰期，实现人口零增长。人口学家普遍认为，14亿～16亿是中国人口的极限，即中国土地可负荷和供养的最大人口数。此后我国人口总数会略有回落，并在某一时期到达最佳人口数而稳定下来。

二、中国人口发展所存在的主要问题

1. 人口分布问题

我国人口密度分布极不均衡，东南部人口稠密集中，西北部人口稀少并且分散。

中国的人口分布，1949年全国平均人口密度为57人/km²，1996年为126人/km²，2004年增加到136人/km²。人口分布除随时间发生的这种总体变化外，在地域上也存在着极大的差异。如果从黑龙江省的瑷晖，到云南省的腾冲划一条直线，该线的西北约占全国总面积的64%，但人口只占全国总人口的4%，而该线的东南，占总面积36%的土地上生活着96%的人口。若以各省、自治区、直辖市为单位，也存在着极大的地域差异。人口密度最高的上海市达1 630人/km²，最低的西藏仅2人/km²，两者相差815倍。全国300人/km²以上的人口稠密省区有13个，分别是上海、天津、江苏、北京、台湾、河南、山东、安徽、浙江、广东、河北、湖北和湖南等，这些省市在地域上已连成一片。同时，农村人口和农村剩余劳动力大量涌入城市，使城市人口更加密集。这种局面主要是由于社会、经济、政治和自然多方面的因素造成的。

2. 中国农业人口基数大，城市化进程迅速的问题

中国是一个人口大国，又是一个农业大国，农业人口基数大，占总人口的比例高。1983 年我国农业人口为 7.837 亿，占世界总农业人口 22.7 亿的 62.3%。改革开放以来，随着农村科技的发展、经济的繁荣、机械化程度的提高、农村剩余劳动力的增加，农村人口大量涌入城镇，使城镇人口数量迅速增加。1965 年我国城市人口占总人口的比例为 18.2%，1990 年达到 26.2%，1998 年则上升为 30.4%。2000 年第五次全国人口普查祖国大陆 31 个省、自治区、直辖市的人口中，居住在城镇的人口已达 4.5594 亿人，占总人口的 36.09%。以上海市为例，1950 年为 533.3 万人，1970 年为 1 120 万人，1990 年为 1 334.2 万人，1995 年为 1 410 万人。2000 年第 5 次全国人口普查上海市人口已经达到 1 673.77 万人。随着我国社会经济的不断发展和人民群众生活水平的进一步提高，城镇人口还会继续增加。联合国经济与社会事务部人口司发布的《世界城市化展望》（2009 年修正报告）称，1980 年中国有 51 个 50 万人以上人口的城市，到 2010 年，中国增加了 185 个这样规模的城市。报告预测，到 2025 年，中国又将有 107 个城市加入这一行列。报告说，拥有相当规模人口的城市数量显著增加，显示出中国城市化水平快速上升。中国的城市化水平从 1980 年的 19%跃升至 2010 年的 47%，预计至 2025 年将达到 59%。表 8-6 给出了中国人口城镇化的演变情况。

表 8-6 中国人口城镇化的演变（人口单位：万人）

年份	个数		人口		城镇人口	乡村人口	人口比例	
	城市	镇	城市	镇			城镇	乡村
1953	166	5 402	4 353	3 372	7 725	50 535	13.3	86.7
1964	168	3 148	8 702	3 672	12 374	56 748	17.9	82.1
1982	244	2 600	14 525	6 106	20 631	79 761	20.5	79.5
1990	456	11 935	21 123	8 528	29 651	83 397	26.2	73.8
1995	640	17 282	26 695	8 479	35 174	85 947	29.0	71.0

3. 男女性别比偏高的问题

人口出生性别比一般以每出生 100 个女性人口相对应出生的男性人口的数值来表示。是衡量男女两性人口是否均衡的一个重要标志。

我国人口男女性别比不仅显著高于发达国家，而且也稍高于某些发展中国家。据统计，1953 年我国第 1 次人口普查时出生婴儿的性别比为 104.88，1964 年第 2 次人口普查时出生婴儿的性别比为 103.88。自 20 世纪 80 年代中期以来，婴幼儿人口的性别比就迅速攀升。1982 年第 3 次人口普查时出生婴儿性别比是 108.47；1989 年第 4 次人口普查时出生婴儿性别比是 111.92；2000 年第 5 次人口普查公布的婴儿出生性别比高达 116，远远超过国际认同的可以容忍的最高警戒线 107。婴儿出生性别比的失衡，不仅存在于农村，同样也存在于城镇，存在于北京、上海、广州等大都市。如广东省，出生婴儿的性别比竟然高达 137.76。人口出生性别比的严重失衡会带来诸多的社会问题。以 2000 年全国人口普查情况为基准，中国 0～15 岁之间的男性总人口与同年龄段的女性总人口相比，大约多出 1 883 万人。2010 年后，这些人群开始逐渐进入婚龄，那时，将会严重出现男女婚龄人口的比例失衡问题，农村成年男性中的某些困难人群会遭遇严重的“娶妻难”，买卖婚姻现象会加剧，婚外性行为会增多，家庭稳定性也会受冲击，社会不安定因素也会增加。

出生性别比失调的原因除受重男轻女封建思想的影响之外，家庭生育的有计划性与国家生育控制的有计划性也是其中的主要原因。人口出生性别比失调的另一个主要原因是私人诊所 B 超机的使用和某些公立医院医护人员对 B 超机的滥用，使得流产的女婴数量大大多于男婴。同时，随着中国城市化进程的加速，大量农村人口涌入城市，流动人口不仅加大了计生部门监控的难度，也把在农村中普遍存在的重男轻女生育观带入了城市。另外，私营企业的家族化，也对男性偏好形成生育刺激。

4．人口老龄化问题

据联合国有关规定，一个国家 60 岁以上的人口超过 10%，或 65 岁以上的老年人在总人口中所占比例超过 7%，便被称为“老年型”国家或老龄化社会。当前，在全世界 190 多个国家和地区中，约有 60 个已进入“老年型”。中国的人口老龄化自 20 世纪 60 年代中期起步，70 年代以来推行的计划生育政策有效地遏制了人口数量增长的势头。但是，随之而来的是少年人口比重的下降，人口老龄化速度的提高。少年人口的比例由 1985 年的 30.3%下降到 2000 年的 25.8%。更为严重的是，中国农村人口老龄化水平高于城镇，老年人健康和保障问题面临严峻挑战。民政部发布《2009 年民政事业发展统计报告》显示，截至 2009 年底，全国 60 岁及以上老年人口 16 714 万人，比上年增长了 4.53%，占全国总人口的 12.5%，比上年上升了 0.5 个百分点。其中，65 岁及以上老年人口 11 309 万人。表 8-7 给出了我国 1953—1995 年人口年龄构成的变化。

表 8-7　中国人口年龄构成的变化（%）

年份	各年龄组（岁）比重			老少比	育龄（15～49 岁）妇女比重	抚养比		
	0～14	15～64	≥65			少儿	老人	合计
1953	36.3	59.3	4.4	12.1	22.9	61.2	7.4	68.6
1964	40.7	55.7	3.6	8.8	24.9	73.0	6.4	79.4
1982	33.6	61.5	4.9	14.6	24.8	54.6	8.0	62.6
1995	26.6	66.8	6.6	24.9	27.2	39.8	9.9	49.7

资料来源：中国人口统计年鉴，1953—1995 年。

由表 8-7 可以看出，中国少年人口比重在下降，人口老龄化的速度在持续上升，人口老龄化问题已成为我们面临的前所未有的挑战。目前，大约有 3/4 的中国职工没有任何正规的退休保障。如果不进行改革，中国将很快面对几百万既没有家庭支持，又没有养老金，也无法享受医疗保障的贫困老人。因此，国家亟待完善老年人的保障体系。

5．人口科学文化素质问题

人口科学文化素质特别是劳动力素质的高低是决定可持续发展的重要因素。人口科学文化素质的提高，是实现控制人口增长、合理利用资源、保护生态环境的基础，是保证整个中华民族的生存和可持续发展的根本前提。中国是世界人口最多的国家，我国现行的人口政策是“控制人口数量，提高人口素质”。高素质的人口是国家的人力资源，是国家的重要财富。但低素质的人口就成了人口包袱，只有将人口转变为高素质以后，才能成为人力资源优势，才能成为人才大国，经济大国，科技大国。

“人均受教育年”指的是“人口所受正规教育年限总和/人口总数”，是衡量一个国家或地区人口文化素质水平的综合指标。中国人口素质的改善是在一个较低水平上开始的。随着我国社会经济的迅速发展，人民物质文化生活水平的不断提高，中国人口的身体素质和科学文化素质都有了明显提高。我国人均寿命从 1949 年的 35 岁提高到现在的 70 岁左右，人口死亡率由 1949 年的 20‰降至现在的 7‰左右。根据 2000 年第五次全国人口普查的主要数据，我国人口的文盲率（指 15 岁及以上文盲占总人口的比例）已经由 1990 年普查的 15.88%下降为 6.72%，比 1990 年普查时下降了 9.16 个百分点。同时与 1990 年普查相比，平均每 10 万人中具有的各种受教育程度人口变化最大，具有专科以上文化程度的由 1 422 人上升为 3 611 人，增长了 154%；具有高中文化程度的由 8 039 人上升为 11 146 人，增长了 39%；具有初中文化程度的由 23 344 人上升为 33 961 人，增长了 45%；具有小学程度的由 37 057 人下降为 35 701 人，下降了 4%，所占比重则出现了负增长。90 年代我国人口的文化素质的提高速度之快是新中国成立以来少有的。人均受教育年限达到 2000 年的 7.61 年。这一事实说明我国全部人口的文化素质结构正在快速提高，这是十分可喜的现象。

2000 年我国从业人员中仍以具有初中和小学受教育水平的人员为主体，占 75%左右，其中仅接受过小学教育的占 33%。而接受过高中和中等职业技术教育者占 12.7%，接受过高等教育的占 4.7%。这种教育比例远不能满足现代经济对劳动者知识、技能的需要。现实中也表现为高层次专业人员和劳动熟练工人严重缺乏。随着知识经济的到来，这种现实产生的影响将会越来越大。

劳动力受教育程度偏低直接导致了中国的劳动力产业结构失衡，产业、行业人力资源结构性矛盾突出。据全国第五次人口普查数据分析，2000 年我国第一产业农、林、牧、渔业从业人员的平均受教育年限仅为 6.79 年，初中及以下教育水平的人超过 95%。日本同期同行业人员平均受教育年限为 10.67 年。1997—1999 年，我们的农业劳动生产率仅是日本的 1.03%。受教育年限低是导致中国农业劳动生产率低的重要原因。以制造业和建筑业为主的我国第二产业，从业人员平均受教育年限为 9.44 年，相当于初中毕业水平，与日本的同行业相比，人均受教育年限相差 3 年左右。我国具有大专及以上教育水平的从业人员比例与日本差距更大，在制造业和建筑业这一指标相差更大。第二产业劳动力的整体文化素质难以支撑我国制造业技术和劳动生产率的持续提高。第三产业从业人员整体文化程度不适应现在产业、行业结构升级的要求。2000 年，我国金融、保险从业人员人均受教育年限达 13.19 年，是第三产业中受教育水平较高的行业，但与日本相比，我国这些行业从业人员平均受教育年限仍旧与日本相差 0.8 年。

以 2000 年第 5 次人口普查全国各省区市 6 岁及以上人口的文化程度为基础，分别计算出人均受教育年如表 8-8 所示。

表 8-8 全国 31 省区市 6 岁及以上人口“人均受教育年”排序（2000 年）

位次	省区市	人均受教育年/年	位次	省区市	人均受教育年/年
1	北京	9.89	17	海南	7.65
2	上海	9.24	18	山东	7.56
3	天津	8.93	19	广西	7.55
4	辽宁	8.38	20	江西	7.53
5	黑龙江	8.22	21	福建	7.52
6	吉林	8.21	22	浙江	7.44
7	广东	8.05	23	重庆	7.26
8	山西	8.00	24	四川	7.04
9	江苏	7.83	25	宁夏	6.99
10	湖南	7.77	26	安徽	6.96
11	湖北	7.74	27	甘肃	6.51
12	内蒙古	7.73	28	云南	6.31
13	河南	7.69	29	青海	6.14
14	新疆	7.69	30	贵州	6.12
15	陕西	7.67	31	西藏	3.36
16	河北	7.67		全国	7.61

2000 年全国 31 省区市 15 岁及以上人口文盲率排序如表 8-9 示。

表 8-9 全国 31 省区市 15 岁及以上人口文盲率排序（2000 年）

位次	省区市	文盲率/%	位次	省区市	文盲率/%
1	西 藏	32.50	17	河 北	6.65
2	青 海	18.03	18	江 苏	6.31
3	甘 肃	14.34	19	河 南	5.87
4	贵 州	13.89	20	新 疆	5.56
5	宁 夏	13.40	21	上 海	5.40
6	云 南	11.39	22	江 西	5.16
7	安 徽	10.06	23	黑龙江	5.10
8	内蒙古	9.12	24	天 津	4.93
9	山 东	8.46	25	辽 宁	4.76
10	四 川	7.64	26	湖 南	4.65
11	陕 西	7.29	27	吉 林	4.57
12	福 建	7.20	28	北 京	4.23
13	湖 北	7.15	29	山 西	4.18
14	浙 江	7.06	30	广 东	3.84
15	海 南	6.98	31	广 西	3.79
16	重 庆	6.95		全 国	6.72

未来世界竞争归根到底是一个国家人口素质的竞争，尽管我国人口素质有了明显的提高，但整体科学文化素质仍然处于较低水平，与发达国家相比，还存在较大差距。以 2000 年第五次人口普查为据，全国 15 岁及以上人口文盲率占 6.72%，特别是文盲、半文盲人口中，还有一部分是青少年。全国仍有约 2%左右的学龄儿童没有上学。有研究报告表明我国的劳动力年轻化特征明显，劳动力受教育程度较低，初中及以下受教育程度的劳动力为 79.4%，高中程度为 13.4%，高等教育程度仅为 7.2%。从可持续发展的基本要求出发，人口素质问题是人口与发展之间诸多因素中最值得关注的。

6．人口健康状况问题

人口的健康状况是经济和社会发展的前提条件。中国在改善绝大多数人口的健康状况方面取得了显著的成绩。尽管人们对健康日益重视，但最新的一项统计表明：时刻关注健康，健康意识较强的人只占了 17%。近 10 年来，50 岁左右的中年人死亡率上升最快。70%的人处于亚健康状态，真正健康的人不到 10%。例如心脑血管发病率，发达国家呈下降趋势，我国却在明显上升。调查显示我国成人高血压患病率为 18.8%，估计全国现有患者人数为 1.6 亿，比 1991 年增加 7 千多万。尤其是近年来，高血压迫近中青年人，甚至在少年儿童中也有高血压患者。农村高血压患病率呈上升趋势，城乡差距已不明显。而高血压患者的知晓率、治疗率和控制率仍处于较低水平，许多中青年人对患有高血压病不以为然，知道自己患病后，并不积极治疗。另外，我国成人中糖尿病患者、血脂异常患者和成人超重率也呈上升趋势，2004 年 10 月国家卫生部信息披露，我国血脂异常患者约有 1.6 亿人，其中成人患病率为 18.1%；我国约有 2 亿人口体重超重，成人超重率为 22.8%，其中 6 000 万人患有肥胖症，成人肥胖率为 7.1%。由于超重基数大，预计今后我国人口中肥胖患病率将会有较大幅度增长。环境对人类的健康有很大影响，因为环境污染，医疗条件等诸多因素，我国每年出生新生儿有生理缺陷的高达 80 多万，边远贫困地区孕产妇死亡率和婴儿死亡率居高不下，近亲或近血缘婚配导致遗传病发病率较高的现象依然存在。更让人担忧的是，近年来，各种性传播疾病包括艾滋病在我国也呈上升趋势，并且儿童受到性病和艾滋病感染的比例也在不断增高。这将会给我国经济和社会的发展造成巨大的影响和损失。

7．就业问题

随着我国第三次出生高峰时期出生人口逐步达到就业年龄，必然引发就业问题。一是我国每年大约有近 2 000 万人达到就业年龄；二是由于我国处于国企改革的攻坚阶段，在国有经济战略性调整的过程中，大量福利性就业的人员被释放出来，失业和隐性失业率大大增加；三是要走可持续发展的道路就要对产业结构进行调整，通过关、停、并、转、改高消耗、低效率的产业和企业而达到高效率、低能耗、少污染的目的。在这个过程中，必然导致大量的富余人员下岗，使城市失业人口大量增加。另外，农村已有近 1 亿农民处于半失业状态，其中一部分人要在城镇寻找就业机会。就业难当然与经济转轨和经济形势有关，但人口过多却是其中最根本的原因。社会上存在大量的失业人员，必然导致人民生活水平的普遍下降，使贫富差距拉大，增加社会的不安定因素。

第三节　人口增长对环境的主要影响

一、人口与环境的关系

人口与环境关系极为密切，因为我们所称的环境是指自然环境，是人类赖以生产、生活和生存必不可缺的条件。人类发展的历史就是人口与环境相互作用的历史。一方面，人类的生存和发展离不开一定的环境，环境质量对人口的数量、质量和分布等产生重要影响。住在深山老林里的人们往往长寿，而住在大城市里，由于空气污染、住宅拥挤等原因，往往疾病的发病率比农村高；另一方面，人口的数量、质量和结构的变动对环境的影响和作用也很大，特别是人口数量长期持续的增长和科学技术的发展，已经引起了中国部分地区不同程度的环境恶化，开始危及到人类自身的生存与发展。人类可以破坏和污染环境，同时也可以改善和创造一个美好的适合于人们生活、生存、发展的环境。当今世界上环境污染和破坏已严重地威胁着人类的生存和发展。产生环境问题的原因是多方面的，但主要的原因是人类的影响，是人们不适当的活动，包括生产活动和生活方式，特别是人口激增给环境带来的影响。

二、人口增长对环境的主要影响

1. 人口增长对水资源的影响

水是地球上分布最广的物质，也是人类赖以生存和发展的主要自然资源。世界水资源极为丰富，但是当前容易开发的淡水资源仅占全球水资源的 0.3%，约为 400 万 km^3，主要是河水、湖水和地下水，而且它们的分布极不均匀。到目前为止全世界还有 3/4 的农村，1/5 的城市缺乏足够的淡水供应，约有 10 亿人还在饮用被污染的水。随着人口不断增长和现代工业的发展，人类用水量越来越大。据联合国统计，全世界用水量平均每年约递增 4%，城市用水量增长更快。用水量的增加导致工业废水和生活废水的排放量大量增加，使水的污染日趋严重，无疑又造成了环境的污染，形成恶性循环。现在陆地一半以上地区缺水，已有几十个国家（多是发展中国家）发生水荒，灌溉和生活用水都发生了困难。1985 年，全世界人均利用淡水量为 4.3 万 m^3，而今天却低于 0.9 万 m^3。变化的原因不是水文循环，而仅仅是人口的增加。

中国是世界水资源大国，按年降雨量计，相当于全球降水量的 5%，居世界第三位；全国水资源总量为 2.8×10^{12} m^3，居世界第六位。仅次于巴西、俄国、加拿大、美国和印度尼西亚。但中国国土面积广阔，人口众多，人均水资源占有量只相当于世界人均水资源占有量的 1/4，位居世界第 110 位，为世界平均水平的 28.1%。水资源的人均水平也远低于世界人均水平，被列为世界 13 个人均水资源贫乏的国家之一。全国有 18 个省（区、市）人均占有水资源量低于全国平均水平，其中北方有 9 个省（区、市），包括北京、天津在内都出现缺水问题，人均水资源低于 500 m^3。不仅如此，连南方一些湿润的地区，由于缺乏供水设施以及严重的水源污染，也出现缺水问题。全国正常年份缺水量近 400 亿 m^3，且部分流域和地区水资源开发利用程度已接近或超过水资源和水环境承载能力。随着经济社会发展和人民生活水平提高，对水资源的需求呈增长趋势，而水资源开发利用和江河治理的难度越来越大，水资源短缺问题将不断加剧。

2. 人口增长对土地资源的压力

土地是人类获取可再生资源的主要基地，也是人类生存的主要环境，人口激增使土地受到的压力愈来愈大。根据统计资料，1970—1995 年的 25 年中，全球人口增加了 20.19 亿人。20 世纪 70 年代平均每年增加 7 800 万人，80 年代平均每年增加 8 400 万人，自 90 年代以来，全球人口以每年 9 000 万人左右的速度增长。1973 年世界人均耕地为 0.31 hm^2，2000 年下降到了 0.15 hm^2，减少了一半。目前世界粮食增长率高于人口增长率，但许多发展中国家粮食供应日趋紧张。60 年代世界上有 56 个国家人口增长率超过本国粮食增长率，到 70 年代这类国家已经增加到 69 个。在非洲，人口增长快于粮食增长。80 年代非洲仅有 1/4 的国家其粮食消费量有所增加。1971—1980 年，多数国家人口增长率约为 29.2‰，而粮食的增长率只有 0.2%。人口膨胀，加之不合理开发土地，导致大量耕地被毁，生态平衡破坏，自然灾害频繁，污染危害加重。许多发展中国家土地退化。

我国土地资源中耕地大约占世界总耕地的 7%，但人均占有的耕地面积相对较小，约为世界人均耕地面积的 1/3，在世界上排名 126 位。我国人均耕地本来就少，近年来我国由于土地沙化、水土流失、城镇快速扩张、交通、工业占地、农业结构的调整和乡镇集体及个人占地增加等种种原因，大量的耕地被开发作为它用。1984—1987 年间平均每年减少耕地 65.5 万 hm^2。加之人口增长过快，人均耕地更加减少。2003 年，全国净减少耕地达到 253.74 万 hm^2（2003 年中国环境状况公报）。建国初期我国人均耕地只有 0.18 hm^2，每公顷耕地平均养活 5.5 个人，而目前人均耕地只有 0.08 hm^2，每公顷耕地平均需养活 12 人，与 30 年前相比人口增加了 1 倍，耕地也减少一半。有些地区如上海、北京、天津、广东、福建等地区人均耕地占有量甚至低于联合国粮农组织提出的人均 0.05 hm^2 的最低界线。

表 8-10　1949—1995 年中国耕地面积、人均耕地面积的变化情况

年份	耕地面积/万 hm^2	人口/亿	人均耕地面积/hm^2
1949	9 787	5.5167	0.1807
1957	11 180	6.4653	0.1729
1980	9 934	9.8705	0.1006
1990	9 567	11.4333	0.836
1993	9 542	11.8517	0.805
1995	9 497	12.1121	0.784

全国粮食总产量由 1949 年的 1.13 亿 t 迅速增加到 1993 年的 4.50 亿 t，1996 年突破 5.00 亿 t 大关。1996 年之后粮食总产量连续 4 年都稳定在 5.00 亿 t 左右。每公顷产量由 1949 年的 1.035 t 提高到 1978 年的 2.532 t。2001 年达到 4.627 t，比 1949 年增长了 3.5 倍。虽然我国的粮食产量逐年提高，但人均粮食产量的增长却较慢，其主要原因是人口的快速增长，绝大部分粮食被同期新增加的人口占用了。

3．人口增长对森林和草地资源的影响

森林和草地是宝贵的自然资源，是人类生存和发展的重要屏障。森林和草地覆盖着世界土地面积的 4/5。它们构成了人类赖以生存和不可缺少的生态系统和经济系统。森林和草地具有涵养水分、防止水土流失、防风固沙、净化大气、调节气温、降低噪音、防护农田牧场、保护野生动植物、休养保健等作用。但是随着世界人口的增加，人类为了开垦耕地和建设房屋，供给生活燃料和商用木材，再加上乱砍滥

伐，森林火灾，过度放牧造成土地荒漠化等，森林和草地的面积在急剧减少。

4．人口增长对城市环境的影响

城市是人口最集中的地区，也是环境质量最差的地方。据统计，2000 年，世界城市人口增加到了 30 多亿，即超过世界总人口的一半以上。我国目前居住在城镇的人口（包括流动人口）已经达到总人口的40%以上，预计2020年将接近65%。这意味着未来十几年，城市人口将净增 3.6 亿。另外，目前中国流动人口超过 1.2 亿人，2004 年仅北京市登记注册的外来务工人员就达 350 余万之多。人口流动弥补了人口流入地区劳动力的不足；提高了人口流入地区的城市化水平；缓解了人口流出地区的就业压力；促进了人口流入地区与人口流出地区的社会交流和经济发展；丰富了劳动力市场。流动人口已经成为城市和发达地区经济发展的重要推动力量。但是，人口流动对迁入地会加剧人地矛盾，出现住房、就业、交通、社会治安等问题。对迁出地会流失人才和精壮劳力，从而阻碍经济进一步发展。此外，中国农村人口向城市流动、落后地区人口向发达地区流动，无疑扩大了地区差异和城乡差异，迫使国家付出更多的财力物力扶持那些青壮年劳动力大量流失的贫穷落后地区。

城市人口急剧增加和高度集中给环境造成了很大压力，带来了严重的环境问题。其主要表现在以下几个方面：一是城市环境质量日趋恶化，各种污染尤其是大气污染日趋严重；二是城市公共服务设施的压力和居民住房的压力愈来愈大；三是城市人均绿化面积减少；四是不可避免地占用城市周边大量土地；五是城市人口增长对水资源也构成巨大压力等。目前中国城市人均用水量已比 1990 年翻了一番，照此发展，当城市化达到更高指标时，中国的水安全和最基本的生活用水都将受到严重威胁。

另外人口增长对人类的生活水平、教育、住房、医疗、交通、能源、森林资源、物种资源、气候变化等方面也造成了极大的影响。1978—2000 年，我国国内生产总值（GDP）按可比价格计算年均增长 9.5%，大大高于同期发达国家年均 2.5%和发展中国家年均 5%的经济增长速度。但是由于我国人口基数的快速增长，我国居民人均收入增长幅度与发达国家相比并不大。

第四节 地球环境对人口的承载能力

一、地球的人口环境容量

地球环境对人口的承载能力，又称为人口环境容量，是指地球在一定的生态环境条件下，地球对人口在一定生活水平条件下能供养的最高人口数，而不是生物学上的最高人口数。人类社会所规定的人口生活水平标准不同，地球环境对人口的承载能力也不同。如果把生活水平定在很低的标准上，甚至仅能维持生存水平，人口环境容量就接近生物学上的最高人口数；如果生活水平定在较高的标准上，人口环境容量在一定意义上来说就是经济适度人口（经济适度人口是指人均收入或人均产出最大化；总福利达到最大化；人口密度合理分布和充分就业；现有资源所能供养的最大人口数量，即不突破环境资源承载能力的最大人口量）。国际人口生态学界将世界人口环境容量定义为：在不损害生物圈或不耗尽可合理利用的不可更新资源的条件下，世界资源在长期稳定状态下所能供养的人口数量的大小。这个定义强调了人口环境容量是以不破坏生态环境的平衡与稳定，并保证环境资源的永续利用为前提。人口环境容量的制约因素很多，但自然资源和环境状况是人口环境容量的主要制约因素。

人类社会发展的历史也就是人口与地球环境相互作用的历史。一方面，人类的生存和发展离不开一定的环境，环境质量对人口的数量、质量和分布等产生重要影响；另一方面，人口的数量、质量、结构和人口分布的变动又直接作用于环境，特别是人口数量长期持续的增长，已经在世界各地引起了不同程度的环境恶化，开始危及到人口自身的生存与发展。

地球是人类栖息的场所，地球陆地表面的面积是有限的，其提供给人类的物质、能量也是有限的，所以地球不可能具有无限的人口承载力。地球环境究竟能容纳多少人，这是全人类共同关心的问题。20 世纪 50 年代，就有许多学者意识到人口问题的严重性。1956 年，美国著名人口学家赫茨勒出版了《世界人口危机》一书，首次提出了“人口爆炸”（人口爆炸的含义为：20 世纪以来，世界人口自然增长率迅速上升，人口数量急剧膨胀，人口翻番的间隔时期越来越短）一词，并从社会学的角度出发，详细论证了人口爆炸的成因和状况。其后，在 20 世纪 60 年代，各式各样的人口问题的著作相继问世，掀起了人口问题讨论的热潮，人口问题已经成为人类面临的全球性重大问题之一。美国生态学家保罗·埃里奇于 1968 年和 1970 年先后出版了《人口爆炸》与《人口、资源、环境》等著作。1983 年，联合国人口基金要求粮农组织和国际实用系统分析研究所估计“世界不同地区潜在的人口承载量”。它们的估计包括了许多因素，但突出土壤类型、耕作期的长短和生产体系，并根据技术、能源、资本和基础设施的高投入和低投入作了不同的估计。它们的结论是到 2000 年，在不包括中国在内的发展中国家，低投入下能养活 56 亿人，而在高投入下能养活 334 亿人。而世界粮农组织所预测的地球环境对人口的承载能力是以粮食产量除以世界粮农组织和世界卫生组织所推荐的人均热值摄入量而得到的数据。从生态学的角度分析，地球植物的总产量，按能量计算每年为 2.77×10^{21} J。人类维持正常生存每天需能量 1 000 万 J，则每年需 36.6 亿 J。按此数值计算，地球上植物总产量可养活 7 568 亿人。但是，以植物为食的不仅仅是人类，其他各种动物也都直接或间接地以植物为食；另外有许多植物和动物是不能供人类食用的。据估计人类只能获得植物总产量的1%，照此计算，地球环境只能养活75亿人。国际上多数生态学家对地球生态系统人口环境容量的乐观估计是地球只能养活100亿人左右。

二、中国的人口环境容量

多年来，我国对环境污染的防治和自然生态的保护，虽然取得了显著成效，但目前我国的环境状况依然是局部有所改善，总体还在恶化，前景令人担忧。因此，如果从环境保护的角度来看，目前我国的人口数量已远远超过了环境的承载能力。对中国的人口环境容量问题，许多学者做过研究。马寅初先生早在1957年就提出中国最适宜的人口数量为7亿～8亿。同年孙本文教授也从中国当时粮食生产水平和劳动力就业角度出发，提出了相同看法。1981年田雪原、陈玉光研究了中国适度人口的数量。他们首先从经济发展速度假定未来若干年内固定资产增长速度和劳动者技术装备增长速度；其次，在生产性固定资金、劳动技术装备程度和工农业劳动者人数之间建立数学方程；最后，由工农业劳动者人数推算总人口，提出中国100年后的经济适度人口为6.5亿～7.0亿。同年宋健等从食品和淡水角度估算了百年后中国适度人口数量，结果表明，如果全国妇女平均生育1.5个孩子，在100年内依靠我们自身土地资源，饮食水平将不可能达到美国目前的水平；如果生育2个孩子，我们整个民族将一直处于不良供应状态；如果在100年左右时间内，我们饮食水平要达到美国和法国目前水平，中国理想人口数量应在6.8亿以下；从淡水资源看，中国的水资源最多只能养育6.5亿人。1993年曹明奎从中国农业生态系统的生产潜力为目前实际产量的2.5倍左右出发，估算中国最大人口环境容量为17.2亿，若中国的人口峰值能控制在16亿～18亿，农业生态系统可满足食物需求，但食物消费水平的提高却十分有限，不仅达不到发达国家目前的水平，赶上中等收入国家的水平也很困难。1998年袁建华等人从人均国民收入达到中等发达国家的发展水平，从人均年用淡水资源上，提出中国的适度人口应该是11.45亿；在充分有效利用科技进步来增加粮食产量的条件下，到21世纪50年代，如果分别按每人需要粮食500 kg和600 kg，中国的最大人口环境容量分别为16亿和14亿。

综上所述，对中国最大人口环境容量问题，许多科学家进行过分析论证，有的考虑淡水、土地资源，有的考虑生活水平、经济增长、资源分配、环境保护、综合国力等因素，还有一些学者简单地利用过去许多地区发展的经验数据，计算既可使当代人满意，也为后代人留下发展余地的人口环境容量极限。令人惊讶的是这些角度不同、方向各异的分析都得到了大致相同的结论：中国的最大人口环境容量约为15亿人或16亿人左右，而超过18亿～20亿人，可能使中国的社会经济发展遭到灾难性的打击。最优人口环境容量应在7亿～10亿人，也有少数人认为中国远期人口以保持4亿人为好。

三、中国人口与发展目标

适度的人口总量、优良的人口质量、合理的人口结构，是实现人口可持续发展的社会基础。控制人口数量、提高人口素质是我国的基本国策。根据《中国21世纪人口与发展》规定的中国人口与发展的目标，2010 年全国人口总数控制在 14 亿以内，人民生活更加宽裕。人口素质明显提高，全国人口受教育年限达到发展中国家先进水平，群众享有基本的医疗保健和生殖健康服务，普遍实行避孕措施的知情选择，出生性别比趋于正常。努力解决人口老龄化带来的问题，初步建立覆盖全社会的社会保障制度。至 2050 年，全国总人口接近 16 亿，之后人口总量缓慢下降。人口素质和健康水平全面提高，高中阶段教育和高等教育大众化。建立起完整高效的社会保障制度。人口分布和就业结构比较合理，人口城市化水平大幅度提高。人民生活富裕，人均收入达到中等发达国家水平，社会文明程度显著提高，基本实现人口与经济、社会、资源、环境协调发展和国家现代化。

第五节　我国实施人口可持续发展的主要途径

一、进一步抓紧抓好计划生育工作，控制人口总量

我国是世界上人口众多的国家，实行计划生育是我国的基本国策。我国从 20 世纪 70 年代大力实施计划生育以来，在人口数量增长的控制方面，取得了举世瞩目的成绩。如果按照 1970 年中国出生率 33.4‰计算、自然增长率 26‰的标准计算，1996 年全国人口应为 16.17 亿，而实际为 12.25 亿，相差 3.92 亿。中国人口增长率的下降使原来预计的世界 50 亿人口日向后推迟了 2 年多，对世界人口未来的变动产生了积极的影响。我国作为世界人口最多的国家，虽然实行了严格控制人口的政策，有些地区目前已实现比较稳定的低出生率，人口数量控制几乎处于极限状态。但是每年全国仍净增人口 1 200 万。由于人们生育意愿与生育政策还有一定的距离，近几年早婚早育又呈上升趋势，在计划生育管理方面还存在不少薄弱环节，如果工作稍有放松，就可能出现生育率反弹的现象，人口总量就会突破，不仅会影响人均占有指标，而且影响基本现代化奋斗目标的实现。

从我国的具体国情出发，要实现人口的可持续发展，政府必须继续加强对计划生育工作的领导，实行目标管理责任制；加大计划生育工作的宣传和教育力度，促进群众婚育观念的转变；特别是要以农村为重点，做好基层计划生育工作；保证社会经济发展落后地区的育龄妇女能够经常获得避孕知识和避孕药具及技术服务；加强计划生育、妇幼保健人员的培训，使他们不断增加新知识、掌握新技术，提高计划生育的服务效率；加强育龄妇女科学知识和少生优育知识的教育，动员她们积极

参与社会经济活动；切实加强对流动人口的计划生育管理工作；逐步把计划生育工作纳入法治化轨道。总之，要通过行政、经济、法制等手段，有效地控制人口增长，早日实现我国人口的零增长，使人口与经济更好地协调发展，为社会经济增长和可持续发展创造有利的人口环境，这是我国计划生育工作的奋斗目录。

二、进一步加强教育事业的发展，提高人口总体素质

从提高全民族人口科学文化素质的高度出发，在继续抓好九年制义务教育的同时，大力发展高等教育、成人教育、终身教育，强化职业技术教育和培训，并延长公民受教育时间。要逐年增加人力资源的开发投入，使城乡新增劳动力形成合理的结构和较高的层次。人口增长方式由“数量型”向“质量型”转变是人口发展的必然趋势，人口战略的重要方面也就是开发我国的人力资源。人力资源是指全部人口中能以正当、理性的劳动创造财富，推动社会向前发展并取得相应报酬的那部分人口的总称。现代经济发展的实践证明，在经济增长的过程中，人力资源起着不可替代的作用，人力资源是经济可持续发展的最终源泉。现代社会经济的发展必须有一定数量的高素质人口作保证，这也是许多国家，特别是经济较发达的国家和地区重视人口素质提高的原因所在。努力改善和提高人口素质，是实施可持续发展战略的重要保证。发展知识经济，把教育作为它的重要产业发展，这是提高我国人口素质和开发人力资源的重要途径。如果说人口的迅猛增长只是给国家带来人口数量上的变动，那么没有受过专业培训的人力就不能有效地进行再生产的扩大。因此，为了我国经济的发展和社会的进步，必须积极进行人口教育和劳动力的培训。首先，构建国家创新体系，大力发展高等教育和高等职业教育，培养大批高层次创新人才，提高国家综合创新能力。只有具备专业知识的高级人才才能适应并有效地运用新技术、新设备，扩大再生产。第二，教育发展的主攻方向应是高中阶段教育。这是突破我国高中教育劳动者比例偏低“瓶颈”的唯一途径。同时要大力发展中等职业教育，使尽可能多的人掌握基本的文化知识和技能。技能教育、职业培训措施也必须加强和扩大，因为它是提高一般劳动者科学文化素质和实践能力的关键。第三，构建完善的全民终身学习体系，提高整体国民素质。创新能力和劳动者技能的提高并不仅仅体现在受教育的比例和年限上，还取决于教育培训体制的完善和运行效率。构建完善的全民终身学习体系，是持续提高国民素质的重要保障。随着知识经济时代和信息时代的日趋深入，人们的生产生活方式也都紧紧依赖知识的更新、传播和应用。因此不断地学习和掌握新知识、新技术也将成为人们生存的基本方式。终身教育和终身学习也不再是一种国际思潮，而变成许多国家的教育政策和实际行动。

总之，发展教育事业可以提高劳动者的整体素质，并可起到推迟就业年龄、减少就业压力的作用。这就要求政府加大对教育的投资，从而带动全社会投资。因此，合理的教育战略和政策是我国经济腾飞和人口现代化的重要环节，也是实施人口可

持续发展战略的主要途径。

三、进一步建立健全社会保障体系

通过大力发展经济，增强经济实力，妥善解决老有所养、老有所医、老有所乐的问题。

我国自 20 世纪 80 年代以来，人口老龄化日趋逼近，步入老龄化社会最早的是上海市（1979 年），其次是北京市（1987 年）。尤其是农村人口老龄化水平的提高，已经使农村老人的赡养问题凸现了出来。2000 年第五次全国人口普查主要数据表明，上海乡村的老龄化水平已经达到了 13.73%、浙江达到了 10.51%、江苏达到了 9.73%、山东达到了 9.15%、北京市达到了 8.35%、重庆市达到了 8.04%。全国老龄委办公室于 2010 年 3 月发布的报告指出：中国 60 岁及以上老年人口已经超过 1.49 亿，占总人口的 11%以上；全国城市老年人空巢家庭（包括独居）的比例已经达到 49.7%，与 2000 年相比提高了 7.7%。人口老龄化给社会造成了沉重的负担和压力。因此，各级政府必须高度重视老龄化问题，在农村要全面普及农村合作医疗，加强老年卫生保健，要建立养老、子女安康、节育手术安全等保障制度；在城市，建立和健全养老保险、医疗保险、失业保险、生育保险等制度；完善城市居民最低生活保障制度，建立和完善以社区福利服务为依托、以社会福利机构为补充的老年福利服务体系；逐步建立起国家、社会、家庭、个人相结合的养老保障机制；教育广大群众树立包括尊老爱幼在内的社会公德、职业道德和家庭美德，形成尊老、敬老、爱老的良好社会风气。促进人口老龄化与社会经济的良性运行。

总之，自 20 世纪 70 年代特别是改革开放以来，我国确定了控制人口增长、提高人口科学文化素质的人口政策，使我国人口少生了 3.8 亿人，人口发展进入了稳定低生育水平时期，人口再生产进入了“低出生、低死亡、低增长”的“三低”阶段。但是由于我国人口基数大，人口生产的惯性大，控制人口形势仍然十分严峻。虽然我国现行的计划生育政策，在控制人口数量，特别是控制农村人口方面取得了一定的成绩，人口发展进入了稳定低生育水平时期，但是任务仍然十分艰巨。因此要继续坚持现行的计划生育政策，稳定低生育水平。人口总体素质偏低，提高人口质量是可持续发展的关键问题，尤其是农村从业人口的总体素质偏低。因此要多层次多方位提高农村人口的综合素质，这是解决农村人口总体素质偏低的最主要途径。加快城镇化进程，转移农村剩余劳动力，也是解决农业人口过剩，实现人口可持续发展的主要途径之一。

可持续发展是人类生存和发展的必由之路。在可持续发展过程中，人的作用是至关重要，对人的要求也更具体。适度的人口规模、适宜的人口密度、优良的人口素质和合理的人口结构，将促进人口与经济、社会、资源、环境的协调发展，从而推动世界各国实施可持续发展战略的步伐。

阅读资料 8-1 复活节岛是怎样由兴到衰的

复活节岛以其地理环境的封闭性、居民起源的神秘性、巨大的“毛艾”石像以及岛上文明的兴衰等，成为一个引人关注的神秘岛屿。近些年考古学、孢粉分析和古生物学的研究进展为破译复活节岛的兴衰奠定了基础。

复活节岛，位于南太平洋南纬 28°，西经 108°交汇点附近，面积约 120 km^2，现属智利。它离南美大陆智利约 3 000 km，离太平洋上其他岛屿距离也很远。距离最近的有人居住的岛屿皮特凯恩岛也有 1 600 km 之遥，岛上现有居民约 2 000 人。

考古发掘表明，复活节岛曾经有过辉煌的文明。岛上先民来自波利尼西亚。从 12 具古代复活节岛人骨骼中提取的 DNA 鉴定结果证明，这些先民是波利尼西亚人。此外，他们的语言源自波利尼西亚语。考古学家陆续考察和发掘了岛上众多的古代先民遗址。通过碳 14 年代测定，证明岛上最早的人类活动可追溯到公元 400—700 年，石像建造的年代在公元 1200—1500 年，最繁盛时期岛上总人口曾达到 7 000 人。

复活节岛沿岸分布有 200 处石头平台，700 多尊已经完工的石像，它们被弃置在采石场和道路旁。当地人称这些石像为“毛艾”。每座石像高度一般在 5～6m，小的 3～4 m，最高大的一个高 21.8 m，重约 10 t。那么，巨大的“毛艾”石像是如何制成，如何运输、如何竖立起来的？又是谁为什么建造了这么多“毛艾”石像呢？建造巨大石像的社会必定人口众多，资源充足，高度组织化。那么这个社会又到哪里去了呢？专家们用岛上 20 名当地岛民做了一个模拟实验，结果证明只用石凿等原始工具，就能在一年内雕刻成一尊巨大的“毛艾”石像。几百人使用圆木和植物纤维就能拖动一尊石像，然后只用圆木作杠杆便能竖立起石像，将其安置到石头基座上。

可是，现在岛上找不到高大树木和足够的有韧性的植物纤维，那么这些原料又来自何处呢?这个问题已由植物孢粉分析专家解答了。新西兰科学家弗兰利和英国教授萨拉金对岛上的孢粉进行分析研究后认为，在人类到达复活节岛之前，岛上遍布亚热带森林，树下生长着茂密的灌木和草丛。最常见的高大树木是棕榈。这种景观完全不同于今天人们见到的草地景观。全岛现在有 47 种本地植物，大多数是草、芦苇、蕨类，只有两种矮树，两种灌木。

古生物学家通过对岛上先民遗址中的动物遗骨研究发现，最早到达该岛的先民以海产品为主食，包括鱼类、海豚、海豹和几十种海鸟。这从侧面证明最初的移民具有很高超的航海技术，不同于后来困守孤岛，缺乏远航技术，与外界没有任何交流的居民。

美国纽约州立博物馆专家大卫·斯泰德综合了有关复活节岛的各方面研究证据，为人们勾画了复活节岛近 1 000 多年的兴衰图景。

在公元 400 年左右，波利尼西亚东部群岛有一群波利尼西亚人驾船出海，跨越千里大洋，登上复活节岛。经过一段时间的开荒种植和海上捕捞，生活逐渐安定下来，人口有所增加。但是人口增加导致了食物的不足，于是为解决人口增加带来的食物不足问题，公元 800 年左右开始大规模砍伐森林，特别是棕榈树遭到严重砍伐，因为棕榈树是建造独木舟的最好木材。岛民大量建造船只出海捕捞，收获大量鱼类和海豚等水产品。

人口的迅速增加使自然资源不断耗竭，逐渐超过当地资源的承载能力。于是各部落为争夺有限的资源爆发了冲突和战争，现在岛上的土中仍遗留有许多石矛和石匕首，这是激烈战斗后被遗弃的。大约在公元 1 200 年，各部落为树立对首领的崇拜，相继建造巨大石像，森林砍伐更加严重，大量的棕榈树被砍伐用于薪木和运输石像。这个时期，海上捕获量开始减少。

公元 1400 年，棕榈树消失了，15 世纪末岛上森林全部被砍伐干净。鸟类由于缺乏食物开始减少，许多植物因失去传粉的鸟类也逐渐灭绝。由于人们没有了建造船只的树木，渐渐地，航海能力越来越差，直至全岛只剩下三四只独木舟，无奈岛民转向开垦荒地种植谷物，但是仍旧不能满足人们的食物供给。

于是原先较发达的文明开始衰落，逐渐出现食人部落。生物学家在岛民的垃圾堆中发现，从 15 世纪开始，人骨增多，说明有人吃人的事件发生。后来，复活节岛上的民间传说也从侧面印证了这一点。

公元 1700 年，人口开始衰减至原来人口的 1/5，人们开始纷纷居住在洞穴中以防卫敌人。公元 1770 年，各敌对部落开始推倒和破坏对方的巨大“毛艾”石像，以摧垮对方的精神和斗志。公元 1830 年，最后一个石像也倒下了。20 世纪初时，生存条件已经非常恶劣，只剩下 111 个土著居民。

复活节岛的居民曾经建立过辉煌的文明，但当社会经济的发展超越了资源环境的承载力时，文明便走向了衰落，这段兴衰史让人们更清醒地去思考人类与自然的关系。

复习与思考

1. 名词解释：人口　人口过程　人口出生性别比　人口自然增长率　人均受教育年　人口环境容量　经济适度人口
2. 简述世界人口数量客观变动的四个阶段与特征。
3. 简述世界人口增长的基本特点。
4. 简述中国人口发展所存在的主要问题有哪些？
5. 简述人口增长对环境的影响主要表现在哪些方面？
6. 论述题：我国实施人口可持续发展的主要途径。

第九章
农业的可持续发展

农业是整个国民经济的基础，搞好农业对保证社会经济的发展、改善人民生活、保持社会稳定，具有十分重要的作用。我国是一个农业生产大国，也是一个农产品消费大国，在我国这样一个有14亿人口的国度里，农业发展水平和粮食生产能力如何，始终对国计民生产生着决定性影响。解决好我国的农业问题，不仅对我国的经济发展和社会稳定至关重要，而且也对本地区乃至世界经济发展和粮食安全也有重大意义。国家始终高度重视发展农业，坚持把农业摆在国民经济的基础地位，采取一系列法律和政策措施促进其发展。20 世纪 70 年代末以来，国家通过实施改革开放政策，调动了亿万农民的积极性，农业综合生产能力显著提高，实现了主要农产品供给由长期短缺到总量基本平衡、丰年有余的历史性转变，依靠自己的努力成功地解决了14亿人口的温饱问题。实践证明，只有在农村正确地运用可持续发展理论，才能搞好农业，解决我国的农村问题。因此，可持续发展理论被理所应当地放在战略性的高度上，用于指导我国经济的健康发展，用于指导农业的健康发展，用于解决我国农村经济发展中所碰到的各种各样的问题，用于指导我国农村各项事业的顺利完成。

第一节　农业可持续发展的定义与重要性

一、农业可持续发展思想的形成

可持续发展战略的思想最早源于环境保护，尤其是第二次世界大战之后，随着工业的迅猛发展，工业废弃物排放量不断增加，大部分排放物对环境都有着相当大的危害，环境污染日益严重。一些排放到大气中的悬浮物或有毒气体不仅对人体健康产生极大威胁，而且对农作物的生长也产生抑制甚至是毁害作用。农业生产中越来越多地依赖于化肥和农药不仅提高了生产成本，而且对环境也造成了污染，并且危及人类健康与安全。另外随着农村人口的增多，人类不断的垦荒造地，对森林、草原植被造成了严重的破坏，使土地沙化现象日益严重，水土流失也日渐猖獗，土地质量严重下降，人均耕地面积逐年减少。使人们不得不反思高投入、高产出的常规现代化农业模式的利弊。总之，农业可持续发展思想，是在20世纪80年代末以来，人类对环境保护意识的不断提高，全面认真总结自己的发展历程，重新审视自己的经济社会行为而提出的一种新的发展思想和发展战略。

二、农业可持续发展思想的内涵

农业可持续发展也称为可持续农业，它是可持续发展战略的重要组成部分。

根据社会可持续发展的观念，1988 年世界粮农组织理事会对农业部门的可持续发展作了如下定义：可持续发展就是管理和保护自然资源基础以及调整机构和技术变化的方向，以确保获得和持续满足目前及今后世世代代人的需要。这种（农业、牧业、林业和渔业方面的）可持续发展能保持土地、水、植物和动物遗传资源，不造成环境退化，技术上适当，经济上可行，而且能够被社会接受。

1991 年 4 月，联合国粮农组织在荷兰的丹博斯召开了可持续农业与农村发展国际研讨会，有 124 个国家的高级专家出席了会议，通过了著名的《博斯登宣言》，进一步阐明了农业可持续发展这一新的观点，对农业可持续发展作了一个被广泛接受的定义：即农业可持续发展是“采取某种管理和保护自然资源基础的方式，以及实行技术变革和机制性改革，以确保当代人及其后代对农产品的需求得到满足，这种可持续的发展（包括农业、林业和渔业），能维护土地、水、动植物遗传资源，并不造成环境退化；同时，这种发展在技术上是适当的，在经济上是能持续下去的，并能够为社会所接受”。也就是说农业可持续发展的内涵是：以科技和知识化的劳动投入为主，物质资源投入为辅，能兼顾经济、社会、生态效益的，并使经济、社会、生态得以协调、持续发展的农业；是以保护土地、水、生物等自然资源，保护人类与自然之间、社会与自然环境之间和谐相处，不造成环境退化为前提。在此原则指导下，通过采取适用、合理的技术和量力而行的经济投入，以生产足够的食物和纤维，来满足当代人类及其后代对农产品的需要，促进农业持续发展。它的基本特征一是投入的合理性，即以科技和知识化的劳动投入为主，减少物资资源的投入，提高资源的利用率和产出率，为农业的持续发展创造物质基础；二是系统的协调性，即通过系统协调促进生产发展，通过人与自然、生产与资源、经济与环境的协调，促进生产、经济、生态的持续发展；三是发展的持续性，即通过合理投入和系统功能的协调，保证农业经济发展的持续性和资源的永续利用以及优良的生存环境。

目前，由于各国的经济发展状况差异较大，对农业可持续发展追求的目标也不同。在我国，农业可持续发展指的是在农业上形成资源节约、环境友好、产业高效、农民增收的农业发展新格局。其战略目标可归纳为以下三个方面：一是积极增加粮食生产，既要考虑自力更生和自给自足的基本原则，又要考虑适当调剂与储备，稳定粮食供应，确保粮食安全，消除饥饿；二是发展农村经济，促进农村综合发展，开展多种经营，扩大农村劳动力的就业机会，增加农民收入，特别要努力消除农村贫困的状况；三是保护和改善资源环境，实现资源永续利用，创造良好的生态环境。

因此，农业可持续发展目标包含了经济持续性、生态持续性和社会持续性三个方面的内容。

由于各国的国情和发展背景不同，农业可持续发展的内涵和模式也不尽相同。对于中国和广大发展中国家来说，农业可持续发展的核心是发展农村经济，但必须在合理利用资源和保护人类赖以生存的环境的前提下发展，在发展中解决好人口、资源和环境的关系问题。

三、农业可持续发展的重要性

农业是根本，农业的发展是工业和整个国民经济发展的基础。农业的可持续发展是实现整个人类社会可持续发展的基础。我国经济建设的历史经验证明，农业稳，则天下稳；农业兴，则百业兴。没有农业的稳定与可持续发展，就没有整个国民经济的可持续发展；没有农民的小康，就没有全国的小康。在我国这样一个农业相当落后的国家，能否实现可持续发展，"三农"（农民、农业与农村）是关键。我国是一个发展中的社会主义国家，是一个占有世界总人口22%的农业大国。农业人口众多且增长速度快，生产力薄弱，粮食生产压力大，粮食及其他食物的供应是一个始终应放在第一位的问题。解决中国人的吃饭问题，无论从经济上、政治上、外交上考虑，都必须坚持立足国内、基本自给的方针。在我们这样一个拥有 14 亿人口的大国，粮食问题有着极其特殊的重要性。

我国不仅是一个农业大国，而且还是一个相当落后的农业大国。我国的农业资源相对短缺，耕地资源数量供应不足，质量严重下降。农业基础设施总体装备水平落后，农业物质技术条件非常脆弱，农业生产的增长在很大程度上是建立在资源的过度利用与牺牲生态环境的代价之上的，即大量使用化肥和农药，大量消耗水资源等。我们不但要看到，目前以世界耕地的7%养活了22%的世界人口，还应该看到，中国用了占世界上40%的农民生产的粮食，仅养活了世界上22%的人口。因此，必须"多渠道增加投入；加强农业基础设施建设，不断改善生产条件；大力推进科教兴农，发展高产、优质、高效农业和节水农业"。

随着乡镇企业的迅速发展，在地区利益和短期效益的驱使下，对农业资源的过度利用再加上各种污染已经在一定程度上威胁到了农业的发展，进一步加重了农村生态环境的恶化。20 世纪末，乡镇工业废水、二氧化硫、烟尘等工业污染，比 20 世纪 80 年代出现更惊人的增长。这种大量消耗资源并且以牺牲生态环境为代价的发展模式，使各种生态危机日益加重，最终使人类面临通常所说的人口、粮食、资源、环境等几大危机。这些危机目前已直接威胁到了人类的生存与发展，人类迫于这些生态压力，不能不再对土地、水域、大气、森林等的退化予以关注，使人们终于认识到了环境与可持续发展的重要性。可持续发展要求既能满足人类现在的需要又不损害子孙后代生存与发展的需求，即社会效益、经济效益、环境效益的协调发展，是人与生产、物质与环境的良性互动。可持续发展的中心问题就是人与自然的关系的问题。要想人类从生态恶化的深渊中挣脱出来，使人类文明得以延续下去，人类就必须摆脱传统生产发展模式，走人与自然和谐相处、生态与生产协调发展的生态经济模式，将人类的发展转移到与良性循环和经济循环有机统一的生态经济循环轨道上来。其中，农业这一满足人类基本生存需要的基础产业的可持续发展将是最重要的。

第二节　中国农业生产发展概况

一、农业的定义

农业是人们利用动植物的结构与功能转化太阳能和相应的生产资料，为社会提供食物、有机原料、生物能源以及生存环境的多功能产业。农业的持续发展关系到国计民生，在我国国民经济中占有特殊的重要地位。最早对农业的解释为耕种土地，开始只种植人类食用的粮食作物，即“辟田种谷曰农”。所以当时农业就是指粮食生产，这是最狭义的农业。随着农业生产的不断发展，经济作物的出现，农业即是包括粮食和经济作物的种植业。当动物生产发展后，农业则包括种植业和畜牧业两个部门，称为小农业。后来又把农（种植业）、林、牧、副、渔五业称为大农业。所以，广义的农业不仅包括通常意义上的各种栽培植物、还涉及林木植物、牲畜、家禽、各类农副产品加工和鱼类生产等多个领域，范围较为宽泛。而人类是农业生产、生活中最活跃、最积极的因素。

二、中国农业生产概况

中国国土面积约 960 万 km^2，其中平原、盆地约占 31%，高原和丘陵约占 69%，耕地面积约为 1.3 亿 hm^2。中国生物资源种类繁多，世界上主要的粮食作物和经济作物都有种植。全国草地面积约占国土面积的 40%，大部分可以用来放牧。中国有海岸线 1.8 万多 km，江河湖泊等淡水水域面积达 1 600 万 hm^2，水产资源丰富，淡水产量属世界最多的国家之一。中国的农副产品也是种类繁多，蜚声中外。但是，人均耕地尤其是林业用地比发达国家和发展中国家都要少。与亚洲其他国家相比，中国的牧场资源相对丰富一些，但与较发达的国家相比，尤其是与澳大利亚一些国家相比，人均占有的牧场资源却显得贫乏。林业用地也是如此。有关中国土地资源与其他国家的对比见表 9-1。这些数据表明，中国除了牧场和耕地资源较亚洲国家相对丰富以外，与其他国家相比，中国在作物、畜牧及木材生产和土地资源方面还是处于劣势的。

中国由于人口众多，人均资源量远低于世界平均水平，更无法同发达国家相比，见表 9-2。尽管中国依靠仅占世界 7%的耕地，养育了占世界 22%的人口，人民的温饱问题基本得到了解决，这堪称世界一大奇迹。但是，这一现实也表明中国耕地资源面临的严重形势。在巨大的人口压力下，我国农业基本建设仍比较薄弱，粮食单产水平、人均农产品占有量、农业劳动生产率都低于发达国家，人口膨胀、资源衰退、环境污染都给农业的发展带来严重威胁。

表 9-1 国际土地资源比较 单位：10^{-3} hm²/人

国 家	草场	耕地	多年生植物用地	森林
中国	447	139	5	189
印尼	167	224	77	1 606
泰国	27	655	108	491
东南亚（8）	92	274	106	1 086
南亚（8）	122	515	14	294
欠发达国家（不含中国）（127）	1 560	609	75	1 970
澳大利亚	52 099	6 078	22	13 212
加拿大	2 504	6 482	6	27 169
美国	1 975	1 537	17	2 404
西欧（8）	363	354	16	294
中等发达国家（17）	2 150	994	40	2 384

注：1. 资料来源于 FAOAGROSTAT（1991）。
2. 括号中的数据表示国家数。

表 9-2 2003 年我国与世界人均资源占有量的比较

名称	耕地/（hm²/人）	水/（m³/人）	森林/（hm²/人）
中国	0.08	2 700	0.11
世界平均水平	0.28	10 000	0.83

三、中国农业发展的巨大成就

1949 年中华人民共和国成立前，由于帝国主义、封建主义和官僚资本主义的重重压迫和剥削，农业生产发展极为缓慢，生产水平十分落后。新中国成立后，在中国共产党和人民政府的领导下，农业生产全面快速发展，人民生活水平稳步提高，取得了举世瞩目的成就。特别是 1978 年改革开放以来，中国粮食和绝大多数农产品生产能力大幅度提高，许多主要农产品总产量跃居世界前列，人均占有量达到或超过世界平均水平，市场供给充足，告别了全面短缺的状况，实现了由长期短缺到总量大体平衡、丰年有余的历史性跨越。粮食总产量由 1949 年的 1.13 亿 t 迅速增加到 1993 年的 4.50 亿 t，1996 年突破 5.00 亿 t 大关。1996 年后粮食总产量连续 4 年都稳定在 5.00 亿 t 左右。每公顷产量由 1949 年的 1.035 t 提高到 1978 年的 2.532 t，2001 年达到 4.627 t，比 1949 年增长了 3.5 倍。近年来我国人均粮食占有量稳定在 400 kg 左右，粮食储备量保持在历史最高水平，2008 年中国粮食产量达到 5.29 亿 t，粮食自给率高达 95%。经济作物和养殖业快速增长，供给充足。目前，我国棉花、油料、水果、蔬菜、肉类、禽蛋、水产品产量都位居世界第一位。人均棉花、油料、肉类、禽蛋和水产品等已经达到或超过世界平均水平。中国政府成功地解决了 14 亿人口的吃饭问题，为国家自立自强、社会稳定、经济发展奠定了坚实的基础。

改革开放以来，我国农业科技实力不断增强，农业装备水平不断提高，农业技术与生产条件得到了明显改善。特别是以现代科技广泛应用为标志的现代农业快速发展，使我国农业科技水平稳步提高，部分领域已经跃居世界先进行列，科技对农业发展的贡献率已经达到 42%。据统计，1988 年以来，全国共取得各类获奖农业科技成果两万多项，特别是基础研究和高新技术研究发展迅速，基因工程、植物细胞和组织培养、单倍体育种及其应用研究等方面都有重大突破；航天育种、杂交水稻和油菜的研究与利用、动物疫病、基因疫苗、动植物的营养与代谢、生物反应器等方面的研究，都达到或接近国际先进水平。农业科技成果转化应用成效显著。从 20 世纪 90 年代中期开始实施“种子工程”以来，共推广新品种 1 200 多个，其中优质高产多抗品种约占 35%，主要农作物良种覆盖率达到 95%。遥感技术在农业资源调查与动态监测、灾害监测与损失评估以及产量评估等方面广泛应用。农业遥感技术主要是利用卫星等现代空间工具对农业进行研究、观察的新兴技术，目前我国已经成功开展了土壤侵蚀遥感调查、北方草原草畜动态平衡监测、耕地变化遥感监测、草原遥感监测和预警系统建设，玉米、水稻、棉花等大宗农作物遥感估产的业务化运作工作，以及北方土地沙漠化监测、黄淮海平原盐碱地调查及监测、冬小麦旱情监测等。保护性耕作、水稻旱育稀植及抛秧、玉米地膜覆盖、精量半精量机械化播种、平衡施肥、重大病虫害综合防治、节水灌溉和旱作农业、稻田养鱼、畜禽快速高效饲养、水产优质高效养殖等先进实用技术在全国广泛推广应用，有力地促进了农业增效和农民增收。农业装备水平明显提高。据农业部统计，截至 2008 年年底，我国农机总动力达 8.22 亿 kW，是 1949 年时 8.01 万 kW 的 1 万倍，年平均增长速度为 16.95%，构建起了符合中国国情的农业机械化发展体系。

农业和农村经济结构不断优化，综合素质和竞争实力明显增强。种植业结构由以粮食为主转变为粮食作物与经济作物、饲料作物全面发展，农业内部结构由以种植业为主转变为种植业和林、牧、副、渔业共同发展，农村经济结构由以农业为主转变为农业与非农产业协调发展，农业的区域优势和规模优势逐步得到发挥。农业和农村经济结构的调整和优化，大大提高了农村经济整体素质和竞争力。从种植业结构来看，粮食作物、经济作物和其他农作物播种面积占总播种面积的比重分别由 1978 年的 80.3∶9.7∶10 调整到 2001 年的 68.1∶27.1∶4.8，经济作物等所占比重提高了 17.4 个百分点。从大农业结构看，农、林、牧、渔业总产值构成由 1978 年的 80∶3.4∶15∶1.6 转变为 2001 年 55.2∶3.6∶30.4∶10.8，农业份额下降了 24.8 个百分点，畜牧业和渔业的比重分别上升了 15.4 个百分点和 9.2 个百分点。畜牧业中，猪牛羊肉中的牛羊肉比重上升较快，由 1979 年的 5.7%上升到 2001 年的 16.7%，上升了 11

个百分点；禽蛋和牛奶的产量增长幅度尤为突出。水产业也改变了长期以鱼类生产为主的状况，逐步得到全面发展。1952 年鱼类产量占水产品产量的 85.4%，虾蟹类、贝类及其他只占 14.6%；1978 年鱼类比重下降到 76.5%，虾蟹类、贝类等上升到 23.5%；到 2001 年，鱼类比重降至 60.3%，其他水产品比重上升到 39.7%。这些积极的结构性变化，加速了传统农业向现代农业转变的步伐。乡镇企业和小城镇的快速发展，推动了农村经济结构的调整和优化。2001 年乡镇企业增加值达 29 356 亿元、利润 6 709 亿元、交税 2 308 亿元、出口交货值 9 599 亿元、固定资产原值 29 052 亿元，分别是 1988 年的 16 倍、12 倍、7 倍、35 倍和 13 倍。乡镇企业平均每年增加就业人员 310 万人，占农村劳动力的 27%。目前，乡镇企业增加值占国内生产总值的近 1/3，占农村社会总产值的 2/3，转移了 1/3 的农民就业，30 年来其增加值增长了 332 倍。乡镇企业的快速发展，带动了小城镇的发展。我国建制镇也由 13 年前的不到 3 000 个发展到现在的 2 万多个，城镇化率提高近 12 个百分点，达到 37.7%。乡镇企业和小城镇的发展，既优化了农村经济结构，又推动了农村工业化、城镇化和农业现代化进程。

第三节 我国农业可持续发展的制约因素

农业生产（包括农、林、牧、副、渔）需要在适宜的环境条件下进行，农业环境是指满足作物、树林、水产和畜禽等各种农业生物生长繁殖的各种自然因素，主要包括土壤、水体和空气等。而这几个要素又是栖息在本地农民的生活环境要素，直接影响人们的身体健康，所以农业环境是农民从事农业生产的重要物质基础，是极其宝贵的自然资源。

农业环境和农业生产以及在这一环境中的各种生物及其他生物资源，在人类的干预下，相互作用、相互制约，构成一个统一的农业生态系统。与发达国家相比，中国的农业可持续发展受到更为严重的资源环境制约，主要表现在农业生态破坏、农业生物多样性减少以及外部因素和自身因素所造成的农业环境污染等几个方面。伴随着我国农村资源的开发与经济的发展，农业生态环境问题逐渐加剧，其中生态破坏尤其严重，已经达到严重影响农业生产以及农业可持续发展的程度。

一、农村人口数量大，素质不高

有人认为“人口膨胀对人类构成的威胁仅次于核毁灭”。它是引起人均耕地减少、能源资源枯竭、环境污染、人体营养不良、人类素质下降乃至众多社会问题的总根源。中国农村人口数量多，虽然实行计划生育后有所控制，但人口数量的增长仍是不可逆转的事实。农村人口出生率仍高于城市。人口的增长对我国经济和社会带来了沉重的负担，首当其冲的是对农业造成的压力，特别在贫困地区和边远山区，极易形成越穷越生，越生越穷，越穷越垦的恶性循环。同时，由于历史的和现实的原因，中国农村人口的文化、科技素质较差，许多地区连初中文化以上的人口比例都不高，文盲、半文盲依然很多。2000 年我国 15 岁以上人口中仍有文盲为 8 507 万人，文盲率为 6.72%，其中 3/4 分布在农村。农村劳动人口人均受教育年限为 7.33 年，而城市是 10.0 年。城市、县镇和农村之间劳动力人口受教育水平的比重情况为：具有大专及以上受教育水平的人口比例是 20∶9∶1；受高中教育的人口比例为 4∶3∶1；受初中教育的人口比例为 0.91∶1.01∶1；受小学教育的人口比例为 0.37∶0.55∶1。可见，我国城乡之间劳动力受教育水平层次结构存在明显差距。而且，地区间劳动力文化素质也呈现出较大的不均衡性。随着农村经济的发展，农村劳动力将日益过剩。因此人口基数大、素质低将是限制农村可持续发展的重要因素。

二、对农业投入少，农业科技水平低

目前我国正处在由传统农业向现代农业的转换时期，但由于农民缺少科学文化知识，致使先进的农业科学技术得不到传播和推广。传统农业各种落后的经营管理手段、生产方式及守旧的小农经济思想仍然根深蒂固，一些地区还沿用着几千年来传统的耕作方式，大部分农田还处于畜力耕种和手工操作状态，各种广种薄收、超载过牧、乱砍滥伐现象仍十分普遍，这不仅造成资源质量下降、生产力降低以及资源枯竭，从而威胁到农村生态系统的持续发展能力，而且也造成了大面积的水土流失，土地沙化、盐碱化，旱涝等自然灾害加剧和生态环境恶化。我国对农业和农村的资金投入长期不足，使农村的基本建设发展缓慢。许多偏远农村至今交通闭塞，电力通讯不畅，以前落后的农田水利设施得不到维护、维修，是当今我国农村经济持续发展的主要障碍。这些都严重制约了我国农业经济和农业的可持续发展。

三、土地资源数量、质量下降

人口众多和土地资源相对不足是我国的基本国情。我国的土地面积为 960 万 km^2，土地资源中耕地大约占世界总耕地的 7%，但人均占有的耕地面积相对较小，约为世界人均耕地面积的 1/3，在世界上排名 126 位，并且分布不均，耕地质量普遍较差，其中高产稳产田约占 1/3，低产田也占 1/3。近年来耕地的质量也呈下降趋势，耕地重用轻养现象严重，肥料使用不当，有机肥施用量少，化肥施用量大，致使氮、磷、钾失衡，且钾透支严重。由于大水漫灌，造成土壤次生盐渍化现象突出。全国耕地有机质含量已降到 1%，西北、黄淮海平原有些地区甚至下降至 0.6%，即使是土地肥沃的黑龙江、吉林等省土壤有机质含量也由原来的 7%～10%下降到 1%～2%，明显低于欧美国家的 2.5%～4%，化肥、农药的大量施用，造成土壤酸化，地下水污染。国土资源部发布的 2006 年度全国土地利用变更调查结果报告显示，截至 2006 年 10 月 31 日，全国耕地面积为 18.27 亿亩，比上年度末的 18.31 亿亩净减少 460.2 万亩，已逼近 18 亿亩红线。

这意味着，我国目前人均耕地只有 1.39 亩，已经不足 1.4 亩。耕地减少的主要原因是城镇过快扩张、交通工业占地、农业结构的调整和乡镇集体及个人占地增加。我国单位耕地面积的人口压力巨大，目前已是世界平均水平的 2.2 倍。尽管近年来我国在耕地保护管理上采取了一定措施，如建立占用耕地的限额审批制度、基本农田保护制度、占用耕地的补偿制度和废弃地的复垦制度等，但总体上保护耕地还没有成为全社会的自觉行为，盲目开发、乱占、滥用耕地的情况时有发生。因此，我国农业的可持续发展在很大程度上依赖于耕地的保护。

表 9-3　1987—1994 年我国耕地与人口变化情况

年份	年内耕地增/万 hm^2	年内耕地减/万 hm^2	净增减/万 hm^2	年底人口/万人	自然增长率/%
1987	38.2	87.6	−49.4	109 300	1.661
1988	37.2	67.6	−30.4	111 026	1.573
1989	38.8	41.7	−2.9	112 704	1.504
1990	44.5	34.5	+10.0	114 333	1.439
1991	42.3	44.6	−2.3	115 823	1.298
1992	40.8	70.3	−29.1	117 171	1.160
1993	30.2	62.5	−32.9	118 517	1.145
1994	31.6	71.4	−39.8	119 850	1.121

四、水资源短缺，水土流失严重

水是人类生存环境的主要组成部分，更是生命的基本要素。水资源的短缺，直接制约着经济的发展，影响着人类赖以生存的粮食生产和人民的身体健康。我国是水资源严重不足的国家，人均水资源量只相当于世界人均水资源占有量的 1/4，居世界第 110 位，为世界平均水平的 27%。并且还存在着十分严重的分布不均现象，东南与西北相差悬殊。南方人口占全国 58%，水资源却占全国的 80%；北方人口占全国的 42%，水资源量却仅占 20%。

受季风气候的影响，我国大部分降水都集中在夏季，尽管不少地区有雨热同季的优势，但往往伴随着洪涝灾害，全国大部分地区在汛期 4 个月左右的径流量占据了全年降雨量的 60%～80%，白白流走了宝贵的水资源，而在需水的季节又得不到雨水的滋润。同时，我国在水资源保护和可持续利用方面，存在着水资源紧缺与用水效率低下的矛盾；水污染严重与污染治理滞后的矛盾；洪涝灾害频发与防护标准低下的矛盾；水体调节功能弱化与水环境不断恶化的矛盾。我国预计用水量已经接近可利用水量的上限，110 座城市缺水。全国 75%的湖泊出现不同程度的恶化，大部分城市和地区存在一定程度的点状或面状污染，45.6%的城市水质较差，部分城市的饮用水受到威胁。

我国也是目前世界上水土流失最为严重的国家之一。据 2004 年全国人大环境与资源保护工作座谈会上的消息，目前全国水土流失面积达 3.56 亿 hm^2，占国土面积的 37%。另外，每年流失的土壤约 50 亿 t，占世界总流失量的 1/12。每年的入海泥沙量约 20 亿 t，亦占世界陆地总入海泥沙量的 1/12。据联合国《世界资源》一书统计，黄河和长江的年输沙量分别占世界九大河流的第一位和第四位。我国水土流失以黄土高原地区最为严重，水土流失面积达 4 500 万 hm^2，占黄土高原总面积的 80%左右。其中严重流失面积约 2 800 万 hm^2。年水土流失总量已达 22 亿 t，比解放初期提高了 31%。我国南方红黄壤区是仅次于黄土高原的严重流失区，近数十年来，水土流失又有了新的发展。据调查长江流域 13 个流失重点县的流失面积，每年平均以 125%的速率递增。江西省水土流失面积，20 世纪 50 年代、60 年代和 70 年代分别占总面积的 6%、10%和 12.9%，80 年代已增至 20.7%。长江上游随着水土流失面积的扩大，流失总量由以往的 13 亿 t 增加到 16 亿 t；长江中下游地区，河流输沙量近年也大幅度增加。20 世纪 50 年代，长江流域至今水土流失面积增加了 40%，新增水土流失面积是治理面积的 3 倍。滇东北 60.4 万 hm^2 坡耕地，年均水土流失总量 7 332 万 t。在开垦历史较晚的东北地区，水土流失也有发展。吉林省的水土流失面积占总面积的 15.4%；辽宁省水土流失面积已占总面积的 38%。东北三省包括内蒙古的部分盟、旗，水土流失面积约 1 850 万 hm^2。近 30 年来，尽管我国政府加大了水土流失的治理力度，开展了大量的水土保持工作，但总体来看，“点上治理，面上破坏；一边治理，一边破坏”的现象仍十分严重。全国水土流失面积比解放初期的 1.16 亿 hm^2 增加了 1.6 倍，全国总耕地的 1/3 受到水土流失的危害。目前，我国的水土流失面积每年还在以 58 万 hm^2 的速度扩大。

水土流失造成的直接危害是使土层变薄，肥力降低，含水量减少，土地生产力下降，造成粮食减产。全国每年表土流失量相当于全国耕地平均被剥去 1 cm 厚的沃土层，损失的氮、磷、钾养分相当于 4 000 万 t 的化肥。仅此一项每年给我国造成的损失是非常巨大的。水土流失造成的次生灾害会使山体滑坡、崩塌、泥石流灾害的发生加剧；抬高河床，淤塞水库，加速灾难性洪涝的发生和发展；同时，地面被切割的支离破碎、沟壑纵横，甚至基岩裸露，形成石质荒漠化土地。

水土流失灾害的发生，一个十分重要的原因是人类的活动。由于人类掠夺性地盲目利用土地资源，乱垦土地，滥伐森林，破坏草场，使生态环境遭到严重破坏，诱发和加速了水土的流失。1998 年长江特大洪水，与上游的植被破坏、水土流失就有很大关系。

五、森林资源破坏严重

森林是陆生生态系统的主体，农业的生态屏障。据第七次森林资源清查，全国森林面积 1.95 亿 hm^2，比上一次清查净增 0.21 亿 hm^2；森林覆盖率 20.36%，但人均森林面积还不到世界人均水平的1/6，远低于世界的平均水平。

尽管国家采取了一系列的退耕还林政策来提高森林的覆盖率，但是，我国森林资源仍存在以下几个问题：一是森林资源质量不高，中幼龄林比重大，而人工林中的中幼龄林比重高达87%；二是森林资源分布不均，主要分布在东北和西南地区，面积约占全国的1/2，木材蓄积量占全国的3/4，而西北、内蒙古及人口稠密的华北地区森林资源稀少，风沙危害严重；三是森林资源破坏严重，乱砍滥伐现象比较普遍，且计划外砍伐量大，难以控制，农民烧柴用的木柴和非国家计划用材占全国森林资源消耗量的35%，天然森林资源面临严重威胁；四是森林灾害较为频繁。我国每年发生的大小森林火灾均对森林造成严重损害，1987年大兴安岭特大火灾损失林木3 960万m^3，1996年全国发生森林火灾5 000多次，受灾面积达18.67万hm^2，火灾受害率为0.75%。我国的森林病虫害约有100多种，危害面积达662万hm^2；五是毁林开荒，破坏生态环境。一些地区片面追求粮食产量，毁林开荒，扩大耕地面积，使生态系统平衡失调，加剧了洪水、风沙灾害，扩大了水土流失面积。

六、草地退化加剧

草地资源是中国陆地上面积最大的生态系统，对发展畜牧业、保护生物多样性、保持水土和维护生态平衡都有着重大的作用和价值。我国有辽阔的草原，现有草地面积3.9亿hm^2，仅次于澳大利亚，居世界第二位。但牧区草原生产率仅为发达国家（如美国、澳大利亚）的5%～10%。人均占有草地仅为0.3 hm^2，约为世界平均水平的一半。我国草地质量不高，低产草地占61.6%，中产草地占20.9%，难利用的草地比例较高，约占草地总面积的5.57%。长期以来，由于毁草开荒、重用轻养、过度放牧，破坏了草原的生态平衡，使大面积草原退化，产量下降。目前我国严重退化草原近1.8亿hm^2，并以每年200万hm^2的速度继续扩张，天然草原面积每年减少65万～70万hm^2，同时草原质量不断下降。约占草原总面积84.4%的西部和北方地区是我国草原退化最为严重的地区，退化草原已达草原总面积的75%以上，尤以沙化为主。草场退化，使大面积地区气候更加干燥，加速了草地沙化与生态环境恶化。近几年来，我国每年沙尘暴发生的次数在逐年增加，而造成沙尘暴天气的最直接的原因就是过度放牧，其次是过度垦荒。沙尘暴的主要危害一是风蚀土壤，破坏植被，掩埋农田；二是造成大范围的空气污染；三是严重影响行车和飞机起降；四是严重影响精密仪器的使用和生产；五是危害人体健康，是众多有害物质的运载工具。气象专家形象地说，一次特强沙尘暴造成的灾害损失不亚于中等强度的地震。沙尘暴的发生给国家和人民群众造成了巨大的经济损失。

七、荒漠化、沙漠化日益突出

中国是世界上荒漠化最严重的国家之一。沙漠化是最严重的荒漠化现象，所谓沙漠化，是指地面上的流动沙丘向其边缘可生长植物的土地推进而使沙漠扩大的过程。沙漠化土地扩展过程主要有两种类型：一是风力作用下沙丘前移入侵，造成沙漠边缘土壤沙化；二是由于过牧超载、乱开滥垦，使原有脆弱生态环境遭到破坏，造成从土壤沙化开始，逐步恶化成沙漠的。据统计，我国受荒漠化影响的土地面积为 3.32 亿 hm^2，沙漠及沙漠化土地已由新中国成立初期的 0.67 亿 hm^2 扩大到 1.53 亿 hm^2，占国土总面积的 15.9%，其中因沙化退化的草地达 1.0 亿 hm^2，耕地 1 500 万 hm^2，受荒漠化危害的人口有近 4 亿，以及数以千计的水利工程设施和铁路、公路交通等。更为严重的是，我国沙漠化每年仍以 21.0 万 hm^2 的速度扩展，相当于每年减少两个香港的土地。国务院前总理朱镕基同志曾经说过："如果治理不好沙害，北京就有迁都的危险"。

八、农业生物多样性减少

生物多样性是指地球上所有生物（动物、植物、微生物等），它们所包含的基因以及由这些生物与环境相互作用所构成的生态系统的多样化程度。生物多样性通常包括三个层次，即生态系统多样性（是指各种生物与其周围环境所构成的自然综合体）、物种多样性（是指地球上动物、植物、微生物等生物种类的丰富程度）和遗传多样性（是指地球上生物所携带的各种遗传信息的总和）。生物多样性是人类赖以生存的物质基础。

现在，人类正以前所未有的速度改变着地球的面貌，一方面为人类生存创造了丰富的财富；另一方面，也极大地改变了其他生物的生存环境，使地球上的生物多样性不断减少，很多物种已经灭绝或面临绝种。人类生存的基础正在受到严重威胁，保护生物多样性已成为 21 世纪全人类共同关注的重点。1992 年 6 月在巴西召开的联合国环境与发展大会上，通过了《生物多样性公约》。该项公约的目标在于从事生物多样性保护，持久使用生物多样性的组成部分，公平合理的分享在利用遗传资源中所产生的惠益。中国和其他 135 个国家和地区在条约上签字。保护生物多样性已经成为全球的联合行动。1994 年，我国发布了《中国生物多样性保护行动计划》。

中国是地球上生物多样性最丰富的 12 个国家之一。生物资源无论在种类上还是在数量上在世界都占有相当重要的地位，栽培植物和家养动物品种及其野生近缘种的繁多，超过世界上任何其他国家，如水稻有 5 万个品种、大豆有 2 万个品种、药用植物有 1 万多种等等。此外，中国特有属、特有种多，科研价值高。中国生物多样性丰富程度在北半球首屈一指。中国农业部门直接利用国土面积 50%左右，农业活动区域分布于全国各种生物—地理—气候带，区域内残存有丰富的野生物种、生境和遗传基因资源。因此，加强农业生物多样性的保护和持续利用具有十分重要的意义。

但是，我国农业发展与生物多样性保护的矛盾十分突出。生态环境脆弱，人均资源不足，我国的生态脆弱区主要集中在城乡交错地带、农牧交错地带、沙漠草原交错地带、水土流失严重地带等。另外，由于人为原因造成的生态系统破坏、退化及农村环境污染还在不断加剧，使得农村生态环境基础日益脆弱，抵抗自然灾害的能力进一步降低。目前，中国已成为世界上遭受自然灾害最严重的国家之一。1998 年全国特大洪涝灾害损失达 3 000 多亿元。农业发展造成土地过度开发和利用不合理。土地过度开发的不良后果之一是自然生境缩减，农区生态系统更趋单一化。单一化的种植系统带来了生态系统的单调、不平衡和物种缩减。不良后果之二是蚕食了原先的森林、草地和湿地生态系统，使永久绿地面积比例过小，带来了一系列严重生态后果。土地集约化利用使农区生态系统单调化加剧。为了增加粮食产量，农用土地正在采用一切可能的技术措施加以集约利用，包括加强土地整理以减少非目标生物的生长，用化学手段加速目标生物生长和控制非目标生物生长，普遍推广高产良种等等。其后果之一是促进野生生物加速从农区消失；后果之二是因投入不足和不合理利用带来农业生态系统退化，例如土地侵蚀、土地沙化、地力下降、病虫害增加等，并导致野生遗传资源受到威胁。

由于人口剧增，农业生产中集中推广高产品种是不可避免的趋势。普遍推广高产品种导致人工管理物种消失。目前，我国主要推广的水稻、大豆和小麦各 50 多个品种，玉米、果树、甘薯和花生各 30 多个品种，棉花 18 个品种，猪 20 多个品种，黄牛、绵羊、马等各 10 个品种左右。而我国有记载或有保存的地方品种和类型数本来是极丰富的，如水稻保存有 4.8 万个种质材料，小麦保存有 2 万个种质材料。目前面临的严重问题是有些种质资源材料来不及收集就消失了。农业生态系统中尚存的珍稀或濒危物种其种类虽然不少，但由于农业发展的需要，它们比其他生态系统中的物种所受的威胁更大。

九、自然灾害频繁

由于生态破坏，洪涝干旱等自然灾害频繁发生，尤其是旱、涝、洪水等所发生的频率、影响范围以及破坏程度在明显加剧。近 10 年来我国每年因洪涝、森林草原火灾、农作物病虫害等自然灾害所造成的损失约占年国民生产总值的 5.09%。20 世纪 90 年代洪水造成的损失平均每年约为 800 亿元，干旱造成的损失则高达 2 700 亿元。

我国的干旱区域很广，有 45%的国土属于干旱或半干旱地区。旱灾频繁，为此每年减产粮食 1 000 万 t 以上。耕地面积受旱最严重的是黄淮海地区，其受旱面积占全国总受旱面积的 46.5%，成灾面积占全国总成灾面积的 50.5%；其次是长江中下游地区，其受旱面积和成灾面积分别占全国受旱和成灾面积的 22%和 10.2%；再次是东北、西北、华南和西南地区。这几个地区的受旱面积与成灾面积占全国受旱与成灾面积的 31.5%和 30.3%。现代的干旱问题，除了降水量减少的因素外，人类的社会活动是一个重要因素。

历史上我国洪涝灾害十分频繁。1950—1980 年，我国平均每年受涝灾耕地面积达 1 000 万 hm^2，成灾面积 800 万 hm^2，粮食损失 1 000 万 t 左右，受灾人口以百万计，造成经济损失平均每年为 150 亿～200 亿元。1998 年夏季我国发生了历史上罕见的特大洪涝灾害，波及 29 个省市，特别是长江发生了自 1954 年以来又一次全流域性大洪水，松花江、嫩江出现超历史记录的特大洪水，造成受灾人口达 2.23 亿人，死亡 3 004 人，农作物受灾面积 2 100 万 hm^2，成灾 1 300 万 hm^2，倒塌房屋 497 万间，直接经济损失达 1 670 亿元。据国家民政部发布的数据显示，2003 年全国因各类自然灾害造成全国农作物受灾面积达 6 002 万 hm^2，绝收 914 万 hm^2，因灾死亡 2 145 人，紧急转移安置 707 万人，倒塌房屋 348 万间，全年因各种灾害造成的直接经济损失达 1 886 亿元。究其原因，主要是人口急剧增加和对水土资源不合理的利用。例如由于围垦湖田及泥沙淤塞沉积，起着重要调蓄洪水作用的洞庭湖、鄱阳湖和江汉平原湖泊群的水面和蓄水量均比 20 世纪 50 年代减少至少 1/3。

表 9-4　我国不同年代每年水灾受害面积统计

年代	受灾面积/亿 hm^2	成灾面积/亿 hm^2	成灾率/%
1950	18.0	9.3	53.3
1960	19.5	12.0	63.1
1970	13.5	6.0	44.7
1980	24.0	11.3	47.9
1991—1995	34.5	20.3	42.2
平均	21.9	11.78	50.7

第四节　农业的外源污染对我国农业环境的影响

农业环境是为农业生物（农作物、林木、牧草、果树、蔬菜、家畜、家禽、水产类等）提供生长和繁殖所必需的农田土壤、农业用水、空气等，还包括生物因素、气象因素和人类活动的影响。目前，我国农业遭受工业“三废”污染的面积已达 1 000 万 hm^2，每年因此损失粮食达 1 200 万 t，扣除物价上涨因素，按 1991 年可比价折算，造成的经济损失约 125 亿元。全国有 2.5 万 km 的河流水质不符合渔业水质标准，其中 8 200 多 km 河段鱼虾基本绝迹，各海区水质恶化，每年因突发污染事故导致鱼、虾、贝类死亡，造成经济损失数亿元。据全国农业环境质量状况调查估算，我国因污水灌溉引起的耕地污染面积为 216.7 万 hm^2，占耕地总面积的 2.3%；大气污染农田面积为 533.3 万 hm^2，占全国总耕地面积的 5.6%；固体废弃物堆存占地和毁田 13.3 万 hm^2；重金属污染农田面积 82 万 hm^2；农药污染农田面积 906.7 万 hm^2。环境污染和生态破坏给本来就很脆弱的农业生态系统造成严重危害，直接或间接地影响农产品的数量和质量。

一、水环境污染对我国农业环境的影响

农村水环境是指分布在广大农村的河流、湖沼、沟渠、池塘、水库等地表水体、土壤水和地下水体的总称。水环境既是农村大地的脉管系统，对雨洪旱涝起着调节作用，又是农业生产的生命之源。因此，保护好水环境是保障农业生产发展的基础。我国是农业大国、人口大国，水资源严重短缺，人均水资源占有量仅 2 200 m^3，约为世界人均占有量的 1/5，居世界第 110 位，干旱缺水已成为制约我国农业和农村经济发展的主要因素。然而，近十几年来，农村水污染严重，水环境状况越来越恶化，污染事故时有发生，更加加剧了广大农村的水资源短缺。

2009 年，全国环境公报指出我国地表水污染依然严重。长江、黄河、珠江、松花江、淮河、海河和辽河七大水系总体为轻度污染。203 条河流 408 个地表水国控监测断面中，Ⅰ～Ⅲ类、Ⅳ～Ⅴ类和劣Ⅴ类水质的断面比例分别为 57.3%、24.3%和 18.4%。公报还指出，我国农村环境问题日益突出，生活污染加剧，面源污染加重，工矿污染凸显，饮水安全存在隐患，呈现出污染从城市向农村转移的态势。

由于水质污染，直接影响耕地的肥力水平与作物产量。目前水体污染如地表水的富营养化，地下水硝酸盐含量过高日趋严重，而大量施用化肥、农药和发展规模化养殖业，尤其是养猪和养鸡业迅速发展与地下水硝酸盐的污染有着密切的关系。

二、酸雨对我国农业环境的影响

酸雨对农业的影响，首先是土壤酸化。由于自然条件下土壤极度酸化后是很难逆转的，在酸雨的淋溶下，土壤中的 K^+、Na^+、Ca^{2+}、Mg^{2+}的释放能力增大，且释放的强度与酸雨的酸度及降雨量有关，长期的高度酸雨会造成土壤中植物营养元素的大量淋失，也对土壤中酶和微生物产生影响，导致土壤肥力下降，最终使土壤贫瘠化。另外酸雨还能够降低农作物和蔬菜种子的发芽率，降低大豆的蛋白质含量，使其品质下降。酸雨对水体的影响取决于酸雨的酸度和频度。酸雨导致水体酸化，其中的 H^+直接参与并加速地壳岩石和地表土的风化，增加重金属盐在水中的溶解和积累，并与磷酸盐形成不溶性化合物从水中析出，从而降低水体磷酸根的浓度，使水体营养盐贫乏。更为严重的是酸雨将土壤中的活性 Al 冲刷到水体中，给鱼类生长带来严重的危害。另外酸雨还直接影响水体中浮游生物、大型水生植物、附着藻类的生长发育，改变整个水生生态环境。

2009 年监测的 488 个城市（县）中，出现酸雨的城市 258 个，占 52.9%；酸雨发生频率在 25%以上的城市 164 个，占 33.6%；酸雨发生频率在 75%以上的城市 53 个，占 10.9%。全国酸雨分布区域保持稳定，但酸雨污染仍较重。尽管酸雨控制区内酸雨污染范围基本稳定，但受酸雨污染严重的区域污染进一步加重。

三、固体废物污染对我国农业环境的影响

2009 年全国环境统计公报显示，全国工业固体废物产生量为 204 094.2 万 t，比上年增加 7.3%；排放量为 710.7 万 t，比上年减少 9.1%；综合利用量（含利用往年贮存量）、贮存量、处置量分别为 138 348.6 万 t、20 888.6 万 t、47 513.7 万 t。危险废物产生量为 1 429.8 万 t，综合利用量（含利用往年贮存量）、贮存量、处置量分别为 830.7 万 t、218.9 万 t、428.2 万 t。固体废物污染已成为影响环境质量的另一个严重问题，它不仅占用土地，而且污染地下水及水源地，释放有毒有害气体。我国城市生活垃圾每年以 8%～10%的速度增长，目前城市生活垃圾年产生量已接近 2 亿 t，全国 2/3 的城市陷入垃圾包围之中，“垃圾围城”现象日益严重。近年来，塑料包装物用量迅速增加，“白色污染”问题突出。我国传统的垃圾消纳倾倒方式是一种“污染物转移”方式。而现有的垃圾处理场尤其是卫生填埋场的数量和规模远远不能适应城市垃圾增长的要求，大部分垃圾仍呈露天集中堆放状态，对环境的即时和潜在危害很大，污染事故频出，问题日趋严重。贵阳市 1983 年夏季哈马井和望城坡垃圾堆放场所在地区同时发生痢疾流行，就是因为地下水被垃圾场渗滤液污染，大肠杆菌超过饮用水标准 770 倍以上，含菌量超标 2 600 倍造成的。

四、来自乡镇企业的污染对我国农业环境的影响

乡镇企业的发展虽然带来了区域经济的繁荣和人民生活水平的提高。但由于管理水平低，设备陈旧，技术落后，资源耗损大，片面追求生产利润，各种污染物无力控制，更无法回收，随意排放，也给区域的农业生产和生态环境造成严重的影响。调查表明，在近 3 万个的乡镇企业中，20%有明显污染，5%严重污染，且对农业生产和农村生态的影响也十分显著并在不断升级，对农业的发展和人类的安全生存已经构成了巨大的威胁。如河南小洪河流域的造纸厂排放污水，使河水几乎变成黑色，严重威胁居民的健康，妨碍农业灌溉的发展。河北邯郸市排放的污水使下游农民的生产受到巨大的损失，仅 1991—1993 年已造成种植业污灌死苗和拦河养鱼毁灭性破坏数次，损失巨大。

五、化肥的施用对农业环境的影响

化肥作为农业增产的主要措施，近年来施用量不断增加。20 世纪 90 年代，全世界氮肥使用量为 8 000 万 t（纯氮），其中我国用量达 1 726 万 t（纯氮），占世界总用量的 21.6%。我国耕地平均施用化肥氮量为 224.8 kg/hm^2，其中有 17 个省的平均施用量超过了国际公认的上限 225 kg/hm^2。据 31 个省、自治区、直辖市的调查，目前蔬菜、瓜果地里，单季作物化肥用量通常很高。化肥的投入是我国农业可持续发展必不可少的物质投入，也是提高农业生产率的重要手段，其在我国粮食增产中的贡

献率为 40%左右。但是，我国的化肥利用率比较低，如现阶段氮肥平均利用率仅为30%～35%。化肥的大量使用虽然提高了农作物产量，但由于施用过量及施用方式不合适，常使许多化肥浪费而且造成污染。土壤中的氮素化肥经反硝化作用产生的N_2O可逐渐进入同温层并氧化成 NO，然后与臭氧发生反应。化学肥料施入土壤后，除经化学反应后以气态形式扩散到大气中外，一部分经土壤淋溶而进入地下水、江河、池塘、湖泊等水体中，可导致水体的富营养化并最终对人类的健康造成极大的危害。

六、农药的使用对农业环境的影响

农药对治理农作物病虫害，提高农产品产量具有重要作用。我国农药总施用量达130 万 t（成药），平均每亩施用接近 1 kg，比发达国家高出一倍。而农药施用的有效利用率很低，一般仅为 20%～30%，在土壤中的残留量一般为 50%～60%，大部分飘浮在空气中或降落在地面，一部分进入土壤、水体、生物体内，通过食物链形成危害，致使部分粮食、蔬菜、畜禽产品及其农副产品中农药的含量严重超标，农产品品质下降，甚至不能食用。已经长期停用的“滴滴涕”等农药目前在土壤中的检出率仍然很高。由于其具有不易分解的特性，已对整个生态环境产生了不良影响。农业农村部的研究报告表明，有机磷农药对农牧业产生的污染问题日趋严重。在农作物和土壤生态环境中均可测出残留农药，特别是对生长期短的蔬菜、瓜果类食品来说，由于虫害多，施药量大，以及超量使用，造成农药残留超标现象日趋加重。农药造成水质污染的主要原因是散落于土壤中的农药随灌溉水或雨水冲刷流入江河、湖泊，尤其是以前使用有机氯农药的时期，河流污染更为严重。许多低浓度有毒污染物的影响是慢性的和长期的，有的可能长达数十年乃至数百年。目前我国滥用农药的现象仍十分普遍，在一些高产地区，每年用药的次数高达 10 余次，这也是我国农产品出口量下降的主要原因。

七、农用地膜对农业环境的影响

目前农田危害最大的要数废弃塑料。农田塑料主要来源于农用塑料薄膜残余物和农村生活垃圾。被称为“农田革命”的农用塑料薄膜覆盖栽培技术，因其具有增温、保墒、保肥和提高作物产量的作用，在农业上的应用越来越广泛。它明显地提高了土地生产力和农产品产量，为我国农业上台阶作出了重要贡献。农用塑料地膜是一种高分子的碳氢化合物，主要成分是聚烯烃类，而生产上应用的主要是超薄地膜，超薄地膜强度低，易破碎，难回收，在自然环境条件下难以降解，在土壤中残存数十年甚至数百年。这些废膜的存在必然会影响土壤的通透性，影响土壤水分、养分运移，从而阻碍作物根系生长和水分的吸收。同时，农用塑料薄膜在生产过程中添加的增塑剂（如酚酸酯类）对农作物特别是蔬菜有一定的毒性，并导致作物减产。随着农村地区经济的不断发展和人们生活水平的提高，塑料残余物引起的污染将更加突出。

我国是世界上最大的塑料使用国，塑料包装业的年总用量约 500 亿 kg。农用塑料中，近 1 000 万 t 地膜用于 700 万 hm^2 作物种植面积上，加上农产品保鲜膜、营养钵用塑料等共有 2 000 万 t 以上。根据目前的回收状况，每年约有 1 000 万 t 的塑料残余物遗留在农村地区，农田塑料薄膜年残留量在 45 kg/hm^2 左右。尽管有些农民在耕作时会进行适当清理，但仍然连年累积增加。农业农村部组织的地膜残留调查表明，京、津、沪、哈尔滨等大城市郊区每公顷土壤中残留量高达 90～135 kg。

八、畜禽粪便对农业环境的影响

近年来，党中央、国务院出台了一系列扶持农业和农村经济，促进农民增收的政策，农村各地的养殖业的迅速发展，建起了不少大中型畜禽养殖场。特别是集约化畜禽养殖业的迅猛发展，产生的大量畜禽粪便更加剧了农业环境的污染。目前规模化的畜禽养殖造成的有机污染已经成为我国最为严重的污染问题之一。由于畜禽粪便未经有效处理便直接进入农田或堆放，有些甚至随意排放，造成地表水和地下水的严重污染。目前，我国畜禽粪便产生量接近 20 亿 t，是同期工业固体废弃物的 2.7 倍。在某些地区畜禽粪便已经成为最大的有机污染源，对环境的污染已经成为十分突出的问题。1997 年对太湖地区畜禽粪尿流入水体的污染物等排放量评价结果显示，磷含量对水质的影响最大，占 86.4%；氮含量对水质的影响次之，占 12.3%。畜禽粪便如果未经处理，会给环境带来一系列危害：一是占用土地和污染农田生态环境；二是污染水体。畜禽粪便会通过直接排放和在堆放储存过程中因降雨或其他原因进入水体；三是恶臭；四是生物污染。因此，畜禽粪便不仅危害城镇郊区环境，还阻碍了养殖业本身的继续发展。造成畜禽养殖污染严重的原因有三：一是布局不合理，太集中；二是绝大多数规模化畜禽养殖场没有相应的配套耕地消纳其生产的畜禽粪便；三是对于畜禽污染物处理缺少优惠政策。针对畜禽粪便对农业环境的影响，国家环境保护总局为了控制畜禽养殖业产生的废水、废渣和恶臭对环境的污染，促进养殖业生产工艺和技术进步，维护生态平衡，在 2001 年 12 月 28 日发布了《实施畜禽养殖业污染物排放标准》，并于 2003 年 1 月 1 日正式实施。

第五节　实现中国农业可持续发展的主要途径

中国是一个人口众多和农业资源相对紧缺的发展中国家，因此，既要努力发展农业生产力，不断提高农产品产量和繁荣农村经济，同时又要保护好发展农业的生态资源和环境，实现经济系统、社会系统和生态环境系统的协调，使农业生产持续、健康地发展。

一、发展生态农业

坚持农业可持续发展战略，必须走生态农业的道路。这是一个很复杂、涉及多方面的系统工程。

1. 生态农业的概念

可持续发展的重要标志是资源的永续利用和良好的生态环境。对于农业来说，就是不以破坏农业再生资源、降低环境质量为代价换取农业的发展，要把保护环境和提高农业资源的利用率与满足人类需要相结合，达到生态合理、发展持续的目的。从某种意义上讲，可持续农业就是生态农业，不过前者侧重于农业发展的目标，后者重在强调实现农业持续发展的过程与对策。在中国的人口负荷和资源压力日益加重以及农业生态环境总体继续恶化的情况下，立足生态农业，重视农业资源的科学开发和利用，强调对农业生态环境的保护和改善，具有特别重要的意义。

中国的生态农业应是在经济和环境协调发展的思想指导下，总结吸收各种农业方式的成功经验，按生态学原理，应用系统工程方法建立和发展起来的农业体系。生态农业的核心是使农业经济的增长与农业生态环境的改善结合起来，即要达到经济效益、社会效益和生态效益的统一。它要求把粮食生产和多种经济生产结合起来，发展种植业与发展林、牧、副、渔业结合起来，利用中国传统农业的精华和现代科学技术，协调经济发展和环境之间、资源利用和保护之间的关系，形成生态上和经济上的良性循环，实现农业的可持续发展。这种持续发展应当是土地、水和动植物物种资源得到保护，无环境退化，技术上适宜、经济上可行并能为社会接受的发展途径。

2. 中国生态农业的指导原则和发展目标

协调农业经济发展与生态环境保护、资源合理开发利用与保护增殖并重是发展生态农业首要的指导原则。中国生态农业是根据中国人多地少和经济不发达的国情提出的，目的是从根本上解决人们日益提高的物质生活需要与人口、资源和环境等方面的矛盾。中国生态农业追求的目标是：一方面重视产品的产量、数量（与农民脱贫致富的目标一致），另一方面重视产品的质量、生态环境的保护和自然资源的永续利用，达到经济发展、社会需要与生态环境保护并重。它强调对农业生态系统的合理投入和高效益的产投比；在重视农田生态系统建设、实现稳产高产的同时拓宽到全部土地资源的开发与建设中；在技术体系上，采取传统农业技术精华与现代农业科学技术组装配套，具有系统综合性特征。中国生态农业建设必须坚持农业生态系统的整体观，维持物质和能量正常代谢及输入与输出的生态平衡，采用科学的技术，遵循合理的技术路线，既合理利用资源又保护生态环境。

3. 中国生态农业的主要技术体系

中国生态农业技术体系，既是中国传统农业技术精华与现代常规农业技术的有机结合，也是现代农业的系统工程化过程。它既包含农业生态系统不同层次的系统设计与管理，也包括实施这些技术的方案和方法。在中国生态农业建设中主要运用的农业生态技术可分为以下九类。

（1）总体设计。生态农业区域的系统条件调查与分析、资源环境潜力评价、生态农业规划，及适合当地的生态农业经营模式的设计。

（2）运用物质循环再生原理，物质多层次利用技术，实现无废弃物生产，提高资源利用率。例如：① 通过农牧结合及秸秆还田，实现农业生态良性循环；有机肥同化肥配合施用，提高化肥有效利用率。② 通过食物链连接技术使农副产品及秸秆、粪便作为其他动物和植物的营养成分，并提高生物能多级转化效率。如农作物秸秆通过沼气发酵可以使其能量利用效率比直接燃烧提高几倍，其沼液作再生饲料可以使其营养物质和能量的利用率增加 20%。通过厌氧发酵过的粪便（即沼渣），N、P、K 的营养成分没有损失，且转化为可直接利用的活性态养分。农田施用沼气肥，可在一定程度代替化肥。通过上述综合利用，使氮素总利用率达 90%，总能量利用率（在南方）达 80%。③ 基鱼塘系统是在中国南方低湿地区已流传 3 000 余年历史的农业生产模式，在生态农业建设中又有所发展。在广东除桑基鱼塘外，还有草基鱼塘、蔗基鱼塘、果基鱼塘、猪——菜基鱼塘等，在四川省成都平原水利条件较好的稻区也有较大面积的推广，在北方还有通过台田方式治理低洼涝碱地，发展种植业及养殖业等。

（3）合理安排种植业结构。为了提高太阳能利用效率，生态农业建设应重视按生态学原理进行作物的时间和空间的安排。其形式主要有：① 通过合理的间作、轮作，并结合地膜覆盖、塑料大棚以及相应的施肥、耕作技术，提高土地利用率，增加植物覆盖。② 运用多层次立体种植方式，实行农林混作、间作（如在华北平原大面积推广的枣粮间作、桐粮间作、果菜间作等）。③ 在山区丘陵地带，根据地势高低起伏，合理安排种植业，如在红黄壤地区正在推广的从丘上到丘下，从河谷阶地到低河漫滩的“阔叶林或针阔混交林、经济林或毛竹（幼林地内可间种人工牧草）—果园或人工草地—鱼塘、果园或农田—丛竹”的立体农业布局体系。这种立体设计不但促进了红黄壤地区的土地开发，增加农民收入，而且也有效地保护了水土。据 20 个省（市、自治区）的不完全统计，目前中国已经创造出几十种类型，几百个组合模式。

（4）模拟自然生态系统物种共生原理，大规模推广稻田养鱼、养虾、鱼鸭混养等。稻田养鱼在中国已有 1 700 多年历史，目前在稻田养鱼基础上又发展起了新型农业技术——“稻萍鱼综合种养”，自 1987 年以来已经在江苏、浙江、福建、湖北、湖南、四川六省大面积推广，一般都取得稻谷 7 500 kg/hm^2、鲜萍 3 万～3.75 万 kg 和鲜鱼 375 kg 以上的好收成。

（5）以小流域综合治理为中心的旱作农业生态技术，以及包括梯田、等高种植、种植固埂、沟帮等特殊植物（如香根草）在内的防治水土流失生态技术，各种节水栽培技术及天然降雨集水农业技术等。

（6）应用微生物的生态技术，包括利用微生物农药，如苏云金杆菌、农用抗生剂（微生物代谢产物）防治作物和畜禽、水产病虫害，利用微生物发酵生产蛋白（酵母）饲料等。

（7）包括生物防治在内的病虫害综合防治生态技术，例如赤眼蜂防治玉米螟、白僵菌防治松毛虫。实施病虫害发生预测预报，采用包括选育抗性（耐性）品种、栽培、耕作防治措施在内的多种措施防治病虫害，可以减少农药用量及残留、降低成本、延缓病虫害抗药性的速度。

（8）障碍性土壤改良的生态技术，例如盐碱地改良和综合治理技术，沙荒地治理技术，酸、瘠红黄壤改良利用技术等。

（9）区域综合治理生态技术。我国“区域综合治理”是以万亩左右农田范围的行政村、乡为基本单元，以其所代表的类型区为技术辐射范围。综合治理的试验区既是解决中低产田治理、农业持续发展重大关键技术和配套技术的试验研究基地，又是农业综合开发的技术依托、先进科技成果的扩散源与人才培训中心，也是科技面向生产、生产依靠科技的结合部和科技推动农业和农村经济持续发展的展示窗口，堪称中国式生态农业最大的试验基地。

二、实施农业综合开发

我国人口多、土地少，要促进农业的发展，单靠规模扩大的粗放式经营是不行的，必须在农业综合开发上下工夫，向农业开发要潜力，全面提高农业的综合生产能力。农业综合开发，应以资源为基础，国家通过设立专项基金，并引导多渠道筹集资金，定向使用，改善农业生产基本条件及生态环境，从根本上实现农业增长方式的转变，进而提高农业综合生产能力和整体效益、加快农业现代化进程和实现农业可持续发展。为推进农业综合开发，应采取以下政策措施：

1. 加大投入力度，实施科学管理

实现农业可持续发展，必须增加包括农田水利建设和生态环境改善，以及提高科技水平等方面的农业投入，一方面要增加政府投入，第二方面要增加农户投入，第三方面要动员社会资金增加投入。可以说，切实增加农业投入是一个带有根本性的问题。为了进一步提高农业综合生产能力，今后不但要加大资金投入的力度，同时也要注重资金投入的经济效益和社会效益。为此，要广辟筹资渠道，实行“国家引导、配套投入、民办公助、滚动开发”的投入机制，多渠道吸引和增加投资。要建立和完善农业综合开发的运行机制，改革农村金融管理体制，加强项目和资金管理。对农业综合开发项目，立项要选优，审批要严格，实施要监测和评价，以确保农业综合开发获得良好的整体效益。

2. 继续改造中低产田、不断提高农业综合生产能力

由于中国人口众多，人均耕地少、农业自然灾害又比较频繁，因此，农业综合开发必须始终把改造中低产田，提高耕地利用率，增加粮食产量作为首要任务来抓。在抓好粮食生产的基础上，积极扶持经济效益好的多种经营项目。通过优化投资结构和产品结构，使农产品供给结构与市场需求相适应，既能够努力提高粮棉油肉糖等主要农产品的综合生产能力，增强农业生产发展的后劲，又能够逐步增加农民收

入，把保证粮棉油肉糖等主要农产品的有效供给与农民收入增加的目标结合起来。

3. 加强以水利为重点的农田基本建设

水利是农业的命脉，在农业资源的多种治理措施中，水利设施建设至关重要。只有水利设施齐全，才能充分发挥良种、化肥等其他增产措施的作用。为此，在农业综合开发项目区的工程建设中，必须把重点放在加强以水利为重点的农业基本建设和改善农业生态环境上，要着重抓好以下几方面的工作：一是水利建设要坚持全面规划、统筹兼顾、标本兼治、综合治理的原则，实行兴利除害结合，开源节流并重，防洪抗旱并举；二是重大水利工程建设，要从长计议，全面考虑，科学选择、周密计划。加快长江、黄河等大江大河的治理。要继续以防洪减灾为中心，重点安排好在建水利项目特别是黄河下游治理、长江中下游重点堤防段建设，淮河、太湖及其他重点湖泊治理等防洪工程建设，进一步提高大江大河的防洪标准。三是要动员社会力量，加强对中小河流的治理，改善小流域的水利设施。要抓紧对现有的病险水库进行除险加固，加强重点行蓄洪区安全建设、灌区续建等一批意义重大的水利项目的建设，要继续加强城市防洪工程建设和海堤建设，进一步健全气象、水文、防汛等服务体系，提高综合防洪抗灾能力。在增强防洪能力的同时，也要注意针对我国水资源较缺的实际，努力解决干旱缺水问题。要加快现有大中型灌区水利设施的修复和完善，要坚持不懈地搞好农田水利基本建设，继续搞好以节水为中心的灌区续建项目和高标准节水示范项目的建设，做好大型灌区的节水改造工作，大力提倡节约用水，合理调配水资源，推进城乡节水事业的全面发展。大力发展节水农业，把推广节水灌溉作为一项革命性措施抓紧抓好，大幅度提高水的利用率，努力扩大农田有效灌溉面积。与此同时，中国农业用水也存在严重的浪费问题，如中国坡耕地地区水土流失严重，生态环境脆弱，粮食亩产低而不稳。在农业综合开发中，对这类地区可实施“坡改梯”，并配套建设小型微型水利工程，例如丘陵地区在田间地头建造地下蓄水池等，以利于充分利用水资源，同时也能促进山区农业生产发展和农民脱贫致富。

4. 农业综合开发要与保护生态环境有机地结合起来

农业综合开发，要力求建立和采取有利于保护资源环境的种养方式，减少对环境的负面影响，使农业生产能够在生态环境可接受的条件下不断增产满足社会需求的农产品。这就要求农业综合开发不能是单项开发，要注重经济效益、社会效益和生态效益的有机结合；既要合理有效地开发各种资源，又要精心保护和管理各种资源；要在改善农业生产基本条件的基础上，建立起立体种养、多层次利用的高效开发体系，充分利用土地、水源、阳光等自然资源条件，形成农业资源优化配置、能量互换的良性循环，使农业获得永续利用的资源和环境，保持农业的可持续发展。

总之，实行农业综合开发，促进各业并举，是促进农业结构合理调整与农业自然资源优化配置，进一步提高资源利用效率和农业综合生产能力的重大战略措施，也是实现农业可持续发展的重要途径。

三、提高科技进步对农业经济增长的贡献率

农业科技进步对于实现农业经济增长和可持续发展具有十分重要的作用。国内外经验证明，农业生产发展的快慢，农产品质量的好坏，农业经济效益的高低，在很大程度上取决于农业科技含量的高低。20 世纪 60 年代中期在发展中国家兴起的、以培育和采用农作物高产良种为中心的绿色革命，曾使农业取得了突破性的成就。中国 20 世纪 60 年代中期在南方稻区推广籼稻矮秆化，使亩产由 200～250 kg 提高到 300～350 kg。70 年代大面积推广杂交水稻，使全国水稻的平均亩产从 232 kg 提高到 328 kg。自 80 年代以来，中国分别育成的水稻、小麦、玉米、棉花和大豆等 230 个新品种，都得到了大面积的推广应用，获得了巨大的经济和社会效益。目前，科技进步在中国农业增长中的贡献份额已经达到 40%左右。

在中国人口增加、耕地减少和需求增加的情况下，农业生产要再上新台阶就必须依靠科技进步，进一步增加农业生产中的科技贡献份额，必须进行一次新的农业科技革命。所谓新的农业科技革命，是指由于生命科学、信息科学等领域的重大理论突破和生物技术、信息技术、现代管理等知识型现代高新技术在农业上的加速应用，使农业科学技术的超越正常速度和规模的飞跃式发展过程。它与绿色革命、白色革命的相同之处是依靠新的科学技术的突破和广泛应用，使农业产生一个飞跃式的发展。与绿色革命、白色革命不同的是，前两次革命是以单项技术突破为基础的。新的科技革命是从基础研究、应用研究到技术推广的整体跨越式发展。

中国新的农业科技革命的目标要求是：通过农业科技的重点突破与全面推进，为实现 21 世纪上半叶中国农业发展的战略目标提供可靠的技术保障，为未来 16 亿人口的食物安全和农产品的有效供给奠定科技基础，把农业和农村经济发展转移到依靠科技进步和提高劳动者素质的轨道上来。目前，中国农业科技进步贡献率仅为 40%左右，比发达国家低 30 至 40 个百分点，农业科技成果的转化率仅为 30%～40%，只相当于发达国家的 1/2。到 21 世纪中叶，中国农业科技总体水平要达到和接近世界先进水平，科技在农业中的贡献率要达到 70%～80%。

为实现中国农业科技目标，应采取以下主要措施：一是加大农业科技投入力度，使农业科技研究和推广投资比例在现有基础上逐年有所提高；二是鼓励和支持农业高新技术的研究和开发，建立强有力的农业科研机构和技术推广体系，以利于农业科技成果的转化，提高农业科技装备水平；三是积极开展科学研究，要在“农业生物技术”“农业信息技术”“资源高效利用技术”等关键技术领域取得突破，加快先进适用技术的组装配套，以不断提高农业劳动生产率和商品生产率，实现农业的高效、低耗、持续发展；四是采取多种形式培训农业人员，提高农村劳动力的科学文化素质，尤其要注重应用能力的培养，同时也要为农业科技革命提供大批高层次的人才，使农业科研成果源源不断，并得到加速推广和应用；五是以市场为导向，以

高技术为重点，在生产、加工、贮藏、流通等各个环节上，积极引进和采用新品种、新方法、新技术，提高农产品的科技含量，增强农副产品的国际竞争能力。

四、积极推进农业产业化经营

农业产业化经营，是指农业生产环节的经营主体与加工、流通环节的企业，在经济上和组织上进行的纵向协作或联合。它是一种经济行为，也是一种产销一体化的组织形式。中国的农业产业化经营，是在市场经济和家庭承包经营条件下，以国内外市场为导向，围绕主导产业和主导产品，以提高经济效益为中心，实行区域化布局，专业化生产，一体化经营，形成贸工农、产供销有机结合、相互促进的组织形式和经营机制。

农业产业化与农业家庭承包经营是互补的关系。一方面，家庭承包经营是产业化经营的基础。农业产业化是由家庭经营与生产商品化、社会化发展的矛盾运动孕育产生的。近年来，中国农业产业化经营发展已经取得了明显的成效，但也存在着一些问题。在一些地区，龙头企业建设缺乏规划、建设水平低，带动能力不强；各地区的产业结构和产品结构趋同，不利于资源优势的发挥；利益分配机制不合理，龙头企业与农民利益关系还没有理顺等。因此，为了推进农业产业化经营的健康发展，应当着重采取如下对策：

1. 切实加强龙头企业建设

农村龙头企业的建设，是能否积极推进农业产业化经营的关键环节。各地应从实际情况出发，依据资源状况、市场需求、经营规模、产业关联等方面选择好龙头企业。龙头企业可以有不同的类型，包括农副产品加工型、贸易型、综合型等。龙头企业一旦确立，就应按照现代企业制度的要求构建企业的新型组织结构、产品结构和经营机制，真正发挥龙头企业的作用。国家和地方有关部门要选择一批有基础、有优势、有特色、有前景的龙头企业予以重点支持，从生产、建设、流通、外贸等方面给予帮助。龙头企业要与农民建立稳定的购销关系和合理的利益联结机制，更好地带动农民致富和促进区域经济的发展。

2. 合理开发和利用自然资源，保护生态环境

农业产业化经营活动的区域化、专业化、规模化程度较高，但其发展不能是盲目的，要按照农村经济可持续发展战略的要求，从实际情况出发，有利于从总体上保护和合理利用自然资源，做到“靠山养山、靠田养田、靠水养水”，抓好农副产品生产基地的建设，实现资源的永续利用；要突出区域特色，把培育主导产业与区域经济开发结合起来，既能形成特色鲜明的区域经济格局，也能从总体上有利于产业结构的优化。

3. 完善分配机制，理顺利益关系

建立和完善利益分配机制，既是农业产业化经营稳步发展的基础，也是中国农业产业化经营由初创阶段向积极发展阶段转变需要解决的一个重要问题。在产业一

体化经营中，为了确保各方优势互补、利益共享、风险共担，必须协调好各方面的利益关系，其中特别要注意保护农户利益。国家要实施政策引导，使龙头企业与农户建立起稳定合理的利益分配机制。积极探索农户参股、实行股份合作经营等形式，形成农户与龙头企业利益共享、风险共担的共同体。要逐步使农业产业化经营的利益分配机制规范化、制度化，以保护各利益主体的正当权益。

五、大力发展乡镇企业

实现农业可持续发展，大力发展乡镇企业是其主要途径之一。20 世纪 70 年代开始，尤其是改革开放以来，我国乡镇企业有了快速的发展，但 90 年代中期开始，乡镇企业的发展速度和经济效益出现了下降的趋势。这一方面有外部环境变化的原因，而更主要的在于乡镇企业自身发展中存在着一些突出的问题。

1．推进乡镇企业的制度创新

中国原有的乡镇企业多为单一的集体所有制形式，其产权结构是政企不分，产权不清晰，缺乏机制活力。随着产权改革的日益深化，私有企业及混合所有制企业将成为乡镇企业的主体，因此要因地制宜、因企制宜，采取多种形式，推进乡镇企业的制度创新；多数中小乡镇企业以股份合作制组织为主要形式；部分有条件的企业，吸收众多法人参股，组建有限责任公司；通过改组、联合、兼并、租赁、出售、拍卖等多种形式，放开搞活一批小企业。根据企业的不同情况和职工的意愿，分别采取先售后股、先租后股、股租结合等办法，实行股份合作制。同时，还要建立新型的企业组织制度和管理制度，用现代科学的管理方式管理乡镇企业。

2．加快调整乡镇企业的产业结构

经过 20 多年的改革开放，中国已经由卖方市场转变为买方市场。在市场竞争加剧的背景下，企业只有凭一定的竞争实力，提供适应市场需要的产品才能够生存和发展。乡镇企业要实现其持续、健康发展，应选择既具有相对竞争优势又符合社会需要的产业和产品，建立起合理的产业结构。当前和今后一段时间，乡镇企业的产业和产品结构调整的着重点在于：① 适应中国对农业和农村经济结构进行战略性调整的要求，并将乡镇企业的发展同农业产业化经营结合起来，重点发展农副产品加工、储藏、保鲜和运输业；② 适应消费需求变化和产业发展演进的要求，要把发展第三产业作为新的生长点；结合小城镇建设，积极发展商业、饮食、服务和旅游等第三产业；③ 积极发展高新技术产业和名特优新产品；④ 对国家明令禁止生产、生产能力严重过剩以及严重污染环境的产品，要坚决停止生产。

3．实施规模经济发展战略

我国乡镇企业数量不少，但规模小而分散、发展水平低、重复建设等问题突出。据统计，中国 1997 年共有乡镇企业 2 015 万个，职工 1.305 0 亿人，平均每个企业职工仅 6.5 人，企业固定资产平均每户 9.6 万元。随着中国买方市场的形成和市场竞争的加剧，必将促进乡镇企业的分化改组，一些小企业破产退出，促成一批年销售值几亿元甚至几十亿元巨型企业的崛起和发展。从中国乡镇企业发展的现状出发，一方面要组建一些大公司大集团，以利于优化资源配置和全面提高企业素质，增强企业的市场竞争力，另一方面，要培育大、中、小企业之间的协作关系。对于众多不宜或难以组建和开展集团经营的中小企业，要依托大企业和企业集团，走“小而专、小而精”的特色经营之路；在与大企业协作配套进行生产的同时，积极开发有特色的小批量产品，开拓市场，提高经济效益。

4. 加快技术进步，提高乡镇企业产品的市场竞争力

中国乡镇企业发展的技术水平落后，随着市场竞争的日趋激烈，一些技术落后、产品无销路的企业必然要被淘汰。因此，大力改善乡镇企业的技术结构，加快技术进步，提高其工艺和装备水平，对于推动乡镇企业的进一步发展是至关重要的。为促进产品开发和技术创新能力的提高，必须不断加大科技开发、技术改造与技术引进的投入力度，促进企业的技术升级；乡镇企业应建立与城市工业企业、大专院校、科研机构等的经济技术合作关系，从城市引进技术和人才，培育科技创新队伍；在乡镇企业集中的地区，要建立多种形式的科技开发和信息服务中心，为乡镇企业的技术进步和技术改造服务，帮助企业了解市场和进行技术、产品开发；通过技术改造和技术创新，逐步用新技术、新工艺、新设备改造和取代落后的技术，提高产品的档次和市场竞争能力。

5. 探寻与生态目标、社会目标相协调的经济发展模式

中国乡镇企业长期实施的是一条高投入、高消耗、低效益的粗放经营发展模式。乡镇企业的高速发展在很大程度上是以牺牲资源为代价的。不少乡镇企业的增长速度与其污染物排放量几乎呈同一比例增加。这种状况如果不改变，显然不利于乡镇企业的生存和发展。为使乡镇企业可持续地发展下去，要变“掠夺型经济”为“储备型经济”，禁止对资源进行野蛮、掠夺式的开发，使资源能持续有效地为经济发展服务；要变“污染型经济”为“生态型经济”，在产业和产品的选择上必须以有利于环境保护和生态平衡为前提，对不可避免的“三废”排放量应当严格加以控制，将其限制在国家规定容许的标准内，并注意企业的发展建设与污染治理的同步配套；要充分利用科学技术，合理开发和利用资源。一方面，要依靠科技进步探寻以非稀缺资源代替稀缺资源的技术运用，发展可再生资源替代非再生资源，以利于资源的持续使用和储存；另一方面要通过高新技术的采用，实现资源的综合利用，做到既节约资源、防治污染，又能促进资源的循环使用。

六、加强农村城镇化建设

1. 农村城镇化战略及其重要意义

城镇是基于区位优势、规模经济、聚集效益等效率导向原则基础上而形成的经济社会和文化生态综合体。城镇化是一个由农村到城镇逐层推进的人口与经济的聚集过程，其结果会产生越来越大和越来越多的城镇，导致人口与各种经济要素的不断聚集。中国目前正实施农村乡镇城市化战略，这种战略从解决农村经济现代化问题入手，通过农村办工业，缩小农村经济与城市经济的差距。另外通过加强农村乡镇基础设施建设和利用乡村工业积累，提高社会福利、文化卫生、教育水平和就业培训的政策，使农民就地就业，离土不离乡，做工不进城，农民安居乐业在农村。这种战略实际上是一种全面城市化战略，即在实现工业化过程中，不仅建设若干个集中相当数量人口的城市，而且在成千上万个农村集镇进行工业化，使整个农村就地城市化，最后实现全国城市化的目标。

实施农村城镇化战略，对于促进中国农业现代化进程、实现农业和农村经济可持续发展具有重要意义和作用，主要表现在以下几个方面：① 城镇化能够增加对农产品的总需求，进而为农业现代化创造需求。农业现代化的一个重要特征是农业的商品化。随着城镇化步伐的加快，人口不断向城镇集中，会使社会对农产品需求总量，特别是对农产品的商品量以及对农产品的深加工需求加大，因而为农业商品化创造了需求，也有利于农产品加工业的发展。② 城镇化带来的城市建设可以吸纳大量的农村剩余劳动力，提高农业劳动生产率。城镇化可以促进农村基础设施建设和住房建设，带动第三产业发展，使大量的农村剩余劳动力得到就业的机会；随着农业剩余劳动力逐步向非农产业转移，也有利于实现农业适度规模经营，进而提高农业劳动生产率。③ 城镇化是增加农民收入、开拓农村市场的重要途径。据测算，目前中国农民收入及消费水平与城镇居民相比大约落后 10 年。可见中国农村潜在的消费品需求很大。为使农村潜在的需求变为现实，关键是提高农民收入和创造适合的消费环境。而提高农民收入除了对农业加大科技投入等经济措施外，其根本措施就是要减少农民数量。农村人口进集镇，土地的压力自然就减小了，农民的收入也能够得到提高。因此，实施以农村人口逐步向城镇集中为基本内容的城镇化战略，就成为提高农民收入、开拓农村市场的必然选择。此外，农村城镇化还能够改变农民的生产生活方式，带动农村文化教育卫生事业的发展，对于促进农村社会的全面进步具有重大作用。

从长远来看，农村城镇化是中国社会经济发展的必然趋势，是中国农村实现现代化的必经之路。农村城镇化的发展对打破城乡二元社会经济结构，缩小城乡差别，促进城市化和工业化协调发展，在更大范围内实现土地、劳动力、资金等生产要素的优化配置，有着不可估量的重要意义。

2．加快中国小城镇建设

目前，中国城乡差别悬殊，大、中城市的现代文明，同广大农村的文明程度有一个很大的空间和漫长的时间差，中间不可缺少的一个过渡就是小城镇。自 20 世纪 80 年代初以来，中国建设起来的小城镇已 6 万多个。这些小城镇的建设和发展，已经成为农村新的经济增长点，推进了农村经济的全面发展。然而，由于主客观原因，在小城镇发展中也存在着一些问题。这主要表现在：建设分散，缺乏计划性；基础设施薄弱和配套功能不全；发展规模普遍较小，限制了功能作用的发挥；缺乏区域特色，使区域优势难以发挥；管理制度落后，与现代社会经济发展的要求不相适应；污染严重，不利于农村经济的可持续发展，等等。中国今后一段时间城镇化的目标是：争取经过5～10年的努力，把一批小城镇建设成为具有较强带动能力的农村区域性经济文化中心，使全国的城镇化水平有显著的提高。为此，加快中国小城镇的建设，应着重在以下几方面采取措施：① 加强规划，循序渐进。在小城镇建设中，要防止盲目攀比、一哄而起，坚持循序渐进，使小城镇的数量布局、区位布局和各城镇的整体建设水平都能达到最优，以利于提高小城镇的建设效果和整体功能。② 加强基础设施建设，为小城镇发展奠定基本的物质条件。完善的基础设施是小城镇功能作用发挥的物质基础和前提条件。只有具备一定的水电、交通、通讯、环保及其他基础服务设施条件，才能更好地开展招商引资工作，加快小城镇发展。由于小城镇的基础设施建设所需资金量大而且投资回收期较长，要多渠道融资来解决小城镇发展资金不足的问题，并注重建设资金的使用效果。③ 把乡镇企业发展和小城镇发展有机地结合起来。乡镇企业与小城镇协调发展，能够起到两者相互促进的作用。一方面，小城镇的发展，可以为乡镇企业在人才供给、市场需求、产品开发、引资环境等多方面提供有利的条件。另一方面，在国家财政资金有限的情况下，乡镇企业的发展，可以为小城镇提供基础设施和公共设施建设资金；乡镇企业发挥自身优势，吸收城市工业释放的经济能量和利用农村资源，在新的领域和新的运动过程中加以扩大，并将新的经济能量持续地向小城镇释放，从而使小城镇的实力不断增强，规模逐步扩大，其功能也能得到更好的发挥。因此，在小城镇建设规划中应将乡镇企业的发展放在重要位置，通过乡镇企业的第二次创业，促进和加快小城镇的发展。④ 体现区域特色，发挥区域比较优势。中国农村地域广阔、情况复杂多样，因此决定了小城镇的建设和发展不能千篇一律，要体现出区域特色。体现区域特色，就是要从各地区的实际情况出发，既要发挥自身优势，扬长避短，又要考虑周边环境状况，尤其是要注意与大中城市的配合和协调，形成优势互补的城市群。小城镇要想有持久的生命力，保证居民的收入得到提高，必须发展具有比较优势的支柱产业或增长点。根据不同情况，小城镇可分别建立起各具特色的工业主导型、交通枢纽型、商业贸易型、文化旅游型和卫星镇等城镇模式，这样才可能使小城镇避免重复建设，健康、有特色地发展下去。⑤ 做好有关方面的配套工作。加快小城镇建设步伐，是一个复杂的系统工程，还需要做好多方面的配套工作。首先，在户籍管理制度上要进行改革，用户籍登记备案制代替现行的户籍审批管理制，让所有愿意到小城镇务工经商的人都能自由地进入小城镇；其次，要建立健全适合小城镇发展的社会保障制度、住房制度和劳动保护制度，以增强小城镇的凝聚力，吸引更多的农民进入小城镇，加快农村人口向小城镇发展和集中的进程；再次，要加强对小城镇的综合管理。一方面要对小城镇的镇容镇貌、社会治安等进行管理，以营造幽雅的自然环境，树立良好的社会风尚，吸引更多的人到小城镇投资、就业和居住；另一方面要对有污染的企业进行管理和治理，防治对农田、江河和大气的污染。在发展小城镇的同时，使耕地、水、林等得到保护，资源永续利用，维护生态平衡，实现农村的可持续发展。

复习与思考

1. 名词解释：农业 农村 农业环境 可持续发展 农业可持续发展 生物多样性
2. 简述什么是农业可持续发展?它的基本含义是什么?
3. 简述农业可持续发展产生的背景。
4. 什么是生态农业?
5. 简述我国农业生产现状。
6. 简述农业可持续发展的重要性。
7. 简述制约我国农业可持续发展的主要因素。
8. 为什么说实现农业和农村经济可持续发展是中国的必然选择?
9. 实现中国农业可持续发展的主要途径有哪些?
10. 什么是农村城镇化战略?加快中国小城镇建设应采取哪些主要措施?

第十章

清洁生产与可持续发展

人类生存繁衍的历史是人类社会同大自然相互作用、共同发展和不断进化的历史。人类在漫长的奋斗历程中，特别是从产业革命以来，在改造自然和发展经济方面取得了辉煌的业绩。与此同时，由于工业化过程中的处置失当，尤其是不合理的开发利用自然资源，造成了全球性的环境污染和生态破坏，对人类的生存和发展构成了严重的威胁。

面对环境污染日趋严重、资源日趋短缺的局面，工业发达国家在对其经济发展过程进行反思的基础上，认识到不改变长期沿用的大量消耗资源和能源来推动经济增长的传统模式，单靠一些后期的环境保护措施来修补环境是不可能从根本上解决环境问题的，必须在各个层次上去调控人类的社会行为和改变支配人类社会行为的思想。也就是说，人类终于认识到环境问题是一个发展问题，是一个社会问题，也是一个涉及人类社会文明的问题，解决的办法只有从源头全过程考虑。为此，清洁生产应运而生，这是人类文明发展的一个新阶段，并成为支持可持续发展的有力战略措施。

第一节　清洁生产概念的产生及发展

一、清洁生产的由来

清洁生产的出现是历史的必然。自产业革命以来，工业化大生产不仅以前所未有的速率增加世界物质财富，壮大工业化国家力量，也以前所未有的规模消耗着全球有限的自然资源，制造出有损于自然生态和人类自身的污染物。但是，长期以来，人类对工业化大生产的这种负面作用缺乏足够认识，许多工业污染物或任其自流，让自然界稀释、化解，或为降低眼前污染物浓度，先经人为“稀释”，再行排放，最后仍是靠自然界消纳。这种做法通常被称之为“稀释排放”。

工业化初期采取“稀释排放”，环境尚能承受。但是，自然界的环境容量和自净能力是有限的，超越这个限度必然引发严重后果。所以，至 20 世纪 50 年代，包括伦敦光化学烟雾、日本的水俣病在内的一些恶性环境污染事件相继发生。面对严酷的现实，各工业化国家不得不由“排污”转向“治污”，即针对生产末端产生的污染物开发行之有效的治理技术，这也就是人们常说的“末端治理”。与“稀释排放”相比，“末端治理”是一大进步，不仅有助于消除污染事件，也在一定程度上减缓了生产活动对环境的污染、对生态的破坏势头。

随着末端治理措施的广泛应用，人们发现末端治理并不是一个真正的能够解决环境问题的方案。很多情况下，末端治理需要昂贵的设备费用投入、惊人的维护开支和最终处理费用，其工作本身还要消耗资源、能源，并且这种处理方式会使污染在空间和时间上发生转移而产生二次污染。从 20 世纪 50～70 年代，尽管人类为治理污染付出了巨大代价，全球性的环境问题依然日趋严重。面对这种情况，人类开始醒悟到，与其治理“末端”污染，不如开发替代产品，调整工艺过程，优化系统配置，使污染物减至最少。

因此，从 20 世纪 70 年代开始，发达国家的一些企业相继尝试运用如“污染预防”“废物最小化”“减废技术”“源削减”“零排放技术”“零废物生产”和“环境友好技术”等方法和措施，来提高生产过程中的资源利用效率、削减污染物以减轻对环境和公众的危害，经过一个时期的“孕育”，“清洁生产”问世。

二、清洁生产的发展与实践

国际上清洁生产的概念，最早可追溯到 1976 年，这一年的 11～12 月欧洲经济共同体在巴黎举行了“无废工艺和无废生产的国际研讨会”，提出协调社会和自然的相互关系应主要着眼于消除造成污染的根源，而不仅仅是消除污染引起的后果。随后，1979 年 4 月，欧洲共同体理事会宣布推行清洁生产的政策，并于同年 11 月在日内瓦举行的“在环境领域内进行国际合作的全欧高级会议上”，通过了《关于少废无废工艺和废料利用的宣言》，指出无废工艺是使社会和自然取得和谐关系的战略方向和主要手段。此后，欧共体陆续多次召开国家、地区性或国际性的研讨会，并在 1984 年、1985 年、1987 年曾三次由欧共体环境事务委员会拨款支持建立清洁生产示范工程。

全面推行清洁生产的实践始于美国。1984 年，美国国会通过了《资源保护与回收法——固体及有害废物修正案》。该法案明确规定：废物最小化即“在可行的部位将有害废物尽可能地削减和消除”是美国的一项国策。它要求产生有毒有害废弃物的单位应向环境保护部门申报废物产生量、削减废物的措施、废物的削减数量，并制定本单位废物最小化的规划。其中，基于污染预防的“源削减”和“再循环”被认为是废物最小化对策的两个主要途径。在废物最小化成功实践基础上，1990 年 10 月美国国会又通过了《污染预防法》，将污染预防活动的对象从原先仅针对有害废物拓展到各种污染的产生排放活动，并用污染预防代替了废物最小化的用语，它从法律上确认了：污染首先应当削减或消除在其产生之前，污染预防是美国的一项国策。美国当时的总统布什针对这一法律发表讲话指出：“致力于管道末端和烟囱顶端，致力于清除已经造成的损害，这样的环境计划已不再适用。我们需要新的政策、新的工艺、新的过程，以便能预防污染或使污染减至最小——即在污染产出之前即加以制止”。《污染预防法》明确指出：“源削减与废物管理和污染控制有原则区别，且更尽人意。”并全面表明了美国环境污染防治战略的优先顺序是“污染物应在源头处尽可能地加以预防和削减；未能防止的污染物应尽可能地以对环境安全的方式进行再循环；未能通过预防和再循环消除的污染物应尽可能地以对环境安全的方式进行处理；处置或排入环境只能作为最后的手段，也应以对环境安全的方式进行”。

与此同时，在欧洲，瑞典、荷兰、丹麦等国相继在学习借鉴美国废物最小化或污染预防实践经验的基础上，纷纷投入到推行清洁生产的活动中。例如，1988 年秋，荷兰以美国环保局的《废物最小化机会评价手册》为蓝本，编写了荷兰手册。荷兰手册又经欧洲预防性环保手段工作组作了进一步修改，编成《PREPARE 防止废物和排放物手册》，并译成英文，广泛应用于欧洲工业界。

1989 年联合国环境规划署工业与环境计划活动中心（UNEP IE/PAC）根据 UNEP 理事会会议的决议，制订了《清洁生产计划》，在全球范围内推行清洁生产。这一计划主要包括五个方面的内容。

① 建立国际清洁生产信息交换中心，收集世界范围内关于清洁生产的新闻和重大事件、案例研究、有关文献的摘要、专家名单等信息资料。

② 组建工作组。专业工作组有制革、纺织、溶剂，金属表面加工、纸浆和造纸、石油、生物技术；业务工业组有数据网络、教育、政策以及战略等。

③ 出版工作。包括编写、出版《清洁生产通讯》、培训教材、手册等。

④ 开展培训活动。面向政界、工业界、学术界人士，以提高清洁生产意识，教育公众，推动行动，帮助制订清洁生产计划。

⑤ 组织技术支持。特别是在发展中国家，协助联系有关专家，建立示范工程等。

1990 年 9 月在英国坎特伯雷举办的“首届促进清洁生产高级研讨会”正式推出了清洁生产的定义：清洁生产是指对工艺和产品不断运用综合性的预防战略，以减少其对人体和环境的风险。会上提出了一系列建议，如支持世界不同地区发起和制订国家级的清洁生产计划，支持创办国家的清洁生产中心，进一步与有关国际组织等结成网络等。此后，这一高级国际研讨会每两年召开 1 次，定期评估清洁生产的进展，并交流经验，发现问题，提出新的目标，以全力推进清洁生产的发展。

1992 年 6 月联合国在巴西环境与发展大会上，在推行可持续发展战略的《里约环境与发展宣言》中，确认了“地球的整体性和相互依存性”“环境保护工作应是发展进程中的一个整体组成部分”“各国应当减少和消除不能持续的生产和消费方式”。为此，清洁生产被作为实施可持续发展战略的关键措施正式写入大会通过的实施可持续发展战略行动纲领——《21 世纪议程》中。自此，在联合国的大力推动下，清洁生产逐渐为各国企业和政府所认可，清洁生产进入了一个快速发展时期。

为响应实施可持续发展与推行清洁生产的号召，各种国际组织积极投入到推行清洁生产的热潮中。联合国工业发展组织和联合国环境规划署（UNIDO/UNEP）率先在 9 个国家（包括中国）资助建立了国家清洁生产中心，截至 2004 年 3 月，世界上已经建立了 31 个国家级清洁生产中心和国家级清洁生产规划。世界银行（WB）等国际金融组织也积极资助在发展中国家展开清洁生产的培训工作和建立示范工程。国际标准化组织（ISO）制订了以污染预防和持续改善为核心内容的国际环境管理系列标准 ISO14000。源自美国的污染预防圆桌会议的交流形式正在迅速向其他地区和国家扩散，地区性的研讨会使清洁生产的活动遍及了世界各大洲，进一步推动了清洁生产在世界范围内的实施。

1998 年，在韩国汉城第五次国际清洁生产研讨会上，代表实施清洁生产承诺与行动的《国际清洁生产宣言》出台。包括中国在内的 13 个国家的部长及其他高级代表与 9 位公司领导人共 67 位与会者首批签署了《宣言》。清洁生产正在不断获得世界各国政府和工商界的普遍响应，截至 2003 年 10 月，世界上已有 403 个组织[①]签署了《国际清洁生产宣言》，在宣言上签字的人数超过 1 700 人。

清洁生产着眼于污染预防，全面地考虑整个产品生产周期过程对环境的影响，最大限度地减少原料和能源的消耗，降低生产和服务的成本，提高资源和能源的利用效率，使其对环境的危害降到最低。大量的清洁生产实践表明，清洁生产是资源持续利用、减少工业污染、保护环境的根本措施，可以达到环境效益和经济效益双赢的目标。

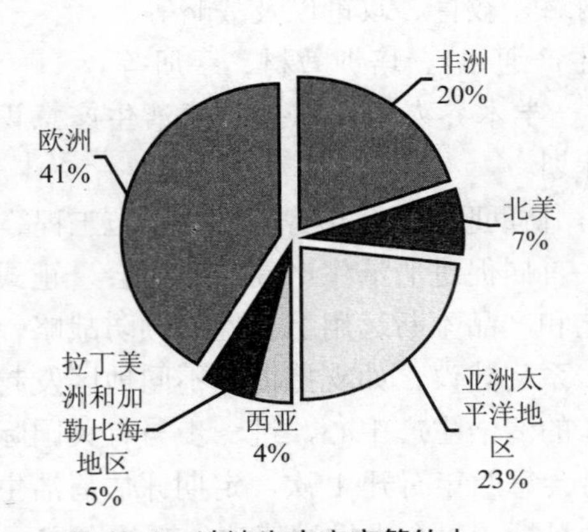

图 10-1 清洁生产宣言签约人区域统计（1998—2003）

*欧洲包括欧洲共同体和波罗的海的国家

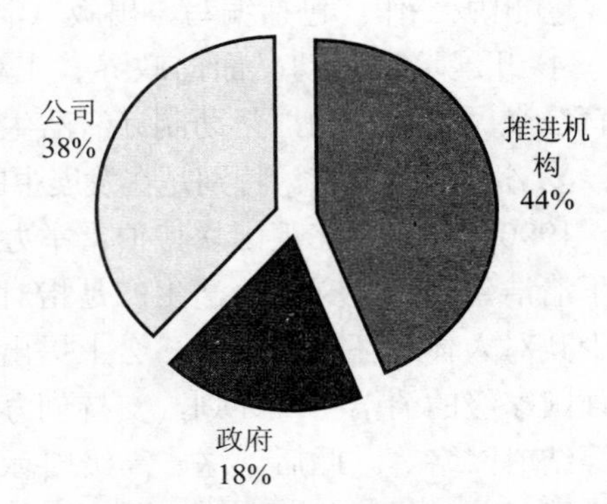

图 10-2 清洁生产宣言签约人类型统计[②]

*推进机构包括：非政府组织、学术团体及生产指导协会等

2000 年 10 月，第六届清洁生产国际高级研讨会在加拿大蒙特利尔市召开，对

① 注：此组织是指全面进行高水平的清洁生产组织，不包括代表局部、部门和个人的宣言签约者。

② 数据来源：联合国环境规划署/技术、工业和经济部/清洁生产（UNEP/DITE/CP）网页，http://www.uneptie.org/pc/cp/

清洁生产进行了全面的系统的总结，并将清洁生产形象地概括为技术革新的推动者、改善企业管理的催化剂、工业运动模式的革新者、连接工业化和可持续发展的桥梁。从这层意义上，可以认为清洁生产是可持续发展战略引导下的一场新的工业革命，是 21 世纪工业生产发展的主要方向。当前清洁生产的形势汹涌澎湃，但仍然处于不断发展的过程中，正如联合国环境规划署（UNEP）执行主席在 2000 年 10 月第六届清洁生产国际高级研讨会上对目前清洁生产的发展现状所概括：“对于清洁生产，我们已经在很大程度上达成全球范围内的共识，但距离最终目标仍有很长的路，因此必须做出更多的承诺”。

三、清洁生产的概念及内涵

清洁生产在不同的时期、不同的地区和国家有着许多不同而相近的提法，使用着具有类似含义的多种术语。例如，欧洲国家有时称其为“少废无废工艺”“无废生产”；日本多称“无公害工艺”；美国则称这为“废料最小化”“污染预防”“减废技术”。此外，还有“绿色工艺”“生态工艺”“环境工艺”“过程与环境一体化工艺”“再循环工艺”“源削减”“污染削减”“再循环”等。这些不同的提法或术语实际上描述了清洁生产概念的不同方面。

1984 年联合国欧洲经济委员会在塔什干（乌兹别克斯坦首都）召开的国际会议上曾对无废工艺作了如下的定义：“无废工艺乃是这样一种生产产品的方法（流程、企业、地区—生产综合体），借助这一方法，所有的原料和能量在‘原料—生产—消费—二次原料的循环’中得到最合理和综合的利用，同时对环境的任何作用都不致破坏它的正常功能。”

这一定义明确了无废工艺的目标在于解决自然资源的合理利用和环境保护问题，把利用自然和保护自然统一起来，即在利用自然的过程中保护自然，并指出了实现这一目标的主要途径是在可能的层次上组织资源的再循环，把传统工业的开环过程变成闭环过程，此外还强调了工业生产全过程和自然环境的相容性。

美国环境保护局对废物最小化技术所作的定义是：“在可行的范围内，减少产生的或随之处理、处置的有害废弃物量。它包括在产生源处进行的削减和组织循环两方面的工作，这些工作导致有害废弃物总量与体积的减少，或有害废物毒性的降低，或两者兼有之；并与使现代和将来对人类健康与环境的威胁最小的目标相一致”。这一定义是针对有害废弃物而言的，未涉及资源、能源的合理利用和产品与环境的相容性问题，但提出以“源削减”和“再循环”作为最小化优先考虑的手段，对于一般废料来说，同样也是适用的。这一原则已体现在随后的“污染预防战略”之中。

欧洲专家倾向于下列提法：“清洁生产为对生产过程和产品实施综合防治战略，以减少对人类和环境的风险。对生产过程来说，包括节约原材料和能源，革除有毒材料，减少所有排放物的排放量和毒性；对产品来说，则要减少从原材料到最终处理的产品的整个生命周期对人类健康和环境的影响”。上述定义概括了产品从生产到消费的全过程，为减少风险所应采取的具体措施，但比较侧重于企业层次上。

在 1996 年联合国环境规划署（UNEP）对清洁生产重新定义为：“清洁生产是关于产品的生产过程的一种新的、创造性的思维方式。清洁生产意味着对生产过程、产品和服务持续运用整体预防的环境战略以期增加生态效率并减降人类和环境的风险”。

对于产品，清洁生产意味着减少和减低产品从原材料使用到最终处置的全生命周期的不利影响。

对于生产过程，清洁生产意味着节约原材料和能源，取消使用有毒原材料，在生产过程排放废物之前减降废物的数量和毒性。

对服务要求将环境因素纳入设计和所提供的服务中。

在清洁生产概念中包含了四层含义：

一是清洁生产的目标是节省能源、降低原材料消耗、减少污染物的产生量和排放量；

二是清洁生产的基本手段是改进工艺技术、强化企业管理，最大限度地提高资源、能源的利用水平和改变产品体系，更新设计观念，争取废物最少排放及将环境因素纳入服务中去；

三是清洁生产的方法是排污审计，即通过审计发现排污部位、排污原因，并筛选消除或减少污染物的措施及产品生命周期分析；

四是清洁生产的终极目标是保护人类与环境，提高企业自身的经济效益。

根据这一清洁生产的概念，其基本要素可描述如图 10-3 所示。

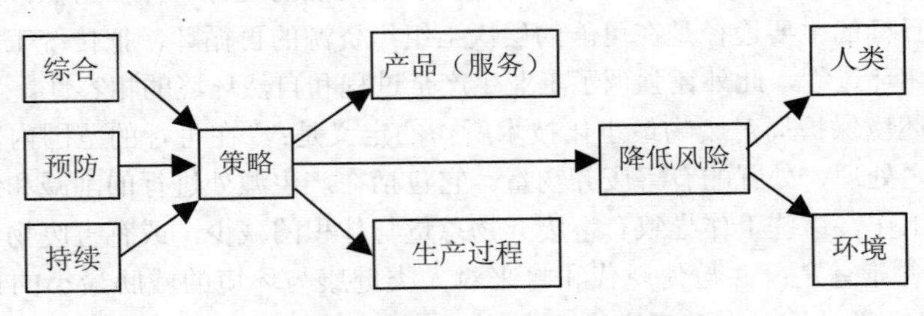

图 10-3　清洁生产概念的基本要素

在联合国环境规划署清洁生产的概念中，其根本目的是减少对人类和环境的影响与风险。贯穿在清洁生产概念中的基本要素是污染预防，即在生产发展活动的全过程中充分利用资源能源，最大可能地削减多种废物或污染物的产生，它与污染产生后的控制（末端治理）相对应。它从清洁的生产过程和清洁的产品（包括服务）

两个方面，通过将环境的考虑结合到产品及其生产过程中，促进生产、消费与环境相容。清洁生产的概念中，两个重要的要素是“综合”与“持续”的要求。传统上单一污染问题的末端控制活动，忽略或难以顾及污染的跨介质转移，继续增加着环境的风险。因此需要实施综合性的对策，特别是通过生产全过程中多种源削减的综合措施，以对环境质量的改善产生更加有效的作用。

清洁生产是一个动态的过程，一方面，不能期望通过一次或几次清洁生产活动就能完成污染预防的目标，另一方面，随着科学技术的进步，生产水平的提高，将会出现更清洁的生产。因此这意味着清洁生产是个持续改进，永不间断的过程。对于废物产生后在生产过程内部的循环回用和不同生产过程间的综合利用，从污染预防的角度看，由于这类活动仍优于污染的末端处理处置方式，它们应得到积极的鼓励。污染预防并不排除污染末端治理的必要性，作为实现环境保护目标的最后有效手段，末端治理还将发挥重要的作用。清洁生产所强调的是：避免污染的产生，尽可能在生产发展全过程中减少废物要比污染产生后运用多种治理技术更为可取。因此，为了有效地减少人类和环境的风险，需要把传统侧重于生产过程污染末端治理的重心向生产过程的“上游”转移，从污染产生的源头去削减污染。面向污染预防的环境污染防治战略对策体系的优先顺序是：

① 首先在污染产生过程中消除或减少废物或污染物；

② 对未能削减的废物以对环境安全的方式进行循环回用和综合利用；

③ 采取适当的污染治理技术完成进入环境前的污染削减；

④ 对残余的废物或污染物进行妥善的处置、排放。

2002 年 6 月 29 日，第九届全国人民代表大会常务委员会第二十八次会议通过并正式颁布了《中华人民共和国清洁生产促进法》。清洁生产被定义为：“清洁生产，是指不断采取改进设计、使用清洁的能源和原料、采用先进的工艺技术与设备、改善管理、综合利用等措施，从源头削减污染，提高资源利用效率，减少或者避免生产、服务和产品使用过程中污染物的产生和排放，以减轻或者消除对人类健康和环境的危害”。

清洁生产，作为 20 世纪 90 年代国际环境保护战略的重大转变，它是对传统生产方式与 20 多年环境污染防治实践的经验总结。它将资源与环境的考虑有机融入产品及其生产的全过程中，着眼于生产发展全过程中污染物产生的最小化，不仅注意生产过程自身，而且对产品（包括服务）从原材料的获取直至产品报废后的处理处置整个生命周期过程中的环境影响统筹考虑，因而它对深化环境污染防治，转变大量消耗能源资源、粗放经营的传统线性生产发展模式具有重要意义。

四、实施清洁生产的意义与目标

1. 清洁生产的意义

工业是经济的主导力量，从一定意义上说，国家的现代化进程就是工业化进程。工业的结构、规模和水平，在相当大程度上决定着这个国家的经济面貌。因此，经济的持续发展首先是工业的持续发展，资源和环境的永续利用是工业持续发展的保障。

实践证明，沿用以大量消耗资源和粗放经营为特征的传统模式，经济发展正愈来愈深地陷入资源短缺和环境污染的两大困境：一是传统的发展模式不仅造成了环境的极大破坏，而且浪费了大量的资源，加速了自然资源的耗竭，使发展难以持久；二是以末端治理为主的工业污染控制政策忽视了全过程污染控制，不能从根本上消除污染。清洁生产恰能较好地解决这两方面的问题，具有以下显著优点。

（1）清洁生产一方面用节能、降耗、减污降低生产成本，改善产品质量，提高企业的经济效益，增强企业的市场竞争力；另一方面，由于实施清洁生产，可大大减少末端治理的污染负荷，节省大量环保投入（一次性投资和设施运行费），提高企业防治污染的积极性和自觉性。

（2）清洁生产可以最大限度地利用资源和能源，通过循环套用或重复利用，使原材料最大限度地转化为产品，把污染消灭在生产过程之中。通过改进设备或改变燃烧方式，进一步提高能源的利用率，既可减少污染物的产生量与排放量，又可节约资源与能源，用较少的投入获得较大的收益，具有显著的经济效益。

（3）清洁生产可以避免和减少末端治理的不彻底而造成的二次污染。因为清洁生产采用了大量的源头削减措施，既可减少含有有毒成分原料的使用量，又可提高原材料的转化率，减少物料流失，减少污染物的产生量和排放量，因此可减少二次污染的机会。

（4）清洁生产可最大限度地替代有毒的产品、有毒的原材料和能源，替代排污量大的工艺和设备，改进操作技术和管理方式，从而改善工人的劳动条件和工作环境，提高工人的劳动积极性和工作效率。

（5）清洁生产可改善工业企业与环境管理部门间的关系，解决环境与经济相割裂的矛盾。

2. 清洁生产的对象和目标

（1）清洁生产的对象。清洁生产的对象已从狭义的生产活动拓展到全社会的所有活动，因为任何活动从某种意义上说均是一个产污过程。例如污染水处理虽然是控制水污染的一项措施，但水处理本身需要消耗能源，而能源的生产过程中又产生了污染物，从这种意义上说污水处理也是一个产污过程。

（2）清洁生产的目标。清洁生产是关于产品生产过程的一种新的创造性的思维，其实施意味着对生产过程和产品持续运用整体预防的环境战略，以期减降对人类和环境的风险。

对于产品，清洁生产意味着减降产品从原料提取到最终处置的全生命周期有不利影响的能源，取消使用有毒原材料，在生产过程排放废物之前减降废物的数量和毒性。因此，企业实施清洁生产，就是使用清洁的原、辅材料，通过清洁的工艺过程，生产出清洁的产品。根据经济可持续发展对资源和环境的要求，清洁生产谋求达到两个目标。

① 通过资源的综合利用、短缺资源的代用、二次能源的利用，以及各种节能、降耗、节水措施，合理利用自然资源，减缓资源的耗竭。

② 减少废料与污染物的生成和排放，促进工业产品的生成、消费过程与环境相容，降低整个工业活动对人类和环境的风险。

清洁生产是国内外 20 多年环境保护的经验总结，着眼于在工业生产全过程中减少污染物的产生量，并要求污染物最大限度资源化；清洁生产不仅考虑工业产品的生产工艺，而且对产品结构、原料和能源替代、生产运营、现场管理技术操作、产品消费，直至产品报废后的资源循环等诸多环节进行统筹考虑，其目的在于使人类社会和自然和谐发展。清洁生产同时具有经济和环境双重目标，通过实施清洁生产，企业在经济上要能赢利，环境也能得到改善，从而达到环境保护和经济协调发展的目的。清洁生产是手段，目标是实现经济与环境协调发展。

第二节 清洁生产的基本原理、方法和内容

一、清洁生产与末端治理的比较

由清洁生产的定义可以知道，清洁生产是关于产品和产品生产过程的一种新的、持续的、创造性的思维，它是指对产品和生产过程持续运用整体预防的环境保护战略。

从上述清洁生产的含义，我们可以看到：清洁生产是要引起研究开发者、生产者、消费者，也就是全社会对于工业产品生产及使用全过程对环境影响的关注，使污染物产生量、流失量和治理量达到最小，资源充分利用，是一种积极、主动的态度。而末端治理把环境责任只放在环保研究、管理等人员身上，仅仅把注意力集中在对生产过程中已经产生的污染物的处理上。具体对企业来说只有环保部门来处理这一问题，所以总是处于一种被动的、消极的地位。侧重末端治理的主要问题表现在：

（1）污染控制与生产过程控制没有密切结合起来，资源和能源不能在生产过程中得到充分利用。

任一生产过程中排出的污染物实际上都是物料，如农药、染料生产收率都比较低，这不仅对环境产生极大的威胁，同时也严重地浪费了资源。国外农药生产的收率一般为70%，而我国只有50%～60%，也就是1 t产品比国外多排放100～200 kg的物料。因此改进生产工艺及控制，提高产品的收率，可以大大削减污染物的产生。这不但增加了经济效益，与此同时也减轻了末端治理的负担。又如硫酸生产中，如果认真控制硫铁矿焙烧过程的工艺条件，使烧出率提高0.1%，对于10万t/a的硫酸厂就意味着每年由烧渣中少排放100 t，多烧出100 t，又可多生产约300 t硫酸。因此污染控制应该密切地与生产过程控制相结合，末端控制的环保管理总是处于被动的局面，资源不仅不能充分利用，浪费的资源还要消耗其他的资源和能源去进行处理，这是很不合理的。

（2）污染物产生后再进行处理，处理设施基建投资大，运行费用高。

“三废”处理与处置往往只有环境效益而无经济效益，因而给企业带来沉重的经济负担，使企业难以承受。目前各企业投入的环保资金除部分用于预处理的物料回收、资源综合利用等项目外，大量的投资用来进行污水处理场等项目的建设。由于没有抓住生产全过程控制和源削减，生产过程中污染物产生量很大，所以需要污染治理的投资很大，而维持处理设施的运行费用也非常可观。几个化工污水处理场投资及运行费用见表10-1。

表10-1 几个化工污水处理场的投资和运行费用

污水处理场名称	处理水量/（t/h）	基建投资/万元	运行费用/（万元/a）	备注
吉化公司污水处理场一期	8 000	7 000	2 500	1980年投产
二期（增加脱N工艺）	10 000	20 000～25 000		
太原化学工业公司	2 500	5 000	1 000	
锦西化工总厂	700	2 560	450	交排污费300万元/a
燕化公司乙烯污水处理场	2 500	15 000		
北京染料厂	300	1 200	300	

来源：环保部科技标准司网站（http://kjs.mep.gov.cn）

由表可见，根据废水水质、处理工艺流程及基础设施情况不同，处理1 t 水/h需要基建投资2万～6万元。据统计：处理1 t化工废水需要1～4元，而去除1 kg COD则往往需要2～6元。目前许多企业由于种种原因，使物料流失严重，提高了物耗和产品成本，已经造成经济损失。而流失到环境中的物料还需要很高的费用去处理、处置，使企业受到双重的经济负担。

（3）现有的污染治理技术还有局限性，使得排放的“三废”在处理、处置过程中对环境还有一定的风险性。

如废渣堆存可能引起地下水污染，废物焚烧会产生有害气体，废水处理产生含重金属污泥及活性污泥等等，都会对环境带来二次污染。但是末端治理与清洁生产两者并非互不相容，也就是说推行清洁生产还需要末端治理，这是由于：

工业生产无法完全避免污染的产生，最先进的生产工艺也不能避免产生污染物，用过的产品还必须进行最终处理、处置，因此清洁生产和末端治理永远长期并存。只有共同努力，实施生产全过程和治理污染过程的双控制才能保证环境最终目标的实现。清洁生产与末端治理的比较见表 10-2。

表 10-2 清洁生产与末端治理的比较

比较项目	清洁生产系统	末端治理（不含综合利用）
思考方法	污染物消除在生产过程中	污染物产生后再处理
产生时代	20 世纪 80 年代末期	120 世纪 70～80 年代
控制过程	生产全过程控制，产品生命周期全过程控制	污染物达标排放控制
控制效果	比较稳定	产污量影响处理效果
产污量	明显减少	间接可推动减少
排污量	减少	减少
资源利用率	增加	无显著变化
资源耗用	减少	增加（治理污染消耗）
产品产量	增加	无显著变化
产品成本	降低	增加（治理污染费用）
经济效益	增加	减少（用于治理污染）
治理污染费用	减少	随排放标准严格，费用增加
污染转移	无	有可能
目标对象	全社会	企业及周围环境

二、清洁生产的理论基础和基本内容

1. 清洁生产的理论基础

工业生产是当前社会物质生产的主要方式，对综合国力有着决定性的影响，又是环境污染的主要来源。工业生产作为一个正常运行系统具有增值和物质转化两种属性和两种功能。增值是以投资的方式，通过经营获取利润，属于社会经济范畴，反映国家与人民的利益关系，这是它的社会经济属性；物质转化是利用原料制取产品，使其具有一定的使用价值，这一过程与生态环境相联系，这是它的生态环境属性。因此，研究工业生产活动，既要从经济观点出发，也要从环境观点去考虑，把环境和经济发展结合起来，探求它们之间的相互依托关系，谋求经济与环境、社会与自然协调发展。

工业生产作为物质转化过程，其输入端是资源，输出端是产品和废弃物。随着科学技术的发展，工业规模的增长，资源的利用范围不断扩大，新产品、新的工业生产部门不断涌现，产品和废弃物的数量和种类也不断增多。工业发达国家面对工业生产与环境污染的挑战，从探讨和争论“增长的极限”“零增长”等问题逐渐认识到人类要适应增长和发展的需求，唯一的途径是改变传统的发展模式，走可持续发展之路。

在传统的污染控制战略中，工业发展与环境对立。而20世纪80年代以来，人们对环境问题的认识有了新的、飞跃性的发展，提出了“持续发展的思想”，使人们充分认识到环境问题可以在人类社会发展过程中得到解决，科技进步提供了消除污染的可能性；自然资源储量减少是事实，但技术进步也在不断发现新资源以满足人类的基本需求，清洁生产就是实现科技进步，推进绿色环保，消除环境污染的最佳结合点。

马克思早在一百多年前就指出，把生产排泄物减少到最低限度和把一切进入生产过程中的原料和辅助材料的直接利用提高到最大限度，是社会化大生产的最终必然结果。清洁生产符合此思想，其理论基础如下。

（1）废物与资源转化理论（物质平衡理论）。在生产过程中，产生的废物越多，则原料（资源）消耗越大，废料是由原料转化而来。清洁生产使废物最小化，其实质在于原料（资源）得到了最有效利用。生产中的废物具有多功能特性，一种生产过程中产生的废物可作为另一种生产过程中的原料（资源），资源与废物是一个相对的概念。清洁生产最好地体现了资源利用最大化，废物产生最小化，环境污染无害化。

（2）最优化理论。清洁生产实际上是求解满足生产特定条件下使其物料消耗最少，而使产品产出率最高的问题。此问题的理论基础是数学的最优化理论。很多情况下，废物最小量化可表示为目标函数，而清洁生产则是求它在约束条件下的最优解。

（3）社会化大生产理论。马克思主义认为，用最少的劳动消耗，生产出最多的满足社会需要的产品，是社会主义建设的最高准则。马克思曾预言：机器的改良，将使那些在原有形式上本来不能利用的物质获得一种在新的生产中可以利用的形式。科学的进步，特别是化学的进步，发现了那些废物的有用性，当今社会化大生产和科学进步，为清洁生产提供了必要的条件。

2. 清洁生产的基本内容

清洁生产的基本内容通常由以下几个方面来表述：

（1）清洁的能源。

① 常规能源的清洁利用：如采用清洁煤技术，逐步提高液体燃料、天然气的使用比例；

② 可再生能源的利用：如水力资源的充分开发和利用；

③ 新能源的开发：如太阳能、生物能、风能、潮汐能、地热能的开发和利用；

④ 各种节能技术和措施等：如在能耗大的化工行业采用热电联产技术，提高

能源利用率；

（2）清洁的生产过程。

① 尽量少用或不用有毒有害的原料，在工艺设计中充分考虑；

② 消除有毒、有害的中间产品；

③ 减少或消除生产过程的各种危险性因素，如高温、高压、低温、低压、易燃、易爆、强噪声、强震动等；

④ 采用少废、无废的工艺；

⑤ 选择高效的设备；

⑥ 加强物料的再循环（厂内、厂外）；

⑦ 简便、可靠的操作和控制；

⑧ 完善的管理等等。

（3）清洁的产品。

① 节约原料和能源，少用昂贵和稀缺原料、尽可能“废物”利用；

② 产品在使用过程中以及使用后不含有危害人体健康和生态环境的因素；

③ 易于回收、复用和再生；

④ 合理包装；

⑤ 合理的使用功能（以及具有节能、节水、降低噪声的功能）和合理的使用寿命；

⑥ 产品报废后易处理、易降解等。

清洁生产的最大特点是持续不断地改进。清洁生产是一个相对的、动态的概念。所谓清洁的工艺技术、生产过程和清洁产品是和现有的工艺和产品相比较而言的。推行清洁生产，本身是一个不断完善的过程。随着社会经济发展和科学技术的进步，需要适时地提出新的目标，争取达到更高的水平。

三、实施清洁生产的途径和方法

1. 实施清洁生产的途径和方法

从清洁生产的概念可知，清洁生产主要包括清洁能源、清洁的生产工艺、清洁的产品。清洁生产战略的实施，清洁生产技术的开发，是一个复杂的综合性问题，是对生产全过程以及产品整个生命周期全过程采取预防污染的综合措施。它的实施在于实现两个“全过程”控制：

（1）产品的生命周期全过程控制：即从原材料加工、提炼到产品产出、产品使用直到报废处置的各个环节采取必要的措施，实现产品整个生命周期资源和能源消耗的最小化；

（2）生产的全过程控制：即从产品开发、规划、设计、建设、生产到运营管理的全过程，采取措施，提高效率，防止生态破坏和污染的发生。

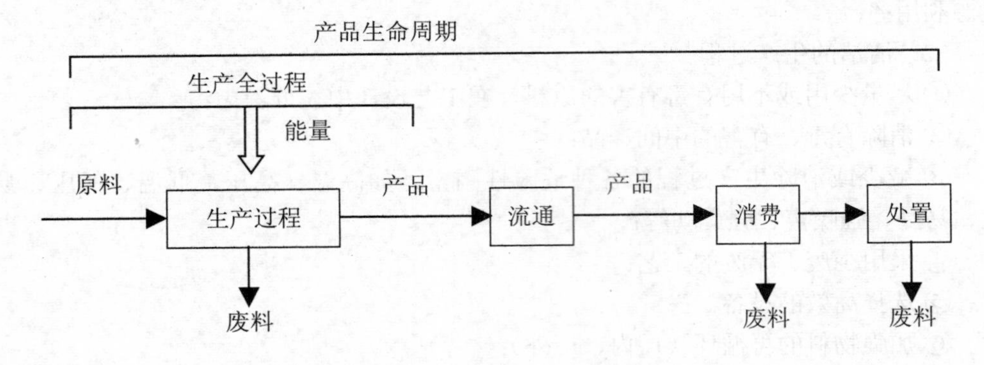

图 10-4 生产全过程和产品生命周期

实施清洁生产的主要途径和方法包括合理布局、产品设计、原料选择、工艺改革、节约能源与原材料、资源综合利用、技术进步、加强管理、实施生命周期评估等许多方面，可以归纳如下：

（1）合理布局，调整和优化经济结构和产业产品结构，以解决影响环境的“结构型”污染和资源能源的浪费。同时，在科学区划和地区合理布局方面，进行生产力的科学配置，组织合理的工业生态链，建立优化的产业结构体系，以实现资源、能源和物料的闭合循环，并在区域内削减和消除废物；

（2）节约能源和原材料，提高资源利用水平：通过资源、原材料的节约和合理利用，使原材料中的所有组分通过生产过程尽可能地转化为产品，消除废物的产生，实现清洁生产。原材料是工艺方案的出发点，它的合理选择是有效利用资源减少废物产生的关键因素。在一般的工艺产品中，原料费用约占成本的 70%，通过原料的综合利用可直接降低产品成本、提高经济效益、同时也减少了废物的产生和排放。从原材料使用环节实施清洁生产的内容可包括以无毒、无害或少害原料替代有毒有害原料；改变原料配比或降低其使用量；采用二次资源或废物做原料替代稀有短缺资源的使用等。

（3）改革生产工艺，采用和更新生产设备：工艺是从原材料到产品实现物质转化的基本软件，设备的选用是由工艺决定的，它是实现物料转化的基本硬件。采用能够使资源和能源利用率高、原材料转化率高、污染物产生量少的新工艺和设备，代替那些资源浪费大、污染严重的落后工艺设备。优化生产程序，减少生产过程中资源浪费和污染物的产生，尽最大努力实现少废或无废生产。通过改革工艺与设备方面实施清洁生产的主要内容可包括：简化流程、减少工序和所用设备；使工艺过程易于连续操作，减少开车、停车次数，保持生产过程的稳定性；提高单套设备的生产能力，装置大型化，强化生产过程；优化工艺条件（如温度、流量、压力、停留时间、搅拌强度、必要的预处理、工序的顺序等）；利用最新科技成果，开发新工艺、新设备，如采用无氰电镀或金属热处理工艺、逆流漂洗技术等。

（4）开展资源综合利用，尽可能多地采用物料循环利用系统：对于企业来说，物料再循环是生产过程流程中常见的原则。物料的循环再利用的基本特征是不改变主体流程，仅将主体流程中的废物，加以收集处理并再利用。这方面的内容通常包括将废物、废热回收作为能量利用；将流失的原料、产品回收，返回主体流程之中使用；将回收的废物分解处理成原料或原料组分，复用于生产流程中；组织闭路用水循环或一水多用等。从清洁生产的优先顺序看，对于废物首先应将其尽可能消灭在自身生产过程中，使投入的资源能源充分利用，使废弃物资源化、减量化和无害化，减少污染物排放。

（5）强化科学管理，改进操作：除了技术、设备等物化因素外，生产活动离不开人的因素，这主要体现在运行操作和管理上。国内外的实践表明，工业污染有相当一部分是由于生产过程管理不善造成的，只要改进操作，改善管理，不需花费很大的经济代价，便可获得明显的削减废物和减少污染的效果。因此，国外在推行清洁生产时常把改进操作加强管理作为一项最优先考虑的清洁生产措施。主要方法是：落实岗位和目标责任制，杜绝跑冒滴漏，防止生产事故，使人为的资源浪费和污染排放减至最小；加强设备管理，提高设备完好率和运行率；开展物料、能量流程审核；科学安排生产进度，改进操作程序；组织安全文明生产，把绿色文明渗透到企业文化之中等。推行清洁生产的过程也是加强生产管理的过程，它在很大程度上丰富和完善了工业生产管理的内涵。

（6）改革产品体系：产品的制取是工业生产的基本目的，产品来自原料，原料和产品是工业系统的输入端和输出端，它们是相辅相成的。随着科学技术的发展，产品的更新换代速度越来越快，新产品不断问世，人们也开始逐渐意识到工业污染不但发生在产品的生产过程中，有时会更严重地发生在产品的使用过程中。有些产品在使用后废弃、分散在环境中，也会造成严重的环境危害。例如有机氯制剂 DDT 具有防疟疾效用，这一发现曾使瑞士化学家米勒荣获 1948 年的诺贝尔奖。DDT 曾在第二次世界大战挽救了无数盟军士兵的生命，战后的大规模应用，曾被认为人类与害虫之间的战争一劳永逸地解决了。但随着昆虫抗药性的增强，DDT 的用量一再加大，以至滥杀无辜，殃及许多益虫，破坏生态系统，加之 DDT 不易在环境中降解，能在土壤、作物中积累，且随空气和水流扩散到全球范围。DDT 的大规模使用引发了一场影响深远的生态危机，当人们发现它的消极后果时，已经造成了巨大的损失，1972 年终于被美国环保局率先禁用。再如作为冷冻剂、喷雾剂和清洗剂的氯氟烃，生产工艺简单，成本低廉，性能优良，成为广泛应用的工业产品，但自从 1985 年发现南极上空的臭氧层出现空洞后，认定氯氟烃是破坏臭氧层的主要人造物质之一，短短数年即被“蒙特利尔协定书”所限制生产和限期禁用。

由此可见，随着科学研究的深入、公众环境意识的觉醒、社会舆论的监督、市场的竞争、政府法规的限制乃至国际公约的签订已成为决定产品兴衰存亡的重要因素。污染的预防不但要体现在生产全过程的控制之中，而且还要落实在产品整个生命周期的环境评价之中，要把产品的生产过程和消费过程看作物质转化的整体，力求把原料→工业生产→产品→消费→废品→弃入环境这一传统模式的开环系统变为原料→工业生产→产品→消费→废品→二次原料资源这样的闭环系统，使原料特别是不可再生的原料资源进入人类社会的范畴以后，能在生产—消费过程中实现多次复用的循环，同时在这样的循环过程中不致对环境造成危害。

（7）必要的末端处理：在全过程控制中的末端处理只是一种采取其他措施之后的最后把关措施。这种厂内的末端处理，往往作为送往集中处理前的预处理措施，在这种情况下，它的目标不再是达标排放，而是只需处理到集中处理设施可接纳的程度，其要求是：① 清污分流，减少处理量，有利于组织物料再循环；② 减量化处理，如脱水、压缩、包装、焚烧等；③ 按集中处理的收纳要求进行厂内预处理。

这些途径可单独实施，也可互相组合起来加以综合实施。应采用系统工程的思想和方法，以资源利用率高、污染物产生量小为目标，综合推进这些工作，使推行清洁生产与企业开展的其他工作相互促进，做到经济效益和社会效益的双赢。

2．实施清洁生产的主要工具

纵观国内外推行清洁生产的实践，无论工业发达国家，还是发展中国家，为了有效推行清洁生产，首先要建立完善的政策体系，将推行清洁生产纳入法制轨道，这是推行清洁生产的有力保障；其次要深入有效地推动清洁生产，还要大力加强清洁生产的宣传教育，特别是环境意识的培育和清洁生产技术的扩散也尤显重要。为了有效地实施清洁生产战略，目前国内外已开发和建立了一些实施工具，主要有清洁生产审核、环境标志、产品生命周期评价、生态设计以及环境管理体系（ISO14000）等。

（1）清洁生产审核。清洁生产审核是对企业现在的和计划进行的工业生产，运用以文件支持的一套系统化的程序方法，进行生产全过程评价、污染预防机会识别、清洁生产方案筛选的综合分析活动过程。它是支持帮助企业有效开展环境预防性清洁生产活动的工具手段，也是企业实施清洁生产的基础。清洁生产审核是目前最为成熟也是应用最广的一种实施清洁生产的方法。

在实行污染预防分析和评估的过程中，制定并实施减少能源、水和原材料使用，消除或减少产品和生产过程中有毒物质的使用，减少各种废弃物排放及其毒性的方案。

通过清洁生产审核，达到：

① 核对有关单元操作、原材料、产品、用水、能源和废弃物的资料；

② 确定废弃物的来源、数量以及类型，确定废弃物削减的目标，制定经济有效地削减废弃物产生的对策；

③ 提高企业对由削减废弃物获得效益的认识和知识；

④ 判定企业效率低的瓶颈部位和管理不善的地方；

⑤ 提高企业经济效益和产品质量。

（2）环境标志。产品的生产不但消耗资源，而且影响环境，可以说产品是资源和环境负性的载体。为了保护和促进公众爱护环境的积极性，引导消费市场向有益于环境的方向发展，一些国家的政府相继实行了环境标志计划。20 世纪 80 年代以来，世界上出现了以环境标志，又称绿色标志制度为核心的消费浪潮。

环境标志是某一个国家依据环境标准，规定产品从生产到使用的全过程必须符合环境保护的要求，对符合或者达到这一要求的产品颁发的证书或标志。如果商品上印制了特定的环境标志，就表明该商品与同类产品相比，在生产、流通、使用及处置全过程对生态环境无害或危害极小。实行环境标志的主要目的是增强全社会的环境意识，通过引导公众的购买取向，减少对环境有害的产品的生产和消费。它对转变不可持续的消费模式产生了积极的推动作用，同时也促进企业在生产过程中节约资源、降低污染，开发对环境标志有益的产品。

（3）产品生命周期评价。在清洁生产中，产品的生命周期是指产品从原料采集和处理、加工制作、运销、使用复用、再循环，直至最终处理处置和废弃等一系列环节组成的全过程，亦即体现产品从自然中来又回到自然中去的物质转化过程。生命周期有时也被形象地称作从“摇篮”到“坟墓”。按国际标准化组织的定义，“生命周期评价是对一个产品系统的生命周期中的输入、输出及潜在环境影响进行的综合评价”。

生命周期的概念为我们提供了一种新的思想原则，即考察产品的某种环境性能，应该遍及其生命周期的各个阶段，这样才能得出科学、全面的结论。产品生命周期评价是在产品设计开发过程中，继产品功能分析、技术分析、经济分析后的一种新的分析工具。该方法为环境标志、生态设计等提供依据。通过生命周期评价，可以阐明产品的整个生命周期中各个阶段对环境干预的性质和影响的大小，从而发现和确定预防污染的机会。目前，以生命周期为基础又逐渐衍生发展出生命周期风险分析，生命周期成本分析、生命周期管理等概念方法。

（4）生态设计。生态设计也叫绿色设计或生命周期设计或环境设计，它是随着绿色消费和绿色市场的兴起，在产品设计领域中出现的新潮流。产品的生态设计的基本思想是：污染预防应从产品的设计开始，把改善环境影响的努力灌注于产品的设计之中，从而帮助确定设计的决策方向。由于产品生命周期评价是一种可以系统分析评价产品整个生命周期环境影响的有效工具，因此基于生命周期评价的产品设计是当前以产品为对象实施清洁生产的研究和实践的热点。从整个生命周期过程推动产品的生态设计，不仅能够支持清洁产品的发展，而且有助于引导产生一个更具有可持续性的生产和消费系统。

产品设计是一个将人的某种目的或需要转换为一个具体的物理形式或工具的过程。传统的产品设计理论与方法是以人为中心、以满足人的需求和解决问题为出发点进行的，它忽视了后续的产品生产及其使用过程中的资源和能源的消耗以及对环境的排放。在传统的产品设计中，主要考虑的因子有：市场消费需求、产品质量、成本及制造技术的可行性等技术和经济因子，而没有将生态环境因子作为产品开发设计的一项重要因素。产品生命周期设计将引起设计思想和方法的重大转变，从“以人为中心”的产品设计转向“既考虑人的需求，又考虑生态系统的安全”的生态设计。

（5）环境管理体系。环境管理体系是一个组织实施环境管理与开展污染防治活动的组织基础和保证。随着清洁生产在生产过程中的推行，以往以末端治理为基础的环境管理模式需要向着以产品生命周期与生产过程为基础的全方位环境管理模式发展。这种深入组织全过程的环境管理需要采取系统综合的而不是孤立分割的管理方式进行，它不仅需要在组织活动过程的各个组成部分与环节中贯穿渗透清洁生产的考虑和行动，而且需要从其各个组成环节的相互影响和有机联系上去实施清洁生产的活动。特别是必须实施建立一种有效的环境管理体系，从组织管理上适应并支持清洁生产及其持续实施。

为了支持可持续发展在全球的实施，1993 年国际标准化组织开始了 ISO14000 环境管理系列标准的研究与制定。其中 ISO14001 关于环境管理体系的标准，依据 P（规划），D（实施），C（检查），A（改进）的循环过程机制，为组织建立实施这样一个环境管理体系提供了指导。按照 ISO14001，环境管理体系是组织管理体系的组成部分。它包括为制定、实施、评审和保持环境方针所需要的组织结构，规划活动、职责、惯例、程序、过程与资源。建立在规划、实施、检查、评审诸环节构成的动态循环过程基础上的 ISO14001 环境管理体系，为组织实施，保持并实现其环境管理体系的不断改善，进而促进组织环境绩效的持续改进提供了一个系统结构化的运行机制。

从上述分析可以看出，清洁生产战略主要从产品改进、过程改进（包括生产过程和服务过程）和管理系统的改进来促进污染者自愿进行污染预防，减少污染物的产生。

第三节 清洁生产与 ISO14000 系列环境管理标准

ISO 是国际标准化组织（International Organization for Standardization）的英文缩写，成立于 1947 年，总部设在瑞士的日内瓦，是国际标准化领域中一个十分重要的组织。它的任务是推动标准化，使之成为促进国际贸易的一种手段。国际标准化组织现有成员 146 个。我国在 1978 年 9 月 1 日，以中国标准化协会（CAS）的名义重新进入 ISO。

ISO 下设若干个技术委员会（technical committee）和分技术委员会（subcommittee），截至 2004 年 1 月，ISO 现有技术委员会（TC）188 个，分技术委员会（SC）546 个，

ISO 已制定了 14 251 个国际标准，如常见的 ISO9000，ISO14000 等[①]。

一、ISO14000 系列环境管理标准概述

1. ISO14000 环境标准产生的背景

1972 年，联合国在瑞典斯德哥尔摩召开了人类环境大会，大会成立了一个独立的委员会，即“世界环境与发展委员会”。该委员会承担重新评估环境与发展关系的调查研究任务，历时若干年，在考证大量素材后，于 1987 年出版了“我们共同未来”报告。这篇报告首次引进了“持续发展”的观念，敦促工业界建立有效的环境管理体系。这份报告一经颁布即得到了 50 多个国家领导人的支持，他们联合呼吁召开世界性会议专题讨论和制定行动纲领。

从 20 世纪 80 年代起，美国和西欧的一些公司为了响应持续发展的号召，减少污染，提高在公众中的形象以获得经营支持，开始建立各自的环境管理方式，这是环境管理体系的雏形。1985 年荷兰率先提出建立企业环境管理体系的概念，1988 年试行实施，1990 年进入标准化和许可制度。1990 年欧盟在慕尼黑的环境圆桌会议上专门讨论了环境审核问题。英国也在质量体系标准（BS5750）基础上，制定 BS7750 环境管理体系。英国的 BS7750 和欧盟的环境审核实施后，欧洲的许多国家纷纷开展认证活动，由第三方予以证明企业的环境绩效。这些实践活动奠定了 ISO14000 系列标准产生的基础。

1992 年在巴西里约热内卢召开“环境与发展”大会，通过了“21 世纪议程”等文件。这次大会的召开，标志着全球谋求可持续发展的时代开始了。各国政府领导、科学家和公众认识到要实现可持续发展的目标，就必须改变工业污染控制战略，从加强环境管理入手，建立污染预防（清洁生产）的新观念。通过企业的“自我决策、自我控制、自我管理”方式，把环境管理融于企业全面管理之中。

为此国际标准化组织（ISO）于 1993 年 6 月成立了 ISO/TC207 环境管理技术委员会，正式开展环境管理系列标准的制定工作，以规范企业和社会团体等所有组织的活动、产品和服务的环境行为，支持全球的环境保护工作。

ISO14000 系列标准集成了各国环境管理实践的精华，使可持续发展思想具体化、技术化，使环境保护与社会经济发展相平衡。其中，ISO14001 环境管理体系标准是核心标准，是组织建立环境管理体系及实施环境审核的基本准则。它明确了环境管理体系的构成要素、规定了对环境管理体系的要求。ISO14001 环境管理体系通过一套完善而且有效的管理制度保证企业遵守环境法律法规，规范环境行为并进行持续改进。ISO14001 环境管理体系的建立增强了企业守法意识和能力，这对改善区域、国家乃至全球环境质量、保证资源和能源的持续利用起到了至关重要的

① 数据来源：国际标准化组织网站，http://www.iso.org/iso/en/aboutiso/isoinfigures

推动作用。

2. ISO14000环境管理系列国际标准的组成

ISO14000 是一个系列的环境管理标准，它包括了环境管理体系、环境审核、环境标志、生命周期分析等国际环境管理领域内的许多焦点问题，旨在规范各类组织的环境行为，促进组织节约资源、能源，减少和预防污染，提高环境管理水平，改善环境质量，促进经济的可持续发展。ISO 给 14000 系列标准共预留 100 个标准号。该系列标准共分七个系列，其编号为 ISO14001～14100。

表 10-3 ISO14000系列标准标准号分配表

编号	名 称	标 准 号
SC1	环境管理体系（EMS）	14001～14009
SC2	环境审核（EA）	14010～14019
SC3	环境标志（EL）	14020～14029
SC4	环境行为评价（EPE）	14030～14039
SC5	生命周期评估（LCA）	14040～14049
SC6	术语和定义（T&D）	14050～14059
WG1	产品标准中的环境指标	14060
	备用	14061～14100

ISO14000 为一个多标准组合系统，按标准性质可分为三类：

第一类：	基础标准—术语标准。
第二类：	基本标准—环境管理体系、规范、原理、应用指南。
第三类：	支持技术类标准（工具），包括： ① 环境审核；② 环境标志；③ 环境行为评价；④ 生命周期评估。

如按标准的功能，可以分为两类：

第一类：	评价组织： ① 环境管理体系；② 环境行为评价；③ 环境审核。
第二类：	评价产品： ① 生命周期评估；② 环境标志；③ 产品标准中的环境指标。

3. ISO14000 系列标准的特点

ISO14000 环境管理系列标准是一套新的环境管理标准，它是一套自愿性的标准，通过第三方认证的方式实施，其特点是：

（1）以市场驱动为动力、而不是以政府行为为动力。近年来，世界各国公众环境意识不断提高，对环境问题的关注也达到了史无前例的高度，“绿色消费”浪潮促使企业在选择产品开发方向时越来越多地考虑人们消费观念中的环境原则。由于环境污染中相当大的一部分是由于管理不善造成的，而强调管理，正是解决环境问题的重要手段和措施，因此促进了企业开始全面改进环境管理工作。ISO 14000 系列标准一方面满足了各类组织提高环境管理水平的需要，另一方面为公众提供一种衡量组织活动、产品、服务中所含有的环境信息的工具。

（2）强调污染预防。ISO14000 系列标准体现了国际环境保护领域由“末端控制”到“污染预防”的发展趋势。环境管理体系（ISO14001～ISO14009）强调对组织的产品、活动、服务中具有或可能具有潜在环境影响的环境因素加以管理，建立严格的操作控制程序，保证企业环境目标的实现；生命周期分析（ISO14040～ISO14049）和环境表现（行为）评价（ISO14030～ISO14039）则将环境方面的考虑纳入产品的最初设计阶段和企业活动的策划过程，为决策提供支持，预防环境污染的发生。

（3）可操作性强。ISO14000 系列标准体现了可持续发展战略思想，将先进的环境管理经验加以提炼浓缩，转化为标准化的、可操作的管理工具和手段。例如，已颁行的环境管理体系标准，不仅提供了对体系的全面要求，还提供了建立体系的步骤、方法指南。标准中没有绝对量和具体的技术要求，使得各类组织可根据自身情况适度运用。

（4）标准的广泛适用性。ISO14000 系列标准应用领域广泛，涵盖了企业的各个管理层次，生命周期评价方法可以用于产品及包装的设计开发，绿色产品的优选；环境表现（行为）评价可以用于企业决策，以选择有利于环境和市场风险更小的方案；环境标志则起到了改善企业公共关系，树立企业环境形象，促进市场开发的作用；而环境管理体系标准则进入企业的深层管理，直接作用于现场操作与控制，明确员工的职责与分工，全面提高其环境意识。因此，ISO14000 系列标准实际上构成了整个企业的环境管理构架。

ISO14000 系列标准适用范围广泛，作为系列标准的核心，ISO14001 标准的引言指出，该体系适用于任何类型、规模以及各种地理、文化和社会条件下的组织。各类组织都可以按标准所要求的内容建立并实施环境管理体系，也可向认证机构申请认证。

（5）强调自愿性原则。ISO14000 系列标准的应用是基于自愿原则，它是非政府国际组织推行的，并不具有法律上的强制性。国际标准只能转化为各国国家标准而不等同于各国法律法规，不可能要求组织强制实施，因而也不会增加或改变一个组织的法律责任。组织可根据自己的经济、技术等条件选择采用。

从上述特点我们可以看出，ISO14000 系列标准顺应了世界经济发展与环境保护的主流，符合可持续发展思想，为企业微观环境管理提供了一套标准化的模式，对改善我国宏观的及企业微观的环境管理，提升企业环境形象，促进企业迈向国际市场将产生较大帮助。

4. ISO14000系列标准的现实意义

推行ISOl4000的意义包括两个方面，社会意义可概括为：

（1）有利于提高全民族的环境意识，树立科学的自然观和发展观，有利于促进两个文明建设。

（2）有利于提高人们的遵法、守法意识，有利于环境法规的贯彻实施。

（3）调动企业防治环境污染的主动性，促进企业通过建立自律机制，制定并实施预防为主、源头抓起、全过程控制的管理措施，为解决环境问题提供了一套同依法治理相辅相成的科学管理方法，为人类社会解决环境问题开辟了新的思路。

（4）ISOl4000把治理环境污染同减少资源、能源的消耗同时并重，视为同一问题的两个方面，从而能有力地推动资源和能源的节约，实现其合理利用，对保护地球上的不可再生和稀缺资源也会起到重要作用。

（5）ISO14000意在保护环境，但它并不排斥发展，它是建立在科学的发展观基础之上的，贯彻这一标准，有利于实现经济与环境协调发展，有利于实现经济的可持续发展。

（6）实施统一的国际环境管理标准，有利于实现各国之间环境认证的双边和多边互认，有利于消除技术性贸易壁垒。

（7）环境管理是一项综合管理，环境管理涉及企业的方方面面，环境管理水平的提高，必定促进和带动整个管理水平上台阶，从而有利于推动我国经济由消耗高、浪费大、效率低、效益差的粗放式经营向集约化经营转变。

对企业的现实意义可概括为：

（1）提高职工的环境意识和守法的主动性、自觉性。

（2）ISO 14000为帮助企业提高环境管理能力，提供了一整套方法和系统化框架。企业借助这套框架，可以建立符合起码要求的管理模式。

（3）企业通过环境管理体系认证，可向外界证实自身遵循所声明的环境方针和改善环境行为的承诺，树立企业的良好形象，提高企业信誉和知名度。

（4）企业推行 ISO l4000，有利于满足市场、用户和各相关方的要求，有利于减少信贷和保险机构的风险，有利于吸引投资，有利于产品销售和市场开拓。

（5）ISO l4000 要求企业建立起内部、外部双向的信息沟通渠道并且形成制度保证沟通的及时和有效。这就有利于增进企业与周围居民、社区和相关方的相互了解，改善相互关系。

（6）环境的改善固然需要投入，这种投入必然产生环境效益。从长远来看，环境效益有利于企业经济效益的增长，同时也有利于增强职工的敬业精神，有利于保证职工身心健康，提高职工的劳动热情，有利于开展精神文明建设。

（7）适应绿色消费潮流，提高企业的竞争优势。

（8）有利于推动企业技术改造，改进工艺技术和开发新产品。

5. ISO 14000 在中国

（1）中国 ISO 14000 认证/认可实施状况。

我国政府十分重视 ISO 14000 系列标准在我国的实施，1997 年 4 月 1 日由国家技术监督局正式发布了与已公布的五项国际标准 ISO 14001、ISO 14004、ISO 14010、ISO 14011、ISO 14012 等同的国家标准 GB/T 24001、GB/T 24004、GB/T 24010、GB/T 24011 和 GB/T 24012。从 1996 年起开始，国家环保总局在企业自愿的基础上，在全国范围内开展了环境管理体系认证试点工作。试点企业涉及多种行业及各种经济类型。同时，国家环保总局还在全国 13 个城市组织实施了 ISO 14000 标准的试点工作，探索在城市和区域建立环境管理体系的方法、推进实施 ISO 14000 系列标准的政策和管理制度。该项工作取得了圆满结果，苏州新区和大连经济技术开发区率先通过了区域 ISO14001 认证，9 个城市（区）完成了试点工作，取得了在我国实施 ISO14000 系列标准的有益经验。

为维护 ISO14001 环境管理体系认证的公正性、权威性，保证认证质量，我国在引入和实施 ISO14000 系列标准的同时，积极快速地建立起规范化、科学化的中国环境管理体系认证国家认可制度。

1997 年 5 月国务院办公厅批准成立了中国环境管理体系认证指导委员会，负责指导并统一管理 ISO14000 系列标准在我国的实施工作。指导委员会下设中国环境管理体系认证机构认可委员会（环认委）和中国认证人员国家注册委员会环境管理专业委员会（环注委），分别负责对环境管理体系认证机构的认可和对环境管理体系认证人员及培训课程的注册工作。

目前，在国家环境管理体系认可制度的规范管理下，我国的环境管理体系认证工作呈现健康快速发展的势头。截至 2001 年 12 月底全国有 1 024 家企业通过了认证，有 28 家认证机构得到了中国环认委的认可，注册环境管理体系审核员 3 834 人（高级审核员 159 人，占 4.15%；审核员 274 人，占 7.15%，实习审核员 3 401 人，占 88.7%，涉及 16 个专业[①]），获备案资格的环境管理体系认证咨询机构超过百余家。

（2）ISO14000 系列标准使可持续发展思想具体化、技术化。

ISO14000 系列标准中的环境管理体系标准（ISO14001）提供了一个管理框架，其他标准作为技术性支持标准为企业建立完整、有效的环境管理体系提供了更具体的技术方法和手段。广大企业环境行为的改善对区域、对国家乃至对全球环境质量的改善至关重要。从这个意义上讲，实施 ISO14000 系列标准将可持续发展的思想落到了实处。

据对我国 15 个试点期间的获认证企业的统计，实施 ISO14000 系列标准，一年

---

① 数据统计来源“中国环认委”网站，http://www.naceca.org

节能降耗产生 5.2 亿元的经济效益，削减污染负荷 10%～15%。ISO14000 标准带来的巨大效益已引起我国企业界和政府部门的广泛关注和积极响应，众多组织正在加入到实施 ISO14000 系列标准的行列中来。

（3）ISO14000 是具有清洁生产理念的现代管理制度，同时也是中国现行环境保护管理制度的补充和完善。

在我国推行清洁生产是走可持续发展之路、使经济与环境保护协调发展的重要手段。在近期，提高原材料、能源利用率，在生产过程中预防污染的产生，实行生产全过程控制是清洁生产战略的目标。建立和运行环境管理体系为这一目标的实现提供了制度上的保障。通过体系运行推动企业从根本上实现污染预防和环境行为的持续改进，大大推动了企业开发清洁产品，采用清洁工艺，采用高效设备，综合利用废物的工作。

（4）迎接“入世”挑战，加紧实施认证，积极参与国际竞争。

中国加入 WTO 会促进我国经济的发展，但同时也会带来参与国际市场竞争的一切挑战，关税壁垒的突破将使得技术壁垒成为影响我国商品出口的主要因素。由各国所制定的环境法规及标准等技术性措施，存在着由于经济、技术、地理文化等区别而导致的差异性，从而导致越来越多的贸易摩擦，形成了“绿色壁垒”，ISO14000 系列标准的引入，为我国企业突破“绿色壁垒”提供了有力的手段。

可持续发展的思想渗透在 WTO 中的一系列协议及条款中。WTO 对 ISO14000 也高度重视，并正在与国际标准化组织积极合作，协调环境与贸易的关系。因此 ISO 标准在 WTO 中受到了特别的待遇。WTO 的《贸易技术壁垒协定》和《卫生与植物检疫协定》要求各国在制订国内法规时以国际标准为基础，其中《贸易技术壁垒协定》特别涉及 ISO，并对如何制定、设计和执行包括环境领域在内的强制性“技术”法规和自愿性标准制定了规则。该协定承认了 ISO 的标准，使得这些标准具有更大的约束力。

二、ISO14000 与清洁生产的关系

推行清洁生产是走可持续发展之路和使经济与环境保护协调发展的重要手段。在近期，提高原材料、能源利用率，在生产过程中预防污染的产生，实行生产全过程控制是清洁生产战略的目标。建立和运行环境管理体系为这一目标的实现提供了制度上的保障。

1. ISO14000 与清洁生产的共同点

清洁生产可以理解为工业发展的一种目标模式，即利用清洁的能源、原材料，采用清洁的生产工艺技术，生产出清洁的产品。同时，实现清洁生产，不是单纯从技术、经济角度出发来改进生产活动，而是从生态经济的角度出发，根据合理利用资源，保护生态环境的这样一个原则，考察工业产品从研究、设计、生产到消费的

全过程，以期协调社会和自然的相互关系。

ISO14000 环境管理体系旨在指导并规范企业建立先进的环境管理体系，引导企业建立自我约束机制和科学管理的行为标准。ISO14000 系列标准的实施，有利于环境与经济的协调发展，这与企业推行清洁生产的目的是一致的。在 ISO14001 标准的引言中明确提出：“本标准的总目的是支持环境保护和污染预防，协调它们与社会需求和经济需求的关系”。ISO14001 标准强调持续改进、污染预防和生命周期等基本内容，组织通过制定环境方针和目标指标，评价重要环境因素与持续改进，达到节能、降耗、减污的目的。而清洁生产也是强调资源、能源的合理利用，鼓励企业在生产、产品和服务中最大限度地做到节约能源、利用可再生资源和清洁能源，实现各种节能技术和措施；节约原材料，使用无毒、低毒和无害原材料，循环利用物料等。在清洁生产方法上，以加强管理和依靠科技进步为手段，实现源头削减，改进生产工艺和现场回收利用；开发原材料替代品，改进生产工艺和流程，提高自动化生产水平，更新生产设备和设计新产品；开发新产品，提高产品寿命和可回收利用率；合理安排生产进度，防止物料和能量消耗；总结生产经验，加强职工培训等。这些做法和措施也正是 ISO14001 标准中控制重要环境因素、不断取得环境绩效的基本做法和要求，是实现污染预防和持续改进的重要手段。

2. ISO14000 与清洁生产的区别

清洁生产与 ISO14000 环境管理体系又是两个不同的概念，其主要差别是：

（1）侧重点不同：清洁生产着眼于生产本身，以改进生产、减少污染产出为直接目标。而 ISO14000 标准侧重于管理，强调标准化的、集国内外环境管理经验于一体的、先进的环境管理体系模式。

（2）实施手段不同：清洁生产是直接采用技术改造，辅之以加强管理，并且存在明显的行业特点；而 ISO14000 标准是以国家法律法规为依据，采用优良的管理，促进技术改造。

（3）审核方法不同：清洁生产中以工艺流程分析、物料和能量衡算等方法为主，确定最大污染源和最佳改进方法；环境管理体系中则侧重于检查企业环境管理状况，审核对象是企业文件、现场状况及记录等具体内容。

（4）产生的作用不同：清洁生产向技术人员和管理人员提供了一种新的环保思想，使企业环保工作重点转移到生产中来；ISO14000 标准为管理层提供一种先进的管理模式，将环境管理纳入其管理之中，让所有的职工意识到环境问题并明确自己的职责。

（5）资质不同：ISO14000 为认可证制，ISO14000 系列标准的审核认证，必须由专门的审核人员和认证机构对企业的环境管理体系进行审核，企业达到标准即可取得认证证书；清洁生产是一个相对的概念，没有绝对的标准。清洁生产审核是在现有的工艺、技术、设备、管理等基础上，尽可能地改进技术，提高资源、能源的利用水平，加强管理，改革产品体系，实现保护环境、提高经济效益的目的。它是一种减少人类和环境风险的创造性思维方式，只有把环境管理体系与清洁生产有机地结合起来、改善环境管理，推行清洁生产，才可能实现环境的可持续发展。

由此可知，清洁生产虽然已强调管理，但技术含量较高；环境管理体系强调污染预防技术的采用，但管理色彩较重；两者共同体现了治理污染预防为主的思想，两者相辅相成，互相促进。ISO14000 标准为清洁生产提供了机制、组织保证，清洁生产为 ISO14000 提供了技术支持。

第四节 清洁生产实例介绍

阜阳化工总厂：一个成功的清洁生产故事

1. 项目概况

安徽阜阳化工总厂地处淮河流域，是以生产合成氨为主的综合性化工企业，年产合成氨 13 万 t。加拿大通过一个五年的 900 万加拿大元的项目来支持和帮助中国在工业行业部门推行清洁生产，其中的一个行业就是化肥。加拿大国际开发署（CIDA）对此中国——加拿大清洁生产合作项目提供资金支持。加拿大方面的主要参加者是：PricewaterhouseCoopers（原 Coopers & Lybrand）咨询公司，SNC-Lavalin 环境工程公司和 ESSA 技术公司。中国方面的合作者包括中方项目执行机构的国家经济和贸易委员会（SETC），国家环境保护总局（SEPA），安徽省经济和贸易委员会（AHETC），国家石油和化学工业局（SAPCI）和国家轻工局（SBLI）。安徽省省长和阜阳市市长同样给予了强有力的支持和鼓励。中国——加拿大清洁生产合作项目选择阜阳化工总厂为化肥行业的示范企业，专门成立了以厂长为首的清洁生产领导小组和审核小组。

此项目开始于 1996 年，主要集中于减少水的消耗，有效地利用原材料和能源，循环利用物料，提高管理水平，和仔细而安全地处理原材料、中间产品和最终产品。

中加双方专家与工厂清洁生产领导小组和审核小组成员一起，在阜阳化工总厂进行了清洁生产预审核、审核、方案可行性研究和方案实施。根据调查和监测的数据，对废水产生及物料流失原因做了进一步的分析，同时在此基础上提出了 32 个清洁生产实施方案，并对其中的 31 项方案进行了实施。

实施清洁生产前后（1999 年与 1996 年）对比：

合成氨产量从 0.78 亿 kg/a 增加到 1.15 亿 kg/a，总氨产量从 0.83 亿 kg/a 增加到 1.31 亿 kg/a，碳铵产量从 1.33 亿 kg/a 增加到 1.69 亿 kg/a，尿素产量从 0.7 亿 kg/a 增加到 1.09 亿 kg/a，甲醇产量从 486.7 万 kg 增加到了 1 380 万 kg。

氨利用率从 88.2%提高到了 91.1%，生产每 1 000 kg 氨所消耗的白煤、烟煤和电消耗量都降低了 10%左右；在产量增加的情况下，工厂的废水排放量基本没有增加，每 1 000 kg 氨排水量从 27 m^3 降为 19 m^3。在稀氨水回收装置投入运行以后，每 1 000 kg 氨排氨量从 41.36 kg 降为 4.65 kg；废水中的 COD 排放量从 7.36 kg/1 000 kg 氨降为 3.52 kg/1 000 kg 氨，每年减少 COD 排放量为 5.45 万 kg，减少氨氮排放量 235.2 万 kg，实现了发展生产与保护环境相协调的预期目标。

2．实施清洁生产概况

审核人员在中加双方专家的帮助下从原材料入手，审核了现有的生产工艺，工序物耗、能耗及产品的有关资料和数据。在此基础上，进行现场实测和部分理论计算，核实了输入与输出物料的数据，进行了物料及水平衡分析。从中发现企业管理制度不很完善；工艺流程不尽合理；操作规程不严；工艺技术、经济指标数据的检测仪器不齐全；原料有流失，杂质含量高；尽管已采取了两水闭路循环技术，但废水中的悬浮物和氨氮排放量较高；余热利用不充分；部分设备较陈旧，亟待更新；技术水平有待进一步提高。

针对审核中发现的问题，共提出了 32 个备选方案。其中：无费/低费方案 9 个，中高费方案 23 个。在 32 个方案中，除合成氨高压系统自控，因资金未落实未能实施外，其他 31 个方案均得到实施。阜阳化工总厂自己投资进行了部分清洁生产方案的实施。中国-加拿大清洁生产合作项目在进行方案论证时，主要考虑到阜阳化工总厂在实施了部分清洁生产方案后，其主要问题为废水中 COD、氨氮和油含量较高，所以提出的清洁生产实施方案主要是针对削减废水中的 COD、氨氮和油含量。中加项目提供资金支持的三个方案是：稀氨水回收方案、硫黄回收方案和油回收方案。

3．实施清洁生产效果

在总结清洁生产方案实施的效果时，主要侧重于中加清洁生产合作项目提供资金支持的三个中高费方案实施后的效果分析。

通过清洁生产审核，整改方案的实施，提高了企业整体素质，完善了企业管理制度，促进了生产工艺技术进步，提高了产品质量，增加了产品附加值，减轻了生产工艺过程中污染物排放，取得了明显的经济效益和环境效益，具体地表现在：

自开展清洁生产工作以来，由于厂领导的重视和支持，在全厂范围内开展了宣传总动员，提高了认识，从管理层着手，已取得了明显效果。

（1）无费/低费方案实施的效果。

① 消除贮存区的化肥包装袋的破损，减少了大量的氨通过雨水带入下水道造成对环境的污染。

② 从废物回收中增加收入，在电厂新建了一个沉淀池，以除去烟囱喷淋液中的固体悬浮物。此措施通过外卖沉淀的固体作为各种建筑材料而增加收入。

③ 消除贮槽和滤布的铜液泄漏。此措施在消除水环境污染的同时，节省了化

学品的费用。

④ 环境美化。清除了垃圾场，代之以一个花园。

⑤ 通过回收水中的油，最大限度地减少了水中油的排放。

⑥ 生产办设立了工艺考核组以加强工艺管理，提高了调度自身素质，杜绝工艺事故的发生，1999 年上半年以来，综合费用已大大降低，合成氨产量明显提高，日产合成氨都在 26 万 kg 以上，尿素日产 24.5 万 kg 左右，1999 年上半年节电 8.4 万 kW · h，每度按 0.4 元计，则节电费用为 3.36 万元。

⑦ 由于加强了设备维修、仪表维修及备品备件的管理，1999 年上半年来，合成氨系统的开车率由 1998 年的 93.3%提高到了 96.6%，尿素系统开车率由 94.7%提高到了 98.3%，按现有生产能力计，6 个月可增产合成氨 148.5 万 kg，尿素 155.5 万 kg，可创经济效益 500 万元以上。

⑧ 由于合成氨能耗主要消耗在造气工序，原料气制取是控制能耗的关键岗位，厂里经过认真研究，决定在其他不变的情况下，将造气炉夹套的直径由Φ2 400 mm 扩大到Φ 2 650 mm，同时加大鼓风量，这样增加了炉膛面积，提高了产气量，单位气化强度大大提高，副产蒸汽量加大。

⑨ 该厂还对全厂所有电机进行全面测试，对不需满负荷运转的电机增设变频调速装置和就地补偿装置，使它们最大限度地节约电力资源。

（2）中高费方案实施的效果。

① 稀氨水回收装置。该厂在清洁生产审核前整个氮肥的生产过程中氨的利用率只在 88.2%。中加双方专家和厂清洁生产审核小组成员 1997 年两次现场监测结果表明，其余 10%左右的氨主要随废水和废气排入了周围环境之中。

为了减少物料损失造成的环境污染和经济损失，该厂决定利用稀氨水回收装置将稀氨水进行浓缩回收，回用到生产中去。

通过对 1999 年 10 月 13 日至 24 日这段时间的操作数据统计，每年可回收氨（以 100%）约 276.9 万 kg（按年操作时间 8 000 h 计），回收率为 99.988%。塔釜出水中氨的平均浓度为 47.05 mg/L。汽提塔塔釜的出水可以达到国家规定的排放标准《合成氨工业污染物排放标准》（GWPB 4—1999）中规定的氨氮一级排放标准 70 mg/L。

该项工程投资为 139 万元，每年可以回收氨（以 100%计）276.9 万 kg；从汽提塔塔釜出水可以送至合成循环水处理系统经冷却后作为冷却水使用，每年减少外排废水约 10^8 kg；仪表用电等增加能耗 12 万 kW · h，汽提塔使用蒸汽为热源，一部分中压蒸汽来自锅炉，另一部分蒸汽来自尿素装置的富余蒸汽，每小时用蒸汽 0.365 万 kg，增加冷却水消耗 3.2 万 kg/h，需要增加操作人员 8 人。每年可获经济效益 192 万元。约 8 个月即可收回工程建设投资。

② 硫黄回收装置。合成氨的原料气体中如含有硫化氢，则对后续工段的设备

和触媒都有极大的危害，必须彻底清除。目前工厂采用低浓度稀氨水在对苯二酚催化作用下来清除原料气中的硫化氢，在清除过程中需要不断地补充稀氨水以保持氨水的浓度。排放的硫泡沫中含有大量的硫黄、氨，排入造气冷却循环水系统或经其溢流到厂污水总排放口而排放到环境中，不仅给废水处理带来负担，同时也给工厂造成经济损失。

清洁生产审核时提出的方案包括脱硫工艺改造和硫黄回收装置两部分，由于项目资金的限制，方案实施时只包括了硫黄回收部分。原方案的投资是 234 万元，硫黄回收装置的投资是 40 万元。

该项工程装置投资为 40 万元，每年可以回收硫黄（以 100%计）55 万 kg。经泡沫分离器排出的溶液返回贫液槽重复使用，每年减少外排废水约 2 000 万 kg，仪表用电等增加能耗 12 万 kW·h，熔硫釜使用蒸汽为热源，每小时用蒸汽约 1 000 kg，需要增加操作人员 4 人。每年可获经济效益约 35 万元。约 1 年即可收回工程建设投资。

③ 废油回收。在氨的合成过程中要用压缩机来输送合成氨的原料气，用以满足各个工序不同压力的需要，在压缩过程中需用大量的润滑油来润滑压缩机的各个运转部件，润滑后部分润滑油随气体带出然后流失到废水中。

中加双方专家和厂清洁生产审核小组成员 1997 年两次现场监测结果表明，大量的油随废水流入环境。造成厂污水排放口的 COD 含量高达 276 mg/L。仅此一项每年从废水中流失的油约 13.5 万 kg，造成直接经济损失 48 万元左右。为了减少物料损失造成的环境污染和经济损失，须将废油进行提炼回收，回用到生产中去。

该项工程投资为 40 万元，每年可以回收油（以 100%计）约 15 万 kg，仪表用电等增加能耗 12 万 kW·h，使用蒸汽为热源，每小时用蒸汽约 1 000 kg，需要增加操作人员 8 人。年获经济效益约 25 万元。2 年半左右即可收回工程建设投资。

在创造经济效益的同时，也改善了环境，减少了废水排放量和废水中污染物的排放量，同时还能减轻生产工人的劳动强度，改善妇女的劳动环境，增加妇女的就业机会。

4．实施清洁生产的基本经验

清洁生产是一项系统工程，涉及观念、资金、技术、信息等诸多因素。针对清洁生产的不同阶段所出现的障碍，可采取以下措施来保证清洁生产工作的顺利进行：

（1）领导重视。在阜阳化工总厂进行的是一项双边政府合作项目，从项目一开始，即得到了国家经贸委、国家石化局及安徽省经贸委的大力支持，国家经贸委专门成立了中加清洁生产合作项目领导小组，负责指导项目的实施。由设在北京化工研究院环保所的项目办公室负责项目的日常工作，并从国内挑选有经验的清洁生产专家与加方专家一起具体负责指导阜阳化工总厂的清洁生产审核工作。

（2）加强合作。在阜阳化工总厂进行清洁生产审核期间，中加双方专家克服了语言、文化及生活习惯等方面的差异，加强合作与沟通，是项目顺利进行的前提。

（3）更新观念。企业领导从生产实际认识到：经过多年来污染治理设施建设和管理的实践，该厂深刻地认识到，采用末端治理是一种被动的环境保护方法，投资大、效益低，而且往往效果不好。特别是中国加入 WTO 后，小氮肥面临国际和国内同行的激烈竞争，而实施清洁生产可以降低物耗，节约能源，提高产品质量，减少污染，降低成本，增强市场竞争力，是实现企业生产与环境协调发展的必由之路。当中外专家向该厂介绍清洁生产的概念及重要性后，引起了厂部领导的高度重视，厂主要领导详细地向中外专家询问了国内外开展清洁生产的情况，并多次邀请中外专家到厂里考察，耐心细致地向专家们介绍了该厂生产经营状况及今后的发展思路。

（4）筹划和组织。该厂被批准列入清洁生产示范企业后，厂领导及时召开专门会议，专门从总工程师办公室及有关部门抽调技术人员成立了以厂长为组长的清洁生产领导小组，负责该项目的实施。各分厂、车间由主管生产的厂长、车间主任负责该分厂、车间的清洁生产工作。分厂、车间均设有专职人员参加清洁生产工作。

目前，全厂共有清洁生产管理人员 25 人，值班工长和操作人员具体负责有关清洁生产指标的完成，形成了总厂—分厂—车间—班组四级管理网络。通过网络安排任务，检查考核，推进清洁生产方案的实施，实现企业的目标。由于厂领导的高度重视和健全的组织机构，使该厂的清洁生产工作顺利地开展起来。

（5）广泛宣传。企业领导认识到实施清洁生产仅有领导重视是不够的，还必须引导、宣传、发动全体员工都来关心清洁生产工作，全体员工的参与是清洁生产能否取得成果以及巩固成果的基础。为此，企业把宣传发动贯穿于清洁生产始终。

统一领导层对清洁生产的认识，结合企业生产实际讨论企业实施清洁生产的必要性；宣传实施清洁生产的重要意义，调动企业员工参加清洁生产的积极性，员工们结合本岗位实际，按照清洁生产要求提出 100 多条建设性意见，为备选方案的产生打下了较好的基础；及时了解审核过程中出现的问题，有针对性地召开不同层次座谈会，消除思想障碍；对实施无费/低费方案所取得的经济和环境效益及时总结，在全厂进行宣传，教育员工，巩固清洁生产审核成果。

（6）技术培训。在清洁生产实施过程中，由于工艺改进，有些工艺技术规范、操作规程需要调整。重新修订车间工艺操作规程，组织技术人员编写规范性文件，对员工进行岗位培训，制定工艺考核办法，严格工艺规程，规范了现场操作，增强了职工责任心。

该厂还利用中加清洁生产专家在厂工作期间，邀请他们对工厂的管理人员、技术人员和工人进行清洁生产方面的培训。在加拿大和国家石化局专家的帮助下，该厂先后举办了三次清洁生产培训班，分别对中层干部、班组长、职工进行清洁生产知识教育。通过简单的例子让大家理解清洁生产的意义，明白推行清洁生产的重要性，让人人都知道清洁生产是在生产过程中优化工艺、避免产生或少产生污染物，既减少污染物的排放，减少物料消耗，又增加主产品的产量。

该厂还利用中加清洁生产合作项目提供的机会，派技术人员到加拿大考察，了解加拿大开展清洁生产的经验。与此同时，派管理人员和技术人员到北京、合肥等地参加中加清洁生产合作项目组织的计算机、管理培训班及学术会议。

（7）严格操作管理。通过清洁生产审核，发现设备运行不佳，原材料流失严重的原因很大程度是由于管理不善造成的。为落实边审边改的原则，结合审核中提出的问题采取措施，制定了杜绝跑、冒、滴、漏的考核办法，实施工序区域责任制，管理人员，操作工和维护工共同管理。根据不同设备特点，分别制定定期检查、清洗、维护保养制度，并且责任到人，各负其责。这样既提高了设备完好率，确保设备的正常运转，又降低了运行费用。

（8）严格奖惩制度。为了保证各项管理制度的实施，从厂领导到职工，结合各自岗位职责，采取百分制考核与工资挂钩的办法，进行每月考核与不定期抽查相结合，对违反制度者，根据严重程度处一次性罚款。

在制定管理考核措施的同时，厂部修改了提取资金方案，让职工的收入与生产过程中的消耗、产品质量、企业经济效益挂钩，把所有的经济指标都分解到班组个人，让每个职工都积极投入到清洁生产这一全新的环保战略中。

经专家建议的废油回收方案，组织 4 位女工在全厂设立 20 多个废油回收站点，回收废油，然后加碱热处理，使其蒸发掉水分和杂质，降级使用或出售。回收人员的工资和奖金全部从回收油收入中提取，回收率高，提取的就高，这样大大激发了她们回收废油的热情。

（9）加强信息交流。中国—加拿大清洁生产合作项目建立了自己的网页，项目参加单位之间通过互联网建立了联系，使项目参加单位能及时交流信息。阜阳化工总厂在中加清洁生产专家不在厂时也能及时联系，节约了大量的时间，使方案能很快地实施并投入运行，尽可能快地创造经济效益和环境效益。

5．小结

① 强有力的领导是中加清洁生产合作项目阜阳化工总厂清洁生产顺利实施的保证；

② 加强合作，中加双方加强沟通与理解是项目顺利进行的前提条件；

③ 实施清洁生产是企业实现发展生产、保护环境双赢目标的最佳选择；

④ 计算机信息系统是获取清洁生产信息、保证项目高效快速运转的支撑条件；

⑤ 企业领导重视，加强对企业清洁生产的组织领导，是顺利实施清洁生产的关键；

⑥ 转变污染控制模式，从末端污染控制转向源头削减及全过程控制，是企业

实施清洁生产的前提；

⑦依靠科技进步，提高技术含量，挖掘企业资金来源，增加资金投入，是实施清洁生产的重要保证；

⑧ 提高企业员工素质，建立与清洁生产相适应的企业管理制度，是巩固清洁生产成果的基础；

⑨ 氮肥生产企业生产规模较小，生产工艺较为落后，在生产尿素和碳铵的过程中，排放大量的含氨废水污染了环境，具有较大的清洁生产的潜力；

近几年来，清洁生产在减少污染的同时最大限度节约了资源，提高了资源的利用率，为企业创造最大的效益；随着我国加入 WTO，开放国内市场是必然趋势。由于国外的氮肥以天然气为原料，能耗低，自动化程度高，生产出的氮肥成本低。开展清洁生产给化肥生产企业提供了契机，是企业节约能源、降低消耗、增加经济效益的最佳途径。

第五节 清洁能源

能源是自然资源的重要组成部分，是人类社会发展的先决条件，是国民经济发展、人民生活提高的物质基础。随着全球经济的发展和世界人口的增长，必将引起能源消费的继续增加。中国的能源结构中不可再生的化石燃料特别是煤炭占有较大的比重，这会导致能源资源耗竭，同时也会带来严重的环境污染和生态破坏问题。满足发展过程中的能源需求是当前中国面临的一个严峻挑战，为缓解这一矛盾，实现可持续发展战略，中国必须寻求一条可持续发展的能源道路——清洁能源。

一、清洁能源的概念

清洁能源的概念可以分为狭义和广义两种。

狭义的清洁能源仅指可再生能源，包括水能、生物质能、太阳能、风能、地热能和海洋能等，消耗后可以得到恢复补充，不产生或很少产生污染物，所以可再生能源被认为是未来理想能源结构的基础。

广义的清洁能源是指在能源的生产、产品及其消费过程中尽可能对生态环境低污染或无污染的能源。包括：

（1）低污染的化石能源（如天然气）；

（2）利用洁净能源技术处理过的化石能源，如洁净煤和洁净油，尽可能地降低了能源生产与使用对生态环境造成的危害；

（3）可再生能源；

（4）核能。

应当说，在未来人类社会的科学技术达到相当高的水平，同时具备了相应的经济支撑能力的情况下，狭义的清洁能源是最为理想的能源。但是在最近的几十年内，广义的清洁能源概念对人类社会更为重要，因为可再生能源的开发利用需要很高的技术水平和巨额投资，即使是发达国家在经济上也难以承受，例如目前德国使用的可再生能源只占其能源利用总量的 2%，化石能源与核能是主要能源，而且这种状况将持续相当长一段时期。

中国作为一个发展中国家，经济实力与科技水平有限，要实现可持续发展，今后几十年内仅仅着眼于可再生能源的开发利用是不现实的，所以广义的清洁能源概念对中国更有意义，尤其是在中国以煤为主的能源结构特点长期存在的情况下，洁净煤技术对于中国更具有现实意义。

二、寻求清洁能源

1．我国在能源方面面临的问题

目前，我国能源开发利用还存在着一些突出的问题，主要表现在：

（1）能源短缺仍是一个突出问题。我国是世界上能源较为丰富的国家之一，煤炭储量 10 019 000 亿 kg，居世界第三位；水力资源 6.76 亿 kW（其中可开发量 3.79 亿 kW），居世界前位。但由于我国人口众多，人均能源占有量远低于世界平均水平。如天然气人均 930 m^3，是世界人均占有量的 1/22；液化石油气人均 930 m^3，是世界人均的 1/10。能源的短缺使全国将近 1 亿人尚未用上电，许多地区拉闸限电现象屡有发生。

（2）能源资源分布极不均衡。大约有 70%的煤炭资源集中分布在山西、陕西、内蒙古等中西部地位，一半以上的石油分布在东北地区，80%以上的水力资源分布在我国西南地区。而我国经济活动最活跃的东南沿海地区则能源资源奇缺，长距离的能源资源运输给能源的有效利用造成了重重困难。

（3）能源结构不合理，以煤为主的能源结构仍将长期存在。长期以来，我国的煤炭消耗占整个能源消费的 75%，而且这种状况还将在相当长一段时间内存在。在能源消费结构中，美国的煤炭消费只占 24%、日本占 17%。发达国家中，煤炭消费比例最高的是德国，占 30%，都远远低于中国的水平。这些国家相应的石油和天然气的消费水平较高。

由于以上这些问题，特别是绿色能源比例较低，使能源的开发利用给环境造成了巨大的压力，煤炭的开采和使用都对生态环境造成了严重的破坏。特别是露天煤矿的开采大量剥离表土、底土和岩石，使原有的植物和生态系统遭到毁灭性的破坏。而煤炭的利用最直接的危害是“酸沉降”，使土地和湖泊酸化，威胁人类和其他生物的生存。为减轻环境压力，保护我们的生存条件，同时提高能源的使用效率，我们必须寻求清洁能源。

2. 可开发的清洁能源

（1）水能。水能是一种可再生能源，是水体的动能、势能和压力等能量资源。广义的水能资源包括河流水能、潮汐水能、波浪能、海流能等能量资源；狭义的水能资源指河流的水能资源。我国河流众多，水能资源蕴藏量居世界首位。其中，大陆地区技术可开发量 5.42 亿 kW，是仅次于煤炭的第二大常规能源。中国一直重视水电资源的开发，截至 2008 年年底，全国已建成小水电站 4.5 万多座，总装机容量 5 100 多万 kW。2008 年小水电发电量 1 600 多亿 kW·h。目前，中国水能资源开发程度为 31.5%，还具有巨大的发展潜力。但应该注意到，任何水资源开发利用项目都会对水环境产生较大影响。任何一个开发项目一定要进行科学的环境影响评价，在充分利用水能资源的同时，保护好水环境。

（2）生物质能。以生物质为载体的能量形式，即通过植物的光合作用把太阳能以化学能形式在生物质中储存的一种能源形式。生物质能是一种重要的能源。从全球一次能源的消费情况看，目前生物质能仅次于石油、煤炭和天然气，居第四位。特别是对于农业生产较发达的国家，生物质能的开发利用显得更为重要。生物质能是重要的可再生能源资源，具有资源种类多、分布广的特点，在当今能源日趋紧张的情况下，越来越引起人们的关注。我国是一个农业大国，薪材、秸秆、畜类等农业生物质能非常丰富。我国年产稻谷约 178.5 亿 kg，稻壳量为 340 亿～360 亿 kg，作物秸秆量 261 亿 kg，工业有机废物更为可观。淮河流域的一些企业，如酒厂、酒精厂、味精厂，在治理污染的过程中，利用厌氧产沼技术，变废为宝，为企业本身和一方居民提供生物质能，取得了显著成效。

在生物质能的开发利用方面，我国的技术已很成熟。目前我国利用生物质能约为 2 600 亿 kg 标准煤，占农村能源消费的 70%左右。农村已建成各种沼气池 500 万座，产生沼气相当于 7 亿 kg 标准煤。我国农村的一些地区，如安徽小张庄，正是成功地利用生物质能，在造福一方的同时，成功地保护了农村的生态环境，被联合国环境署授予“全球 500 佳”称号，在国际上享有较高声誉。很多发展中国家都在积极开发、研究、利用生物质能技术，近期的生物质能开发利用应优先考虑与工业有机废物的治理结合在一起，开发、研究、推广工业有机废物综合利用技术，同时大力推广沼气应用技术。深入研究适合中国国情的生物质能，包括城市生活垃圾的气化、焚烧、热解技术，将生物质能的开发利用与生态环境的保护结合起来，对于清洁能源利用和保护都有重要的意义。

（3）太阳能。无所不在、取之不尽、用之不竭而又无污染的绿色能源。如果人类能够将大量的太阳能电池送到太空，并将产生的能量输送到地球上，那么地球的能量消耗便可基本满足。目前我国有 160 家太阳能热水器厂，年产 35 万 m^2，1/4～1/3 用于农村。我国已推广 1.2 万台太阳灶，全部用于农村，节约秸秆 5 亿 kg 以上。在太阳能利用中，光—电转换技术是人类大规模利用太阳能的主要途径。我国在继苏联、美国和日本之后成为第四个拥有较高效率的光－电转换技术的国家，自行研制的砷化镓太阳能电池其转换效率已达 15.8%。随着太阳能利用技术的不断完善，建设大型太阳能电站也许不再是遥不可及的梦想。

（4）风能。风能是太阳能的一种转换形式。风能具有可再生、不要运输、不用开采、洁净没有污染等优点，但开发利用的难度较大。我国幅员辽阔，海岸线长，风能资源比较丰富。据中国气象科学研究院估算，全国平均风功率密度为 100 W/m^2，风能资源总储量约 32.26 亿 kW，可供开发和利用的陆地上风能储量有 2.53 亿 kW（依据陆地上离地 10 m 高度资料计算），海上可开发和利用的风能储量有 7.5 亿 kW。

此外，已被开发利用并具有巨大利用前景和潜力的还有地热能、海洋能等。

3．中国推进清洁能源的战略与行动

从 1949 年到 1994 年，我国的能源生产总量从 2 400 亿 kg 标煤到 11 880 亿 kg 标煤，总产量列世界第三位；煤炭产量从 320 亿 kg 到 12 400 亿 kg，居世界各国之首；石油、天然气产量也有较大幅度的提高。与此同时，节能工作也取得了显著成绩。1981—990 年，我国的单位国民生产总值能耗降低了 30%，年均节能率为 3.6%，但是传统的能源开发利用模式仍然满足不了我国经济高速增长的需要，同时给生态环境造成了巨大的压力。

随着经济的快速发展和人口的不断增长，能源需求也将不断增加，能源供需缺口日益扩大，所以中国的经济发展必须由粗放经营逐步转向集约经营，走资源节约型道路。如果能源生产和消费方式保持不变，中国未来的能源需求无论从资金、资源、运输还是环境方面都是无法承受的。改变能源生产与消费方式，开发利用对环境危害较小甚至无害的清洁能源，是中国可持续发展战略的重要组成部分。

我国《国民经济与社会发展“九五”计划和 2010 年远景目标纲要》中指出“能源工业要适应国民经济增长需要，逐步缓解瓶颈制约”；“能源建设以电力为中心，以煤炭为基础，加强石油天然气的资源勘探和开发，积极发展新能源”；“加快开发煤炭洁净技术，推广应用烟气脱硫技术”；“积极发展风能、海洋能、地热能等新能源发电”；“坚持开发与节约并举，把节约放在首位”等。这就是对我国发展清洁能源的总体部署。

为推进我国清洁能源发展战略，我国正在采取和即将采取的行动包括以下几方面内容：

（1）加强规划和管理，引导能源的开发利用向清洁能源的方向发展。研究建立一套适合中国国情的能源－环境－经济综合规划方法并付诸实施。能源的开发利用是为经济发展和人类社会的繁荣服务的。在其开发利用过程中必然对环境产生影响，这种影响又会制约经济的持续发展和影响人类的生存环境。所以能源的开发利用规划应综合考虑其经济效益和环境效益。同时要加强能源管理，改善能源供应和布局，提高清洁能源和高质量能源的比例。

（2）积极推广低污染的煤炭开采技术和洁净煤技术。在今后相当长一段时间内，以煤为主的能源结构仍将不会有大的变化。这就需要我们必须在煤炭的开采、运输和使用上做文章，尽可能减少煤炭开采和使用带来的对环境不利的影响。一是在煤炭开采过程中改进采煤的工艺，减少煤矸石外排，利用煤矸石和粉煤灰回填塌陷区，利用煤矸石发电，生产建筑材料和化工原料等；开发采煤与复垦相结合的新工艺体系，引进无覆土的生物复垦技术；加强煤矿区水资源管理，对采煤矿中水进行处理，并尽量做到矿井水处理后回用，同时注重矿井开采对地下水资源的影响。二是推广应用高效清洁的燃煤技术。扩大原煤入洗比例；研究、开发高硫煤洗选脱硫技术，降低煤炭的灰分和硫分；扩大民用和工业型煤生产，提高动力配煤的比例等。三是开发利用先进高效的烟气净化技术。重点发展适合中国国情的烟气除尘、脱硫、脱硝、废物资源化技术与装备。建立清洁煤技术信息系统，为清洁煤技术的推广应用提供数据支持和决策依据。开展煤渣、粉煤灰的资源化利用技术的研究，并完善和制定有关政策，促进其市场开拓。

（3）积极开发新能源与可再生能源。中国在开发可再生能源方面的主要目标是，在2000年前，水电装容量到8 000万kW以上；太阳能利用量达到20亿～30亿kg标准煤；风力发电机容量达到20万kW；热利用量在8亿kg标准煤以上；提高生物质能的利用效率，利用方式逐步转变成以生产沼气或清洁液体燃料为主。要实现这些目标，须采取适当的财政鼓励措施和市场经济手段，国家必须增加在开发可再生能源方面的投入，地方政府和用户也应积极参与。

（4）开发利用节能技术。节约能源，特别是节约清洁能源，是中国国民经济发展的一项长远战略方针，不仅对保障清洁能源的供给，推进技术进步和提高经济效益有直接影响，而且是减少污染和保护环境、实现可持续发展的重要手段。

首先是加强节能管理，建立和健全节能管理程序和审批制度及相应的政策法规，对能源生产、运输、加工和利用的全过程进行节能管理，通过技术进步，提高能源利用效率，降低单位产值能耗。其次是针对一些重点环节，开发利用节能技术，如对电站锅炉、工业锅炉和工业窑炉进行节能技术改造，提高终端用能设施的能源利用效率。对发电厂进行老厂、老机组改造，使发电耗煤从1990年的427 g/(kW·h)下降到2000年的365 g/(kW·h)。此外还要加强电网建设，改造城市电网，减少输电损失等。

能源是当今社会赖以生存和发展的基础，能源的利用状况，特别是清洁能源开发利用的程度直接反映了一个国家或民族的经济发展水平、科技水平和社会文明程度。我国在清洁能源的开发利用方面已取得了许多重大的技术突破，在应用上也取得了明显的成效，但随着人口增加，经济的进一步发展，在这方面还有很多工作要做。

三、洁净煤技术简介

1. 背景和意义

我国是世界煤炭生产第一大国，近年来的年开采量都超过了 1.2 亿 kg，主要用于热、电生产（约占煤炭生产总量的 63%），其次是作为居民和商业燃料（约占 13%），以及化肥化工生产、金属冶炼、交通运输等行业。

煤是我国目前最重要的一次能源，这是一个众所周知的事实。预计在未来二三十年内我国在以煤炭作为最主要的一次性能源方面还要有一个很大的发展，这是由我国的资源条件、当前的经济实力和技术发展水平所决定的。

仔细考察一下我国有关行业煤的利用现状，我们就可以发现一些非常值得注意的问题，概括起来就是利用效率和污染排放问题。关于利用效率问题，在煤炭利用大户——热电生产部门非常突出。燃煤量占年产量 35%的我国发电部门，平均发电煤耗为 409 g 煤当量，比起发达国家的平均水平高出近 80 g。至于容量比较小、参数比较低的工业锅炉，全国有大约 43 万台，每年燃煤量达到 4 000 亿 kg 以上，但是这些锅炉的煤炭利用率很低，全国工业锅炉的平均热效率不到 70%，低的甚至只有 50%。也就是说，与节能较好的锅炉相比，煤炭在燃烧利用时的浪费率高达 17%。由此推而广之，在煤炭利用的其他行业，煤炭资源的浪费也同样十分严重。

长期以来、我国城市和工业集中地区大气受到严重污染的情况一直令人担忧。环境统计调查表明，我国大气污染的特点是“煤烟型”污染。全国由煤炭燃烧生成的二氧化硫排放量占总排放量的 6/7，烟尘占 60%，氮氧化物占 2/3，很多城市的大气质量低于国际公认的起码标准。二氧化硫等酸性气体的排放，已经造成了长江以南、青藏高原以东的广大国土面积，以及四川盆地，成了酸雨频发地区；甚至在北方的图们和青岛，酸雨污染也很严重。

2. 洁净煤技术的内涵

（1）洁净煤技术的总体定义。鉴于煤炭在能源生产以及其他行业中燃烧、转化和利用的技术途径的多元性，所谓的“洁净煤技术”，不可能仅指某种单一的或某一方面的技术，因为任何单一的或某一方面的技术并不能解决所有煤炭利用技术领域中的问题。因此，凡是能够有效实现煤炭高效率利用和/或减少污染物排放的各类实用技术，都可以列入这一技术范畴。

在我国发展洁净煤技术的积极意义和作用可以概括为：提高煤炭利用和转换效率，实现资源节约的目的；对烟气、排渣和外排水等伴生污染物排放的有效控制，保障人民身体健康，保护生态环境；提高煤炭利用过程和企业的经济效益；提高我国自主技术和产品的性能、市场竞争力和综合国力。

（2）能源生产转化领域中的洁净煤技术。发展洁净煤技术首先就应该考虑在能源生产转化领域中的洁净煤技术。从煤炭燃烧或转化，直到社会需求的电力、热量和燃制燃料气的生产供应的整个过程，涉及现存的、适应于不同品质煤炭和提供不同产品或用途的多种系统。所以在这一领域所谓的“洁净煤技术”不只是涉及煤炭在各种锅炉和炉窑的高效、清洁燃烧和污染物排放控制技术，还包含发展进一步提高电力生产和实现煤炭综合利用的其他先进系统和循环方式，如热电联产、超临界蒸汽循环发电、燃气—蒸汽联合循环发电等等。

煤炭在生产和燃烧过程中，会产生许多颗粒物，一些数十微米以下的微粒会悬浮在空间或随烟气排放到大气环境中，很容易被人们吸入呼吸系统，对健康十分有害。有效地防止和捕集燃煤排放烟气中的细微颗粒，妥善处理炉渣和捕集的飞灰，或者在燃烧前对煤炭进行洗选除灰，是控制燃煤固体排放物污染的具体目标。

煤炭燃烧后排放的烟气，除了夹带的细微固体颗粒之外，还含有很多气体污染物，如硫氧化物（SO_2）、氮氧化物（NO_x）、一氧化碳（CO），以及未燃尽的碳氢化物（C_mH_n）。

在我国华中、西南等一些高硫煤产区，燃烧利用时由于煤中所含硫分，烟气中含有大量的硫氧化物，浓度依煤中含硫量最高可达每标准立方米数千毫克。为了控制硫氧化物的排放，现在已经发展了燃烧前洗选脱硫净化、燃烧过程中添加石灰石脱硫和尾部烟道气脱硫净化的各种技术。

燃煤烟气中的氮氧化物（NO_x）来源于煤炭中的氮元素和燃烧空气中的氮气组分，它们在高温燃烧条件下与主要是燃烧空气中的氧气组分化合而生成。氮氧化物的主要危害之处，既包括形成酸雨，也包括被吸入体内而损害人类和动物的神经和呼吸系统；同时，N_2O 还具有破坏大气臭氧层的作用，可能导致宇宙射线对地球表面生物的杀伤。目前发展的技术主要是通过改善燃烧条件进行燃烧过程中氮氧化物的生成控制、尾部烟气经催化或非催化的还原反应实现净化。

燃煤烟气中的一氧化碳（CO）是一种破坏动物血红蛋白氧分子携带功能的毒性物质，它和未燃尽的碳氢化物（C_mH_n）都是由于燃烧组织不善、燃烧不完全生成的。只要改善燃烧组织，在燃烧温度下氧气导入充分和混合均匀，使燃烧完全，提高燃烧效率，就能抑制一氧化碳和未燃尽碳氢化物的排放。

粗选排出的矸石和洗选排出的洗煤泥作为废弃物，在矿区和洗煤场附近堆积如山，由于自燃生成气体污染物、占地和降雨淋渗造成土地和水污染等，形成了另一种污染源。实际上，利用各种流化床燃烧技术，可以对这类废弃物的很多部分进行燃烧利用。在处理这些废弃物、履行资源节约的同时，实施脱硫、脱硝污染控制，实现“一箭双雕”。

除了上述各类针对特定污染物生成排放控制的单项技术之外，所有各类污染气体的排放，都可能在提高煤炭利用转换效率的同时，由于煤炭燃用量的减少而得到减少。因此，所有这类可以提高煤炭利用转换效率的先进技术，例如燃煤或煤气化的燃气—蒸汽联合循环发电技术，都已经纳入洁净煤技术的范畴。

基于以上的发展思路，现在已经有所应用或正在发展的洁净煤技术可以归纳为如下几个方面：一是煤的燃烧前处理，包括煤炭洗选、煤气化和液化及型煤加工；二是燃烧过程中的洁净煤技术，包括流化床燃烧和低污染煤粉燃烧器；三是煤燃烧烟气净化，包括烟气滤袋除尘、高效静电除尘、湿式和干式或半干式烟气脱硫、烟气选择性催化脱硝和无催化剂脱硝；四是先进热电生产系统，包括热—电联产、超临界蒸汽循环发电、煤气化联合循环发电、煤气化燃料电池和磁流体联合循环发电等。同一种类技术可以有不同的实施路线、工艺特点；为同一目的发展的不同技术类别，在技术经济性、适用性、发展的成熟程度和所需外部条件等方面，均各有各的特点和要求。

（3）广义的洁净煤技术。煤炭在除了集中供热发电以外的其他行业里也有广泛的应用。由于种种原因，在这些行业里，煤炭应用的情况也不容乐观。例如冶金、城建、建材等行业，都有提高煤炭利用率和控制污染物排放的问题，它们均可以从能源生产行业的洁净煤技术的发展和应用中得到经验和启迪。

3．洁净煤技术的发展现状

发达国家在第二次世界大战以后的经济发展时期，出现了严重的环境污染事故，引起整个社会对工业污染排放的重视。以煤炭为燃料、原料的工业部门，开始着手解决因煤炭利用引起的污染排放问题，首当其冲的是燃烧过程的烟尘排放控制。在这一时期，一些新建产业舍弃用煤而选择了石油。20 世纪 70 年代的石油危机，又一次唤醒人们，煤炭仍将是一种不可忽略的重要资源和原料，煤炭燃烧利用的经济和环境问题必须予以正视，认真解决。

为了确保能源供应的安全，解决环境污染问题，同时也注意到商业利益，发达国家中美国政府首先进行了有关立法，鼓励这一类技术研究和工业应用示范，从 20 世纪 80 年代中期开始执行了大规模的洁净煤技术（CCT）示范计划，对有市场前景、特别是国际市场前景的各项洁净煤技术，以企业竞争投标、政府资助的形式，建立示范工程并运行。据不完全统计，共选中和执行了 45 个示范项目，约 1/3 的项目已经完成，估计总投资超过 70 亿美元，其中美国政府出资约 1/3。由于涉及内容极为广泛，美国在该领域的国际市场上具有很强的竞争力。这些项目的分类为：

先进发电技术　各类流化床燃烧技术　6 项
煤气化燃气—蒸汽联合循环　6 项
先进燃煤热机发电　3 项
污染控制技术　NO_x 控制　7 项
SO_2 控制　5 项
NO_x 和 SO_2 双重控制　7 项
煤炭加工转化　清洁燃煤制备　3 项
煤炭气化和液化燃料制备　各 1 项

欧盟成员国和日本等其他发达国家，近 20 年来在洁净煤技术的研究开发方面，也都开展了大量的工作，在一些单项技术上，达到了国际先进水平。由于现代企业的国际化，在美国洁净煤技术示范项目里，有很多原本就是在国际间发展起来的。例如，芬兰、德国和法国的循环流化床燃烧技术，瑞典的增压流化床燃烧技术，德国的烟气净化技术和联合循环技术等，也都形成了各个国家或企业有市场竞争力的技术和装备。

我国从“六五”到现在，对一些重要的洁净煤技术，进行了从实验室研究、中间试验，直到工业示范和推广应用等分阶段、不同规模的广泛实践，开发了很多适合我国国情的新技术和装备，取得了宝贵的经验。同时，通过扩大国际交流和技术引进，一些国际上较成熟的洁净煤新技术在我国也有应用或示范。

近十几年来洁净煤技术在我国得到广泛的应用和发展。煤炭洗选率已经有了较大的增长；各种类型的热电联产系统、常压流化床燃烧技术，特别是循环流化床燃烧技术，已在工业锅炉容量范围内得到了推广应用；多种形式的新型燃烧器，已经通过了工业试验，证明具有扩大稳燃范围、降低污染排放的优良性能；锅炉燃用工业型煤和各种烟气脱硫装置在各地已有多台（套）示范运行；增压流化床燃烧和先进的煤气化技术正在进行或已经完成了中间试验，正在筹建工业示范系统；大型发电用循环流化床锅炉、超临界煤粉燃烧锅炉和煤气化联合循环发电的技术引进项目正在酝酿之中。这些都为我国洁净煤技术的发展提供了很好的条件。

长期以来，我国在基础研究和配套技术开发上的投入不足，对于一些有条件进行小试和工业示范的新技术的支持力度也有限，是我国这一领域技术发展相对较慢、还没有能形成较强竞争力的主要原因。

根据我国中、长期经济和社会发展规划和能源需求增长预测，我国在 21 世纪上半叶煤炭的使用量还将持续增长，因此对洁净煤技术的需求，无论在应用领域、性能质量，还是在装置的数量上，市场的需求都是极大的。

第六节 工业生态系统（区域的清洁生产/生产过程链）

一、自然生态系统的循环

我们生存的地球，有限的资源之所以能持续维持众多生命的生存、繁衍与发展，就在于物质在各类生态系统中不停地循环。生态系统内的小循环和在生物圈中的生物地球化学大循环构成了物质流动及再生。循环是事物运动的普遍规律，而生态系统中的物质循环、能量流动，更是生态系统得以维持其存在的动力。

生态系统中构成生物的各种化学元素，来源于生物生活的环境。有机体维持生命需要的基本元素，先是以无机物的形式（如 CO_2，H_2O 等）被植物从空气、水和土中吸收，并转化为有机形式，形成植物体，再为动物获取转化，从上一个营养级传递到下一个营养级。植物光合作用产生的氧，复归于环境（水或大气中），为动物呼吸所用。动物呼吸排出 CO_2，也归还环境，又作为植物光合作用的原料。动物一生中排泄大量的粪便，动植物死后遗留大量的残骸于生态系统中，这些有机质经地球物理的、化学的和微生物的分解，将复杂的有机形态的物质（如蛋白质、糖类、脂肪等）又转化为无机形态的物质归还到空气、水及土中，并被植物重新利用。如此，矿物养分在生态系统内一次又一次循环（即营养循环），它推动生态系统持续地正常运转，使物质在生态系统中间、之间循环不止，生命不息，永葆活力。正是由于这些生态系统内的小循环和地球上的生物地球化学大循环，保障了存在于地球上的物质不灭，通过迁移转化及循环，使可再生资源取之不尽，用之不竭。

二、产业生态学

针对人类复杂多样的产业活动，特别是工业活动，通过比拟生物新陈代谢过程和生态系统的结构及运作机制，20 世纪 80 年代末形成了产业生态学思想。1989 年 9 月，最先由美国通用汽车公司的罗伯特·福罗什（Robert Frosch）模拟生物的新陈代谢过程提出了“工业代谢”的概念，将现代工业生产过程作为一个将原料、能源和劳动力转化为产品和废物的代谢过程。后经尼古拉·加劳布劳斯（Nicolas Gallopoulos）等人进一步发展，又从生态系统的角度提出了“产业生态系统”和“产业生态学”的概念。1991 年美国国家科学院与贝尔实验室共同组织了全球首次“产业生态学”论坛，对产业生态学的概念、内容和方法以及应用前景进行了全面、系统地总结，基本形成了产业生态学的概念框架。以贝尔实验室为代表，认为“产业生态学是研究各种产业活动及其产品与环境之间相互关系的跨学科研究”。

20 世纪 90 年代以来，产业生态发展非常迅速，尤其是在可持续发展思想日益普及的背景下，产业界、环境学界、生态学界纷纷开展产业生态学理论、方法的研究和实践探索，产业生态学思想和方法也在不断扩展。近年来，以 AT&T 公司、Lucent 公司、通用汽车公司和 Motorola 公司等企业为首的产业界纷纷投资，积极推进产业生态学的理论研究和实践，并以产业生态学的研究作为公司未来发展战略的支柱。由 AT&T 和 Lucent 公司资助，美国国家基金委每年设立“产业生态学奖励基金”，奖励在产业生态学领域贡献突出的科学家和企业界人士。1997 年由耶鲁大学和麻省理工学院（MIT）共同合作，出版了全球第一本《产业生态学》杂志。该主编 Reid Lifset 在发刊词中进一步明确了产业生态学的性质、研究对象和内容，认为“产业生态学是一门迅速发展的系统科学分支，它从局地、地区和全球三个层次上系统地研究产品、工艺、产业部门和经济部门中的能流和物流，其焦点是研究产业界在降低产品生命周期过程中的环境压力中的作用”。

由于产业生态系统与自然生态系统相似，其内部物流模式也是不断进化的。在系统发育初期，系统内各组分之间只存在简单的线性关系。地球上无限的资源进入产业生态系统，然后无限制地排出废物。著名产业生态学家 Graden Allenby 将这种系统状态称为初级生态系统（图 10-5①）。

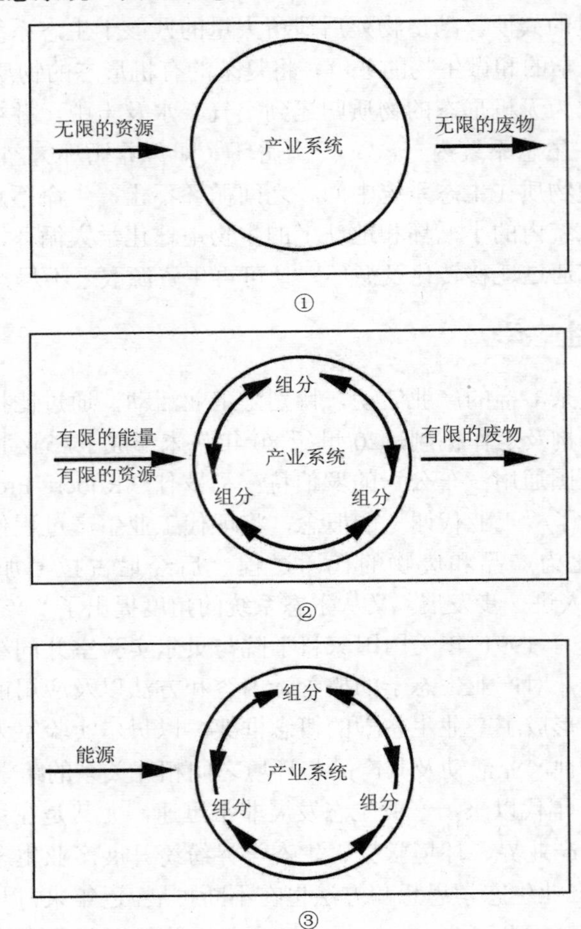

图 10-5 产业生态系统的发展

在系统的进一步进化中，资源逐渐变成有限制的因子，而且系统各组分之间的关系逐渐变得复杂起来，其相互联系组成了一个网络系统，与自然生态系统中各种群相互依赖形成群落的模式相似。从而形成二级生态系统模式（图 10-5②）。二级生态系统内的物质循环极为重要，资源和废物的流通量受到资源数量和环境对废物容纳能力的制约。与初级生态系统相比，二级生态系统对资源的利用效率大大提高，但由于物质、资源的流动仍是单向的，因而资源不可避免地会继续减少，同时废物也在不断增加，系统将不能持续下去。为此，产业生态系统应进一步进化，其结果是系统内部资源得到最大化利用，废物不再存在，它被转化为再生资源。从系统投入看，只有能源需要从系统外部输入，这便是理想的产业生态系统状态（图 10-5③）。

概括来看，传统的产业系统中各企业的生产过程相互独立，这是资源、能源消耗大，污染排放严重的重要原因。产业生态系统仿照自然生态系统的模式，强调实现产业体系中物质的闭环循环，一个特别重要的形式是建立产业系统中不同生产过程或不同行业间的横向共生。在单个企业清洁生产的基础上，通过不同企业的共生耦合与资源共享，为“废物”建立下游的“分解者”，形成产业生态系统的“食物链”和“食物网”，实现系统资源的有效利用和废物产生排放的最小化。

三、生态工业园

依据产业生态学的概念原理，人类社会当前最典型的实践形式是生态工业园区建设。生态工业园是继工业园区和高新技术园区之后的第三代工业园区，是指以工业生态学及循环经济理论为指导的，生产发展、资源利用和环境保护形成良性循环的工业园区建设模式，是一个能最大限度地发挥人的积极性和创造力的高效、稳定、协调、可持续发展的人工复合生态系统。它是高新技术开发区的升级和发展趋势，体现了新型工业化的特征及实现可持续发展战略的要求。

1994 年，生态工业园概念最先由 Lowe 在美国提出。它是按照产业生态学中的“共生”原理，通过对一个地域空间内不同工业企业间以及企业、居民和自然生态系统之间的物质、能源的输入与输出进行优化，从而在该地域内对物质与能量综合平衡，形成内部资源、能源高效利用，外部废物最小化排放的可持续的地域综合体。

在一个生态工业园区中，各企业间进行合作，以使资源得到最优化利用，特别是废物的相互利用（一个企业的废料作为另一个企业的原料）。这里，“工业园区”的概念并非一定要局限于某个地理范围内，同时也可以包括生活等非工业活动。生态工业园区的概念区别于传统的废物交换，它不仅仅是简单的一来一往的资源综合利用，其本质的意义在于通过共生的生产链/网组织，系统地使一个地区的总体资源增值。

总体上，世界上许多国家都在根据各自的国情和特点进行着生态工业园区的实践。目前世界已有超过 60 个生态工业园的项目在规划或建设之中，其中多数是在西方。最早丹麦的卡伦堡（Kalundborg，Denmark）镇建立的工业综合体可以说是一个典型的高效、和谐的产业生态系统。20 世纪 80 年代初，该镇以燃煤发电厂向炼油和制药厂供应余热为起点，进行工厂之间的废弃物再利用的合作。经过 10 多年的滚动发展和优化组合，目前该系统已成为一个包括发电厂、炼油厂、生物技术制品厂、塑料板厂、硫酸厂、水泥厂、种植业、养殖业和园艺以及卡伦堡（Kalundborg）镇的供热系统在内的复合生态系统（图 10-6）。电厂给制药厂供应高温蒸汽，给居民供热，给大棚供应中低温循环热水生产绿色蔬菜，余热流到水池中用于养鱼，实现了热能的多级使用。同样，粉煤灰用于生产水泥和筑路，脱硫石膏用来造石膏板等。通过企业间的工业共生和代谢生态群落关系，建立了“纸浆—造纸”、“肥料—水泥”和“炼钢—肥料—水泥”等工业联合体，一方面实现了整个镇的废弃物产生最小化，另一方面，各个系统单元均从相互合作中降低了生产成本，获得了直接的经济效益。在这种共生合作中，工厂之间的交换或者贸易都是通过相互谈判和协商解决的。这些合作有的基于经济利益，有的则基于基础设施的共享，当然，环境管理的制约也刺激了对废弃物的再利用，最终促成了各方合作的可能性。虽然各企业在合作的初期主要是以经济利益为基础的，但近年来却更多地考虑了生态环境效益，以此建立了一种和谐复杂的互利互惠的合作关系。卡伦堡工业园区通过“从副产品到原料”的企业间的合作，产生了显著的环境和经济效益。据资料统计，在卡伦堡工业园区发展的 20 多年时间内，总的投资额为 7 500 万美元，到 2001 年初总共获得 16 000 万美元的收益。当然，该园区发展过程中也存在一些值得考虑的问题，例如园区企业相互依赖关系中某个企业出现经营危机而导致整个生态产业网络的风险问题；利用副产品进行生产对产品品质稳定性的影响问题；以及工业园建立的相互信赖等文化基础问题等。

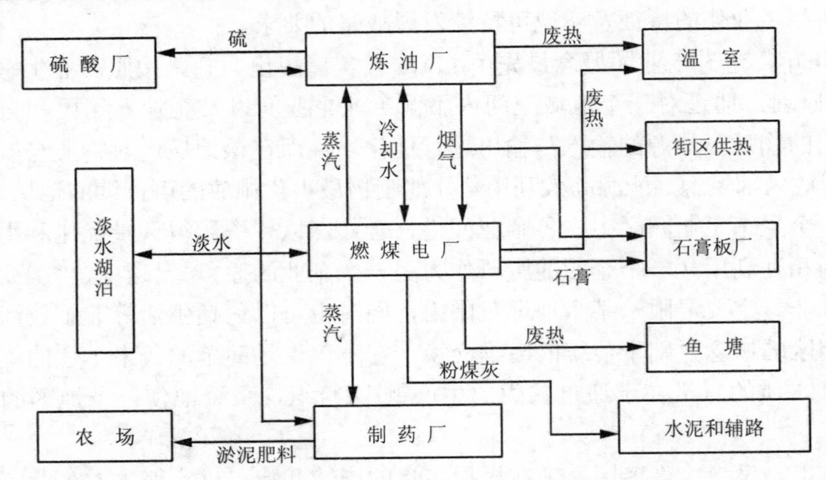

图 10-6 kalundborg 工业生态园

在加拿大哈利法克斯的伯恩赛德（Burnside，Halifax）生态工业园项目，也是目前广受人们关注的较为成功的生态工业园建设实践。该项目始于 1993 年，通过产学研合作的方式，由当地政府和园区企业负责提供融资支持，在大学科研力量的帮助下开展物流和能流的优化工作，并促进企业之间的副产品交换及其他合作，至今已经成功实施了 8 年。由于该园区基本上由中小企业组成，而且行业分布广泛，非常类似于我们国家的工业园，所以其管理经验值得中国的工业园区借鉴。

此外，在美国，国家环保局为生态工业园的发展提供了大量的财政支持。康奈尔大学和靛青顾问公司（Indigo）为生态工业园的建设提供了信息与规划服务。美国总统可持续发展理事会（President's Council on Sustainable Development，简称PCSD）还专门成立了研究生态工业园的特别工作组，并首批进行了4个试点项目。在欧洲的奥地利、瑞典、爱尔兰、荷兰、法国、芬兰、英国、意大利等国家，生态工业园区也正在迅速发展。例如，荷兰的生态工业园项目设在鹿特丹港的一个包括85家大中型企业的工业园，其目标是建成以石油工业和石油化工工业及其支持行业为主的生态工业园区。

生态工业园区在亚洲也受到了广泛关注。日本是最早开展人工生态系统建设的国家之一，较为突出的是生态城镇建设活动，其内容是中央政府给地方政府提供技术和资金上的支持以建立生态城镇区域。在这类区域中，通过各种循环利用和工业共生，努力促进实现整个地区的零废物排放。迄今，日本已经建设了10个生态城镇项目。同时，日本也在推进生态工业园方面的实践，例如山梨生态工业园和藤泽生态工业园的建设。在印度尼西亚、印度以及泰国等国，通过德国技术援助公司（GTZ）的资助，正在开展生态工业园区建设或改造活动。印度尼西亚的生态工业园区设在雅加达市郊区，目前正在研究建立物质交换网络的可能性。泰国的生态工业园项目更是上升到国家高度，在泰国工业园管理局的领导下，致力于把全国29个工业园全部改造为生态工业园。菲律宾的生态工业园项目得到了联合国开发计划署的资助，首先在5个工业园进行生态化改造，然后由5个生态工业园组成一个生态产业网络，合作开发区域性的副产品交换，并对围绕这一基本主题建立区域性资源回收系统和企业孵化器的可行性进行评估。

我国也积极进行了发展循环经济和建立生态工业园区的探索和实践，1999年开始启动循环经济生态工业示范园区建设试点工作。近几年内，通过国家环保总局主持论证的国家生态工业示范园区有6个（贵港国家生态工业（制糖）示范园区；南海国家生态工业示范园区；石河子国家生态工业（造纸）示范园区；包头国家生态工业（铝业）示范园区；长沙黄兴国家生态工业示范园区，鲁北国家生态工业（化工）示范园区）；同时正在进行的循环经济试点有2个（辽宁省循环经济建设试点、贵阳市循环经济生态城市建设试点），并在生态工业示范园区建设和循环经济试点的基础上，结合中国的特色，初步总结形成了循环经济示范区和生态工业园区的评价指标体系和规划指南等，逐步将中国循环经济和生态工业的建设引入科技含量高、规范和高效的轨道。

贵港国家生态工业（制糖）示范园区是国内最典型、也是最早开始建设的一个生态工业园区，目前已形成两条较完善的生态工业链。一条是用甘蔗榨糖，榨糖后的蔗渣用来造纸，对纸浆生产过程中的废碱回收再用，回收废碱后的白泥生产建材；另一条是将榨糖产生的废糖蜜作酒精，用酒精废液生产甘蔗复合肥卖给蔗农回用于蔗田。从甘蔗种植开始，形成蔗田、制糖、造纸、酒精、热电、环境综合处理六大产业系统，各产业的中间产品或废物成为其他产业的原料，形成了不同行业的闭合工业生态网络，把污染消除在生产过程中。经过两年多来的努力，目前园区各个项目正在有条不紊地开展。园区核心企业已形成机制糖 2 亿 kg/a、机制纸 1.5 亿 kg/a、食用酒精 0.3 亿 kg/a、轻质碳酸钙 0.25 亿 kg/a、有机复合肥 0.3 亿 kg/a 的生产能力。在环境保护方面，蔗渣、煤灰工业固体废物全部综合利用，有效地解决了制糖产业的重污染问题，实现了增产不增污的环境保护目标。

贵港生态工业园区建成后，集中广西 93%的废糖蜜进行能源酒精的生产。据初步估算，目前广西全区制糖企业酒精废液产生量在 300 万 m^3 以上，有机物浓度在几万至几十万 mg/L 不等，如此大量的酒精废液不再排向环境，每年将直接减少 13 400 万 kg 的有机物对水体污染，对区域性环境污染治理的贡献不言而喻。这种以生态工业理念发展制糖工业的做法，为制糖工业结构调整、解决行业结构性污染问题开辟了一条新路。

复习与思考

1. 什么是清洁生产？清洁生产的目标是什么？
2. 实施清洁生产有哪些途径和方法？
3. 清洁生产与可持续发展的关系是什么？
4. 清洁生产与传统的污染治理方式有什么不同？
5. ISO14000 系列标准的组成？
6. ISO14000 与清洁生产的关系？
7. 什么是生态工业？

第十一章

经济与社会的可持续发展

可持续发展的目标是社会发展，满足全人类能过上好生活的合理愿望，即具有高度物质文明和精神文明的社会，或称之为可持续发展的社会。

可持续发展的基础是经济发展。要建立一个可持续发展的社会，首先要建立一个可持续发展的经济，要提高综合国力和提高人民的生活质量，就要有强大的经济实力。经济发展又是解决资源和环境问题的根本保证。经济发展使人们有能力提高医疗保健水平，减少疾病；使更多的人有机会接受教育、提高国民的综合素质。所以，可以说经济发展是社会发展的根本前提。

社会的可持续发展的核心是人的全面发展，强调满足人类的基本需要。资源的可持续发展就成为了满足人类对美好生活的愿望的物质基础。不管人类社会如何发展，福利的提高首先与物质产品的丰富联系在一起。而物质产品是资源经生产过程转化而来的。若是资源匮乏，无论技术多么先进，生产也不可能持续下去。由于在一定时期内，资源总是有限的，因此合理利用资源、杜绝浪费并努力提高资源利用效率、开发新的资源等内容就成为了实现可持续发展的条件。

人是可持续发展的主体，发展的目的是为了人，人同时又是实现发展的要素之一。适度的人口可以给社会提供充足的劳动力资源，高质量的劳动力能改造与创造新的科学技术。若人口过多，将使人均资源量下降，人均生活水平的提高变得极为困难。人口素质太低，难以掌握先进的生产方式和科学技术，将阻碍经济和社会的可持续发展。因此，控制人口数量、提高人口素质是实现可持续发展的关键。

可持续发展道路的选择，要求在人与自然关系方面，追求尊重人与自然关系的和谐，调整变革人们的思维方式、生产方式与生活方式，继而调控人的社会行为，寻求人与自然的协调发展；在道德方面，自觉地为社会长远利益而牺牲一些当前利益和局部利益，认识自己对子孙后代的责任；以达到现在与未来、局部与整体、经济与环境、社会与自然的和谐与协调发展。

第一节 经济与可持续发展

一、经济发展与可持续发展的关系

20 世纪是科学技术迅猛发展的时期，科学技术在人类的富强、进步、繁荣，在人类战胜自然灾害和疾病等方面做出了极大的贡献，将自身的威力发挥得淋漓尽致。社会生产一味追求规模经济和效益，强调利用资源为人类服务，造成了对环境的破坏，人与自然的关系由和谐统一、共存共荣变为征服与改造的关系，“天人合一”的链条中断了，人类的“自我中心化”达到了空前广泛的程度。这种过分注重工具、排斥价值的工业文明，给人类带来了人口膨胀、环境恶化、资源枯竭等一系列的全球性社会问题。工业文明的种种危机，迫使人类从逐步的反省中，悟出了人类的希望在于寻求一种既满足当代人的发展需要，又不对后代人的生存需求构成危害的可持续发展宗旨，摒弃以牺牲自然资源和生态环境来谋求一时经济繁荣的片面发展道路，坚持经济、资源、环境协调发展，以求得社会的高度文明和全面进步。

可持续发展思想的形成与人们对经济发展问题的认识有密切的关系，从某种意义上说，正是人们对经济发展问题的反思和检讨，使人类的发展观从单纯追求经济发展（经济增长）转向寻求经济、社会、人口、资源、环境的协调发展的可持续发展。从经济发展与可持续发展的关系来看，它包含以下几方面：

（1）经济发展是可持续发展的前提和基础。可持续发展的根本目的是发展。为满足全体人民的基本需求和日益增长的物质文化需要，必须保持较快的经济增长速度，并逐步改善发展的质量，这是满足人类发展和增强综合国力的一个主要途径。只有当经济增长率达到和保持一定的水平，才有可能不断消除贫困，人民的生活水平才会逐步提高，才能有能力提供必要的条件支持可持续发展。经济增长不是我们的初衷而仅仅是我们解决问题的手段。经济增长最终要为社会福利的总体增长和人民生活水平的总体提高服务。

环境问题的解决常常受到经济条件的限制。许多环境问题，人们已经认识到它们的危害，并且也有了解决的途径，但由于财力不足或者缺乏有效的防治技术也难以解决。发展中国家许多环境问题是由于投资不足所造成的，例如在城市建设集中供热、煤气化、污水处理厂等需要大量的投资和运转费用，但由于经济落后、缺乏必需的财力支持。从这个意义上说，在所有的环境问题中，再没有比“贫穷污染”更为严重的了。因此，保护和改善环境，正确的途径在于经济的发展，离开经济的发展，环境的保护和改善就失去了可靠的物质基础。传统的经济发展方式是以“高消耗、高投入、高污染”为特征，是不可持续的，应当废弃，但不能因此而放弃经济发展或放慢经济增长速度。

（2）实行可持续发展必须转变传统的经济发展方式。实现经济可持续发展的根本途径在于转变传统的经济发展方式，使得经济发展的同时避免损害人类赖以生存的资源和环境基础。

中国的工业化起步较晚，建国以后才逐步建立起自己的工业体系，总体水平还不高，技术条件较落后。虽然近 50 年来，中国的经济有了很大的发展，但仍然没有摆脱资源型经济模式。主要表现在工业素质不高，结构不合理，资源配置效益较差，属于高投入、高消耗、低效率、低产出、追求数量而忽视质量的经济增长模式。这种经济增长是在低技术组合基础上，靠高物质投入支撑着的，是动用大量人、财、物等经济资源来支持的速度型的经济扩张。

在持续多年的高增长率的背后，是触目惊心的高能耗、高物耗和对环境的高损害。一组最能直观反映我国维持增长代价的数字是：我国每万元 GDP 能耗与世界平均水平相比，竟高出 2.4 倍。2003 年我国煤炭消耗量已占世界煤炭消耗总量的 30%，但创造的 GDP 还不到世界总产值的 4%，单位 GDP 的金属消耗量是世界平均水平的 2～4 倍。素称地大物博的中国，自己早就难以满足日益迅速膨胀的资源需求，仅在 2003 年，就从海外进口了超过 1.0 亿 t 的石油和成品油、1.4 亿 t 铁矿石。据测算，目前全球的石油和天然气的可采储量，其静态保障年限分别仅为 40 年和 60 年。如果考虑到我国的国际支付能力、对于资源的全球竞争力与安全保障能力，以及高消耗水平下产品的国际竞争力等因素，很显然，中国的高增长是难以为继的。

“高投入、低产出”的经济增长方式不但使经济增长缺乏后劲，而且也带来了严重的环境污染，从长远来看，这也必将妨碍未来的经济发展。中国能源平均利用率在 30%左右，而发达国家均在 40%以上。发达国家发 1 kW·h 电的平均耗煤比我国少 0.1 kg，仅此一项，全国每年多耗煤超过 7 000 万 t。以煤为主的能源结构加上能源利用的低效率增加了二氧化硫的排放。据预测，如果继续保持目前能源利用的低效率，到 2010 年，二氧化硫的排放量可能达到 3 300 万 t。冶金和化工行业原料利用的低效率也使得大批物料不能转化成产品而不得不作为废物排入环境，投入的原料大约只有 2/3 转化为产品。

因此，“高消耗、低效益”的外延性的经济增长方式必须根本转变，走上“高效益、可持续发展”的新增长模式。可持续发展的思想既利于环境和生态的保护，也利于经济效益的增长和经济发展整体质量的提高。

（3）适当的经济政策是可持续发展的保证。中国是一个人口众多、自然资源人均量相对不足的国家。为了使有限的资源能够保障国民经济的快速发展，一方面要加大宣传力度，培养人们的可持续发展意识；另一方面要采取适当的经济政策，通过经济手段，发挥经济杠杆的调节作用，促进可持续发展经济的形成。适当的经济政策包括适当的经济发展战略和区域政策、适当的价格政策、适当的投资和贸易政策、绿色产业政策和绿色税收政策、绿色国民生产总值等。

环境问题主要是由经济活动造成的，也必须在经济发展中才能得到解决。环境问题的最终解决需要全社会的共同参与，不是某个单一的部门能够承担的，经济部门尤其应担负起重要的任务；特别是，环境管理部门的工作往往是对环境损害发生之后的补救，而适当的经济政策却可以未雨绸缪，将可能发生的环境问题消除于未然。世界银行1992年《世界发展报告》认为，在正确的政策和适当的机构引导下，经济增长可以通过三种方式而有助于环境问题的解决：①当收入增加时，有些问题会减少。因为收入的增加为公共服务提供了资金来源，当人们不需为生存而担忧时，就能够为保护环境提供投资；②有些环境问题会随着收入的增加在开始时恶化，但会随着收入的进一步增加而减轻，如大气质量的变化；③随着收入的增加，有些环境指标不断地恶化，例如二氧化碳的排放量一直在随着经济的增长而不断地增加，但这并非不能改善，其改善同样不能离开经济实力的增长。

二、利用经济手段推进可持续发展

制定一项符合客观实际的经济政策不容易，要有效地推行和落实政策更不容易，必须要有有力的工具加以支持。这些工具包括法律法规、行政管理、宣传教育等，但在市场经济条件下，经济手段是更为重要的手段。

利用经济手段实现可持续发展，就是要按照环境资源有偿使用的原则，通过市场机制，将环境成本纳入各级经济分析和决策过程，促使污染破坏环境资源者从全局利益出发选择更有利于环境的生产经营方式，从而改变过去那种无偿使用环境资源，将环境成本转嫁给社会的做法，实现环境、经济与社会的协调发展。

在环境保护方面，经济手段与法律手段相比的优点：① 应用更加灵活；② 更有利于鼓励人们自觉自愿的保护环境；③ 可以为保护环境筹集资金。

可持续发展的经济手段如下：

（1）征收环境费（制度）：环境费是指根据有偿使用环境资源的原则，由国家授权的代表机构向开发、利用环境资源的单位和个人收取的费用（依照其开发、利用量及供求关系所收取的相当于其全部或部分价值的货币补偿），它分为：

① 资源补偿费（如我国的《矿产资源法》《森林法》《土地管理法》《水法》等规定向开发、利用者收取一定费用）；

② 排污费（这是“污染者负担”原则的具体体现。1972年世界经济合作和发展组织（OECD）首先提出污染者付费原则）。

排污收费是目前世界各国在环境保护中较为通用的一种经济手段。我国现行的征收排污费制度是20世纪80年代初制定的，除《水污染防治法》规定的排污收费、超标准排污征收超标准排污费外，总的说来实行的是超标准排污收费制度。

这种制度仍然是计划经济条件下以资源分配、无偿使用为主要特点的产品经济在环境保护中的具体体现，排污者只要不超标排放，就可无偿使用环境纳污能力资源，很大程度上造成了资源浪费和环境污染。

应该变现有超标排污收费制度为达标排污收费、超标排污加倍收费并予以处罚制度是十分必要的（这已是许多国家，如美、日、德、挪威、荷兰等国通行做法）。

（2）征收环境税收（制度）：环境税是国家为了保护资源与环境而凭借其权力对一切开发、利用环境资源的单位和个人征收的一种税种。它包括：

① 开发、利用自然资源税（如森林资源税、水资源税）；

② 有污染的产品税（如含铅汽油税、CO_2税、垃圾税等）；

（3）财政补贴（制度）：（如向采取污染防治措施及推广环境无害工艺、技术的企业提供赠款、贴息贷款等财政、信贷等）；

（4）押金制：即用以鼓励产品回收循环利用和对废物以不损害或较少损害环境的方法进行处置。（如对可能造成污染的产品，如啤酒瓶、饮料等加收一份押金，当把这些潜在的污染物送回收集系统时，即退还）；

（5）排污权交易：指在实行排污能力总量控制的前提下，政府将可交易的排污指标卖给污染者。这实质上出卖的是环境纳污能力。环境资源的商品化，可促使污染者加强生产管理并积极利用先进的清洁生产技术，以降低能源、原材料的消耗量，减少排污量，从而达到降低成本的目的；

（6）经济惩罚：指对违反环境法律法规的行为采取的罚款措施。

三、循环经济——21 世纪的战略选择

社会经济发展与保护生态环境是传统社会发展模式的一个重要症结。为解决这一症结矛盾，国际社会和各国政府提出了一系列的发展模式和战略，而循环经济就是目前国际上反映这一思潮的一种战略模式。循环经济的基本趋向是，按照生态规律利用自然资源和环境容量，实现经济活动的生态化和绿色化转向。

循环经济的“减量、再用、循环”（3R）原则，反映了 20 世纪下半叶以来人们在环境与发展问题上，以环境破坏为代价追求经济增长的理念终于被扬弃。人们的思想从排放废物的净化到认识到环境污染的实质是资源浪费，因此要求进一步从净化废物升华到利用废物，从根本上减少由线性经济引起自然资源的耗竭，并通过在经济流程中避免和减少废物的产生造成的环境退化，以实现环境与发展的协调统一。发展循环经济是 21 世纪世界各国环境保护必然的战略选择。

1. 发展循环经济的国际实践

随着 20 世纪 60 年代以来生态学的迅速发展，使人们产生了模仿自然生态系统的愿望，按照自然生态系统物质循环和能量流动规律重构经济系统，使得经济系统和谐地纳入到自然生态系统的物质循环过程中，建立起一种新的经济形态。到 20 世纪 90 年代，随着可持续发展战略的普遍采纳，发达国家正在把发展循环经济、建立循环型社会，作为实现环境与经济协调发展的重要途径。

在发达国家，循环经济正在成为一股潮流和趋势。循环经济已经在一些发达国家中有了成功的实践。目前，从企业层次污染排放最小化实践，到区域工业生态系统内企业间废弃物的相互交换，再到产品消费过程中和消费过程后物质和能量的循环，都有许多很好的成功实例。

1996 年生效的德国《循环经济与废物管理法》，规定了对待废物问题的优先顺序为避免产生—循环利用—最终处置。该法规的思想要义是：首先要减少经济源头的污染产生量，因此工业界在生产阶段和消费者在使用阶段就要尽量避免各种废物的排放；其次是对于源头不能削减的污染物和经过消费者使用的包装废物、旧货等要加以回收利用（这部分被称为可利用废弃物），使它们回到经济循环中去：只有当避免产生和回收利用都不能实现时，才允许将最终废物（这部分被称为处理性废弃物）进行环境无害化的处置。日本是通过立法全面推进循环经济实践的发达国家之一。立法的基本目标是建立一个资源循环社会。2000 年，日本召开了“环保国会”，以循环经济为指导，通过了《推进循环型社会基本法》、《特定家用机械再商品化法》、《促进资源有效利用法》、《食品资源循环再生利用促进法》、《建筑材料再生资源化法》、《容器包装循环法》和《绿色采购法》，成为日本建设循环性经济社会最具成效的一年。这些法律明确提出：“根据有关方面要公开发挥作用的原则，促进物质的循环，减轻环境负荷，从而谋求实现经济的健全发展，构筑可持续发展的社会”，建立了推进循环型经济社会的基本原则，并针对不同行业的废弃物再生资源化等作出了具体规定。它标志着日本从法制上确定了 21 世纪国家经济与社会的发展方向及其实施对策。

2．发展循环经济就是保护环境

循环经济是对物质闭环流动型经济的简称，是以物质、能量梯次和闭路循环使用为特征的，在环境方面表现为污染低排放，甚至污染零排放。循环经济把清洁生产、资源综合利用、生态设计和可持续消费等融为一体，运用生态学规律来指导人类社会的经济活动，因此本质上是一种生态经济。循环经济的根本之源就是保护日益稀缺的环境资源，提高环境资源的配置效率。

循环经济与传统经济相比较，它们的不同之处在于：

（1）传统经济是由“资源—产品—污染排放”所构成的物质单行道流动的经济。在这种经济中，人们以越来越高的强度把地球上的物质和能源开采出来，在生产加工和消费过程中又把污染和废物大量地排放到环境中去，对资源的利用常常是粗放的和一次性的。

（2）循环经济倡导的是一种建立在物质不断循环利用基础上的经济发展模式，它要求把经济活动按照自然生态系统的模式，组织成一个“资源—产品—再生资源”的物质反复循环流动的过程，使得整个经济系统以及生产和消费的过程基本上不产生或者只产生很少的废弃物。

（3）传统经济通过把资源持续不断地变成废物来实现经济的数量型增长，这样最终导致了许多自然资源的短缺与枯竭，并酿成了灾难性的环境污染后果。而循环经济从根本上消解长期以来环境与发展之间的尖锐冲突。循环经济不但要求人们建立“自然资源→产品和用品→再生资源”的经济新思维，而且要求在从生产到消费的各个领域倡导新的经济规范和行为准则。

发展循环经济是实现可持续发展的一个重要途径，同时也是保护环境和削减污染的根本手段。发展循环经济就是保护环境，其主要的体现就是它的“3R”原则。循环经济要求以“减量化、再使用、再循环”为社会经济活动的行为准则。减量化原则（Reduce）要求用较少的原料和能源投入来达到既定的生产目的或消费目的，在经济活动的源头就注意节约资源和减少污染。在生产中，减量化原则常常表现为要求产品体积小型化和产品重量轻型化。此外，要求产品包装追求简单朴实而不是豪华浪费，从而达到减少废弃物排放的目的。再使用原则（Reuse）要求产品和包装容器能够以初始的形式被多次使用，而不是用过一次就了结，以抵制当今世界一次性用品的泛滥。再循环原则（Recycle）要求生产出来的物品在完成其使用功能后能重新变成可以利用的资源而不是无用的垃圾。很显然，通过再使用和再循环原则的实施，反过来强化了减量化原则的实施。

3．生态工业是循环经济的重要形态

循环经济下的工业体系在实践上述“3R”原则时，主要有三个层次，即单个企业的清洁生产、企业间共生形成的生态工业园区以及产品消费后的资源再生回收，由此形成“自然资源—产品—再生资源”的整体社会循环，完成循环经济的物质闭环运动。生态工业园区是工业生态思想的具体体现，从环境角度来看，它是最具环境保护意义和生态绿色概念的工业园区。在这三个层次中，生态工业园区已经成为循环经济一个重要的发展形态。生态工业园区正在成为许多国家工业园区改造的方向，同时也正在成为我国第三代工业园区的主要发展形态。

4．建立我国的循环经济势在必行

我国人口众多，资源相对贫乏，生态环境脆弱。在资源存量和环境承载力两个方面都已经不起传统经济形式下高强度的资源消耗和环境污染。如果继续走传统经济发展之路，沿用“三高”粗放型模式，以末端处理为环境保护的主要手段，那么只能阻碍我国进入真正现代化的速度。从长期角度来看，良性循环的社会应从发展阶段开始塑造，才不会走弯路，才会得到更快的发展。我国的消费体系仍在形成阶段，建立一个资源环境低负荷的社会消费体系，走循环经济之路，已成为我国社会经济发展模式的必然选择。

随着未来工业化、城市化的快速发展以及人口的不断增长，也必然要求我国选择建立循环经济。根据《国民经济与社会发展第十个五年计划纲要》，到 2010 年，我国国内生产总值要在 2000 年的基础上再翻一番，今后 10 年的经济依然需要保持较快的增长速度。很显然，如果继续沿用传统“三高”发展模式来带动经济高增长，那么只能继续削弱我国社会经济发展的可持续性。换言之，我国现有的资源和能源供给几乎不可能继续满足传统“三高”模式下的未来 10 年经济的高速发展。正确的选择应该是，利用高新技术和绿色技术改造传统经济，大力发展循环经济和新经济，使我国经济和社会真正走上可持续发展的道路。

第二节 社会的可持续发展

社会的可持续发展的核心是人的全面发展，强调满足人类的基本需要。这既包括满足人们对各种物质生活和精神生活享受的需要，又包括满足人们对劳动环境、生活环境和生态环境质量等的需求；既包括不断提高全体人民的物质生活水平，又包括逐步提高生存与生活质量，公平分配、消除贫困、共同富裕，做到适度消费和生活方式文明，使人、社会与自然保持协调关系和良性循环，从而使社会发展达到人与自然和谐统一，生态与经济共同繁荣。

一、保持社会的稳定

社会是由不同民族、不同性别、不同年龄、不同职业和不同信仰的人组成的统一体。每个人都生活在社会之中，除少数不法之徒和社会渣滓之外，每个人都通过自己的生产劳动，创造物质和精神财富，推动社会的发展和进步。当今世界上有社会主义、资本主义、封建君主、殖民主义等不同社会制度。我国实行的是人民当家作主、人人平等的社会主义社会制度。目前，世界上冷战已基本结束，和平与发展已成为全世界各国人民的共同呼声。但由于种种原因，当前世界并不太平，不仅局部战争时有发生，而且运用现代高科技武器进行大规模的、干涉别国内政的战争，也在不同地区进行。1999 年 3 月开始，以美国为首的北约对主权国家南斯拉夫进行狂轰滥炸，并悍然袭击我国驻南斯拉夫大使馆，这就是一个明显的事例。因此，为了保持社会的长治久安，保证国民经济的可持续发展，维持我国的社会稳定是压倒一切的中心任务。没有社会稳定，就没有一切。为了保持社会稳定，必须做好以下工作。

1. 加强国防建设

国防是一个立体系统，从海、陆、空三个方面保卫着国家的安全。没有强大的国防，国家和民族的生存就会受到威胁，就谈不上发展和可持续发展。巩固国防的有效手段，是必须建立一支训练有素、忠于党、忠于祖国、忠于人民的军队。同时要用当代最先进的军事装备来武装这支军队，使其在任何情况下都能担负起保卫祖国领土、领空和领海的安全，有效地打击一切敢于来犯之敌。

在近代史上，我国是一个受外来侵略最多、遭受损失最惨重的国家。历史的教训不能忘记。我们热爱和平，但也要防范战争。特别在科学技术高度发达的当今世界，谁在军事领域里掌握了高新技术，谁就能控制战争局势的主动权。如果说过去的战争拼的是钢铁的话，那么今后的战争打的是高新技术。因此，从巩固国防，维护和平的目标出发，加强在军事领域里高新技术的研究，是一个十分重要的课题。

2．打击违法犯罪

随着我国改革开放的不断深入，国际交往日益增多，国内的商品流通和人员流动量加大，少数国外敌对势力会趁机派遣特务进入内地搞违法活动。国内少数靠不劳而获的闲散人员，也会走上偷盗、抢劫、绑架、贩毒、走私等违法犯罪道路。有的已经发展成团伙作案，严重带有黑社会性质。因此，严厉打击各种违法犯罪活动，就成了保持社会稳定，给国家经济建设和人民生活创造一个安定环境必不可少的条件。特别对车匪路霸、绑架人质、贩毒吸毒、持枪抢劫、大宗走私及拐卖人口等恶性案件，要从重从快处理，采取定期与经常相结合的办法，加大侦破打击力度，以保持社会的稳定。

3．加强治安管理

为了保持社会的稳定，除了打击各种刑事犯罪外，同时要加强社会治安管理。对人口聚集较多的车站、码头，文化娱乐场所及城市外来人员的暂住地，需加强巡逻检查，消除犯罪隐患。对社会上出现的卖淫嫖娼、赌博、黄色书刊、黄色影视作品及利用封建迷信坑害群众等各种违法活动，亦要坚决取缔，不能任其泛滥。触犯刑律的，还要追究其法律责任。总之，通过加强治安管理，为我国的精神文明建设创造一个良好的社会环境，促进社会的稳定和发展。

发展社会主义民主，健全社会主义法治，走依法治国之路，是保证我国政治、经济和社会稳定的重要措施。

二、加强民主法制建设

1．发展社会主义民主

民主是手段，而不是目的。发展社会主义民主，就是要调动广大人民群众关心国家大事，积极参加国家社会主义现代化建设的重要手段。没有社会主义民主，人民的主人翁意识树立不起来，不仅不能调动广大人民群众的劳动生产积极性，同时还会使社会上发生的各种腐败、违法犯罪行为，失去群众有效的监督。目前我国人民行使民主权利，主要是通过各级人民代表大会来实现的。在乡村已经实行干部直接选举，实行村务公开，民主理财和群众监督。这些是充分发挥人民当家做主的好形式，有条件时应逐步推广。

2．健全社会主义法治

健全社会主义法治，是保证社会稳定的重要条件。没有法制的社会，是无序的社会。健全法制的意义在于规范全社会各党派、各社会团体乃至每个公民，都要按照国家颁布的法律、法规办事，坚决抵制、打击一切违犯法律、法规的行为和活动。首先要维护宪法的尊严。宪法中规定的“中国各族人民将继续在中国共产党领导下，在马克思列宁主义、毛泽东思想、邓小平理论指引下，坚持人民民主专政，坚持社会主义道路，坚持改革开放，不断完善社会主义的各项制度，发展社会主义市场经济，发展社会主义民主，健全社会主义法治，自力更生，艰苦奋斗，逐步实现工业、农业、国防和科学技术的现代化，把我国建设成为富强、民主、文明的社会主义国家"，是宪法中的精髓，必须坚决贯彻执行。其次要完善立法体系。党的十一届三中全会以来，我国的法治建设已经取得了很大进展，一大批法律、法规已经相继颁布实施。但随着社会的发展，很多新的事物不断涌现，需要通过立法来加以规范，因此立法工作是不能停滞的，必须随着社会的发展而不断完善。其三要严格执法。法律是规范人们生产、生活、经济及社会活动的准则，因此必须严格执行，做到"有法必依，执法必严"。如果法律不能得到执行，就会变成一纸空文，不仅失去了立法的意义，还会产生很多负面影响。严格执法，就要有一批高素质、高水平，能秉公办事的执法队伍。目前，我国各级公安、检察、监察、法院及纪检系统，担负着全国的执法任务。应该说目前我国的执法队伍，在总体上是比较好的，能做到秉公执法，能贯彻"在法律面前人人平等"的原则。但还有两个问题需引起重视，一是部分党政领导法治观念不强，对执法系统进行不适当的干预。人情风、说情风较多，致使执法单位不能独立执法；二是执法队伍中，还存在有少数腐败分子。这些人把党纪国法置于脑后，在执法中大搞权钱交易，贪赃枉法，群众中流传的"大盖帽，两头撬，吃了被告吃原告"，就是这些人嘴脸的真实写照。因此，反腐倡廉首先必须从执法队伍抓起，加强舆论监督，除涉及国家机密、国防安全的特殊案件外，一般应做到公开办案、公开审判，增加透明度，以保证执法人员的公正廉明。只有执法队伍纯洁了，打击一切犯罪活动才能做到高效有力，才能得到广大人民群众的拥护和积极配合，社会才能长治久安。任何社会都有可能出现少数犯罪分子，这是不以人的意志为转移的客观存在。只有广泛发动群众，依靠群众，加强法制宣传，加大执法力度，才能减少或遏制犯罪的发生，保持社会的稳定和发展。

三、完善社会保障体系

1. 社会保障制度

社会保障制度是国家和社会通过立法对企业收入、个人收入和国家财政收入进行分配和再分配，为社会成员特别是生活有特殊困难的个人或家庭提供基本生活保障的一种社会安全制度。其实质是通过不同企业之间、不同社会成员之间的财富的再分配，满足人们的基本生活需要，保证社会再生产的正常进行和维护社会稳定。

社会保障是现代国家最重要的社会经济制度之一。建立健全与经济发展水平相适应的社会保障体系，是经济社会协调发展的必然要求，是社会稳定和国家长治久安的重要保证。在我国建立完善的社会保障制度对于深化企业和事业单位改革，保持社会稳定，顺利建立社会主义市场经济体制具有重大意义。

中国是世界上最大的发展中国家，人口众多，经济发展起点低，地区之间、城乡之间发展不平衡，完善社会保障体系的任务十分艰巨和繁重。在1978年改革开放前，中国长期实行与计划经济体制相统一的社会保障政策，最大限度地向人民提供各种社会保障。20世纪80年代中期以来，伴随着社会主义市场经济体制的建立和完善，中国对计划经济时期的社会保障制度进行了一系列改革，逐步建立起与市场经济体制相适应，由中央政府和地方政府分级负责的社会保障体系基本框架。

2. 我国社会保障体系的主要内容

社会保障制度包括诸多方面的内容，它们构成一个完整的社会保障体系。在《中国的社会保障状况和政策》白皮书中指出中国的社会保障体系包括社会保险、社会福利、优抚安置、社会救助和住房保障等。社会保险是社会保障体系的核心部分，包括养老保险、失业保险、医疗保险、工伤保险和生育保险。

（1）社会保险。

① 养老保险：我国目前60岁以上人口占总人口的比重超过10%，按国际通行标准，已进入老龄化社会，而且今后老龄化率还会继续提高，到2030年代人口老龄化将达到高峰。为保障老年人的基本生活，维护老年人的合法权益，中国政府不断完善养老保险制度，改革基金筹集模式，建立多层次养老保险体系，努力实现养老保险制度的可持续发展。截至2007年年底，全国基本养老保险参保人数20 137万人，比上年末增加1 371万人。

② 失业保险：中国政府在推动企业用工制度改革和建立市场导向就业机制的同时，加快建立和完善失业保险制度，保障职工失业后的基本生活，帮助失业人员实现再就业，推进国有企业下岗职工基本生活保障制度向失业保险并轨。2007年底，全国参加失业保险人数达1.164 5亿人，领取失业保险金人数为286万人，另有87万名劳动合同期满未续订或者提前解除劳动合同的农民合同制工人领取了一次性生活补助。

③ 医疗保险：在先行试点的基础上，中国政府于1998年颁布《关于建立城镇职工基本医疗保险制度的决定》，在全国推进城镇职工基本医疗保险制度改革。中国实行社会统筹与个人账户相结合的城镇职工基本医疗保险制度。这一基本医疗保险制度原则上实行属地管理。

在建立基本医疗保险制度的同时，为满足不同参保人员的医疗需求，国家建立和完善多层次医疗保障体系，减轻参保人员的个人负担。各地区根据实际情况，普遍建立了大额医疗费用补助制度，其资金来源主要由个人或企业缴费，以解决超过基本医疗保险最高支付限额以上的医疗费用。国家鼓励企业为职工建立补充医疗保险，主要用于解决企业职工基本医疗保险待遇以外的医疗费用负担。2007年年底，全国参加城镇职工基本医疗保险人数达1.802 0亿人，其中参保职工1.342 0亿人，退休人员4 600万人。比去年末增加2 288万人。参加基本医疗保险的农民工为3 131

万人，比上年末增加 764 万人。

④ 工伤保险：中国政府努力建立职工的工伤预防、工伤补偿和工伤康复相结合的工伤保险制度。国家规定，各类企业和有雇工的个体工商户均应参加工伤保险，为本单位全部职工或者雇工缴纳工伤保险费，劳动者个人不缴费。工伤保险实行以支定收、收支平衡的基金筹集模式，由地级以上城市建立统筹基金。2004 年 1 月，国家颁布的《工伤保险条例》实施后，工伤保险的覆盖范围迅速扩大。截至 2007 年年底，全国参加工伤保险的人数 12 173 万（其中农民工参加工伤保险的人数为 3 980 万，事业单位参保人数为 903 万），比上年末增加 1 905 万。

⑤ 生育保险：国家于 1988 年开始在部分地区推行生育保险制度改革。2007 年年底，全国参加生育保险的职工有 7 775 万；全年共有 113 万次享受生育保险待遇。

生育保险制度主要覆盖城镇企业及其职工，部分地区覆盖了国家机关、事业单位、社会团体、企业单位的女职工。生育保险费由参保单位按照不超过职工工资总额 1%的比例缴纳，职工个人不缴费；没有参保的单位，仍由其承担支付生育保险待遇的责任。职工生育依法享受不少于 90 天的生育津贴。女职工生育或流产后，其工资、劳动关系保留不变，按规定报销医疗费用。

（2）社会福利。社会福利是社会保障的最高层次，是实现社会保障的最高纲领和目标。社会福利的目的是增进群众福利，改善国民的物质文化生活，把社会保障推上最高阶段，社会福利基金的重要来源是国家和社会群体。中国政府积极推进社会福利事业的发展，通过多种渠道筹集资金，为老年人、孤儿和残疾人等群体提供社会福利。先后颁布了《中华人民共和国老年人权益保障法》《中华人民共和国未成年人保护法》《中华人民共和国残疾人保障法》等法律，为推进中国的社会福利事业与经济、社会协调发展提供了法律保障。

（3）优抚安置。优抚安置制度是中国政府对以军人及其家属为主体的优抚安置对象进行物质照顾和精神抚慰的一种制度。

中国政府为保障优抚对象的权益，陆续颁布了《革命烈士褒扬条例》《军人抚恤优待条例》等法规。国家根据优抚对象的不同及其贡献大小，参照经济、社会发展水平，确立不同的优抚层次和标准。对烈士遗属、牺牲和病故军人遗属、伤残军人等对象实行国家抚恤，对老复员军人等重点优抚对象实行定期定量生活补助；对义务兵家属普遍发放优待金；残疾军人等重点优抚对象享受医疗、住房、交通、教育、就业等方面的社会优待。

（4）社会救助。社会救助是由政府对生活在社会底层的人给予救助，雪中送炭，使人能活下去。社会救助的项目有：灾民救助、城市贫民救助、农村五保户救助、城乡特殊对象救助、流浪者收容等。中国从国家发展的实际出发，最大限度地对生活困难的城乡居民实行最低生活保障，对受灾群众进行救济，对城市流浪乞讨人员予以救助，提倡并鼓励开展各种社会互助活动。

1999 年，中国颁布《城市居民最低生活保障条例》，规定“对持有非农业户口的城市居民，凡共同生活的家庭成员人均收入低于当地城市居民最低生活标准的，均可从当地政府获得基本生活物质帮助；对无生活来源，无劳动能力，无法定赡养人、扶养人或者抚养人的城市居民，可按当地城市居民最低生活保障标准全额救助”。国家还建立了针对突发性自然灾害的应急体系和社会救助制度。国家鼓励并支持社会成员自愿组织和参与扶弱济困活动，推动社会捐赠制度建设，建立健全经常性的捐助工作机构、工作网点和仓储设施，随时接受各种社会捐赠。

（5）农村社会保障。中国有三分之二的人口生活在农村地区。在完善城市社会保障体系的同时，中国政府也高度关注农村社会保障体系的建立。在农村，土地既是生产资料，又是生活资料；土地属于集体所有，实行家庭联产承包责任制。受历史传统文化影响，农村具有家庭供养、自我保障、家族互助的长期传统。根据农村经济社会发展特点，国家在农村实行与城镇有别的社会保障办法。

① 农村养老保险制度：中国农村养老保障以家庭为主。20 世纪 90 年代以后，部分地区根据农村社会经济发展实际，按照“个人缴费为主、集体补助为辅、政府给予政策扶持”的原则，建立了个人账户积累式的养老保险。2003 年年底，全国有 1 870 个县（市、区）不同程度地开展了农村社会养老保险工作，5 428 万人参保，积累基金 259 亿元，198 万农民领取养老金。2004 年，中国政府开始对农村部分计划生育家庭实行奖励扶助制度的试点：农村只有一个子女或两个女孩的计划生育夫妇，每人从年满 60 周岁起享受年均不低于 600 元的奖励扶助金，直到亡故为止。奖励扶助金由中央和地方政府共同负担。

② 建立新型农村合作医疗制度：为保障农民的基本医疗需求，减轻农民因病带来的经济负担，缓解因病致贫、因病返贫问题，中国政府于 2002 年开始建立以大病统筹为主的新型农村合作医疗制度，由政府组织、引导、支持，农民自愿参加，政府、集体、个人多方筹资。

③ 实行农村社会救助：20 世纪 50 年代，中国开始建立五保供养制度。1994 年国务院颁发《农村五保供养工作条例》，对农村村民中符合五保条件的老年人、残疾人和未成年人实行保吃、保穿、保住、保医、保葬（未成年人保义务教育）的五保供养。为解决部分生活不能自理五保老人的照料问题，各地相继兴办敬老院，将他们集中供养，并逐步发展成为五保供养的一种重要形式。

中国政府针对各地区经济发展不平衡和地区间财政经济状况差异大的实际，鼓励有条件的地区探索建立农村最低生活保障制度。其他地区则坚持“政府救助、社会互助、子女赡养、稳定土地政策”的原则，建立特困户基本生活救助制度。

3．我国实现社会保障可持续发展的条件

（1）社会保障可持续发展与可持续发展的其他方面相协调和配套。社会保障可持续发展是整个可持续发展战略的一个子系统。它与可持续发展的其他方面是相互依存、相互关联和互补的。从社会保障的产生来看，它是同工业化与生俱来的；是与市场经济的发展相伴而行的。社会保障可持续发展，远不是社会保障机构就能解决的，它归根到底取决于经济和社会可持续发展，取决于经济实力的不断增加。

（2）社会保障基金来源的可持续性。社会保障的实质是物质保障，而基金是社会保障的物质基础，所以基金来源问题是社会保障核心问题。从这种意义上说，社会保障是否能实现可持续发展，主要取决于基金来源的可持续发展。基金来源的可持续性包括相互联系的两个方面：一是拥有稳定的基金来源，并且能够保障社会成员的基本生活需求；二是基金数量逐步增长，并能实现保值增长。基金来源可持续性归根到底取决于经济实力的不断增强，取决于社保基金投运机制是否完善。

（3）良性运行机制。良性运行机制是社会保障可持续发展必不可少的重要条件。它主要包括这几个方面：① 完善的法律体系。从某种意义上说，社会保障也是一种法律保障，没有相应的法律法规，社会保障很难成功实施。而我国有关社会保障的法律和法规很少，法制不健全，制约了我国社会保障的可持续发展。② 统一的社会保障管理机构，高效的管理水平。统一的管理机构是社会保障持续协调发展的组织保证，也是社会保障持续发展的关键。因此，建立统一的社会保障机构，对于促进提高管理水平，促进社会保障可持续发展是至关重要的。而我国目前社会保障管理体制存在的突出问题是，体制不顺，管理机构过于分散，政策不统一，不利于社会保障统一管理和协调发展。③ 形成社会保障基金筹集、运营的良性循环机制，确保社会保障基金的保值增值。基金是社会保障的物质基础。因此，良性循环的社会保障基金筹集、运营机制是确保社保基金保值增值的重要途径和方法，是社会保障可持续发展的重要条件。而我国目前的问题是基金保值和增值问题没有得到解决，制约了社会保障事业的健康发展。

4．实现我国社会保障可持续发展的对策

从市场经济和现代社会发展的要求出发，建立现代社会的保障制度应该具有以下基本特征：社会保障管理法制化、资金来源多元化、保障制度规范化。

（1）加快社会保障法制建设步伐。社会保障的实质是法律保障。近几年来，随着市场经济和社会保障事业的发展，我国制定了有关社会保障或含有社会保障内容的法律法规，但尚未形成体系，且修改变动频繁，缺乏权威性。因此，随着社会保障制度发展的深入，应该尽快出台《社会保障法》，并在此基础上逐步地完善社会保障法体系，为社会保障的健康协调发展提供法律保障。

（2）建立多层次的社会保障体系。目前，我国城镇职工基本养老保险金的工资替代率普遍较高，多数地方达到了 80%～90%，而世界上多数国家养老的工资替代率为 40%～60%。为此，许多企业缴纳的养老保险统筹费达职工工资总额的 25%左右，有的甚至高达 30%。随着社会保险项目（如医疗保险、失业保险）的增加，统筹费用将继续增大，企业不堪负担。长此下去，必将影响社会经济发展。我国基本养老保险金的工资替代率普遍较高，原因很多，其中一个重要的原因是养老保险层次过少，国家和企业承担了主要的养老保险责任，而家庭保障和商业保险则注意不够。实际上养老保险（包括医疗和失业保险）应当分为国家、企业、家庭和商业四个层次。在我国家庭保障仍将是我国社会保障的基础工程之一，理应大力倡导，充分发挥家庭在社会保障中的独特作用。商业保险尽管以盈利为目的，然而它客观上对社会保障能够起到补充作用，应当支持其发展。

（3）尽快开征社会保障税。我国的社会保障资金筹集依靠的是行政手段，缺乏刚性，企业拖欠和拒交问题严重，征收十分困难，存在社会保障费入不敷出的情况。要改变这种局面，必须实行“费”改税。一般说来，依法征收社会保障税比依靠行政手段统筹社保基金更有权威性、强制性和普遍性。目前世界上有 50 多个国家采取了以税收方式征收社会保障基金，效果不错，借此经验，我们应当积极创造条件，尽早地开征社会保障税，以确保社会保障基金有稳定的来源。

（4）完善社会保障管理体系。建立统一的管理体系，是社会保障可持续发展的必然要求。然而，我国社会保障体制不顺，缺乏有效的监督和协调机制，严重地阻碍了社会保障事业健康和协调发展。因此，我们应该尽快地建立起具有权威性的统一社会保障机构，统一组织、协调和管理社会保障重大事宜。同时，还要成立社会保障监督机构，建立与健全监督机制，主要对社会保障基金的经营管理实施有效监督，严禁社保资金挪作他用，甚至流失，确保社保基金的保值增值，为社会保障可持续发展提供稳定的资金来源。

经过多年的探索和实践，中国特色的社会保障体系框架初步形成。当前及今后一个时期，中国发展社会保障事业的任务依然艰巨。人口老龄化将进一步加大养老金和医疗费用支付压力，城镇化水平的提高将使建立健全城乡衔接的社会保障制度更为迫切，就业形式多样化将使更多的非公有制经济从业人员和灵活就业人员被纳入社会保障覆盖范围等。这些都对中国社会保障制度的平稳运行和建立社会保障事业可持续发展的长效机制提出新的要求。

加快完善社会保障体系，是中国政府全面推进小康社会建设的一项重要任务。中国国民经济保持持续、快速、协调、健康发展而使国家综合经济实力的增强，全面、协调、可持续的科学发展观的贯彻落实。经过多年探索建立起的适合中国国情的社会保障体系，将为中国社会保障事业持续发展提供各种有利条件。在未来的岁月里，中国人民将进一步从国家的发展进步中获益，必将享有更丰厚的物质文明成果。

四、消除贫困、共同富裕

贫困首先是一个经济问题，同时也是社会问题和环境问题，因为贫困的存在不仅威胁着当地的可持续发展，而且影响着整个社会的稳定、健康发展，同时给生态环境带来毁灭性的破坏。有贫困现象存在的经济与社会发展称不上是可持续发展。

彻底消除贫困必须在可持续发展战略的指导下，从经济、社会、生态等多方面入手，采取综合配套措施，才有可能取得成效。特别是要从根本上改善贫困地区的生态环境，实现生态环境与人口增长、资源开发与经济发展之间的协调，贫困地区才有可能真正摆脱贫困，实现稳定的脱贫致富，走上可持续发展的道路。

1. 消除贫困与可持续发展

在不同国家的不同发展阶段上，贫困有着不同的含义。根据研究范围和角度的不同，贫困分为两大类。

（1）贫困的两种含义。绝对贫困：指在一定的社会生产方式和生活方式下，个人或家庭依靠劳动所得和其他收入不能满足基本的生存需求。在生产方面，缺乏扩大再生产的物质条件，甚至难以维持简单再生产；在生活方面，衣食不得温饱，房屋不避风雨。这类贫困多发生于发展中国家。

相对贫困：指低收入者虽然解决了温饱问题，但不同社会成员和不同地区之间可能存在着明显的收入差异。低收入的个人、家庭或地区相对于全社会而言，处于贫困状态。按世界银行的观点，收入只有或少于平均收入 1/3 的社会成员都视为相对贫困者。也有人把中等收入的一半作为相对贫困的临界线。相对贫困发生在世界各地，包括发达国家和发展中国家。

贫困不仅是指经济意义上的贫困，还包括社会、环境等生活质量因素。如人口寿命状况，教育文化、医疗卫生状况，生存、生活环境状况，失业或就业不足等。贫困线是用价值表示的、为社会所接受的最低生活水准，一般以家庭人均纯收入能否达到维持正常生存所需要的最低生活费用支出来衡量。世界各国都有各自的贫困线标准，其数额范围（年人均纯收入）从发达国家的数千美元，到有些发展中国家的 300 美元左右，而且随着社会经济的发展不断调整变化。一般来说，当国家越来越富裕的时候，它们可接受的最低消费水平（贫困线）也会逐步提高。世界银行规定的目前发展中国家的绝对贫困线是人均年消费支出 370 美元。

（2）贫困是可持续发展的障碍。对贫困地区而言，消除贫困与可持续发展是统一的整体或一个问题的两个方面。贫困地区的经济发展更加依赖于自然资源，而自然资源不持续开发利用，生态环境的破坏，又必然制约贫困地区的进一步发展。不清除贫困就不可能持续发展，不有效地改善贫困地区的基础设施条件，提高人的素质，改善生态环境和以可持续的方式开发利用资源，也就不可能从根本上清除贫困。

同样，要消除贫困，采取单一措施是难以奏效的，必须在可持续发展战略指导下，从经济、社会、生态环境等多方面着手，采取综合配套措施，特别是从根本上改变贫困地区的生态环境，实现生态环境与人口增长、资源开发和经济发展之间的协调，才能取得成效，实现稳定的脱贫致富，走上可持续发展道路。

造成贫困有国际、国内、社会、经济及自然、生态等多方面的原因，其中人口增长过快，资源的不合理开发利用和生态环境的恶化是造成贫困的重要原因。

（3）我国目前贫困问题的现状。

① 根据国家统计局对全国农村贫困状况的监测调查，2006 年年底全国农村绝对贫困人口为 2 148 万，比上年减少 217 万，贫困发生率为 2.3%，绝对贫困人口反弹的主要原因是部分地区遭受严重的自然灾害，农民收入增长缓慢，甚至出现下降。初步解决温饱但还不稳定的农村低收入人口为 3 550 万，比上年减少 517 万，低收入人口占农村人口的比重为 3.7%。

② 根据国家统计局“2003 年民政事业统计快报”，2003 年享受城市最低生活保障的人数为 2 235 万人，比去年同期增加 181.4 万人，增长 8.8%。累计支出低保资金 153 亿元，比去年同期增长 40.4 亿元，增长率为 35.9%；全国人均低保支出水平 59 元，比去年人均补差 52 元的标准提高了 13.5 个百分点，各地区之间仍有较大差距。

近 10 年，美国每年享受贫困线救助的人口约 14.5%（约有 4 200 万人），印度为 6%。我国享受城镇最低生活保障资助的人口不应低于 6%，应在 2 400 万～3 000 万人。

中国的贫困人口分布具有典型的区域特征，绝大多数集中分布在自然资源贫乏、生产生活条件恶劣、生态环境脆弱的山区、黄土高原区、偏远荒漠地区、地方病高发区以及自然灾害频发区等，其共同特征是：地域偏远、交通不便、生态失调、生产手段落后、粮食产量低、收入来源单一、就业机会少、信息闭塞、经济发展缓慢、文化教育落后、人畜饮水困难。其中典型的极贫区有两片：一片是“三西”即甘肃中部的河西、定西和宁夏南部的西海固，面积 38 万 km^2；其特征是植被稀少、土地沙漠化和水土流失严重，地下水位低，严重干旱缺水；另一片是位于滇、桂、黔的岩溶（喀斯特）地貌区，面积约为 45 万 km^2，由于多年的过度开垦，植被被严重破坏，岩石裸露，降水很快就流失和蒸发，无法涵养水源。两片地区贫困的共同特征：一是人口过多，大大超出自然环境的承受能力，使这一地区生态环境形成恶性循环；二是水资源极端缺乏，水利设施不足，干旱严重，农业生产低而不稳，农民饮水困难。

2．我国消除贫困的战略和对策

（1）努力控制贫困地区的人口增长，切实提高人口素质。人口增长过快增加了对有限的资源和脆弱的环境的压力，其直接后果是，由于贫困，人们迫于生活的需要而对森林、耕地、草地等资源过度利用，甚至乱砍滥伐、滥垦、滥牧，造成自然资源破坏、生态环境退化。这反过来使土地生产率进一步下降，人们的生产、生活，甚至生存条件，变得更加困难，更加贫困。人口增长过快，越穷越生，越生越穷，越穷越容易导致对自然资源的过度利用和生态环境的破坏，形成“贫困—人口增长—资源环境破坏—贫困加剧”的恶性循环。

采取更加积极有效的政策和措施，控制贫困地区的人口数量增长，提高贫困地区人口素质。改变贫困地区教育、科技、文化、医疗卫生等的落后面貌，促进贫困地区社会发展，要抓好贫困地区的计划生育工作，加强计划生育工作同扶贫政策的协调，切实把贫困户过高的出生率降下来，减轻人口对生态环境的压力，打破“贫困—人口增长—资源环境破坏—贫困加剧”的恶性循环。有计划地普及贫困地区的小学和初中教育，开展农村职业教育，特别是进行贫困地区实现持续发展的意识教育，重点培养适应贫困地区持续发展的农、林、水土保持、沙漠化防治、生态环境保护、土地合理利用、农副土特产品加工等方面的人才。

（2）实施有利于贫困地区可持续发展的各项经济政策（如继续实行以工代赈、减免税负）。扶贫政策的出发点应是扶持贫困地区的经济发展，而不只是短期的解决温饱，因此政策的制定应具有长期性。通过制定具有激励机制的政策来促使贫困地区的农民树立长期发展的观念，将解决短期温饱与长期经济发展结合起来。

“以工代赈”是中国主要的扶贫方式之一，它改变了单纯向贫困人口发放钱物的生活救济扶贫方式，而通过组织贫困地区农民进行农田水利、人畜饮水、交通道路、乡村通讯等基础设施建设，以及农田基本建设、林果业、畜牧业、山区水土保持和小流域治理等工程，以民工工资补助的形式把扶贫物资和资金发放到参加劳动的贫困人口手中。

（3）增加对贫困地区的资金、物资投入。中国政府每年拨出 45 亿元的扶贫资金，相对于巨大的贫困人口数量来说，扶贫强度是十分低的。因此，今后除了继续争取国际社会更多的支持和帮助用于消除贫困外，而且将视今后的财政经济好转状况，继续增加对贫困地区的投入。

（4）改善贫困地区生态环境如基本的生产、生活条件。采取切实措施停止对资源的掠夺性开发和对生态环境的破坏，在生产建设和经济发展中加强生态环境保护，处理好发展与环境的关系。在资源开发以及道路、灌溉系统等基础设施建设过程中对地表植被造成的破坏要采取恢复性措施。大力发展林果业，开展小流域治理，防治水土流失。防止滥垦、滥牧、滥伐森林，不适宜发展种植业的陡坡地，要坚决退耕还林还牧。注重贫困地区资源开发、基础设施建设和经济发展，逐步改变贫困地区的贫困面貌，狠抓植树种草、改土治水、建设农田等基本建设。各级政府根据不同地区的生态环境和自然条件的特点，因地制宜地制定消除贫困与可持续发展相结合的长远规划和制定有利于改善生态环境的一系列政策。

（5）实行劳务输出和异地开发。在坚持开发式扶贫的同时，积极进行开放式扶贫，有计划、有组织地扩大贫困地区向发达地区的劳务输出。进一步扩大有计划、有组织的劳务输出，把贫困地区的劳务潜力与沿海发达地区、大中城市创造的大量就业机会有机结合起来。加强东部和西部地区的联合，以多种方式促进贫困地区的发展。

组织极少数缺乏基本生存条件的山村向有开发条件的地方移民，特别是对少数自然条件恶劣、不适于人类生存的极贫区，或是环境生态严重超负荷的地区，实行移民开发，异地脱贫。

（6）继续动员社会各界开展扶贫活动。有实力的部委和单位要从自身优势和业务特点出发联系帮助一片贫困地区，不脱贫不脱钩。因地制宜地建立能够形成产业优势的项目。继续鼓励和支持经济发达地区与贫困地区按照互惠互利、风险共担、发挥优势的原则，采取签订合同、联合开发项目、合办企业等形式，开展经济技术合作，促进贫困地区经济发展。

（7）健全机构和加强管理。为保证消除贫困工作的顺利进行，中国已逐步形成了一个比较完整的管理体系。1986 年成立了国务院贫困地区经济开发领导小组，负责制定贫困地区的持续发展和消除贫困的方针、政策和规划，协调解决有关重大问题。领导小组下设办公室为具体办事机构，负责办理日常事务。贫困面较大的省、自治区和地、市、县也要成立相应的机构。

（8）大力实施消除贫困与可持续发展的优先项目。开展贫困地区可持续发展工程和规划设计，针对不同类型贫困地区的特点，选择具有代表性的区域，开展消除贫困与可持续发展相协调的示范工程，进行水土保持、山地灾害防治、植树造林、沙漠化防治、基本农田建设、小流域综合治理、改善交通条件以及计划生育、地方病防治和提高农民的科技文化素质等相结合的综合整治。

五、重视人类住区的可持续发展

人类住区是与人类生活质量关系最密切的生态环境，也是生态环境中最为活跃的组成部分；同时，人类住区又是人类经济、社会发展的主要内容和发展程度的重要标志。改善人居环境，促进人类住区发展是世界各国，尤其是发展中国家在经济发展和社会发展中必须重视的问题，也是实现社会可持续发展的稳定性因素。

随着经济和社会的发展，必然伴随着对生活质量、居住环境的更高要求。传统的发展观，强调经济的增长，因而造成对资源的需求利用急剧膨胀，对环境的影响日趋严重。这对人口密集的人类住区造成了很大的压力。当今世界许多地方，特别是发展中国家，面临着人口增长、高速城市化、住房不足、基础设施和服务设施严重匮乏等带来的种种挑战。世界上有五分之一的人口，生活在简陋、有害身体且日益恶化的环境中，实现人类住区的可持续发展，是包括中国在内的世界各国共同面临的挑战。

联合国《21 世纪议程》，号召全人类在人类住区的发展过程中，考虑人口、环境、资源问题，通过综合规划和有效的措施，重视人类住区发展的质量和可持久性；促进人类住区的可持续发展。

1. 人类住区发展观

人类住区是指人类从事有组织的活动的地方。人类住区作为全球、地区、国家的一个系统，不仅仅是指住房、城市、小镇或乡村的形体，它所指的是人类活动过程，包括居住、工作、教育、卫生、文化、娱乐等，以及为维护这些活动而进行的实体结构的有机结合。

世界是一个独立人居系统，人类住区为世界上几乎每一个人提供生活、工作环境。人类住区系统包含着大小不同的独立住区，小到村庄，大到都市以及维持它们的基础设施网络。每一个住区都扮演着使此系统运转的角色，都为持续的经济、社会和实体发展做着贡献。

在人类住区发展中，特别要强调的是“住区条件”。在这种实际环境中，人们可以进行相互联系，从事各种各样的活动（个人居住及相应的服务设施、住所环境、公用设施、交通、通讯等）。

2. 人类住区可持续发展目标与重点领域

联合国《21 世纪议程》明确提出，人类住区工作的总目标是改善人类住区的社会、经济和环境质量以及所有人，特别是城市和乡村贫民的生活和工作环境。

《21 世纪议程》所确定的人类住区重点方案领域为：住房（向所有人提供适当住房）、土地（促进可持续的土地利用规划和管理）、环境基础设施（促进综合提供水、卫生、排水和固体废物设施）、能源和运输、灾害防御（促进灾害易发地区的人类住区规划和管理）、建筑业以及人类住区的综合性规划、管理活动。

《中国 21 世纪议程》提出的中国人类住区发展的目标：通过政府部门和立法机构制定并实施促进人类住区可持续发展的政策法规、发展战略、规划和行动计划，动员所有的社会团体和全体民众积极参与，建设成规划布局合理，配套设施齐全，有利工作，方便生活，住区环境清洁、优美、安静，居住条件舒适的人类住区。

结合中国实际情况和发展战略，中国人类住区可持续发展方案领域集中体现为以下几方面：① 城市化与人类住区管理；② 基础设施建设与完善人类住区功能；③ 改善人类住区环境；④ 向所有人提供适当住房；⑤ 促进建筑业可持续发展；⑥ 建筑节能和提高住区能源利用效率。

实现人类住区可持续发展，必须通过合理周全的住区管理。人居管理在促进持续性发展方面的作用包括：① 设计住区系统和住区平面图，使之能够有效利用能源，设计财力上承受得起的交通模式；② 开发节约使用不可再生资源的项目以及适于住区使用的可再生能源的项目；③ 建立供水、卫生和废物加工、回收系统，保护能源的基本要求；④ 通过特别修改建筑与规划标准和支持小规模生产经营的方式促进地方建材使用和适当的建筑技术的应用。

3. 实现我国人居可持续发展尚需解决的问题

我国人居环境改善虽然取得了很大的成就，但从实现我国人居可持续发展的角度来看，尚有较大差距。

（1）能源结构与环境。中国是一个以煤为主要能源的国家，煤炭占商品能源总消费的 70%，75%的工业燃料和动力、60%的化工原料以及大量的城市民用燃料，都是由煤炭提供的。随着城市化、现代化的发展以及人民生活对能源消费的增长，如果在燃烧技术和煤的转换上没有大的突破，我国人居环境受到的大气污染可能会加剧。

（2）生产、生活活动的污染。环境污染防治与工业发展、消费增长的矛盾突出。2006 年，我国工业和城镇生活废水排放总量为 536.8 亿 t，目前仍有许多污水未经处理就直接排入江河湖泊，造成全国水域、城市地下水源 40%左右受到不同程度的污染。工业固体废弃物和城市垃圾的排放量也日益增多，处理和利用率不高。没有得到处理利用的工业废渣和城市垃圾，大都堆积在城市和工业区的郊区和河流荒滩上。2009 年，全国城市生活垃圾累积堆存量已达 70 亿 t，占地约 80 万亩，成为严重的二次污染源。近来又以平均每年 4.8%的速度持续增长。全国 600 多座城市（除县城外），已有 2/3 的大中城市陷入垃圾的包围之中，且有 1/4 的城市已没有合适场所堆放垃圾。与此相对应的是仅为 50%左右的城市垃圾处理率。城市工业噪声和建筑施工噪声污染也比较严重，全国约有 30%的职工在噪声污染的环境下工作，40%左右的城市居民生活在噪声污染的环境中。

（3）住房。住房问题是影响我国实现小康战略目标的重要问题。随着农村剩余劳动力及相应流动人口流入城市，有些人尚无居住条件保障，需要注意避免贫民“棚户区”的出现。此外我国城市现有住宅的成套率只有 50%多，有近一半的住宅功能不完善，居住区绿化、生活配套设施不全，住区条件有待改善。

（4）交通。我国城市（尤其是大城市）人口众多，城市车辆增长较快，交通工具多种多样，交通设施不完备，导致交通拥挤、堵塞。因运输效率下降，估算每年影响工业产值上百亿元，已成为制约城市经济发展和社会进步的瓶颈问题。

（5）灾害。我国的人口密集区多为灾害易发区，尤其是大中城市和经济发达地区遇到灾害的损失更大。有些城市和建筑物的设防标准偏低，基础设施陈旧老化。农村建筑物抗御灾害的能力更弱。城镇每年因洪水灾害造成损失数十亿元。城市大灾有增无减，损失逐年增大。在中国的各种自然灾害中，以地震、洪水、对人居环境威胁最大。

（6）供水。中国水资源分布极不平衡。当前中国不少地方严重缺水，出现水危机。水资源的短缺对我国城市（尤其是北方城市）的工业生产和居民生活影响很大。全国约 300 个城市缺水，每年影响工业产值上百亿元。由于缺水，一些城市和沿海地区不得不超量开采地下水，致使地下水位大幅度下降，已造成不少城市出现地裂、地沉现象。农村供水设施普及率较低，有的地方饮用水达不到卫生标准，甚至在干旱涸水季节得不到饮水保障。

（6）服务设施。邮电通讯、文化娱乐、供暖、供气等设施不能满足经济发展和人民生活水平提高的要求。有些设施未能得到充分、有效地利用。小城镇和农村的服务设施更为匮乏。从整体上讲，由于中国城市居住区原有的基础设施比较落后，欠账多，基础设施落后的情况短时期内还难以根本改变。

4．中国人类住区发展的对策

改善人类住区环境，实现可持续发展，是一项长期、复杂的工作，需要走一条科技、经济、社会和人口、资源、环境协调行动的可持续发展的道路，从规划与计划、法规、政策、宣传、公众参与等不同方面，加以推动实施。

（1）根据国务院的决定，《中国 21 世纪议程》作为重要的指导性文件，指导国民经济和社会发展中长期规划、计划的编制工作。当前，应将《中国 21 世纪议程》确定的优先方案领域和发展重点列入国家、部门、地方发展计划，采取多种方式、多种渠道来推进。

（2）制定并实施有利于可持续发展的法规和政策。充分发挥和运用法律、法规和政策的威力以及必要的经济手段，使人类住区可持续发展的原则既体现在政府的宏观调控中，又切实结合到日常的活动中。在培育和发展社会主义市场经济体系过程中，将人居发展与人口、资源、环境协调推进。

（3）宣传、普及人类住区可持续发展的观念与知识，推动各部门、地方、社会团体和公众的广泛参与。要加强宣传和培训，强化机构建设和人力资源开发，使人类住区发展建立在一个坚实的群众基础上和基于“能力”发展的基础上。

（4）加强利用科技进步推动人类住区的发展，支持环境无害技术、清洁生产技术的应用，通过技术改善住区资源利用效率以及提高资源回收利用率。对影响人居环境的重大问题和关键技术，如选择住宅、规划、交通、垃圾、污水、能源、防灾等领域的技术进行攻关，研究开发先进的规划、设计方法和新技术，建立示范工程和综合试点，推广应用成熟技术，促进人居环境的改善。

（5）加强国际合作与交流，促进国际无害环境技术的转让和国际援助。交流在人类住区发展中的信息、经验，进行人员培训并选择人类住区优先项目共同实施。

复习与思考

1. 试述经济发展与可持续发展之间的关系。
2. 可持续发展的经济手段主要有哪些？
3. 可持续发展的经济政策主要涉及哪些方面的政策？
4. 试述循环经济与传统经济的不同之处。
5. 什么是社会保障制度？我国社会保障体系的主要内容有哪些？
6. 实现我国社会保障可持续发展的对策主要有哪些？
7. 什么是绝对贫困和相对贫困？
6. 我国消除贫困的战略和对策是什么？
8. 中国人类住区发展的目标是什么？
9. 中国人类住区发展尚需解决的问题主要有哪些？

主要参考文献

[1] 北京大学环境科学中心等合编. 面向 21 世纪的环境科学与可持续发展. 北京：科学出版社，2000.
[2] 《环境科学大辞典》编辑委员会．环境科学大辞典．北京：中国环境科学出版社，2009.
[3] 国家环境保护总局．中国环境状况公报(2003)．中国环境报，2004.
[4] 李建成．环境保护概论．北京：机械工业出版社，2003.
[5] 周国强．环境影响评价．武汉：武汉理工大学出版社，2003.
[6] 魏振枢，杨永杰．环境保护概论．北京：化学工业出版社，2003.
[7] 李振基，等．生态学．北京：科学出版社，2000.
[8] 刘天齐．环境保护（第二版）．北京：化学工业出版社，2000.
[9] 马桂铭．环境保护．北京：化学工业出版社，2002.
[10] 钱易．环境保护与可持续发展．北京：高等教育出版社，2000.
[11] 曲格平．从斯德哥尔摩到约翰内斯堡的道路．环境保护，2002（6）：11-15.
[12] 魏振枢．环境水化学．北京：化学工业出版社，2002.
[13] 徐新华，吴忠标，陈红．环境保护与可持续发展．北京：化学工业出版社，2000.
[14] 奚旦立．环境与可持续发展．北京：高等教育出版社，1999.
[15] 张明顺．环境管理．武汉：武汉理工大学出版社，2003.
[16] 叶万辉．外来生物入侵——生态系统的癌变．科技日报，2001-12-14⑦.
[17] 张坤民．可持续发展论．北京：中国环境科学出版社，1997.
[18] 周中平，赵毅红，等．清洁生产工艺及应用实例．北京：化学工业出版社，2002.
[19] 朱庚申．环境管理学．北京：中国环境科学出版社，2000.
[20] 芈振明，等． 固体废物的处理与处置．北京：高等教育出版社，1993.
[21] 刘亦仁．环境污染治理技术．北京：中国环境科学出版社，2002.
[22] 郝吉明．大气污染控制工程．北京：高等教育出版社，1989.
[23] 张坤民．可持续发展从概念到行动．世界环境，1996（1）：3-6.
[24] 皮尔斯，沃福德著．张世秋等译．世界无末日——经济学・环境与可持续发展．北京：中国财政经济出版社，1996.
[25] 刘东辉．“从增长的极限”到“持续发展”．可持续发展之路．北京：北京大学出版社，1994.
[26] 中国 21 世纪议程中心编．论中国的可持续发展．北京：海洋出版社，1994.
[27] 胡涛，等．中国的可持续发展研究——从概念到行动．北京：中国环境科学出版社，1995.
[28] 北京大学可持续发展研究中心．可持续发展之路．北京：北京大学出版社，1994.
[29] Peter M.Vitousek and Jane Lubchenco，Limits to Sustainable Use of Resources:Form Local Effects to Global Change，Defining And Measuring Sustainablity，TheBiogeophysical Foundation，1996.

[30] Mohan Munasinghe and Jeffret Mcneely, Key Concepts and Terminology of Sustainable Development, Defining And Measuring Sustainability, The Biogeophysi cal Foundations, 1996, New York.
[31] 王庆礼. 略论自然资源的价值[J]. 中国人口·资源与环境, 2001, 11（2）: 25-28.
[32] 刘江梅. 中国自然资源的现状及可持续利用途径探讨[J]. 陕西教育学院学报, 2001, 17（4）: 33-35.
[33] 任宪友. 基于可持续发展的适度人口理论探讨[J]. 石油大学学报, 2003, 6（3）.
[34] 王庆礼. 略论自然资源的价值[J]. 中国人口·资源与环境, 2001, 11（2）: 25-28.
[35] 刘江梅. 中国自然资源的现状及可持续利用途径探讨[J]. 陕西教育学院学报, 2001, 17（4）: 33-35.
[36] 刘青松, 等. 农村环境保护. 北京: 中国环境科学出版社, 2003.
[37] 叶文虎. 可持续发展引论. 北京: 高等教育出版社, 2001.
[38] 袁光耀, 田伟强, 等. 可持续发展概论. 北京: 中国环境科学出版社, 2002.
[39] 赵丽芬, 江勇, 等. 可持续发展战略学. 北京: 高等教育出版社, 2001.
[40] 杨永杰. 环境保护与清洁生产. 北京: 化学工业出版社, 2002.
[41] 林培英, 等. 环境问题案例教程. 北京: 中国环境科学出版社, 2002.
[42] 任宪友. 基于可持续发展的适度人口理论探讨[J]. 石油大学学报（社会科学版）, 2003（19）: 3.
[43] 周敬宣. 环境与可持续发展. 武汉: 华中科技大学出版社, 2007.
[44] 张天柱. 清洁生产导论. 北京: 高等教育出版社, 2006.
[45] 盛连喜. 环境生态学导论（第二版）. 北京: 高等教育出版社, 2009.
[46] 肖显静. 环境与社会—人文视野中的环境问题. 北京: 高等教育出版社, 2006.
[47] 李训贵. 环境与可持续发展. 北京: 高等教育出版社, 2004.
[48] 中国环境保护部. 2009年中国环境状况公报. 北京: 环境保护部, 2010, 05.
[49] 发展改革委, 建设部, 环保部.《“十一五”全国城市生活垃圾无害化处理设施建设规划》. 发改投资[2007]1760号.
[50] 《城市生活垃圾管理办法》. 建设部令第157号. 2007, 4.
[51] 周炳炎, 郭琳琳, 李丽, 等. 我国塑料包装废物的产生和回收特性及管理对策. 环境科学研究, 2010, 23（3）: 282-287.
[52] Ii J H, Tian B G, Liu T Z, eta1. Mater Cycles and Waste Management. 2006, 8（1）: 13.
[53] Hicks C, Dietmar R, Eugster M. Env Impact Assess Rev, 2005, 25（5）: 459.
[54] 郭静, 傅泽强. 循环经济模式: 国际经验及我国策略[J]. 生态经济, 2009（1）.
[55] 奚旦立. 清洁生产与循环经济[M]. 北京: 化学工业出版社, 2005.
[56] 余璐, 李郁芳. 平衡的可持续发展战略[J]. 改革与战略, 2009（1）.
[57] 张矿明, 黄文辉. 中国能源可持续发展方案选择与评价[J]. 资源与产业, 2010（2）.
[58] 张坤. 循环经济理论与实践[M]. 北京: 中国环境科学出版社, 2004.